表　基礎物理定数

真空中の光の速度	$c = 2.9979 \times 10^{8}\ \mathrm{m\ s^{-1}}$
真空中の誘導率	$\varepsilon_0 = 8.8542 \times 10^{-12}\ \mathrm{F\ m^{-1}(C^{2}\ N^{-1}\ m^{-2})}$
プランク定数	$h = 6.6261 \times 10^{-34}\ \mathrm{J\ s}$
	$\hbar = h/(2\pi) = 1.0546 \times 10^{-34}\ \mathrm{J\ s}$
電気素量	$e = 1.6022 \times 10^{-19}\ \mathrm{C}$
電子の質量	$m_{\mathrm{e}} = 9.1094 \times 10^{-31}\ \mathrm{kg}$
陽子の質量	$m_{\mathrm{p}} = 1.6726 \times 10^{-27}\ \mathrm{kg}$
中性子の質量	$m_{\mathrm{n}} = 1.6749 \times 10^{-27}\ \mathrm{kg}$
ボーア半径	$a_0 = 0.52918 \times 10^{-10}\ \mathrm{m} = 0.52918\ \mathrm{Å}$
リュードベリ定数	$R_{\mathrm{H}} = 1.0974 \times 10^{7}\ \mathrm{m^{-1}}$
アボガドロ定数	$N_{\mathrm{A}} = 6.0221 \times 10^{23}\ \mathrm{mol^{-1}}$
ボルツマン定数	$k_{\mathrm{B}} = 1.3807 \times 10^{-23}\ \mathrm{J\ K^{-1}}$
ファラデー定数	$F = N_{\mathrm{A}}k = 9.6485 \times 10^{4}\ \mathrm{C\ mol^{-1}}$
気体定数	$R = N_{\mathrm{A}}\,k_{\mathrm{B}} = 8.3145\ \mathrm{J\ K^{-1}\ mol^{-1}}$
	$= 0.082058\ \mathrm{atm\ L\ K^{-1}\ mol^{-1}}$
重力加速度	$g = 9.806\ \mathrm{ms^{-2}}$
円周率	$\pi = 3.141592653\cdots$
自然対数の底	$\mathrm{e} = 2.718281828\cdots$

レファレンス 物理化学

国際医療福祉大学教授 米持悦生

岐阜薬科大学教授 近藤伸一 編集

名古屋市立大学大学院薬学研究科教授 山中淳平

東京 廣川書店 発行

執筆者一覧（五十音順）

内 海　美 保	神戸学院大学薬学部講師
遠 藤　朋 宏	東京薬科大学薬学部教授
奥　薗　　透	名古屋市立大学大学院薬学研究科准教授
柏 木　良 友	奥羽大学薬学部教授
栗 本　英 治	名城大学薬学部准教授
黒 田　幸 弘	武庫川女子大学薬学部教授
近 藤　伸 一	岐阜薬科大学教授
笹 井　泰 志	岐阜医療科学大学薬学部教授
高 橋　央 宜	湘南医療大学薬学部教授
豊 玉　彰 子	名古屋市立大学大学院薬学研究科准教授
奈 良　敏 文	松山大学薬学部准教授
橋　本　　博	静岡県立大学薬学部教授
畑　　晶 之	松山大学薬学部准教授
星 名　賢之助	新潟薬科大学薬学部教授
山 内　行 玄	松山大学薬学部准教授
山 中　淳 平	名古屋市立大学大学院薬学研究科教授
山　原　　弘	神戸学院大学薬学部教授
山 本　浩 充	愛知学院大学薬学部教授
米 持　悦 生	国際医療福祉大学成田薬学部教授

イラスト協力者：佐　藤　直　子　名古屋市立大学大学院

レファレンス 物理化学

編 集　米持悦生（よねもち えつお）　近藤伸一（こんどう しんいち）　山中淳平（やまなか じゅんぺい）

平成 29 年 4 月 30 日 初版発行 ©
令和 5 年 8 月 30 日 2 刷 発 行
令和 7 年 1 月 30 日 3 刷 発 行

発 行 所　株式会社 **廣 川 書 店**

〒 113-0033　東京都文京区本郷3丁目27番14号
電話 03(3815)3651　FAX 03(3815)3650

はじめに

現在，医療技術は日進月歩で進展している．薬剤師は，臨床から，医薬品製造販売，公衆衛生に至る幅広い分野で活躍しているが，いずれの職業に従事しようとも，これまで以上に，新規医薬品の物理的・化学的性質についての十分な理解が要求されている．医療技術は，基礎科学の積み重ねにより進歩している，応用科学である「薬学」も，他の学問分野から集められた原理と方法の進歩とともに高度化している．

医療の現場では治療に先立ち，種々の検査手段により得られた多くの検査値から，患者さんの「異常状態」の診断が行われる．ここで「薬学」を，患者さんの疾病「異常状態」を，元の「正常状態」に戻すための学問と考えてみる．生理活性物質である「薬」は，この「異常状態」を「正常状態」戻すものにほかならず，体内で起こっている膨大な平衡反応のズレた平衡状態「疾病」を正常な平衡状態に戻すために利用されるのである．この考え方は，物理化学における平衡論そのものであり，物理化学的原理が薬学の実際的な知識に結びつくことは明白である．医薬品の溶解性・安定性・配合性・生理活性を予測しようとする薬剤学・薬理学・薬化学などの理解には，物理化学的基盤が必須となる．

ところで，物理化学は難しいもの，数式ばかりで難解だと思っている学生諸氏が多いのではないだろうか．この好ましくない，誤ったイメージは，物理化学が「複雑な現象」を，「単純な法則に整理する」学問であると理解することで払拭できる．非常に多くの要因が複雑に絡み合った現象を，単純な決まり事「数式」で理解できる物理化学は，むしろ他の学問領域よりも単純明快であり，記憶力にたよる労力の少ない，勉強しやすい科目なのである．

本書は，薬学教育モデルコアカリキュラムの「C1 物質の物理的性質」の各項目を網羅した．第１章は，物質の構造について，物質の基本単位となる原子や分子の構造を量子化学的な視点から学び，続いて，物質の反応性に関与する化学結合と分子間相互作用，さらに，電磁波や放射線との相互作用について学ぶ構成である．第２章では，熱力学の基礎理論から応用について学ぶ．具体的には，熱力学の本質である巨視的な物質の状態の取り扱いを理解し，物質のエネルギー状態，物理化学的変化や平衡状態の予測理論を学ぶ．第３章では，化学変化が平衡状態に到達するまでの速さ，反応速度について学び，反応機構，反応速度に影響を及ぼす要因について理解する．本書名は，独断と偏見で「レファレンス物理化学」とした．レファレンスとは，（1）物事に言及すること，参照すること，（2）参考文献や参考資料，（3）プログラムの手順や関数・変数の参照などを意味する．すなわち，物理化学は対象となる複雑な現象を単純な原理で理解するレファレンス「参照」となる学問であり，物事の本質を理解するために必須であること．また，本書が，薬学の応用領域の学習の際にも，その背景を理解するため常に身近に置きレファレンス「参考書」として使用可能であること．さらに，卒業研究などで研究結果の考察の際にも，レファレンス「参考文献」として本書が利用できることを目指した．

本書の出版にあたり，多くの依頼に快くご対応頂いた執筆者各位に心から御礼するとともに，執筆・編集に際して多大なご尽力を賜った近藤伸一氏，山中淳平氏に深謝申し上げる．また，本書の企画を推進頂いた花田康博氏，廣川典子氏，編集にご尽力頂いた荻原弘子氏に感謝申し上げる．

平成29年3月

編集代表　米 持 悦 生

目　次

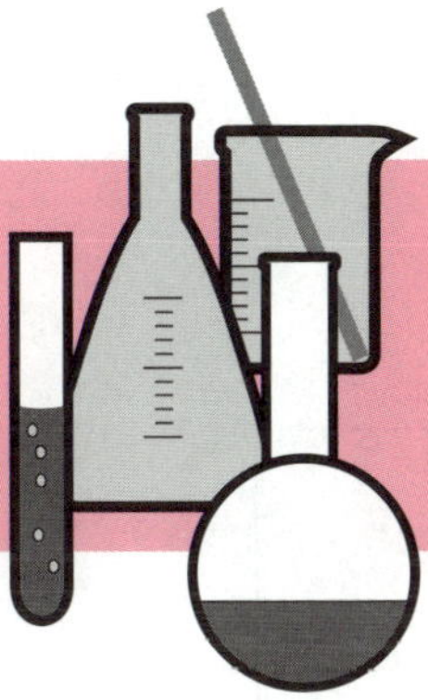

序章　物理量と数学

序章の序論

物理化学は難しいもの，数式ばかりで難解だと思っている学生諸氏が多いのではないだろうか．この誤ったイメージは，物理化学が「複雑な現象」を，「単純な法則に整理する」学問であると理解することで払拭できる．非常に多くの要因が複雑に絡み合った現象を，ルール「数式」で表現・理解できる物理化学は，他の学問領域よりもむしろ単純明快である．いろいろなスポーツと同じで，ルールには理由がある，「なぜそうなのか」がわかればルールに従って楽しくプレイする（学ぶ）ことができる．すなわち，シンプルなルールの物理化学は，記憶力にたよる労力の少ない，勉強しやすい科目なのである．物理化学では，実験事実から出発して，筋道を立てて，「なぜそうなるのか？」について考えていく．ここで，道筋をよく理解して，頭の中に確かなマップを作っていく作業が，本書での勉強である．

例えば，**熱力学について考えてみる．熱力学は，概念が抽象的にもかかわらず，複雑な数式により説明されることが多いため，多くの学生に敬遠されがちな学問分野の筆頭であろう．ここでイラスト1を見てほしい．**熱力学は，マクロな系を対象に，いろいろな系の性質（物質の溶解性，相図，細胞の膜電位）を，マクロな物理量（ギブズ自由エネルギー，化学ポテンシャルなど）を用いて説明するものである．これらの知識は，薬学の応用分野では，よりよい錠剤を創るための，薬物放出制御や安定性予測，また，薬物動態の理解に利用されている．化学ポテンシャルについても，μって何だろう？と思った時には，イラスト2を思い出してほしい．化学変化，相変化，分配，拡散，溶解，浸透圧，表面張力などの「変化」は，すべて「μが小さくなるように進む」と理解すればいいのである．物理化学を学ぶということは，決して無理難題が押し付けられているわけでなく，いくつかの決まり事を理解することにより，大変わかりやすい場合が多々ある．

物質のエネルギーや状態変化，化学平衡，溶液論，電気化学などは，化学や生物学，製剤学などの対象となる現象（物質の溶解や拡散，膜透過など）を理解する基盤となるものである．また，本書では，系統的な熱力学的関係式の理解を助けるために，第2章のおわりにマップを付けた，有効に活用していただきたい．

イラスト1

熱力学

系の状態を数式で表すことができる．

・ギブズ自由エネルギー（系の状態）

$$G = H - TS$$

・化学ポテンシャル（物質1モル当たりのエネルギー）

$$\mu = \frac{\partial G}{\partial n} = \mu_0 + RT\ln X$$

⇩ 熱力学をもとに

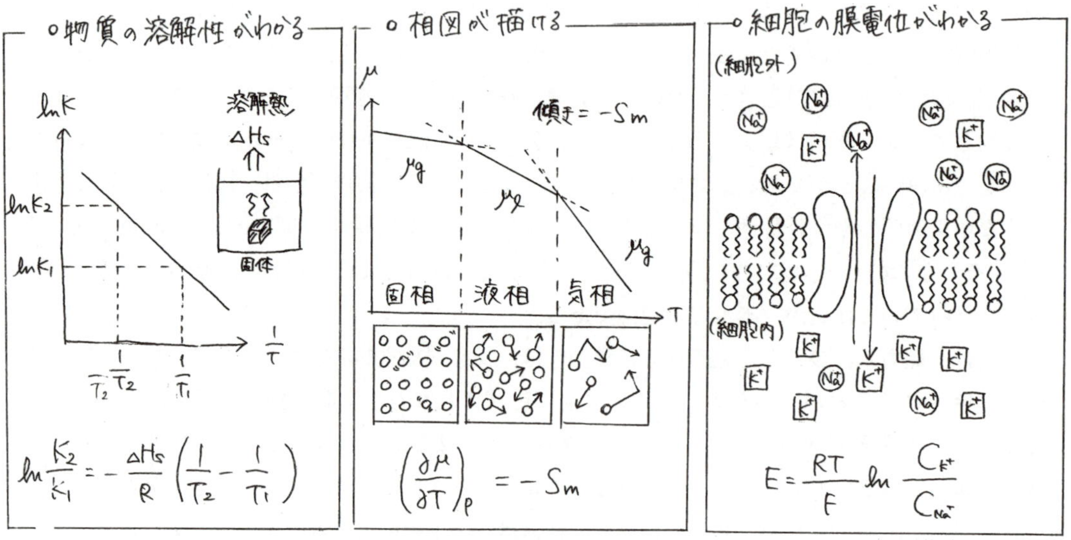

これらの考え方は薬学の分野において

✓ 錠剤や口腔内崩壊剤の薬物放出設計

✓ 製剤の安定性の予測

✓ 薬による生体への影響観察

などに応用できる．

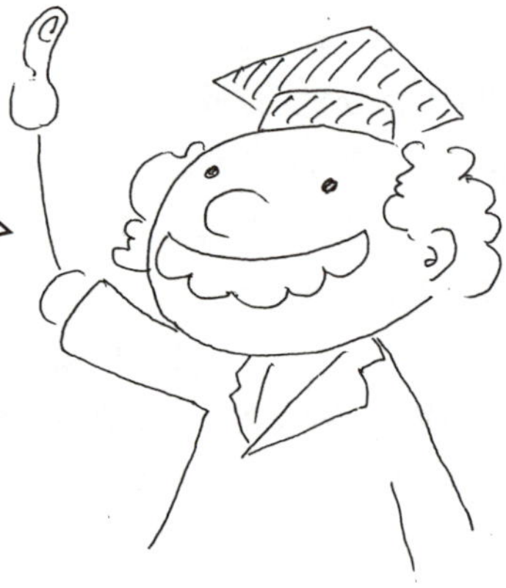

イラスト2

(大きい)		(小さい)	
物質 A＋B	⇄	物質 C＋D	化学変化
20℃の 氷	⇄	20℃の 水	相変化
溶質 in 水	⇄	溶質 in 油	分配（疎水性物質）
溶質 高濃度	⇄	溶質 低濃度	拡散
固体＋水	⇄	水溶液	溶解
溶媒 分率1.0	⇄	溶媒 分率0.98	浸透圧（束一性）
小さい水滴2個	⇄	大きい水滴1個	表面張力

1 物理量と単位，次元

実験や観測によって測定される量を**物理量** physical quantity という．長さ，時間，質量，温度，電流，圧力，濃度などはすべて物理量である．これらは同じ条件の下では，誰が測定しても同じ測定値が得られることが期待される．味，匂い，痒みなどは物理量ではない．物理量の測定値は，通常，数値として得られるが，数値だけでは意味のある情報を多くの人と共有できない．数値に**単位** unit を付けて初めて意味のある情報となる．したがって，物理量の測定値は数値と単位の積として，すなわち「単位付き」で表される．

ところが，この世界には同じ物理量に対していろいろな単位が存在している．例えば，長さの単位として，メートル，ヤード，尺などがある．同じ物理量に異なる単位を用いると，それらを比較する際には単位の換算を行う必要があり，面倒であるばかりか混乱の原因にもなる．そこで，1960 年に**国際単位系** système international d'unités(SI) が定められた．国際単位系では，基本的な 7 つの物理量（時間，長さ，質量，電流，熱力学温度，物質量，光度）に対する SI 基本単位（s, m, kg, A, K, mol, cd）とそれらを組み合わせた組立単位が定義されている（表 1，表 2 参照）．日本でも国際単位系に準じた単位の使用が推奨されているが，物理化学では慣習的に使用されている非 SI 単位もあるので注意が必要である．例えば，溶液のモル濃度は，単位体積当たりの溶質の物質量であるから，SI 組立単位では，$\mathrm{mol\ m^{-3}}$ である．しかし，多くの文献では体積の単位に非 SI 単位のリットル(L)を用いた $\mathrm{mol\ L^{-1}}$ または M(モーラー)が使われている．$\mathrm{L} = (0.1\ \mathrm{m})^3 = 10^{-3}\,\mathrm{m}^3$ であるので，SI 単位への換算は関係式 $\mathrm{M} = \mathrm{mol\ L^{-1}} = 10^{-3}\ \mathrm{mol\ m^{-3}}$ を用いて行われる．また，M と値が同じになる $\mathrm{mol\ dm^{-3}}$ という単位もよく使われる（デシメートル dm は 0.1 m のこと）．

一般に物理量は，時間，長さ，質量，電荷などの基本的な性質をもった量の組合せ（かけたり割ったりした量）として理解される．これらの基本的な性質のことを物理的な**次元** dimension という．例えば，体積は（長さ)^3 の次元，速度は（長さ)/(時間）の次元，エネルギーは（質量)×(長さ)^2/(時間)^2 の次元をもつ．上で述べた SI 基本単位は物理的な次元に対応している．

表 1　SI 基本単位と SI 組立単位

(a) 7つの SI 基本単位
m, kg, s, A, K, mol, cd

(b) SI 組立単位

量	単位	単位記号	他の SI 単位による表し方	SI 基本単位による表し方
振動数	ヘルツ (Hertz)	Hz		s^{-1}
力	ニュートン (Newton)	N	J/m	$kg\,m\,s^{-2}$
圧力	パスカル (Pascal)	Pa	N/m^2	$kg\,m^{-1}\,s^{-2}$
エネルギー, 仕事, 熱量	ジュール (Joule)	J	N・m	$kg\,m^2\,s^{-2}$
仕事率	ワット (Watt)	W	J/s	$kg\,m^2\,s^{-3}$
電荷量	クーロン (Coulomb)	C	A・s	s A
電位 (差)	ボルト (Volt)	V	J/C	$kg\,m^2\,s^{-3}\,A^{-1}$
静電容量	ファラド (Farad)	F	C/V	$kg^{-1}\,m^{-2}\,s^4\,A^2$
電気抵抗	オーム (Ohm)	Ω	V/A	$kg\,m^2\,s^{-3}\,A^{-2}$
コンダクタンス	ジーメンス (Siemens)	S	A/V	$kg^{-1}\,m^{-2}\,s^3\,A^2$
磁束	ウェーバー (Weber)	Wb	V・s	$kg\,m^2\,s^{-2}\,A^{-1}$
磁束密度	テスラ (Tesla)	T	Wb/m^2	$kg\,s^{-2}\,A^{-1}$
インダクタンス	ヘンリー (Henry)	H	Wb/A	$kg\,m^2\,s^{-2}\,A^{-2}$
セルシウス温度*	セルシウス度	K		K
放射能	ベクレル (Becquerel)	Bq		s^{-1}
吸収線量	グレイ (Gray)	Gy	J/kg	$m^2\,s^{-2}$
等価線量	シーベルト (Sievert)	Sv	J/kg	$m^2\,s^{-2}$
力のモーメント	ニュートン・メートル		N・m	$kg\,m^2\,s^{-2}$
表面張力	ニュートン/メートル		$N\,m^{-1}$	$kg\,s^{-2}$
粘度	パスカル・秒		Pa・s	$kg\,m^{-1}\,s^{-1}$
動粘度	平方メートル/秒			$m^2\,s^{-1}$
熱流密度, 放射照度	ワット/平方メートル		$W\,m^{-2}$	$kg\,s^{-3}$
熱容量, エントロピー	ジュール/ケルビン		$J\,K^{-1}$	$kg\,m^2\,s^{-2}\,K^{-1}$
比熱, 質量エントロピー	ジュール/(キログラム・ケルビン)		$J\,kg^{-1}\,K^{-1}$	$m^2\,s^{-2}\,K^{-1}$
熱伝導率	ワット/(メートル・ケルビン)		$W\,m^{-1}\,K^{-1}$	$kg\,m\,s^{-3}\,K^{-1}$
電界の強さ	ボルト/メートル		$V\,m^{-1}$	$kg\,m\,s^{-3}\,A^{-1}$
電束密度, 電気変位	クーロン/平方メートル		$C\,m^{-2}$	$m^{-2}\,s\,A$
誘電率	ファラド/メートル		$F\,m^{-1}$	$kg^{-1}\,m^{-3}\,s^4\,A^2$
電流密度	アンペア/平方メートル			$A\,m^{-2}$
磁界の強さ	アンペア/メートル			$A\,m^{-1}$
透磁率	ヘンリー/メートル		$H\,m^{-1}$	$kg\,m\,s^{-2}\,A^{-2}$
起磁力, 磁位差	アンペア			A
モル濃度	モル/立法デシメートル		$mol{\cdot}dm^{-3}$	
輝度	カンデラ/平方メートル			$cd{\cdot}m^{-2}$
波数	1/メートル			m^{-1}

* セルシウス温度 θ はケルビン温度Tより次の式で定義される.
$\theta = T - 273.15$

表2　換算表

1 Å（オングストローム）$= 10^{-8}$ cm $= 10^{-10}$ m $=$ 0.1 nm $=$ 100 pm	1 eV（電子ボルト）$\approx 1.602 \times 10^{-19}$ J $\approx$ 96.48534 kJ mol^{-1}
1 atm（標準大気圧）$=$ 760 Torr（トル）$=$ 760 mmHg $=$ 1.01325×10^5 Pa $=$ 101.325 kPa	R $=$ 8.314 J K^{-1} mol^{-1} $=$ 0.08206 L atm K^{-1} mol^{-1}
1 bar（バール）$= 1 \times 10^5$ Pa $=$ 100 kPa $\approx$ 0.986923 atm	1 L atm $=$ 101.325 J

したがって，単位を見れば，その物理量の次元がわかる．しかし，単位は人間が利用しやすいように決めた「物差しの目盛り」のようなもので，単位（目盛り）を変えると物理量の値（数値）が変わる．これに対し，次元はそのような「目盛り」にはよらない．つまり次元は物理量自体がもつ性質なのである．

2　物理量の数学的取り扱い

物理化学では，いろいろな物理量の間の関係を数式を使って議論することが多い．数学を利用することによって，議論が正確になり定量的な予測ができるようになる．また，現象の本質をとらえた議論が可能になり，現象への理解が深まる．

数学はその名の通り数に関する学問であるから，そこに登場する量や変数は基本的に物理的な次元あるいは単位のない数である．前節で見たような性格をもった物理量にこのような数学を適用するには，一定のルールが必要になる．ある物理量を A，もう1つの物理量を B という記号で表すならば，次のようなルールが必要になる．

（ルール1）等式 $A = B$ が成り立つためには，A と B の次元が等しくなければならない．

これは，単位付きの物理量に対しては常に必要なルールである．2つの量を比較するには互いが同じ種類の量でなければならないのは自明である．たとえ $A = 1.23$ s で $B = 1.23$ m^2 であっても時間を面積と等しいとおくことはできない．同様に，足し算（$A + B$）や引き算（$A - B$）も同じ次元でないとできない．かけ算（AB）や割り算（A/B）は同じ次元でなくてもよい．例えば，3つの物理量 A，B，C に対し，$AB = C$ が成り立ち，A が時間，C が長さの次元をもつとき，B は速度の次元をもつことになる．

前節で述べたように，物理量の数値は単位の取り方により変わる．しかし，単位によって数式が変化するのは好ましくない．例えば，浸透圧に関するファントホッフの式 $\pi V = nRT$（π：浸透圧，V：体積，n：物質量，R：気体定数，T：温度）を変形すると $\pi = cRT$ となる．ここで $c = n/V$ はモル濃度である．しかし，π，R，T に SI 単位（それぞれ Pa，J K^{-1} mol^{-1}，K）用い，c の単位に M を用いたとすると，$\pi = 10^{-3}\, cRT$ と書く必要がある．10^{-3} というファクターが現れたのは，c にだけ異なる長さの単位 dm（体積の単位 L）を用いているためである．もちろん，M 単位の濃度と K 単位の温度の数値データから Pa 単位の浸透圧を求めるためには，$\pi = 10^{-3} cRT$ という式が便利であろう．しかし，これはそのためだけの式であり，一般の目的には適さない．そこで，

（ルール 2）基本的な次元に関する単位を統一する．

というルールを設ける．これにより，数式は一般性を失わず，見た目もシンプルなものになる．SI 単位を用いることにすればこのルールは満たされるので，あまり単位を気にすることなく，物理量の数学的取り扱いが可能になる．

3 よく使う数学のまとめ

物理化学を学ぶ上で知っておきたい数学の基本的な事柄についてここでまとめておく．ほとんどが高等学校までに学んだ数学とその少しの延長で十分である．

3.1 指数の計算

実数 a を n 回かけたものを a^n と表し，a の n 乗という．つまり，

$$a^n = \overbrace{a \times a \times \cdots \times a}^{n\text{個}} \tag{1}$$

である．このことから容易に

$$a^n \times a^m = \overbrace{a \times a \times \cdots \times a}^{n\text{個}} \times \overbrace{a \times a \times \cdots \times a}^{m\text{個}} = a^{n+m} \tag{2}$$

がわかる．また，

$$(a^n)^m = \overbrace{a^n \times a^n \times \cdots \times a^n}^{m\text{個}} = a^{nm} \tag{3}$$

である．

実数 a の 0 乗は 1 であると定める（$a^0 = 1$）．式（2）から

$$a^n \times a^{-n} = 1 \tag{4}$$

である．つまり，a^{-n} は a^n の逆数である．また，$a > 0$ に対して，式（3）から

$$\left(a^{\frac{1}{n}}\right)^n = a \tag{5}$$

である．つまり，$a^{\frac{1}{n}}$ は n 乗すると a になる数であるから a の n 乗根である．例えば，$n = 2$ のとき $a^{\frac{1}{2}} = \sqrt{a}$ である．

以上では，暗黙裡に n と m は整数としたが，実数の範囲に広げることができる．

3.2 対数の計算

実数 $a > 0$（ただし $a \neq 1$）に対し，$x = a^y$ を満たす x と y があるとき，x から y を求める式を

$$y = \log_a x \tag{6}$$

と書く．$\log_a x$ は底を a とする x の対数と呼ばれる．また，x はこの対数の真数と呼ばれる．$x = a$ のとき $y = 1$ となるから，

$$\log_a a = 1 \tag{7}$$

である．また，$a^0 = 1$ であるから，$\log_a 1 = 0$ である．$x_1 = a^{y_1}$，$x_2 = a^{y_2}$ とすると，式（2）の性質から $x_1x_2 = a^{y_1+y_2}$ であるから，$y_1 + y_2 = \log_a x_1x_2$ である．一方，$y_1 = \log_a x_1$，$y_2 = \log_a x_2$ であるので，

$$\log_a x_1 + \log_a x_2 = \log_a (x_1x_2) \tag{8}$$

が成り立つ．この性質を使うと

$$\log_a x^n = n \log_a x \tag{9}$$

が導かれる．同様に

$$\log_a x_1 - \log_a x_2 = \log_a \frac{x_1}{x_2} \tag{10}$$

も成り立つ．

対数の底を別の数に変えることを考える．$x = a^y = b^z$ を満たす b，z があるとすると，$y = \log_a x = \log_a b^z = z \log_a b$ であり，一方 $z = \log_b x$ あるから，$z = y/\log_a b$，すなわち，

$$\log_b x = \frac{\log_a x}{\log_a b} \tag{11}$$

が成り立つ．

定義からもわかるように，ある数(x)の対数は，x が底(a)の何乗に相当するかを示す．日常的に十進数を使っている我々にとっては $a = 10$ とするのがわかりやすく，$\log_{10} 10 = 1$，$\log_{10} 100 = 2$，$\log_{10} 1000 = 3$ などとなり，対数の値が 1 増えるとその真数は 10 倍になる．物理化学での重要な応用は，水素イオン濃度の指標となっている pH である．pH は水素イオン濃度を M 単位で表したときの数値を $[H^+]$ と書くとき $\mathrm{pH} = -\log_{10}[H^+]$ として定義される．逆に濃度を pH を用いて表すと，$[H^+] = 10^{-\mathrm{pH}}$ である．

なお，底が 10 の対数を常用対数と呼び，慣習的に $\log_{10} x = \log x$ のように底を省略して書く．また，後述するネイピア数 $e = 2.71828\cdots$ を底とする対数を自然対数と呼び，慣習的に $\log_e x =$

$\ln x$ と書く．本書でもこの慣習に従う．

3.3 関数と微分

A　1 変数関数の微分

変数 x の関数 $f(x)$ は，x の値を 1 つ与えれば，ただ 1 つの値 $y = f(x)$ が決まる*．このように，変数が 1 つの関数を 1 変数関数という．関数は，横軸に x，縦軸に y をとってプロットしたグラフとして表現できる．このグラフの曲線（または直線）がなめらか（折れ曲がったり，値が不連続になったりしていない）であれば微分が可能である．x の微小変化 Δx に対する y の変化 Δy の比の値 $\Delta y/\Delta x$ が $\Delta x \to 0$ のとき 1 つに決まるとき，

$$\frac{\mathrm{d}y}{\mathrm{d}x} = \lim_{\Delta x \to 0} \frac{\Delta y}{\Delta x} = \lim_{\Delta x \to 0} \frac{f(x + \Delta x) - f(x)}{\Delta x} \tag{12}$$

を y の x に関する微分といい，y'，$f'(x)$ などと表すこともある．これは曲線 $y = f(x)$ の接線の傾きに等しい．一般に，接線の傾きは x によって変化するので，x の関数である．x の関数としての微分を，微分係数（ある x に対する微分の値）と区別して，導関数という（単に微分ということも多い）．導関数 $f'(x)$ がなめらかであれば，さらに微分ができて，$\frac{\mathrm{d}^2y}{\mathrm{d}x^2} = f''(x)$ を 2 階の導関数（2 階微分）という．

微分が応用上重要なのは，関数 $f(x)$ の増加・減少が点 x における情報としてわかるところにある．曲線 $y = f(x)$ がある $x = a$ で増加（$f'(x) > 0$）から減少（$f'(x) < 0$）に変わるとき，この関数は $x = a$ で極大となる．このとき，

$$f'(a) = 0 \quad \text{かつ} \quad f''(a) < 0 \ \Rightarrow \ \text{極大値} f(a) \text{をもつ} \tag{13}$$

が成り立つ．同様に

$$f'(a) = 0 \quad \text{かつ} \quad f''(a) > 0 \ \Rightarrow \ \text{極小値} f(a) \text{をもつ} \tag{14}$$

が成り立つ．

基本的な微分の公式を確認しておく．

$$y = x^n \Rightarrow y' = nx^{n-1} \tag{15}$$

この公式は n が任意の実数について成り立つ．例えば，

$$y = \frac{1}{x} = x^{-1} \Rightarrow y' = -x^{-2} = -\frac{1}{x^2} \tag{16}$$

$$y = \sqrt{x} = x^{\frac{1}{2}} \Rightarrow y' = \frac{1}{2} x^{-\frac{1}{2}} = \frac{1}{2\sqrt{x}} \tag{17}$$

2 つの関数 $f(x)$ と $g(x)$ の積の微分は，

* 変数 x の 1 つの値に対して関数の値 y がただ 1 つ決まる関数を 1 価関数，2 つ以上の値に対応するものを多価関数という．以下では 1 価関数のみを扱う．

$$\frac{\mathrm{d}}{\mathrm{d}x}(fg) = \frac{\mathrm{d}f}{\mathrm{d}x}g + f\frac{\mathrm{d}g}{\mathrm{d}x} \tag{18}$$

また，合成関数 $f(g(x))$ の微分は

$$\frac{\mathrm{d}}{\mathrm{d}x}f(g(x)) = \frac{\mathrm{d}f}{\mathrm{d}g}\frac{\mathrm{d}g}{\mathrm{d}x} \tag{19}$$

として計算できる．このような微分規則をチェーンルール chain rule という．簡単な例として $y=f(ax)$（a は定数）の微分は $y'=af'(ax)$ である．また，商 $f(x)/g(x)$ の微分は積の微分を使って，

$$\frac{\mathrm{d}}{\mathrm{d}x}\left(\frac{f}{g}\right) = \frac{\mathrm{d}}{\mathrm{d}x}\left(f\frac{1}{g}\right) = \frac{\mathrm{d}f}{\mathrm{d}x}\left(\frac{1}{g}\right) + f\frac{\mathrm{d}}{\mathrm{d}x}\left(\frac{1}{g}\right) = \frac{f'}{g} - \frac{fg'}{g^2} \tag{20}$$

として計算できる．最後の等式では合成関数の微分を使った．例えば，

$$y = \frac{x}{\sqrt{x^2+1}} \Rightarrow y' = \frac{1}{\sqrt{x^2+1}} - x\frac{2x}{2(x^2+1)^{\frac{3}{2}}} = \frac{1}{(x^2+1)\sqrt{x^2+1}} \tag{21}$$

のように計算できる．

次に，初等関数の微分の公式をいくつか挙げる．三角関数の微分は，

$$\frac{\mathrm{d}}{\mathrm{d}x}\sin x = \cos x, \qquad \frac{\mathrm{d}}{\mathrm{d}x}\cos x = -\sin x,$$

$$\frac{\mathrm{d}}{\mathrm{d}x}\tan x = \frac{\mathrm{d}}{\mathrm{d}x}\left(\frac{\sin x}{\cos x}\right) = 1 + \tan^2 x = \frac{1}{\cos^2 x} \tag{22}$$

で与えられる．

実数 $a>0$ かつ $a \neq 0$ に対して $y=a^x$ は指数関数と呼ばれるが，$a=e$（ネイピア数または自然対数の底）の場合の $y=e^x$ を指数関数と呼ぶことが多い（$e^x=\exp(x)$ と書くこともある）．オイラーは（$(a^x)'=a^x$ を満たす a を e と定義した．すなわち，

$$\frac{\mathrm{d}}{\mathrm{d}x}e^x = e^x \tag{23}$$

である．また，e を底とする対数関数は自然対数関数と呼ばれ $y=\ln x$ と表される．対数の定義より $x=e^y$ であるから，この式の両辺を x で微分すれば合成関数の微分を使って $1=e^y y'$ を得る．よって，$y'=1/e^y=1/x$ である．つまり，

$$\frac{\mathrm{d}}{\mathrm{d}x}\ln x = \frac{1}{x} \tag{24}$$

である．底が a のときの指数関数 $y=a^x$ の微分は，両辺の自然対数をとると $\ln y = x\ln a$ であるからこれを微分して，$y'/y=\ln a$ として得られる．すなわち，

$$\frac{\mathrm{d}}{\mathrm{d}x}a^x = a^x\ln a \tag{25}$$

である．また，式（11）より $\log_a x = \ln x/\ln a$ であるから，

$$\frac{\mathrm{d}}{\mathrm{d}x}\log_a x = \frac{1}{x\ln a} \tag{26}$$

が成り立つ．

B　多変数関数の微分

これまで，1つの変数をもつ関数のみを考えてきた．しかし，現実的には多くの要素によって物事が決まることが多い．例えば，ゲストを招待してパーティーを開く場合，参加者1人当たりの料金は，ゲストへの謝金，料理の代金，場所代，参加者の人数で決まり，4変数の関数となる．物理化学でも，特に熱力学では，多変数の関数が多く登場する．例えば，理想気体の状態方程式より $p = nRT/V$ であるので，n，T，V の3つの量（R は定数）を決めると p の値が1つ決まるので，p は3変数の関数である．以下では簡単のため2変数の関数に限定するが，一般の多変数の関数でも基本的な取り扱いは同じである．

2つの変数 x，y を決めるとただ1つの値 z が決まる関数 $z = f(x, y)$ を考えよう．変数 x と y の値を決めると xy 平面上の点（x，y）を1つ決めたことになる．この点に対して xy 平面に垂直な方向に関数の値 z をとり点（x，y，z）とする．点（x，y）を動かすとそれに応じて z が決まるので，点（x，y，z）は曲面をなす．これは1変数の関数が曲線に対応していたことに相当する．

曲面 $z = f(x, y)$ を y 軸に垂直な平面 $y = b$（b は定数）で切断したときの断面に現れる曲線は $z = f(x, b)$ である．これは x を変数とする1変数関数と見なすことができるので，この曲線の接線の傾きは $\dfrac{\mathrm{d}}{\mathrm{d}x}f(x, b)$ である．しかし，b の値を変えて切断面を変えるとそこに現れる曲線も変わるので，接線の傾きも b すなわち y によると考えられる．このような接線の傾きに相当するような微分を（x に関する）偏微分（あるいは偏導関数）といい，$\dfrac{\partial z}{\partial x}$，$\dfrac{\partial}{\partial x}f(x, y)$ などと書く．定義は

$$\frac{\partial z}{\partial x} = \lim_{\Delta x \to 0}\frac{f(x + \Delta x, y) - f(x, y)}{\Delta x} \tag{27}$$

である．y に関する偏微分 $\dfrac{\partial z}{\partial y}$ も同様に定義される．偏微分の計算は簡単で，微分する変数以外は定数と見なして1変数のときと同様に微分すればよい．例えば，

$$z = x^3 + xy^2 + y^3 \Rightarrow \frac{\partial z}{\partial x} = 3x^2 + y^2, \qquad \frac{\partial z}{\partial y} = 2xy + 3y^2 \tag{28}$$

である．2階の偏微分は x，y の組合せの数だけある．上の例で2階偏微分を計算すると，

$$\frac{\partial^2 z}{\partial x^2} = \frac{\partial}{\partial x}\left(\frac{\partial z}{\partial x}\right) = 6x, \qquad \frac{\partial^2 z}{\partial x \partial y} = \frac{\partial}{\partial x}\left(\frac{\partial z}{\partial y}\right) = 2y,$$

$$\frac{\partial^2 z}{\partial y \partial x} = \frac{\partial}{\partial y}\left(\frac{\partial z}{\partial x}\right) = 2y, \qquad \frac{\partial^2 z}{\partial y^2} = \frac{\partial}{\partial y}\left(\frac{\partial z}{\partial y}\right) = 2x + 6y \tag{29}$$

となる．z とその偏微分がなめらかであれば $\dfrac{\partial^2 z}{\partial x \partial y} = \dfrac{\partial^2 z}{\partial y \partial x}$ が成り立つ．すなわち，微分の順序によらない．積と合成関数の偏微分についても1変数関数のときの拡張が可能である．特に，

x, yがもう1つの変数（媒介変数）tの関数$x(t)$, $y(t)$であり, $z(t)=f(x(t), y(t))$ となるとき, チェーンルール

$$\frac{\mathrm{d}z}{\mathrm{d}t}=\frac{\partial z}{\partial x}\frac{\mathrm{d}x}{\mathrm{d}t}+\frac{\partial z}{\partial y}\frac{\mathrm{d}y}{\mathrm{d}t} \tag{30}$$

が成り立つ.

熱力学では, ある熱力学的な量がどのような量の関数と見るか一通りには決まっておらず, 目的に応じて適切に選ぶ必要がある. このような任意性からくる曖昧さを避けるため, $\left(\frac{\partial z}{\partial x}\right)_y$ のように, 偏微分を行う際に固定する（定数と見なす）変数（y）を明示する慣習がある. 本書でも, 曖昧さがないとき以外はこの慣習に従う.

C　全微分

変数x, yをΔx, Δyだけ変化させたときの関数$z=f(x, y)$ の変化量Δzは

$$\Delta z=f(x+\Delta x, y+\Delta y)-f(x, y) \tag{31}$$

である. 特に, 無限小の変化量$\Delta x=\mathrm{d}x$, $\Delta y=\mathrm{d}y$に対するΔzを$\mathrm{d}z$と書き, $z=f(x, y)$ の**全微分**という. x, yを媒介変数tの関数とするならば, $\mathrm{d}z=\frac{\mathrm{d}z}{\mathrm{d}t}\mathrm{d}t$として式（30）から,

$$\mathrm{d}z=\frac{\partial z}{\partial x}\mathrm{d}x+\frac{\partial z}{\partial y}\mathrm{d}y \tag{32}$$

である. なお, 下に示した図も参照されたい. 微分可能な関数$z=f(x, y)$ が与えられれば, い

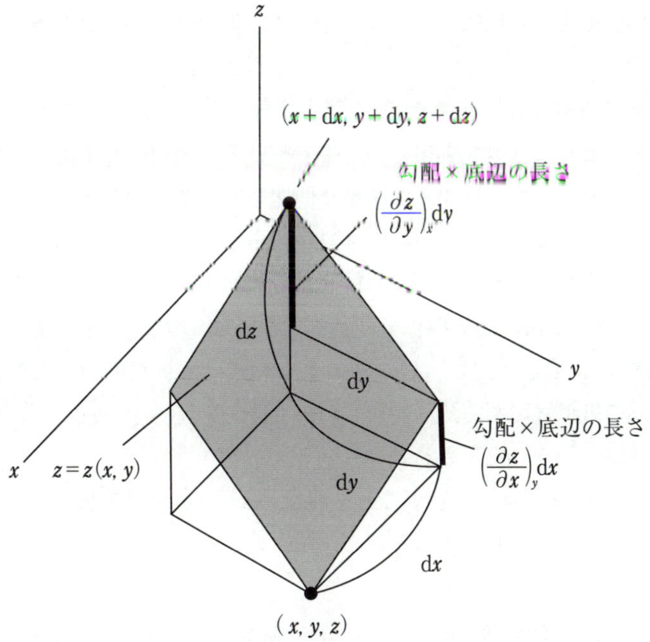

つでも式（32）が成り立つが，ある関数 $P(x, y)$，$Q(x, y)$ が与えられたとき，$P(x, y)\mathrm{d}x + Q(x, y)\mathrm{d}y$ が何かの関数の全微分になっているかどうかはわからない．つまり，

$$\frac{\partial z}{\partial x} = P(x, y), \qquad \frac{\partial z}{\partial y} = Q(x, y) \tag{33}$$

を満たす z が存在するかどうかは自明ではない．そのような z があるとすれば，$\dfrac{\partial^2 z}{\partial x \partial y} = \dfrac{\partial^2 z}{\partial y \partial x}$ であるから，式（33）より，

$$\frac{\partial P}{\partial y} = \frac{\partial Q}{\partial x} \tag{34}$$

が成り立つので，式（34）は z が存在するための必要条件である．しかし，証明は省略するが，式（34）は必要十分条件となることが知られている．

後の章で述べる熱力学関数（熱力学ポテンシャル）は，式（32）のような全微分の形に書ける．$\mathrm{d}z$ が全微分であれば，その積分値

$$\Delta z = \int_{z_0}^{z_1} \mathrm{d}z = z_1 - z_0 \tag{35}$$

が最初の状態（0）と最後の状態（1）の値（z_0，z_1）のみによって決まる．このような関数を状態関数という．仕事や熱量は途中の過程（積分経路）によって異なり，状態関数ではない．

3.4 近似式

数式を使って理論を構成すると，物理量の定量的な予測ができるようになる．しかし，問題によっては，知りたい量や実験と比較したい量が直接的に得られないことも多い．例えば，ある実験的に測定できる量を理論的に予測するには，ある方程式を解かねばならず，コンピュータを使って数値的には予測値を得ることができても，“手で解けない”（数式で表すことができない）場合がある．そのようなときに近似式を用いて“手で解ける”問題にして解く．要するに難しい問題を難しいまま解こうとするのではなく，簡単な問題にして解くのである．そうすることによって，実験との比較が容易になったり，現象の本質が明らかになることもある．

物理化学では，小さな量やパラメータがしばしば登場する．小さな量 x が別の量 y と関係しているとき，まず思いつく関係は比例関係 $y = a_1 x$ あるいは 1 次式 $y = a_0 + a_1 x$ で表される線形関係と呼ばれる式である（a_0，a_1 は定数）．このような式は解析が可能である（手で解ける）ので，頻繁に用いられる近似式である．一般に，$f(x)$ 関数　を

$$f(x) = a_0 + a_1 x + a_2 x^2 + a_3 x^3 + \cdots \tag{36}$$

のように x のべき（x^n の形）の和で表すことを関数 $f(x)$ のべき級数展開と呼び，a_0，a_1，a_2，…を展開係数という．この式を微分すると

$$\begin{aligned} f'(x) &= a_1 + 2a_2 x + 3a_3 x^2 + \cdots \\ f''(x) &= 2a_2 + 3 \cdot 2 a_3 x + \cdots \end{aligned} \tag{37}$$

であるので，$f(0) = a_0$，$f'(0) = a_1$，$f''(0) = 2a_2$，…，$f^{(n)}(0) = n!a_n$ が得られる（$f^{(n)}(x)$ は $f(x)$ の n 階微分を表す）．よって，

$$f(x) = f(0) + f'(0)x + \frac{1}{2}f''(0)x^2 + \cdots + \frac{1}{n!}f^{(n)}(0)x^n \cdots \tag{38}$$

という表現が得られる．これを**マクローリン展開**という．これは，関数 $f(x)$ の $x = 0$ での情報から，その展開式を与えるものである．この式で x^2 に比例する項以降を無視すると $f(x)$ の 1 次近似式（線形近似式）$f(x) \cong f(0) + f'(0)x$ が得られる．この式は $y = f(x)$ の $x = 0$ における接線の式になっている．

以下にマクローリン展開の例を挙げる．

$$e^x = 1 + x + \frac{x^2}{2!} + \cdots + \frac{x^n}{n!} + \cdots \qquad (\,|x| < \infty\,) \tag{39}$$

$$\sin x = x - \frac{x^3}{3!} + \frac{x^5}{5!} - \cdots + (-1)^n \frac{x^{2n+1}}{(2n+1)!} + \cdots \qquad (\,|x| < \infty\,) \tag{40}$$

$$\cos x = 1 - \frac{x^2}{2!} + \frac{x^4}{4!} - \cdots + (-1)^n \frac{x^{2n}}{(2n)!} + \cdots \qquad (\,|x| < \infty\,) \tag{41}$$

$$\ln(1 + x) = x - \frac{x^2}{2} + \frac{x^3}{3} - \cdots + (-1)^{n-1}\frac{x^n}{n} + \cdots \qquad (\,|x| < 1\,) \tag{42}$$

$$\ln(1 - x) = -x - \frac{x^2}{2} - \frac{x^3}{3} - \cdots - \frac{x^n}{n} - \cdots \qquad (\,|x| < 1\,) \tag{43}$$

これらの式において x は物理的次元をもたない無次元量である．もし x が次元をもつ量であるとすると，例えば式（39）の右辺では，x の次元の 0 乗，1 乗，2 乗，… という異なる次元の量を足していることになり，意味がないからである．なお，無次元量は同じ次元をもった量の比となっていることが多い．例えば，長さの次元をもった 2 つの量 L_1，L_2 の比 L_1/L_2 は無次元量である．

マクローリン展開は原点の周りでの x による展開であるが，原点以外の点の周りでの展開式を得たい場合もある．例えば $x = a$ の近くでの $f(x)$ の振る舞いを知りたい場合がある．すなわち，$f(a + \Delta x)$ を Δx の展開式として表したい場合である．このような関数の展開は**テイラー展開**として知られ，式（38）で原点を $-a$ だけずらして x を Δx に置き換えれば

$$f(a + \Delta x) = f(a) + f'(a)\Delta x + \frac{1}{2}f''(a)(\Delta x)^2 + \cdots$$
$$+ \frac{1}{n!}f^{(n)}(a)(\Delta x)^n + \cdots \tag{44}$$

が得られる．テイラー展開は，実際の問題で近似式を得る際に頻繁に使われる．

以上は，x または Δx が小さいときに使われる近似式である．これに対し，大きな数に対する近似式もある．大きな数 $N \gg 1$ に対して

$$\ln N! \cong N \ln N - N \tag{45}$$

が成り立つ．これは**スターリングの式**と呼ばれ，統計力学でよく用いられる近似式である．

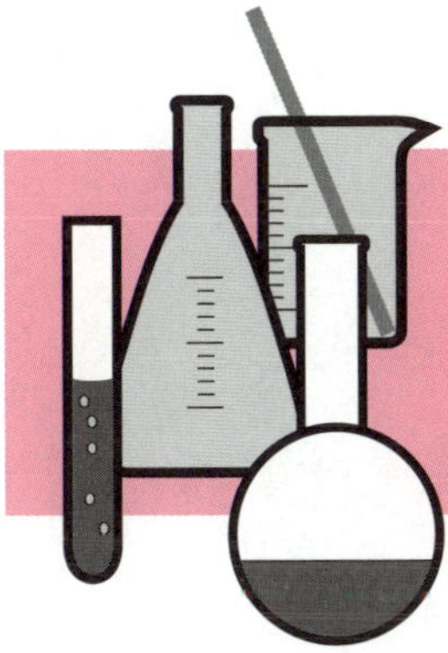

第1章　物質の構造

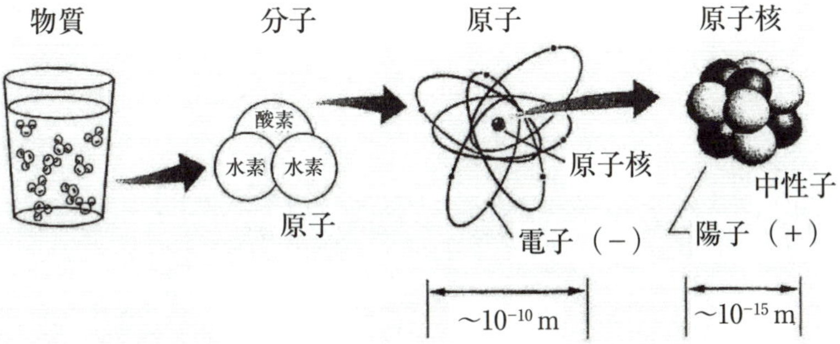

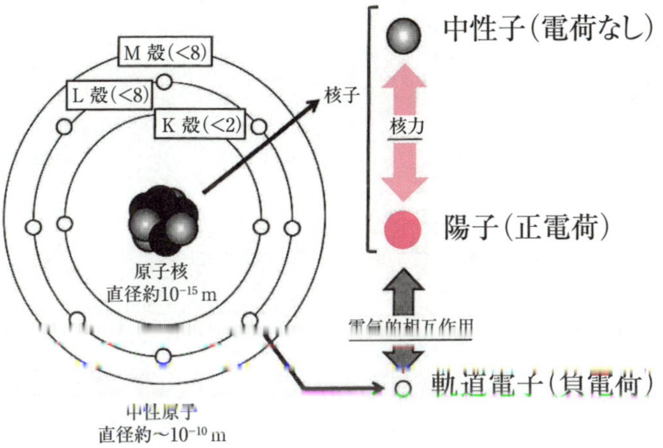

- ✓ 物質の性質の由来は，
  分子＞原子＞原子核・電子＞陽子・中性子の
  性質から考えよう．
- ✓ 原子や分子のサイズ，電子の授受のしやすさ，
  分子の立体構造や分極を理解しよう．

1.1 化学結合

薬物を含めた身の回りの物質の多くは，原子どうしが結合した分子という最小単位が集合したものである．したがって，物質の性質の由来は，その最小単位である分子の性質から紐解いていくべきであろう．では，個々の原子・分子の個性は何に由来するのであろうか．それは，原子や分子のサイズ，電子の授受のしやすさ，あるいは分子の立体構造や電荷分布を含めた分極などで決まるのである．本章では，これらの性質をより深く正確に取り扱うために，ミクロな世界を取り扱う**量子論**に基づいた原子の構造を理解し，さらに，原子と原子が結合した分子の性質の起源を理解することを目標とする．

1.1.1 原子の構造

A 電子殻と電子配置

量子論による原子や分子の取扱いを導入する前に，大学入学までにすでに学んだ原子や分子の基本的な知識を整理しておく．それらはこれから本章で学ぶ大学の原子・分子の取り扱いの中の一部分であり，正しいといえども不十分である．その点を明確にしながら，正しい描像をみていくことにする．

原子の構造は，中心に正電荷をもつ原子核（おおよそ 10^{-15} m）があり，その周りを電子が周回していると考えてきた．原子核は，正電荷をもつ陽子と電荷をもたない中性子から構成され，これら核子は核力（結合エネルギーの10万～100万倍）により強く結合しており，通常の化学反応においては壊れない．したがって，化学物質の性質は基本的には原子核のまわりを取り巻く電子の振る舞い，正確にいえばやり取りによって決まる．電子はクーロン力（静電引力）により原子核に束縛されているが，原子核と結合することはなく，原子核の大きさよりもはるかに大きい 10^{-10} m 程度の大きさで周回している．これが，原子のおおよそのサイズに相当する．

電子が原子核の周りを周回する領域は，図1.1のように限定されている．3次元でイメージすると，それは**電子殻**と呼ばれる球面状の領域で，内側から

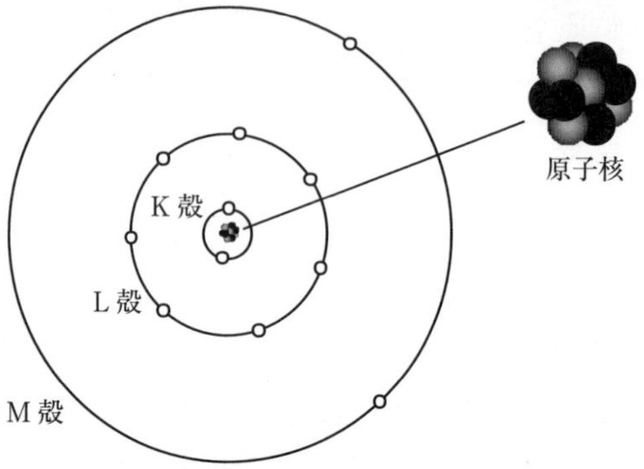

図 1.1　電子殻による原子モデル

陽子（＋電荷）1.672622×10^{-27} kg
中性子（中性）1.674927×10^{-27} kg
電子（－電荷）9.109382×10^{-31} kg

K殻（$n = 1$），L殻（$n = 2$），M殻（$n = 3$），N殻（$n = 4$）…

の順に外側に広がっていく．電子殻と電子殻の間の領域には電子は存在できない．ここで n は後に主量子数と呼ばれる値であり，詳細は次節で説明する．電子殻を用いれば，原子の電子配置は，

H：K^1

He：K^2

Li：K^2L^1

となる．図1.2のようになる．

ここで，Liでは K殻に2電子が配置されたのちに3個目の電子は L殻に配置される．その理由は，各電子殻に配置できる最大数が $2n^2$ と決まっているからである．したがって，K殻には最大2電子までしか配置できないので，次の電子は L殻に配置される．

原子の化学反応は電子のやり取りであると考えてよいため，それに関わる最外殻の電子，すな

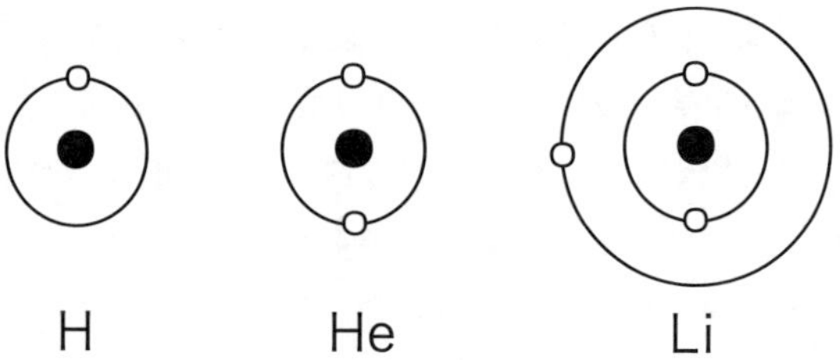

図 1.2　電子殻への電子配置

わち**価電子**が元素の性質を決める．化学的に安定な希ガス（18 族）元素では，

He：K^2

Ne：K^2L^8

Ar：$K^2L^8M^8$

Kr：$K^2L^8M^{18}N^8$

のように，ヘリウムを除いては最外殻の電子が 8 電子（価電子数は 0）という共通点があり，このような電子配置を取るとき原子は化学的に安定となる．1 族（アルカリ金属）元素では，

Li：$K^2\ L^1$

Na：$K^2L^8M^1$

K：$K^2L^8M^8N^1$

Rb：$K^2L^8M^{18}N^8O^1$

であり，安定な希ガス電子配置の外側に電子が 1 つ配置される形となる．したがって，最外殻電子を放出すれば希ガス電子配置となり，一価の陽イオンが安定であるというよく知られた性質が説明できる．同様に，希ガス電子配置から電子が 1 つ足りないハロゲン元素では，電子を 1 つ取り込み一価の陰イオンとして安定に存在するわけである．

[例題 1.1]　17 族元素（ハロゲン元素）である $_9F$，$_{17}Cl$，$_{35}Br$，$_{53}I$ の電子配置を電子殻を用いて表せ．

[解答]　F：K^2L^7，Cl：$K^2L^8M^7$，Br：$K^2L^8M^{18}N^7$，I：$K^2L^8M^{18}N^{18}O^7$

次に，原子と原子が化学結合し分子を形成することについて考える．化学結合を代表する共有結合は，結合する原子が価電子を持ち寄り，共有電子対として保持することにより形成される．図 1.3 はメタンの場合であるが，炭素原子の 4 つの価電子が 4 本の手のようにそれぞれで水素原子と共有結合をした結果，実質的に水素の価電子が 2，炭素の価電子が 8（0）となり，希ガスのような安定した価電子数をとる．実際に，多くの安定な分子では，構成原子がこのような価電子数を満たしており，これを**オクテット則**という．

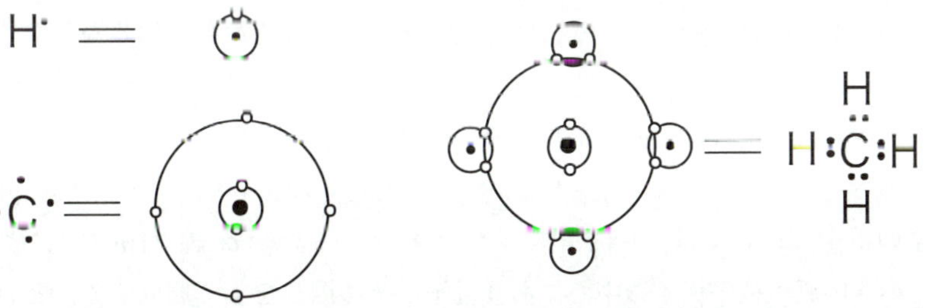

図 1.3　電子殻によるメタンの結合と電子式

[例題 1.2]　N_2，O_2，H_2O，NH_3，CH_3OH について，図 1.3 と同様の電子式を描け．

[解答]　略

ここまでは，電子をミクロな粒子として厳密に取扱うことをしなくても説明できる範囲である．

しかし，例えば，球面状の電子殻だけで現在100種類を超える元素の多様性を説明することは，いささか困難である．また，電子数が比較的少ないカリウムの電子配置（$K^2L^8M^8N^1$）に見られるように，電子は必ずしも内側の電子殻から順序よく配置されるわけではないし，閉殻といわれる希ガスの最外殻電子が最大電子数ではなく8個であることなどは，電子殻モデルからでは理由が推察できない．さらにいえば，電子式で描かれるような共有電子対を介在して原子核が引き合うということが，強固でかつ柔軟性をもつ立体的な分子が形成されることになるとは，電子という粒子が常に運動していることを考えると想像しがたい．そこで完全な量子論的な取扱いが必要になってくるわけである．いずれにしても，上述した電子殻モデルを用いることにより，簡単な分子の化学結合は大方説明ができる．

B 量子論の導入と原子軌道

電子のようなミクロな粒子が関わる諸現象は，眼に見える回りの物体のそれとは大きく異なる性質を示すことが実験事実として報告されてきた．その解釈の過程で，量子力学という物理学が20世紀前半に確立され，原子や分子の構造を厳密に取り扱う方法論ができあがった．その結論は，さきに述べた電子殻という電子の存在領域は，厳密には**原子軌道**と呼ばれるものを簡略化したものに相当するということである．一体それはどのようなものなのか．その前に，量子論誕生から簡単に説明する．

端緒となるのは，波動と考えられていた光が「波動性と同時に粒子性を併せもつ」という発見である．1900年プランクは，物質が放つ光の波長分布を説明するために，電磁波である光が，一方では「エネルギー$E = h\nu$をもつ粒」の集団である，と考えるとうまく説明できることを示した．ここで，$h = 6.63 \times 10^{-34}$ [J s] は**プランク定数**と呼ばれる量子論における基本単位であり，ν [Hz] は光の周波数であり，波長λと光速cにより$\nu = c/\lambda$と表される．このエネルギー量子仮説を用いて1905年，アインシュタインが光電効果という現象を解釈することに成功し，光は$h\nu$という波長あるいは振動数に依存した単位エネルギーをもつと考える光量子説が確立された．光の粒子を**光子**と呼び，この考えに従えば，同じ波長をもつ強い光は，図1.4のように波動性という立場から見れば振幅が大きい電磁波ということになるが，粒子性では単位時間当たりに通過する光子数が多い光子集団という描像と同等となる．また波長が短くなれば，1光子当たりのエネルギーが大きくなる．分子が光を吸収するとその光の一部は消滅するわけであるが，そのような現象を取り扱う場合は，光子1つが分子に吸収されたという粒子性を用いた考え方で説明する．

一方，原子の構造については，1909年にラザフォードによるα線（He^{2+}）による散乱実験から，極めて小さい原子核が原子の中心にあり電子はその周りを広く周回する，という現在では馴染みのある原子モデルができあがった．しかし，同時に，電子はどのように周回しているのかという問題が浮かび上がった．古典力学によれば，電子は原子核からの静電引力（電磁力）を受け周回し続ける，と考えたくなるが，荷電粒子は円運動をすると運動エネルギーを電磁波として放出してしまうので速度を保つことができない．また，原子からは原子固有のとびとびの波長の光が発せられるという実験事実があり，それに電子の運動が関わっていることは確かであるが，

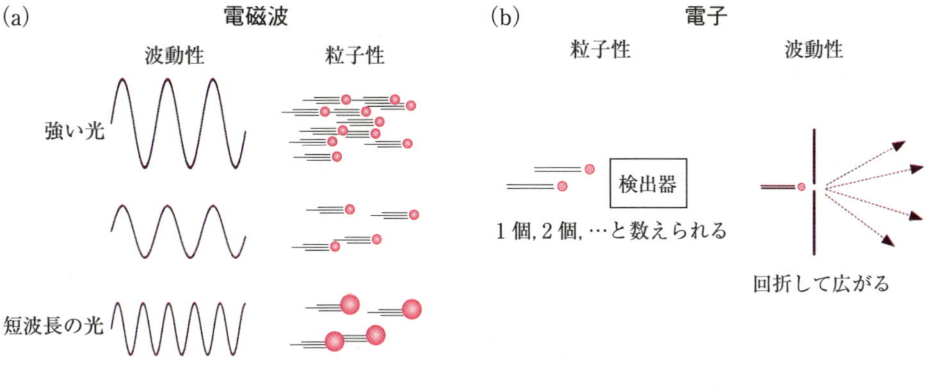

図 1.4

(a) 光の波動性と粒子性のイメージ．分子が光を吸収するということは，分子が光子という粒子1つをエネルギーとして取り込むというイメージとなる．
(b) 電子の粒子性と波動性．電子1つを検出できる装置では，確かに1個，2個，…と数えられる．この電子という粒子を小さな穴に通過させると，広がる性質があり，これは波動の性質に他ならない．

その波長も説明できなかった．つまり，太陽と惑星のような，自由に周回運動するという取り扱いでは説明できない．

これを解決したのが1913年ボーアによる量子条件の提案である（図1.5）．それによれば，

① 電子は決まった軌道を周回しつづけ，そこだけはニュートン（古典）力学が成り立つ
② 軌道間で電子が移動（遷移）するときのみ光量子を1つ放出する

というものであった．この決まった軌道に課した条件が，電子の角運動量 mvr

$$mvr = n\frac{h}{2\pi} \quad (n：自然数) \tag{1.1}$$

である．これには特に根拠はなかったようである．電子の円運動を保つ向心力は原子核からの静電引力に等しいので，水素原子で考えるとその条件は，

$$\frac{mv^2}{r} = \frac{e^2}{4\pi\varepsilon_0 r^2} \tag{1.2}$$

である．式（1.1），式（1.2）より電子が周回する軌道半径 r およびその時の電子のエネルギー E

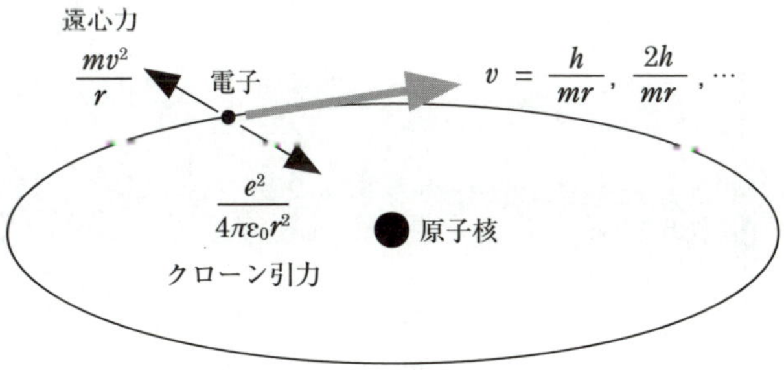

図 1.5　ボーアの量子条件

が，整数 n によって量子化された形でそれぞれ求められ，

$$r_n = n^2 \frac{\varepsilon_0 h^2}{\pi m e^2} = n^2 a_0 \tag{1.3}$$

$$E_n = -\frac{1}{n^2} \frac{m e^4}{8 \varepsilon_0{}^2 h^2} \tag{1.4}$$

となる．

これにより，水素原子から発せられる光のエネルギー $\Delta_{mn}(\propto \lambda_{mn}^{-1})$ は，

$$\Delta_{mn} = E_m - E_n = \left(\frac{1}{n^2} - \frac{1}{m^2} \right) R\,,\ (m > n) \tag{1.5}$$

と表され，自然数 n, m の組合せで決まる値に限られる．ここで，

$$R = \frac{m e^4}{8 \varepsilon_0{}^2 h^2}$$

である．

この結果より，図1.6のように見事に観測事実が再現された．この取り扱いは古典力学の域を脱しているわけではないが，量子力学が確立される過程の1つの節目となり，特に前期量子論と呼ばれる．ここで導かれた a_0（$= 5.29 \times 10^{-11}$ m）は**ボーア半径**，R（$= 1.097 \times 10^7\,\mathrm{m}^{-1}$）は**リュードベリ定数**と呼ばれ，重要な物理定数の1つである．

その後の量子力学の確立には，波動力学と行列力学という2つの流れがあった．その重要なきっかけとなるのが，1924年のド・ブロイによる**物質波**の提案であった．これは，波動である光が粒子性をもつのであれば，粒子である電子も波動性をもつのではないかという考え方であり（図1.4），質量 m，速度 v で運動する運動量 p（$= mv$）の物質波の波長を，

$$\lambda = \frac{h}{p} \tag{1.6}$$

と表したものである．この波長は**ド・ブロイ波長**と呼ばれる．物質波の考え方により，ボーアが仮定した量子条件①が，安定な波が存在できる条件を意味していたことが見いだされた．また，

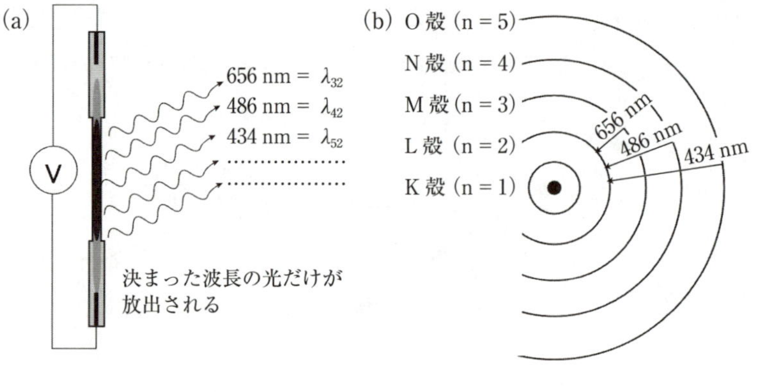

図1.6

(a) 水素放電からは限られた波長の光しか放射されない．図中にその一部を示した．
(b) ボーアの考え方により光の波長が説明できる．

式（1.6）の関係を，波動を表す一般式に代入することにより，1926年，シュレディンガーは**波動方程式**（**シュレディンガー方程式**）として物質の波動性を数学的に記述し，量子力学の基礎方程式を確立させた．これは量子力学の中でもとくに波動力学と呼ばれるものである．もう1つが，1925年ハイゼンベルグにより提案された行列力学であり，これら2つは互いに同じものであったが，今日では，波動方程式をもとに電子のようなミクロな粒子の振る舞いを取り扱うのが一般的である．そこでは，電子の存在確率を波として取り扱う．そして，電子は確かにどこかに存在しているはずであるが，それは，観測するまではどこにあるかわからない，という視点に切り替えなくてはならない．このことは，1927年にハイゼンベルグが提唱した不確定性原理（位置と運動量は同時に確定できない）とも関連する．すなわち，電子の位置を決めなければ，存在確率分布という形で電子の運動形態をとらえることができるが，もし，電子の位置を確定したならば，確率分布の情報は失われてしまう．これから見ていくように，原子・分子の性質を理解するためには存在確率の分布が必要で，電子の位置を特定することは重要ではない．

量子力学による水素原子の取扱いを見てみる．これは，図1.7のようなポテンシャル（穴）の中の電子がどんな状態で存在できるかを考えるのに等しい．電子の運動を表すシュレディンガー方程式は式（1.7）のような二次微分方程式になる．

$$\underbrace{-\frac{\hbar^2}{2m}\left(\frac{\partial^2}{\partial x^2}+\frac{\partial^2}{\partial y^2}+\frac{\partial^2}{\partial z^2}\right)}_{\text{運動エネルギーに関わる演算子}}\underbrace{\Psi(x,y,z)}_{\text{波動関数}}+\underbrace{V(x,y,z)}_{\text{ポテンシャルエネルギーに関わる演算子}}\underbrace{\Psi(x,y,z)}_{\text{波動関数}}=\underbrace{E}_{\text{全エネルギー}}\underbrace{\Psi(x,y,z)}_{\text{波動関数}} \tag{1.7}$$

ここで，$\hbar = h/2\pi$ であり，m は電子の質量である*．この方程式の左辺第一項は運動エネルギー，第二項はポテンシャルエネルギーを表し，右辺の E は電子の全エネルギー（＝運動エネルギー＋ポテンシャルエネルギー）を表す．各項に共通する**波動関数** Ψ が電子の存在を表す波動

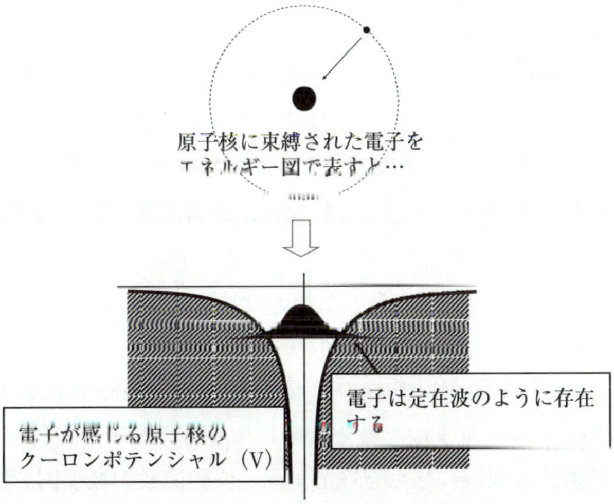
原子核に束縛された電子を
エネルギー図で表すと…
電子は定在波のように存在する
電子が感じる原子核の
クーロンポテンシャル（V）

図1.7　水素原子の電子分布

「クーロンポテンシャルに束縛された電子」の運動を「量子力学」で解いた解である．

*厳密には原子核の運動を考慮しなくてはならないが，原子核の質量が電子の質量よりもはるかに大きいことから式（1.7）のように近似できる．

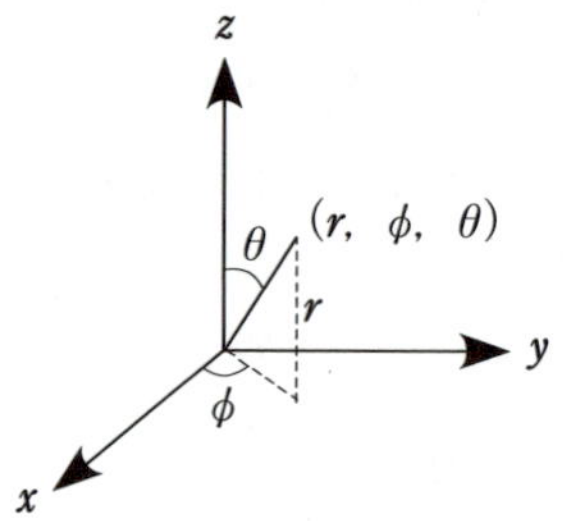

図1.8　極座標系

になる．いま，原子核のまわりを周回する電子を考えているので，ポテンシャル V はクーロンポテンシャル

$$V(r) = -\frac{e^2}{4\pi\varepsilon_0 r} \tag{1.8}$$

が入る．さて，式（1.7）から，電子に関する情報をどのように導けばよいのだろうか．それは，この方程式を満たす

① 波動関数 ψ

② 波動の全エネルギー E

の2つを決めるということである．粒子の波動関数である ψ は文字通り粒子の波動性を表すが，その役割として重要なのが電子の位置情報であり，$|\psi|^2$ が存在確率を表すことになる．式（1.7），式（1.8）による波動方程式は，いわゆる直交座標系（x, y, z）では取り扱いにくいために，通常は図1.8の極座標系で取り扱う．そうすると，解は次のとおりとなる．

$$\psi_{n,l,m} = R_{n,l}(r)\,Y_{l,m}(\theta,\phi) \tag{1.9}$$

$$E_n = -\frac{1}{n^2}\frac{me^4}{8\varepsilon_0{}^2h^2} \tag{1.10}$$

式（1.10）からわかるように，エネルギー E_n は量子数 n で決まり，ボーアによる古典的なモデルから得られたエネルギー式（1.5）が結局導かれたわけであり，前期量子論における仮定は定在波の条件であるという根拠付けができたことになる．一方，式（1.9）であるが，電子の位置に対して，

動径波動関数 R：原子核からの距離 r の関数
角波動関数 Y：原子核からの方向（θ, ϕ）の関数

から構成される．この波動関数が原子核のまわりの電子の位置情報を含む**原子軌道** atomic orbital と呼ばれるものであり，電子殻を厳密に表したものである．式（1.9）の具体的な数式は本書では省き，関数の形状の理解に焦点を当てよう．波動関数の概要図を図1.9に示す．2つの関数 R と Y のうち，R により電子が原子核からどのくらいの距離に存在しているかを表し，Y によりその分布の形状や方向を表すということになる．図1.9から，電子の存在確率の高い領域は，もはや球対称ではないことがわかるだろう．また，軌道がくびれている部分は節と呼ばれ，電子の存在確率はゼロである．

関数 R は整数 n, l をパラメータとした関数であり，Y は整数 l, m をパラメータとした関数で

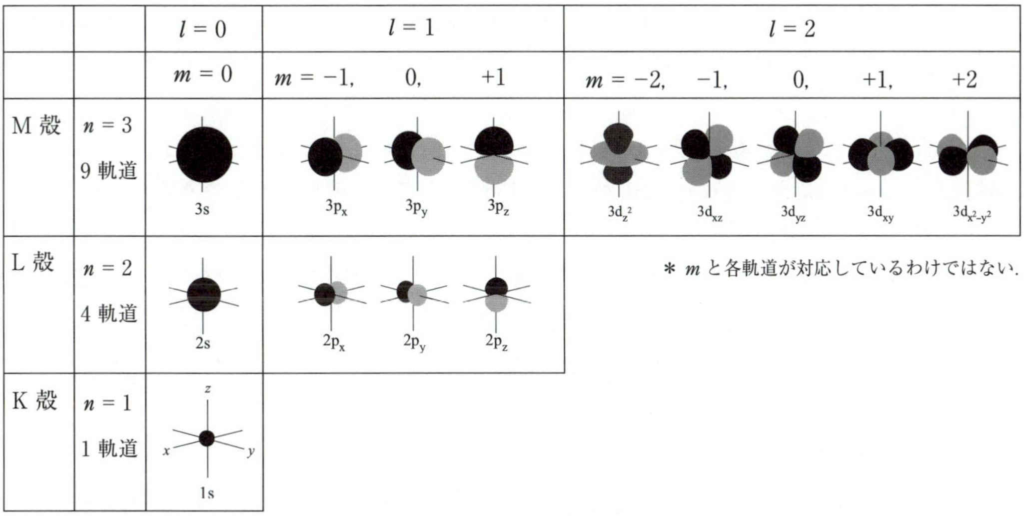

図 1.9　原子軌道の形状

黒い部分と灰色の部分は，それぞれ波動関数の符号が＋と－に対応する．磁気量子数 m がどの軌道に対応するかはひとまず考えなくてもよい．n が大きくなるにつれて，軌道が広がる．また，l が増えるとともに節が増えていく様子が波の性質を表している．2s, 3s, 3p 軌道には，内側に節があるがこの図では見えていない．

あるため，(n, l, m) の組合せにより原子軌道は規定される（制限される）ことになる．これがすなわち，電子は限られた形状でしか存在できない，あるいは，離散的な（とびとびの）エネルギーをもつ，ということの由来といえる．ここで，n を**主量子数**，l を**方位量子数**，m を**磁気量子数**と呼び，それぞれとりうる値は，

$$\begin{cases} n = 1, 2, 3 \cdots\cdots \\ l = 0, 1, 2, \cdots\cdots, n-1, \\ m = -l, -(l-1), \cdots\cdots, \ l-1, \ l \end{cases}$$

である．したがって，(n, l, m) の組合せの数は，ある n に対し，$1 + 3 + 5 + \cdots 2n - 1 = n^2$ となる．後の説明で出てくるが，1 つの軌道には 2 電子まで配置できる，という規則を適用すれば，電子殻の最大電子数 $2n^2$ が導かれる．

原子軌道をもう一度よく見てみる．前節で扱った電子殻という球面状の電子の存在形態は，図 1.9 の対応に見るように，より細分化された原子軌道というものに置き換えられる．例えば，$n = 2$ ならば $(n, l, m) = (2, 0, 0)\ (2, 1, -1)\ (2, 1, 0)\ (2, 1, 1)$ の 4 つの組合せで表される原子軌道がある．原子軌道の名称は，主量子数と l に対して次のように対応させたアルファベットで表す．

$l = 0$	1	2	3	4
s	p	d	f	g

つまり，$n = 2$ に対して，$l = 0, m = 0$ で表される軌道は 2s 軌道，$l = 1$，$m = 0, \pm 1$ の 3 つの軌道は 2p 軌道となる．図 1.9 の原子軌道の図について慣れてもらうための要点は 2 つである．

① 電子の存在確率の高い領域を表している．電子の正確な位置はわからない．

② 1s 軌道以外は，教科書によって領域が色分けされたり，あるいは＋/－の符号が付記されていることがある．これは，波動の正負を表している．存在確率は関数を 2 乗するので互いに全

く同じものである．ただし，原子軌道どうしを組み合わせるという操作をする場合には，波の干渉が起こるので，考慮しなくてはならない．

［例題 1.3］ $n = 4$ である原子軌道には何があるか．軌道の名称と数を答えなさい．

［解答］ 4s 軌道が 1 つ，4p 軌道が 3 つ，4d 軌道が 5 つ，4f 軌道が 7 つある．

ここで，図 1.9 で示した原子軌道の動径分布関数 $|rR(r)|^2$ を図 1.10 で比較する．これは，原子核からの距離 r における電子の存在確率の相対比である．

主量子数 n の増加とともに，電子が存在する領域が外側に広がることがわかる．また，分布には（$n - l$）個の節があり，外側の最大分布の他に，内側にも存在確率の高い領域があることがわかる．この内側の電子分布は，例えば 2s 軌道と 2p 軌道のエネルギー関係を決定する要因となる．図 1.9 と図 1.10 で見てきたように，存在確率が全くない節がところどころに生じているあたりは，まさに電子の存在が「波動」であることを示している．

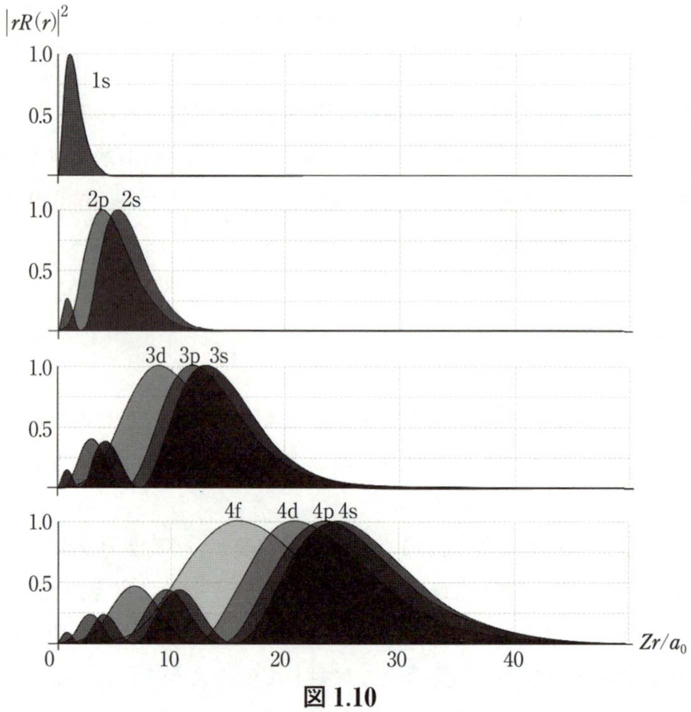

図 1.10

核電荷 Z の原子核からどのくらいの距離に電子が存在する確率が高いかを表している．主量子数とともに大きくなるのがわかる．また，分布は $n - l > 0$ であれば，節が $n - l$ の数だけあるのがわかる．

C 原子軌道への電子配置

電子殻（K 殻，L 殻，…）に電子を配置したように，原子軌道（1s, 2s, 2p, …）に電子を配置する．それには，基本的な 3 つの規則がある．

① エネルギーの低い軌道から順に電子を配置する

② 1つの原子軌道には電子スピンを互いに逆にして，2つの電子まで配置できる（**Pauli の排他原理**）

③ 縮重した軌道（例えば，3つの 2p 軌道のような等価な軌道）があるとき，なるべく電子スピンが同じ向きに揃うように，別々の軌道に配置する（**Hund の規則**）

① と ③ は，原子のもつエネルギーがいかに低くなるか，つまり安定な原子となるかということからの要請である．一方，② は，素粒子としての電子の性質によるものである．

① のエネルギーが低い順に電子が配置されるということであるが，原子軌道の一般的なエネルギー関係は図 1.11 のようになる．ここで，エネルギーが低い軌道の電子は原子核に強く束縛されていることに対応し，逆にエネルギーの高い原子軌道の電子は，原子核からの束縛が弱いと

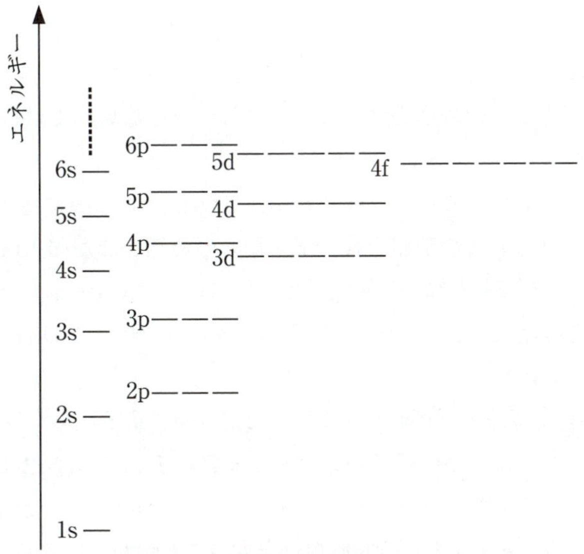

図 1.11　原子軌道のエネルギー

エネルギーが低い軌道ほど原子核に強くひきつけられ，電子は取れにくい．水素原子や 1 電子イオンの場合のエネルギーは，2s = 2p，3s = 3p = 3d である．

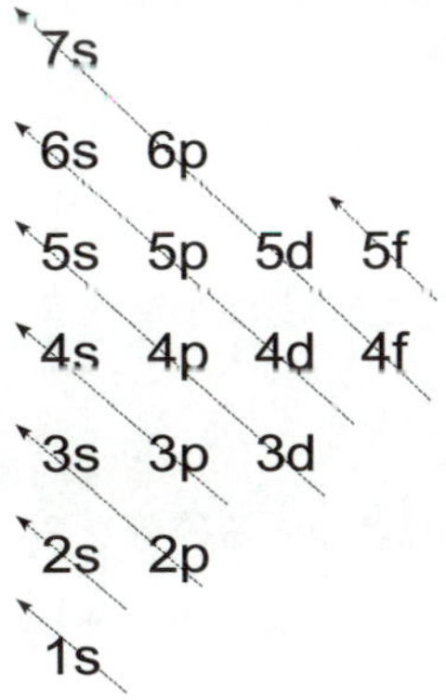

図 1.12　原子軌道への電子配置の基本的な順序

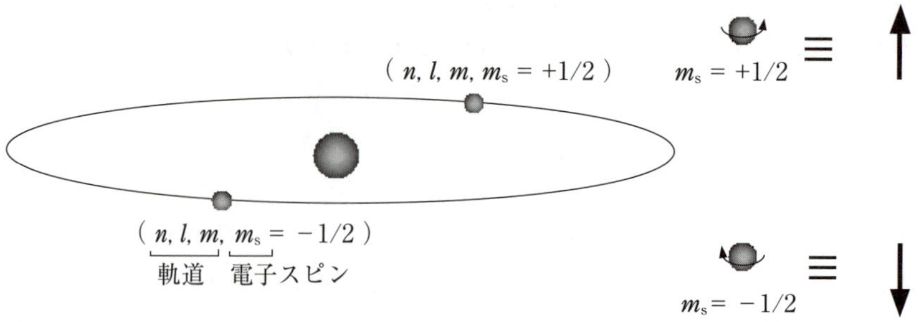

図 1.13　電子スピンのイメージ
右は一般にスピンを区別した時の電子の標識.

いうことになる．したがって，原子がイオン化するときは，通常最も高い軌道に配置された電子が原子から離れ陽イオンになり，原子が負イオンになるときは，最も低い空軌道に電子が入るのである．さて，図 1.11 の軌道のエネルギー関係を見ると，低い順に 1s, 2s, 2p, 3s, 3p, 4s, 3d…となっており，必ずしも主量子数の順番になっているわけではない．これは，図 1.10 で見られたように，原子軌道の動径分布は適度に入り組んでおり，n が大きくても原子核に近い領域における存在確率があるからである．これで，M 殻が満たされる前に N 殻に電子が配置されるカリウムの電子配置が説明される．この順序を書き下すための便利な図が図 1.12 である．しかし，図 1.11 に見るように，エネルギーが高い原子軌道は互いに近接するために，電子配置によってエネルギーはシフトし，その結果，表 1.1 のように典型元素以外では，この順序どおりでは基底状態の電子配置とならない場合もある．

次に ② の Pauli の排他原理と呼ばれる規則であるが，同じ量子数をもつ電子は存在できない，というものである．すでに原子中の電子は 3 つの量子数 n, l, m の組合せにより分類されることを述べたが，これは，原子軌道を特徴づけるものであり，いわば電子の運動である．ところが電子には，それに加えて**電子スピン**という自転運動をもつことがわかっており，その運動量を表すスピン量子数 $S = 1/2$ がある．それに伴い，スピン磁気量子数 m_s が取りうる値が $+1/2$ と $-1/2$ の 2 種類あり，一般に上向きスピンと下向きスピンと呼ばれたりする．その結果，(n, m, l) で決まる原子軌道には，電子は $(n, m, l, m_s = 1/2)$ か $(n, m, l, m_s = -1/2)$ の 2 つの電子しか存在できない，ということになる（図 1.13）.

この ①，② の規則に従えば，水素からベリリウムまでであれば，

$_1H : 1s^1$

$_2He : 1s^2$

$_3Li : 1s^2 2s^1$

$_4Be : 1s^2 2s^2$

となる（図 1.14）．さて，ホウ素以降は 3 つある等価な 2p 軌道にどのように電子が配置されるであろうか．ここで ③ の Hund の規則が適用され，図 1.15 のようにホウ素からネオンまで電子が配置される．

$_5B : 1s^2 2s^2 2p^1$

$_6C : 1s^2 2s^2 2p^2$

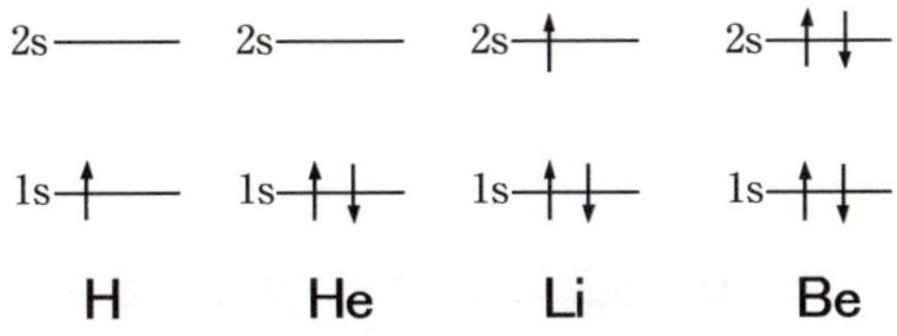

図 1.14　原子軌道への電子配置

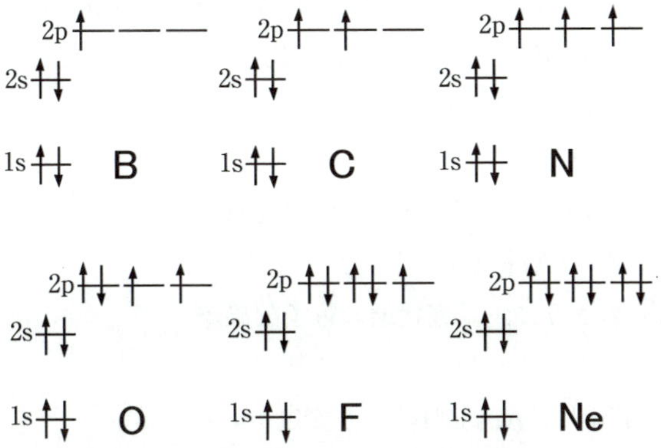

図 1.15　原子軌道への電子配置

$_{7}N$：$1s^22s^22p^3$

$_{8}O$：$1s^22s^22p^4$

$_{9}F$：$1s^22s^22p^5$

$_{10}Ne$：$1s^22s^22p^6$

図 1.16 に示した炭素原子の可能な電子配置を用い，Hund の規則の意味について考える．実際に図 1.16 のような電子配置をした炭素原子は存在する．しかし，通常，原子は最もエネルギーが低い安定な電子配置を取ることになるので，炭素原子の電子配置は Hund の規則に従った (a) になる．これを基底状態と呼ぶ．定性的な説明をすると，(c) の場合は同じ軌道に電子が 2 つ配置されているので，電子反発が大きいために (a) と比較して不安定である．また，(b) は別々の軌道に電子があるが，電子スピンが反対方向であるために (a) と比較して電子が相互作用しやすい結果，不安定といえる．このようなスピンの向きによる Pauli の原理と電子反発による効果を交換相互作用と呼ぶ．

図 1.11 によれば，np 軌道の次は $(n+1)$s 軌道に電子が配置されるが，図 1.10 を改めて見てみると，2p 軌道と 3s 軌道の間，3p 軌道と 4s 軌道の間，など np 軌道と次の $(n+1)$s 軌道のエネルギー間隔が広いことがわかる．すなわち，np 軌道の電子は取れにくく，また，次の $(n+1)$s 軌道の電子は取れやすい．したがって，np 軌道が埋まった段階で，電子の授受をしにくくなるといえる．これが，最外殻が ns^2np^6 の 8 電子による希ガス電子配置が化学的に安定というゆえんの 1 つと考えられる．

多くの原子が上記の 3 つの規則により電子配置したものが基底状態であるが，軌道のエネルギーは電子の配置により多少変化する．例えば，電子が配置されていない状態では，3d 軌道の方

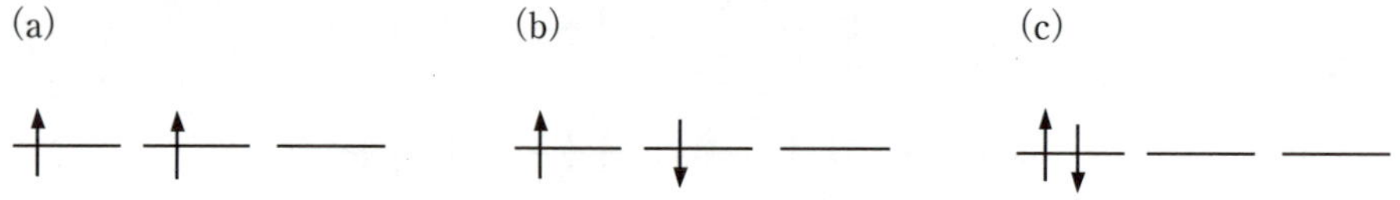

図 1.16　炭素の 2p 軌道への電子配置

(a) 基底状態および (b)，(c) 励起状態．ただし，多くの場合は，励起状態といえば，2p 軌道よりも高い軌道に電子が配置された状態を呼ぶ．

が 4s 軌道よりも高エネルギーである．しかし，4s 軌道が埋まり 3d 軌道に電子が配置され始めると，核電荷の増加に伴い軌道のエネルギーが変化する．その安定化の度合いは 4s よりも 3d の方が大きい．その結果，Mn の電子配置は

$_{25}Mn$: [Ar]$3d^5 4s^2$

であるが，2 電子がとれて Mn^{2+} となるとき，その電子配置は，

Mn^{2+} : [Ar]$3d^5$（[Ar]$3d^3 4s^2$ ではない）

である．また，Cr や Cu のように，基底状態の電子配置が

$_{24}Cr$: [Ar]$3d^5 4s^1$（[Ar]$3d^4 4s^2$ より安定）

$_{29}Cu$: [Ar]$3d^{10} 4s^1$（[Ar]$3d^9 4s^2$ より安定）

のようなケースもある．エネルギーが近接した原子軌道がある場合は，エネルギーの高い軌道に電子を配置して電子反発を回避する方が，安定になることがある．

［例題 1.4］　$_{32}Ge$，$_{74}W$ の電子配置を図 1.5 の要領で書きなさい．

［解答］　電子配置については表 1.1 で答え合わせをしてみよう．図は，3 つの規則に従って配置してみよう．$_{32}Ge$ では最外殻の $4p^2$，$_{74}W$ では $5d^4$ の部分に Hund の規則が適用される．

表 1.1　原子の電子配置

Z	元素	電子配置	Z	元素	電子配置	Z	元素	電子配置
1	H	$1s$	37	Rb	[Kr] $5s$	73	Ta	[Xe] $4f^{14}\ 5d^3\ 6s^2$
2	He	$1s^2$	38	Sr	[Kr] $5s^2$	74	W	[Xe] $4f^{14}\ 5d^4\ 6s^2$
3	Li	[He] $2s$	39	Y	[Kr] $4d\ 5s^2$	75	Re	[Xe] $4f^{14}\ 5d^5\ 6s^2$
4	Be	[He] $2s^2$	40	Zr	[Kr] $4d^2\ 5s^2$	76	Os	[Xe] $4f^{14}\ 5d^6\ 6s^2$
5	B	[He] $2s^2\ 2p$	41	Nb	[Kr] $4d^4\ 5s$	77	Ir	[Xe] $4f^{14}\ 5d^7\ 6s^2$
6	C	[He] $2s^2\ 2p^2$	42	Mo	[Kr] $4d^5\ 5s$	78	Pt	[Xe] $4f^{14}\ 5d^9\ 6s$
7	N	[He] $2s^2\ 2p^3$	43	Tc	[Kr] $4d^5\ 5s^2$	79	Au	[Xe] $4f^{14}\ 5d^{10}\ 6s$
8	O	[He] $2s^2\ 2p^4$	44	Ru	[Kr] $4d^7\ 5s$	80	Hg	[Xe] $4f^{14}\ 5d^{10}\ 6s^2$
9	F	[He] $2s^2\ 2p^5$	45	Rh	[Kr] $4d^8\ 5s$	81	Tl	[Xe] $4f^{14}\ 5d^{10}\ 6s^2\ 6p$
10	Ne	[He] $2s^2\ 2p^6$	46	Pd	[Kr] $4d^{10}$	82	Pb	[Xe] $4f^{14}\ 5d^{10}\ 6s^2\ 6p^2$
11	Na	[Ne] $3s$	47	Ag	[Kr] $4d^{10}\ 5s$	83	Bi	[Xe] $4f^{14}\ 5d^{10}\ 6s^2\ 6p^3$
12	Mg	[Ne] $3s^2$	48	Cd	[Kr] $4d^{10}\ 5s^2$	84	Po	[Xe] $4f^{14}\ 5d^{10}\ 6s^2\ 6p^4$
13	Al	[Ne] $3s^2\ 3p$	49	In	[Kr] $4d^{10}\ 5s^2\ 5p$	85	At	[Xe] $4f^{14}\ 5d^{10}\ 6s^2\ 6p^5$
14	Si	[Ne] $3s^2\ 3p^2$	50	Sn	[Kr] $4d^{10}\ 5s^2\ 5p^2$	86	Rn	[Xe] $4f^{14}\ 5d^{10}\ 6s^2\ 6p^6$
15	P	[Ne] $3s^2\ 3p^3$	51	Sb	[Kr] $4d^{10}\ 5s^2\ 5p^3$	87	Fr	[Rn] $7s$
16	S	[Ne] $3s^2\ 3p^4$	52	Te	[Kr] $4d^{10}\ 5s^2\ 5p^4$	88	Ra	[Rn] $7s^2$
17	Cl	[Ne] $3s^2\ 3p^5$	53	I	[Kr] $4d^{10}\ 5s^2\ 5p^5$	89	Ac	[Rn] $6d\ 7s^2$
18	Ar	[Ne] $3s^2\ 3p^6$	54	Xe	[Kr] $4d^{10}\ 5s^2\ 5p^6$	90	Th	[Rn] $6d^2\ 7s^2$
19	K	[Ar] $4s$	55	Cs	[Xe] $6s$	91	Pa	[Rn] $5f^2\ 6d\ 7s^2$
20	Ca	[Ar] $4s^2$	56	Ba	[Xe] $6s^2$	92	U	[Rn] $5f^3\ 6d\ 7s^2$
21	Sc	[Ar] $3d\ 4s^2$	57	La	[Xe] $5d\ 6s^2$	93	Np	[Rn] $5f^4\ 6d\ 7s^2$
22	Ti	[Ar] $3d^2\ 4s^2$	58	Ce	[Xe] $4f\ 5d\ 6s^2$	94	Pu	[Rn] $5f^6\ 7s^2$
23	V	[Ar] $3d^3\ 4s^2$	59	Pr	[Xe] $4f^3\ 6s^2$	95	Am	[Rn] $5f^7\ 7s^2$
24	Cr	[Ar] $3d^5\ 4s^1$	60	Nd	[Xe] $4f^4\ 6s^2$	96	Cm	[Rn] $5f^7\ 6d\ 7s^2$
25	Mn	[Ar] $3d^5\ 4s^2$	61	Pm	[Xe] $4f^5\ 6s^2$	97	Bk	[Rn] $5f^8\ 6d\ 7s^2$ / $5f^9\ 7s^2$
26	Fe	[Ar] $3d^6\ 4s^2$	62	Sm	[Xe] $4f^6\ 6s^2$	98	Cf	[Rn] $5f^9\ 6d\ 7s^2$ / $5f^{10}\ 7s^2$
27	Co	[Ar] $3d^7\ 4s^2$	63	Eu	[Xe] $4f^7\ 6s^2$	99	Es	[Rn] $5f^{10}\ 6d\ 7s^2$ / $5f^{11}\ 7s^2$
28	Ni	[Ar] $3d^8\ 4s^2$	64	Gd	[Xe] $4f^7\ 5d\ 6s^2$	100	Fm	[Rn] $5f^{11}\ 6d\ 7s^2$ / $5f^{12}\ 7s^2$
29	Cu	[Ar] $3d^{10}\ 4s^1$	65	Tb	[Xe] $4f^9\ 6s^2$	101	Md	[Rn] $5f^{12}\ 6d\ 7s^2$ / $5f^{13}\ 7s^2$
30	Zn	[Ar] $3d^{10}\ 4s^2$	66	Dy	[Xe] $4f^{10}\ 6s^2$	102	No	[Rn] $5f^{13}\ 6d\ 7s^2$ / $5f^{14}\ 7s^2$
31	Ga	[Ar] $3d^{10}\ 4s^2\ 4p$	67	Ho	[Xe] $4f^{11}\ 6s^2$	103	Lr	[Rn] $5f^{14}\ 6d\ 7s^2$
32	Ge	[Ar] $3d^{10}\ 4s^2\ 4p^2$	68	Er	[Xe] $4f^{12}\ 6s^2$	104		[Rn] $5f^{14}\ 6d^2\ 7s^2$
33	As	[Ar] $3d^{10}\ 4s^2\ 4p^3$	69	Tm	[Xe] $4f^{13}\ 6s^2$	105		[Rn] $5f^{14}\ 6d^3\ 7s^2$
34	Se	[Ar] $3d^{10}\ 4s^2\ 4p^4$	70	Yb	[Xe] $4f^{14}\ 6s^2$	106		[Rn] $5f^{14}\ 6d^4\ 7s^2$
35	Br	[Ar] $3d^{10}\ 4s^2\ 4p^5$	71	Lu	[Xe] $4f^{14}\ 5d\ 6s^2$			
36	Kr	[Ar] $3d^{10}\ 4s^2\ 4p^6$	72	Hf	[Xe] $4f^{14}\ 5d^2\ 6s^2$			

D　元素の諸性質と電子配置

(1) 周期表と電子配置

原子軌道による電子配置と周期表の関係を確認しておこう．元素の化学的性質は，価電子ある

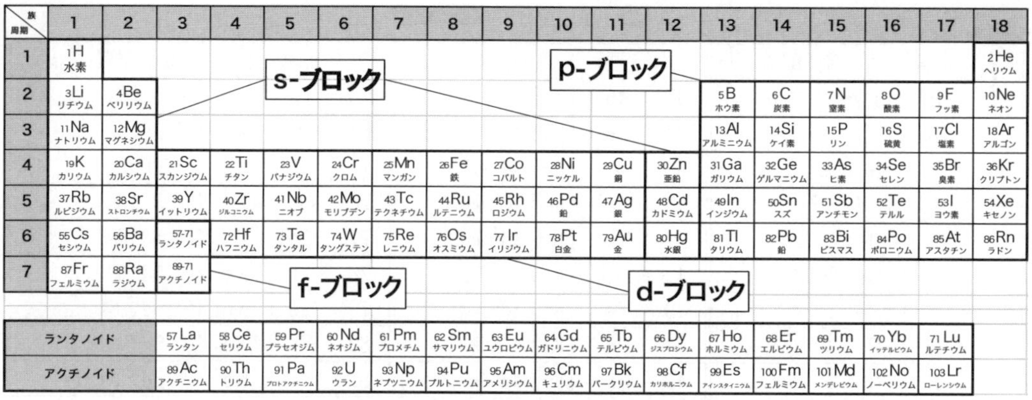

族/周期	1	2	3	4	5	6	7	8	9	10	11	12	13	14	15	16	17	18
1	1H 水素																	2He ヘリウム
2	3Li リチウム	4Be ベリリウム											5B ホウ素	6C 炭素	7N 窒素	8O 酸素	9F フッ素	10Ne ネオン
3	11Na ナトリウム	12Mg マグネシウム											13Al アルミニウム	14Si ケイ素	15P リン	16S 硫黄	17Cl 塩素	18Ar アルゴン
4	19K カリウム	20Ca カルシウム	21Sc スカンジウム	22Ti チタン	23V バナジウム	24Cr クロム	25Mn マンガン	26Fe 鉄	27Co コバルト	28Ni ニッケル	29Cu 銅	30Zn 亜鉛	31Ga ガリウム	32Ge ゲルマニウム	33As ヒ素	34Se セレン	35Br 臭素	36Kr クリプトン
5	37Rb ルビジウム	38Sr ストロンチウム	39Y イットリウム	40Zr ジルコニウム	41Nb ニオブ	42Mo モリブデン	43Tc テクネチウム	44Ru ルテニウム	45Rh ロジウム	46Pd パラジウム	47Ag 銀	48Cd カドミウム	49In インジウム	50Sn スズ	51Sb アンチモン	52Te テルル	53I ヨウ素	54Xe キセノン
6	55Cs セシウム	56Ba バリウム	57-71 ランタノイド	72Hf ハフニウム	73Ta タンタル	74W タングステン	75Re レニウム	76Os オスミウム	77Ir イリジウム	78Pt 白金	79Au 金	80Hg 水銀	81Tl タリウム	82Pb 鉛	83Bi ビスマス	84Po ポロニウム	85At アスタチン	86Rn ラドン
7	87Fr フェルミウム	88Ra ラジウム	89-71 アクチノイド															

s-ブロック　　p-ブロック　　f-ブロック　　d-ブロック

ランタノイド	57La ランタン	58Ce セリウム	59Pr プラセオジム	60Nd ネオジム	61Pm プロメチム	62Sm サマリウム	63Eu ユウロピウム	64Gd ガドリニウム	65Tb テルビウム	66Dy ジスプロシウム	67Ho ホルミウム	68Er エルビウム	69Tm ツリウム	70Yb イッテルビウム	71Lu ルテチウム
アクチノイド	89Ac アクチニウム	90Th トリウム	91Pa プロトアクチニウム	92U ウラン	93Np ネプツニウム	94Pu プルトニウム	95Am アメリシウム	96Cm キュリウム	97Bk バークリウム	98Cf カリホルニウム	99Es アインスタイニウム	100Fm フェルミウム	101Md メンデレビウム	102No ノーベリウム	103Lr ローレンシウム

図1.17　元素のブロックによる分類

いは最外殻の電子配置で決まることはすでに何度か述べてきた．それに基づき，図1.17に示したブロックは，元素を電子配置に基づきグループ分けする1つの方法である．

　いわゆる典型元素と呼ばれるs-ブロック，p-ブロック元素は，次のように希ガス電子配置にs軌道とp軌道からなる価電子が同族で同じであるために，化学結合やイオン状態において類似した性質がある．放射性核種のCsやSrが体内に細胞や骨に蓄積されるのも，それぞれCs^+とK^+，Sr^{2+}とCa^{2+}の類似性に起因すると考えられている．

　一方，遷移金属と呼ばれるd-ブロック元素と希土類と呼ばれるf-ブロック元素は，同周期で最外殻の電子配置が同じで，内側のd軌道あるいはf軌道が電子で埋まっていく，というグループである．したがって，元素の性質は同周期で類似している．また，イオンでは，最外殻のs電子がとれ，内側のd電子，f電子が最外殻電子になることにより，個々の金属の特性が生み出される．

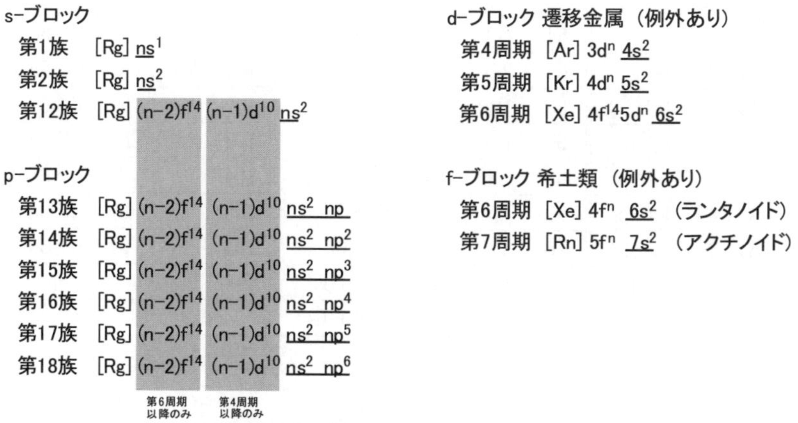

図1.18　各ブロックの電子配置の特徴
下線部が最外殻電子である．

（2）元素の性質

原子を構成する原子核と電子の正確な描像を理解したところで，原子軌道の性質と電子配置に基づいて実際の元素の性質について考える．原子の基本的な性質を表す量として，① イオン化エネルギー，② 電子親和力，③ 電気陰性度，④ 原子半径がある．これらは基本的には最外殻の電子，原子軌道でいえば，最も主量子数の大きい軌道の電子の性質で決まる．それぞれの定義と元素による特徴について述べる．

① **イオン化エネルギー ionization energy**（**IE**）：定義は孤立した中性原子から電子を 1 つ取り去るのに必要なエネルギーであり，式で表せば，

$$M + IE = M^{+} + e^{-} \tag{1.11}$$

となる．例えば，IE よりも大きな運動エネルギーをもつ電子の衝突や，光子エネルギーをもつ光吸収によってイオン化が起きる．式（1.11）の中性原子におけるエネルギーを特に第一イオン

周期＼族	1	2	3	4	5	6	7	8	9	10	11	12	13	14	15	16	17	18
1	$_{1}$H 13.6																	$_{2}$He 24.6
2	$_{3}$Li 5.4	$_{4}$Be 9.3											$_{5}$B 8.3	$_{6}$C 11.3	$_{7}$N 14.5	$_{8}$O 13.6	$_{9}$F 17.4	$_{10}$Ne 21.6
3	$_{11}$Na 5.1	$_{12}$Mg 7.6											$_{13}$Al 6.0	$_{14}$Si 8.2	$_{15}$P 11.0	$_{16}$S 10.4	$_{17}$Cl 13.0	$_{18}$Ar 15.7
4	$_{19}$K 4.3	$_{20}$Ca 6.1	$_{21}$Sc 6.6	$_{22}$Ti 6.8	$_{23}$V 6.7	$_{24}$Cr 6.8	$_{25}$Mn 7.4	$_{26}$Fe 7.9	$_{27}$Co 7.9	$_{28}$Ni 7.6	$_{29}$Cu 7.7	$_{30}$Zn 9.4	$_{31}$Ga 6.0	$_{32}$Ge 8.1	$_{33}$As 10.0	$_{34}$Se 9.8	$_{35}$Br 11.8	$_{36}$Kr 14.0
5	$_{37}$Rb 4.2	$_{38}$Sr 5.7	$_{39}$Y 6.6	$_{40}$Zr 7.0	$_{41}$Nb 6.8	$_{42}$Mo 7.2	$_{43}$Tc 7.3	$_{44}$Ru 7.5	$_{45}$Rh 7.7	$_{46}$Pd 8.3	$_{47}$Ag 7.6	$_{48}$Cd 9.0	$_{49}$In 5.8	$_{50}$Sn 7.3	$_{51}$Sb 8.6	$_{52}$Te 9.0	$_{53}$I 10.4	$_{54}$Xe 12.1
6	$_{55}$Cs 3.9	$_{56}$Ba 5.2	$_{57}$La - $_{71}$Lu	$_{72}$Hf 5.5	$_{73}$Ta 6.0	$_{74}$W 8.0	$_{75}$Re 7.8	$_{76}$Os 8.7	$_{77}$Ir 9.2	$_{78}$Pt 9.0	$_{79}$Au 9.2	$_{80}$Hg 10.4	$_{81}$Tl 6.1	$_{82}$Pb 7.4	$_{83}$Bi 8.0	$_{84}$Po 8.4	$_{85}$At	$_{86}$Rn 10.8
7	$_{87}$Fr	$_{88}$Ra	$_{89}$Ac -$_{103}$Lr															

ランタノイド	$_{57}$La 5.6	$_{58}$Ce	$_{59}$Pr 5.4	$_{60}$Nd 5.5	$_{61}$Pm 5.6	$_{62}$Sm 5.6	$_{63}$Eu 5.7	$_{64}$Gd 6.16	$_{65}$Tb 5.98	$_{66}$Dy 5.93	$_{67}$Ho 6.02	$_{68}$Er 6.10	$_{69}$Tm 6.18	$_{70}$Yb 6.25	$_{71}$Lu 6.15
アクチノイド	$_{72}$Ac 6.9	$_{90}$Th	$_{91}$Pa	$_{92}$U 6.08	$_{93}$Np 5.8	$_{94}$Pu 5.8	$_{95}$Am 6.05	$_{96}$Cm	$_{97}$Bk	$_{98}$Cf	$_{99}$Es	$_{100}$Fm	$_{101}$Md	$_{102}$No	$_{103}$Lr

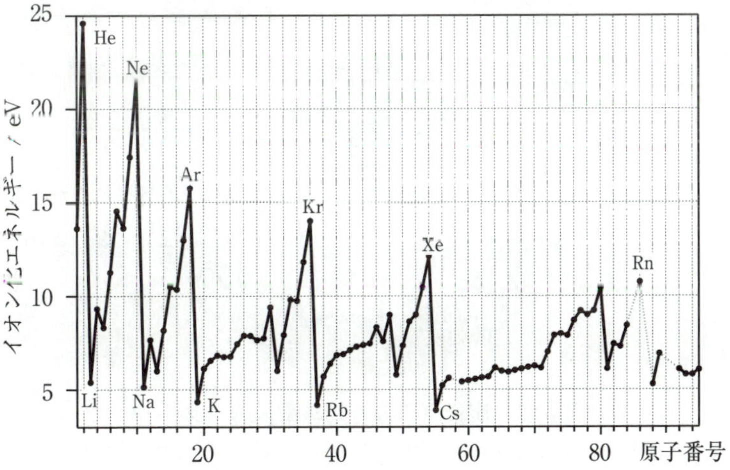

図 1.19　元素のイオン化エネルギー（eV）

化エネルギーと呼ぶ．一価のイオンから電子を取り去る場合は第二イオン化エネルギー，二価イオンからは第三イオン化エネルギーと呼ぶ．希ガス電子配置からのイオン化には大きなエネルギーを要することから，第一イオン化エネルギーが大きいのは希ガス，第二イオン化エネルギーが大きいのは，一価イオンで希ガス電子配置となる1族元素，第三イオン化エネルギーは同様の理由で，2族元素となる．図1.19より，典型元素では原子番号とともにIEは増加し，遷移元素ではあまり変化しないという特徴が繰り返されるのが見てとれる．

同族であれば，周期が大きくなるとより核電荷の束縛の小さい外側の原子軌道に配置されるので，イオン化エネルギーは小さくなる．一方，同周期では，例えば，第2周期を見てみると，族が大きくなるほどイオン化エネルギーは大きくなる．これは，最外殻が同じ2sまたは2p軌道であり，これらの電子は原子核からはほぼ同じ距離に存在するはずであるが，電子が感じる核電荷がLi, Be, B, …の順に大きくなるためである．この電子が感じる実効的な核電荷を**有効核電荷** Z^* と呼び，実際の核電荷 Z よりも小さくなる．それは，原子核の正電荷が，その周りに存在する電子の負電荷による遮蔽と呼ばれる影響を受けるためである（図1.20）．

その結果，価電子が原子核に引き付けられる実効的な電荷は，

$$Z^* = Z - S \tag{1.12}$$

となる．ここで，Z は核電荷，Z^* は対象とする電子の有効核電荷，S を遮蔽定数と呼ぶ．表1.2のように，第2周期元素についていえば，2sや2p軌道の電子の有効核電荷には，自身以外のすべての電子による遮蔽効果が働いている．原子番号が増加すると核電荷 Z も増加し，遮蔽の大きさ S も電子数の増加に伴い増加する．しかし，遮蔽効果の増加の度合いが小さいために，有効核電荷は増加することになる．有効核電荷は，後述の原子半径とも関連が深い．

② **電子親和力 electron affinity（EA）**：定義は，中性原子が電子1個を受け入れ負イオンになるときに放出されるエネルギーである．式で書けば，

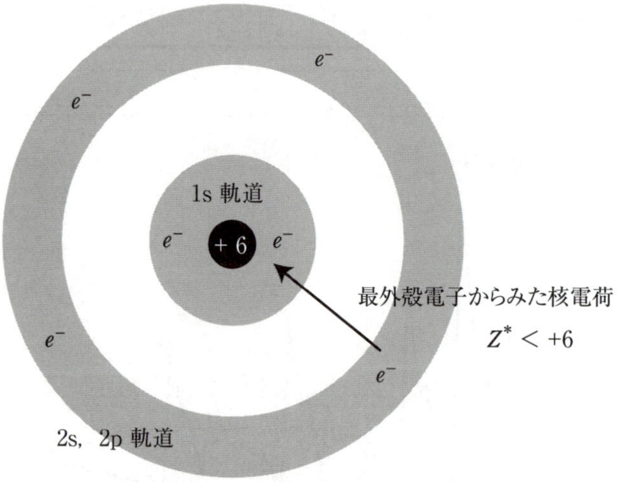

図1.20　炭素原子の有効核電荷のイメージ

2p軌道の電子が感じる有効核電荷は，内側の1s軌道の2電子，2s軌道の2電子，および，2p軌道の自身以外の1電子による遮蔽効果により，原子核の核電荷+6よりも小さくなる．スレーターの式*に従って計算すると，有効核電荷は3.25となる．
（*他の大学化学の教科書を参考のこと）

表 1.2　スレーターの式による有効核電荷（2p 電子）

	C	N	O	F
核電荷 Z	6	7	8	9
遮蔽定数 S	2.75	3.10	3.45	3.80
有効核電荷 Z^*	3.25	3.90	4.55	5.20

$$\mathrm{M} + \mathrm{e}^- = \mathrm{M}^- + \mathrm{EA} \tag{1.13}$$

となる．式（1.13）で右辺から左辺をみれば，陰イオンから電子を取り去るエネルギーに相当することがわかる．EA ＞ 0 であれば，電子が積極的に付着して陰イオンとして安定化することを意味している．図 1.21 を見ればわかるように，ほとんどの元素の EA が正であり，そのような性質をもつ．電子親和力が大きい元素は，負イオン状態が安定であり，特に 17 族元素が大きいが，これも負イオンで希ガス電子配置となるからである．一方，希ガス原子のような電子親和力が負である元素があるが，こちらは電子を付加することにエネルギーを要することになるので，化学反応においても，通常は原子として電子を受け入れることはない．

族＼周期	1	2	3	4	5	6	7	8	9	10	11	12	13	14	15	16	17	18
1	$_{1}$H 0.75																	$_{2}$He < 0
2	$_{3}$Li 0.62	$_{4}$Be < 0											$_{5}$B 0.82	$_{6}$C 1.27	$_{7}$N -0.07	$_{8}$O 1.46	$_{9}$F 3.4	$_{10}$Ne < 0
3	$_{11}$Na 0.55	$_{12}$Mg < 0											$_{13}$Al 0.44	$_{14}$Si 1.39	$_{15}$P 0.75	$_{16}$S 2.10	$_{17}$Cl 3.62	$_{18}$Ar < 0
4	$_{19}$K 0.50	$_{20}$Ca < 0	$_{21}$Sc 0.19	$_{22}$Ti 0.08	$_{23}$V 0.53	$_{24}$Cr 0.67	$_{25}$Mn < 0	$_{26}$Fe 0.16	$_{27}$Co 0.66	$_{28}$Ni 1.20	$_{29}$Cu 1.23	$_{30}$Zn < 0	$_{31}$Ga 0.30	$_{32}$Ge 1.2	$_{33}$As 0.81	$_{34}$Se 2.02	$_{35}$Br 3.37	$_{36}$Kr < 0
5	$_{37}$Rb 0.49	$_{38}$Sr < 0	$_{39}$Y 0.31	$_{40}$Zr 0.43	$_{41}$Nb 0.89	$_{42}$Mo 0.75	$_{43}$Tc 0.55	$_{44}$Ru 1.05	$_{45}$Rh 1.14	$_{46}$Pd 0.56	$_{47}$Ag 1.30	$_{48}$Cd < 0	$_{49}$In 0.30	$_{50}$Sn 1.2	$_{51}$Sb 1.07	$_{52}$Te 1.97	$_{53}$I 3.06	$_{54}$Xe < 0

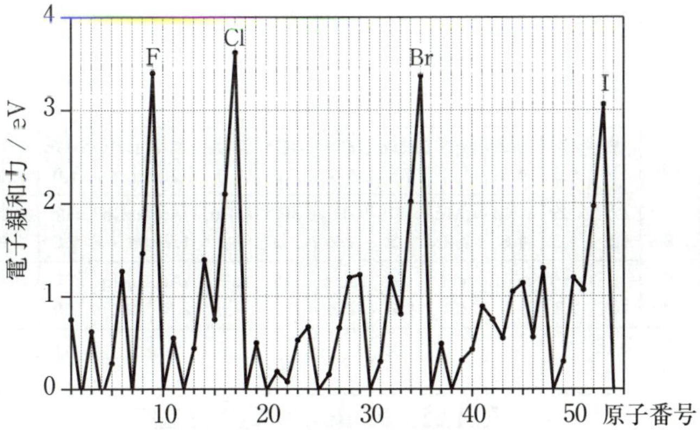

図 1.21　元素の電子親和力

③ **電気陰性度 electronegativity**：定義は，結合にかかわる電子あるいは共有電子対を引きつける強さの尺度であり，通常は各原子の相対値である．したがって，イオン化エネルギーや電子親和力のように原子単体で引用される物理量ではなく，原子と原子が結合したときに用いられる量で無次元である．一般に用いられているのが，Pauling の定義による数値である．これは，元素 A と B の電気陰性度の差が，

$$\underbrace{|x_A - x_B|}_{\text{電気陰性度の差}} = \sqrt{\underbrace{D_{AB}}_{\substack{\text{分子 AB の}\\\text{結合エネルギー}}} - \underbrace{(D_{A_2} D_{B_2})^{1/2}}_{\substack{\text{分子 AB が 100\% 共有結合とした}\\\text{仮想的な場合の結合エネルギー}}}} \tag{1.14}$$

で表されるというものである．右辺の D_{AB} が分子 AB の実際の結合エネルギーであり，ここには共有結合性と電荷の偏りによるイオン結合性（A^+B^- の要素）が含まれている．一方，$(D_{A_2} D_{B_2})^{1/2}$ は，分子 AB が共有結合性 100% であるという仮想的な結合状態の結合エネルギーを表すので，式（1.14）はイオン結合性を抽出した形になる．Pauling が得た値を

F：$\chi = 4$

C：$\chi = 2.5$

になるような相対値としたものを図 1.22 に示す．式（1.14）はイオン結合性が大きければ電気陰性度の差が大きくなり，目安として電気陰性度の差が 1.7 の原子間の結合がイオン結合性が 50% となる．

もう 1 つ，Mulliken による電気陰性度の定義も紹介しておこう．共有電子対を引き寄せる大きさ χ は，自身が提供した電子の失いにくさ（イオン化エネルギー IE）と相手が提供した電子の受け入れやすさ（電子親和力 EA）に比例するとして，

$$\chi = \frac{\mathrm{IE} + \mathrm{EA}}{a} \tag{1.15}$$

とした．これは直感的にわかりやすい量である．ここで a は定数であり，単位が kJ mol^{-1} であれば a をおよそ 505 とすることで Pauling の電気陰性度と比較できる．

周期＼族	1	2	3	4	5	6	7	8	9	10	11	12	13	14	15	16	17
1	$_{1}$H 2.2																
2	$_{3}$Li 1.0	$_{4}$Be 1.6											$_{5}$B 2.0	$_{6}$C 2.6	$_{7}$N 3.0	$_{8}$O 3.4	$_{9}$F 4.0
3	$_{11}$Na 0.93	$_{12}$Mg 1.3											$_{13}$Al 1.6	$_{14}$Si 1.9	$_{15}$P 2.2	$_{16}$S 2.6	$_{17}$Cl 3.2
4	$_{19}$K 0.82	$_{20}$Ca 1.0	$_{21}$Sc 1.4	$_{22}$Ti 1.5	$_{23}$V 1.6	$_{24}$Cr 1.7	$_{25}$Mn 1.6	$_{26}$Fe 1.8	$_{27}$Co 1.9	$_{28}$Ni 1.9	$_{29}$Cu 1.23	$_{30}$Zn 1.7	$_{31}$Ga 1.8	$_{32}$Ge 2.0	$_{33}$As 2.2	$_{34}$Se 2.6	$_{35}$Br 3.0
5	$_{37}$Rb 0.82	$_{38}$Sr 0.95	$_{39}$Y 1.2	$_{40}$Zr 1.3	$_{41}$Nb 1.6	$_{42}$Mo 2.2	$_{43}$Tc 1.9	$_{44}$Ru 2.2	$_{45}$Rh 2.3	$_{46}$Pd 2.2	$_{47}$Ag 1.9	$_{48}$Cd 1.7	$_{49}$In 1.8	$_{50}$Sn 2.0	$_{51}$Sb 2.1	$_{52}$Te 2.1	$_{53}$I 2.7
6	$_{55}$Cs 0.79	$_{56}$Ba 0.89	$_{57}$La 1.1	$_{72}$Hf 1.3	$_{73}$Ta 1.5	$_{74}$W 2.4	$_{75}$Re 1.9	$_{76}$Os 2.2	$_{77}$Ir 2.2	$_{78}$Pt 2.3	$_{79}$Au 2.5	$_{80}$Hg 2.0	$_{81}$Tl 2.0	$_{82}$Pb 2.3	$_{83}$Bi 2.0	$_{84}$Po 2.0	$_{85}$At 2.2
7	$_{87}$Fr 0.70	$_{88}$Ra 0.90	$_{89}$Ac 1.1														

図 1.22　Pauling の電気陰性度

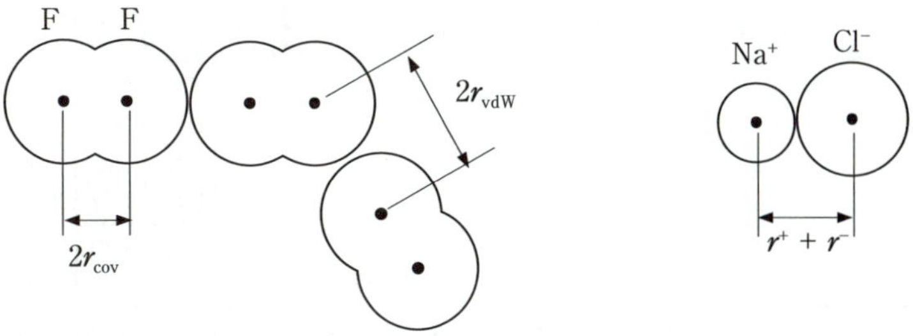

図 1.23　共有結合半径，van der Waals 半径，イオン半径

④ **原子半径**：原子の大きさを表す量であると考えてよいが，それは原子軌道における電子の広がりで決まると考えてよい．電子の広がりを実験的に決定するのは困難であり，以下に示す 3 種類の原子半径が定義されている．図 1.23 がイメージ図である．

a）**共有結合半径**：フッ素分子 F_2 を例にとると，共有結合による単結合の F 原子間距離が 1.44Å であることが実験から決定されている．この距離の 1/2 を共有結合半径 r_{cov} とする．

図 1.24 のように，同周期の元素であれば原子番号の増加とともに共有結合半径は小さくなる．これは，同周期の最外殻電子はほぼ同じ原子核からの距離に存在確率分布をもっているが，原子番号の増加とともに有効核電荷が増加するので，最外殻電子は原子核へより強く引き付けられるためである．これは，イオン化エネルギーで説明したことと同じである．また，同族元素であれば，周期が大きいほうが最外殻電子の主量子数が大きくなるので，原子半径は大きくなる．

b）**ファンデルワールス van der Waals 半径**：希ガスの Ne のように互いに結合しない原子同士でも，冷却すれば互いに近接して並んだ結晶状態となることは想像できる．図 1.23 には，F_2 分子が冷却されて固体となったときの分子のイメージも描いてある．このときに働く分子間力は van der Waals 力と呼ばれる．そして，電子のやり取りのない近接原子間の中心距離の 1/2 としてファンデルワールス半径 r_{vdW} を定義する．したがって，共有結合半径よりも大きくなる．

c）**イオン半径**：NaF や KCl では，基本的に Na^+F^- や K^+Cl^- のような正イオンと負イオン間のクーロン引力によりイオン結合をしている．このような場合，各イオンは希ガス電子配置をしており，図 1.23 のように閉殻構造をもつ＋と－の原子が引き合っているイメージとなる．その結合原子間距離は，正イオンおよび負イオンのイオン半径 r^+，r^- を用いて，

$$r = r^+ + r^-$$

と表せる．表 1.3 のように，核電荷が同じで外殻電子が取り去られる陽イオンではイオン半径は共有結合半径よりも大きく減少し，逆に外殻電子が加わる陰イオンでは大きく増加することがわかる．

周期＼族	1	2	3	4	5	6	7	8	9	10	11	12	13	14	15	16	17	18
1	$_{1}$H 0.30																	$_{2}$He 1.20
2	$_{3}$Li 1.23	$_{4}$Be 0.89											$_{5}$B 0.80	$_{6}$C 0.77	$_{7}$N 0.74	$_{8}$O 0.74	$_{9}$F 0.72	$_{10}$Ne 1.60
3	$_{11}$Na 1.57	$_{12}$Mg 1.36											$_{13}$Al 1.25	$_{14}$Si 1.17	$_{15}$P 1.10	$_{16}$S 1.04	$_{17}$Cl 0.99	$_{18}$Ar 1.91
4	$_{19}$K 2.03	$_{20}$Ca 1.74	$_{21}$Sc 1.44	$_{22}$Ti 1.32	$_{23}$V 1.22	$_{24}$Cr 1.17	$_{25}$Mn 1.17	$_{26}$Fe 1.17	$_{27}$Co 1.16	$_{28}$Ni 1.15	$_{29}$Cu 1.17	$_{30}$Zn 1.25	$_{31}$Ga 1.25	$_{32}$Ge 1.22	$_{33}$As 1.21	$_{34}$Se 1.14	$_{35}$Br 1.14	$_{36}$Kr 2.00
5	$_{37}$Rb 2.16	$_{38}$Sr 1.91	$_{39}$Y 1.62	$_{40}$Zr 1.45	$_{41}$Nb 1.34	$_{42}$Mo 1.29	$_{43}$Tc	$_{44}$Ru 1.24	$_{45}$Rh 1.25	$_{46}$Pd 1.28	$_{47}$Ag 1.34	$_{48}$Cd 1.41	$_{49}$In 1.50	$_{50}$Sn 1.40	$_{51}$Sb 1.41	$_{52}$Te 1.37	$_{53}$I 1.33	$_{54}$Xe 2.20
6	$_{55}$Cs 2.35	$_{56}$Ba 1.98	ランタノイド	$_{72}$Hf 1.44	$_{73}$Ta 1.34	$_{74}$W 1.30	$_{75}$Re 1.28	$_{76}$Os 1.26	$_{77}$Ir 1.26	$_{78}$Pt 1.29	$_{79}$Au 1.34	$_{80}$Hg 1.44	$_{81}$Tl 1.55	$_{82}$Pb 1.46	$_{83}$Bi 1.52	$_{84}$Po	$_{85}$At	$_{86}$Rn
7	Fr	Ra	Ac	Th 1.65	Pa	U 1.42												

ランタノイド														
$_{57}$La 1.69	$_{58}$Ce 1.65	$_{59}$Pr 1.65	$_{60}$Nd 1.64	$_{61}$Pm	$_{62}$Sm 1.66	$_{63}$Eu 1.85	$_{64}$Gd 1.61	$_{65}$Tb 1.59	$_{66}$Dy 1.59	$_{67}$Ho 1.58	$_{68}$Er 1.57	$_{69}$Tm 1.56	$_{70}$Yb 1.70	$_{71}$Lu 1.56

＊希ガスは vdW 半径

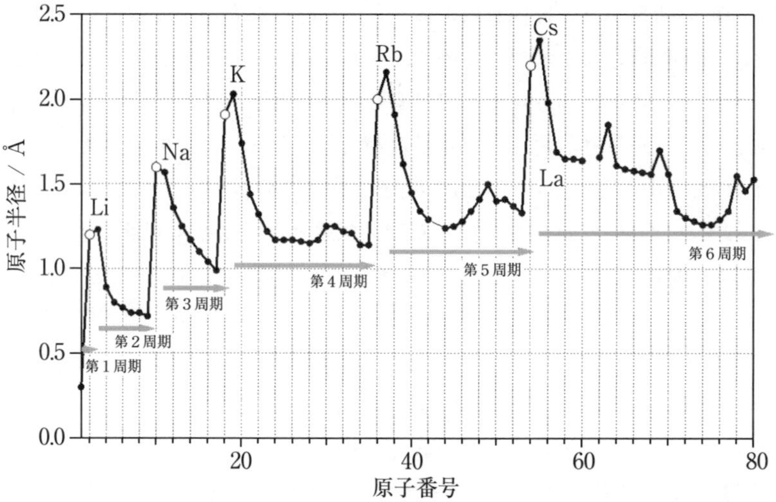

＊希ガスは vdW 半径

図 1.24　共有結合半径の変化

表 1.3　Na と Cl の共有結合半径，ファンデルワールス半径，イオン半径（Å）

	Na	Cl
共有結合半径 r_{cov}	1.57	0.99
ファンデルワールス半径	2.27	1.40
イオン半径 r^{+}, r^{-}	0.98	1.81

[例題 1.5]　図 1.24 で，以下の問に答えなさい．

a. 典型元素で原子番号とともに，原子半径が小さくなる理由を説明しなさい．

b. 第 4，第 5 周期の遷移元素で，原子半径がほぼ一定値をとる理由を説明しなさい．

c. グラフ中に「ランタノイド収縮」と呼ばれる部分がある．各自調べて，その由来を含めて，ランタノイド収縮を説明しなさい．

[解答]　a. 最外殻が 2s あるいは 2p 軌道であるが，有効核電荷が原子番号とともに大きくなるので，原子半径は小さくなる．

b. 第 4 周期の場合は，最外殻が 4s で内側の 3d 軌道の電子数が異なる．遮蔽効果が大きいので，4s 軌道の有効核電荷は原子番号が変化しても，大きく変わらない．第 5 周期についても同じ理由である．

c. ランタノイドでは最外殻が 6s 軌道で，原子番号の増加とともに，主量子数が 2 つ少ない 4f 軌道に電子が配置されていく．このような状況では，4f 電子が核電荷をほぼ完全に遮蔽すると予想されるが，実際はそうではない．そのために，原子番号の増加とともに原子半径は収縮していくことをランタノイド収縮と呼ぶ．

1.1.2 ◆ 化学結合の形成と分子構造

A　化学結合の考え方：原子価結合（VB）法と分子軌道（MO）法

共有結合は結合する原子が価電子を 1 ずつもち寄って電子対を共有することにより形成されるので，電子殻やボーアモデルで考えれば，水素分子は図 1.25 (a) のように描くことができる．

この水素分子の原子を前節で導入した原子軌道に置き換えて描くと，図 1.25 (b) のようになる．1s 軌道の電子の広がりが互いに重なり，原子核と原子核の間に電子が共有できる領域ができる，というイメージで共有結合が解釈できる．これが，量子論を取り入れた化学結合への入り口と思ってもよいだろう．電子を粒として取り扱う (a) よりも電子分布として扱う (b) のほうが，安定に分子を形成しているという感覚が得られるのではないか．

さて，分子を厳密に取り扱うならば，本来ならば複数の原子核のまわりの電子の運動についての波動方程式 (1.7) を解けばよいはずである．しかしながら，これは数学的に解くことができない．そのために，一般的には，2 つのアプローチで化学結合を取り扱う．

① **原子価結合法**（**VB 法：valence bonding**）

② **分子軌道法**（**MO 法：molecular orbital**）

である．VB 法で説明したほうがよい場合以外は，基本的には MO 法が正しい描像に近いという関係であり，どちらがよいというよりも取り扱う対象の解釈にどちらが適しているかということ

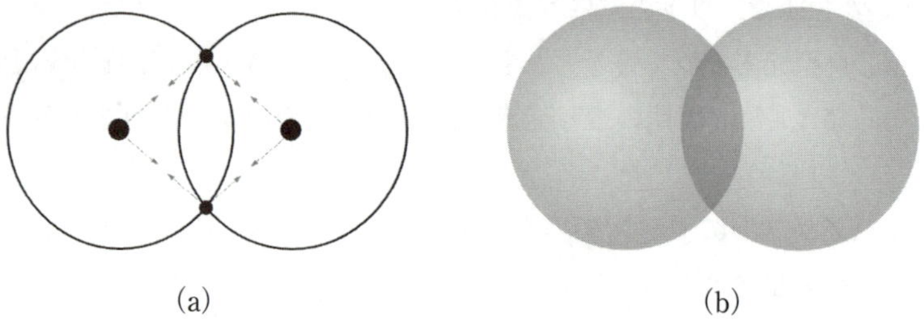

図 1.25　水素分子の共有結合

(a) ボーアモデル（電子殻），(b) 原子軌道の重なりによる σ 結合

が重要である．まずは，基本的な考え方について説明する．

（1）VB 法

結合する原子の価電子が存在する原子軌道をまず考える．そして，それらどうしが重なるところで電子を共有し，結合を形成するという考え方である．結果として，電子式による結合形成に，原子軌道のもつ方向性や内部構造が考慮されることにより，共有結合に立体感が出てくる．また，多原子分子では分子の 3 次元構造を説明することができる．

水素分子では，図 1.25 (b) のように水素原子の 1s 軌道が重なるところで電子を共有し，結合が形成される．このように，軌道が重なる場所が結合軸上にある共有結合を，**σ 結合**と呼ぶ．次に，酸素分子について考える．図 1.26 のように，電子式では価電子 6 個のうち電子対となら

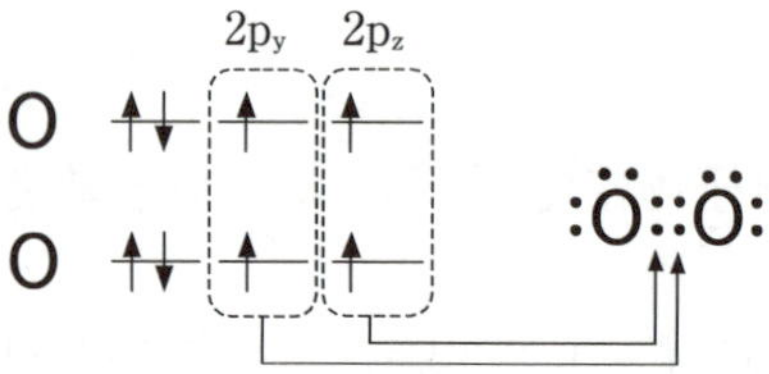

図 1.26　原子価結合法による酸素分子の二重結合の考え方

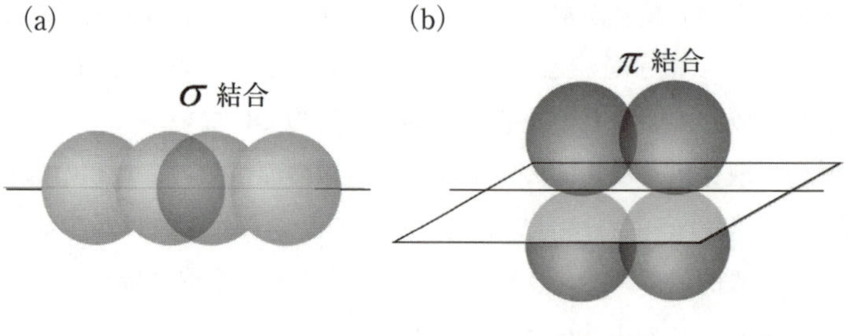

図 1.27　2p 軌道間の重なりによる結合形成

例えば (a) が図 1.26 の $2p_y$ どうしの重なりによる σ 結合，(b) が $2p_z$ どうしの重なりによる π 結合（x, y, z の取り方は任意である）．π 結合の場合，結合軸上の電子の存在確率はゼロである．

ない 2p 軌道の 2 電子が結合に関与すると考えることができる．ここで，先ほどの水素分子と同様に原子軌道の重なりを考える．まず 1 つ目は，図 1.27 (a) のように分子軸上で重なりをもつ 2p 軌道どうしの結合で，これも σ 結合である．もう 1 つは，図 1.27 (b) のように結合軸の上下に重なりをもつ結合であり，これを **π 結合**と呼ぶ．つまり，酸素の二重結合は等価な 2 つの共有結合ではなく，σ 結合と π 結合 1 つずつからなることになる．ここで注意してほしいのは，π 結合は上下の重なりを総じて結合 1 本になる．一般に，単結合は σ 結合であり，二重結合，三重結合では，σ 結合 1 つに加えて，それぞれ π 結合が 1 つあるいは 2 つ加わることになる．

ここで，VB 法による酸素分子の結合の考え方では不十分な点を挙げる．まず，結合に関与していない非共有電子対は図 1.26 のように酸素分子には 4 組あるが，それらは原子軌道のまま存在していて結合に関しては何の寄与もないのであろうか．また，電子式だけみれば，酸素分子の電子はすべて対を成していて，電子スピンは打ち消されているとみえるが，実際の酸素分子には電子スピンによる磁気的性質がある．VB 法による取り扱いは，電子式では結合に関与していない電子に関する情報をもたらさないため，この辺りの矛盾はこれから説明する MO 法により明確になる．

[例題 1.6]　原子価結合法による窒素分子の結合について，上述の酸素分子と同様に説明しなさい．

[解答]　窒素原子の 2p 軌道の 3 つの不対電子が，それぞれ σ 結合，π 結合（2 つ）することにより，三重結合が生じる．

（2）MO 法

この方法はより化学結合の本質に迫るものである．原子では，1 つの原子核の周りの電子がどのように存在するのかを量子論で取り扱った結果，原子軌道が導かれた．それならば，2 原子分

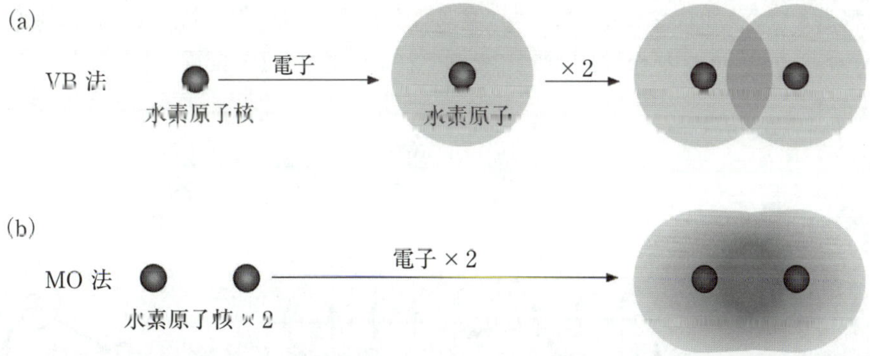

図 1.28　水素分子の取扱いにおける VB 法と MO 法の違い

(a) VB 法：原子核の周りの電子を考えて得られた水素原子の原子軌道どうしを組み合わせる．あくまで，電子は原子軌道に所属している．
(b) MO 法：2 個の水素原子核の周りの電子を想定して得られるのが分子軌道である．したがって，MO 法では本来原子軌道というものは考えないのであるが，原子近傍では分子軌道も原子軌道に近いと考えられるので，一般に分子軌道を原子軌道の足し合わせとして近似する方法がとられる．

子では図1.28のように，2つの原子核がまず存在することを考え，その周りに電子がどのように存在するかを量子論で取り扱えばよいと考えられる．その結果得られるのが**分子軌道**と呼ばれるものである．

VB法では結合に関与しない電子は取り扱わなかったが，MO法では，様々な性質の分子軌道にすべての電子を配置していくことになる．その結果，自ずと結合に寄与する電子の存在が導かれる．ただし，その反面，MO法では分子構造式で化学結合を表す“棒”には，必ずしも特定の電子対が対応するわけではない，というわかりにくさも伴う．

B 化学結合の実際：VB法と混成軌道

多原子分子の立体構造を考える際に，**混成軌道**という考え方を用いる．これは，原子軌道を文字通り混合させて新たな軌道を形成させ，それを組み合わせた原子価結合を考えるというものである．代表的な例をみながら混成軌道を説明する．

（1）sp^3 混成軌道

正四面体構造をもつメタン CH_4 について考える．4つのCH結合は明らかに等価な共有結合であり，互いに109°をなす．これを炭素の原子軌道のままVB法で説明しようとすると不都合が生じる．すなわち，図1.29(a)のように，炭素原子の電子配置は $1s^2 2s^2 2p^2$ であるので，このまま共有結合に使えそうな不対電子は2p軌道の2つしかない．また，互いに直角方向を向いていることになり，四面体構造をつくることができない．そこでPaulingが考案したのが，混成軌道という考え方である．

図1.29(b)のように，エネルギーの近い1つの2s軌道と3つの2p軌道を混ぜ合わせて，これらを新たな4つの等価な軌道に置き換える．この新たな軌道が混成軌道である．この場合，s軌道1つとp軌道3つから混成されるので，**sp^3 混成軌道**と呼ぶ．sp^3 混成軌道をした炭素原子は，図1.29(b)のように，4つの sp^3 混成軌道にそれぞれ1つずつ電子を配置した状態となる．

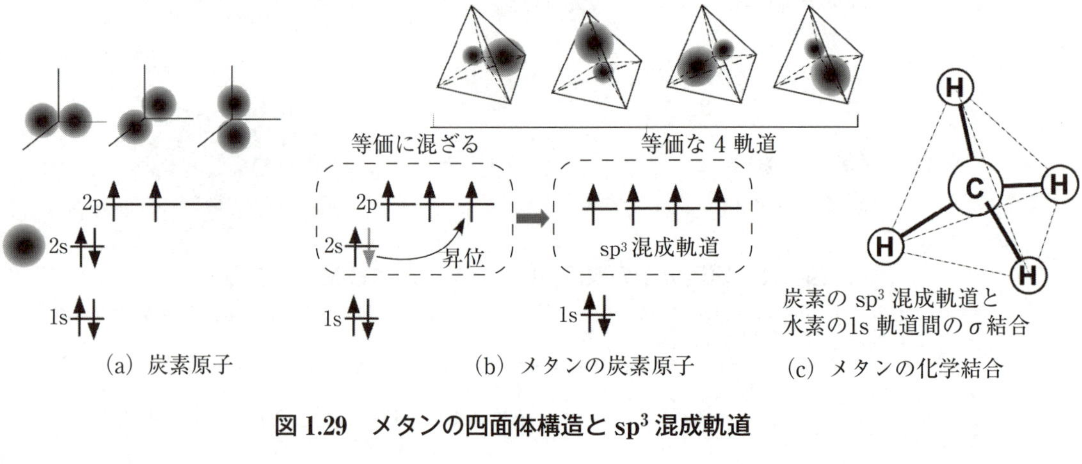

図1.29 メタンの四面体構造と sp^3 混成軌道

ここに 1s 軌道に 1 電子をもつ水素原子が結合し，正四面体のメタンが形成される．したがって，図 1.29（c）のようにメタンの CH 結合は，炭素の sp^3 混成軌道と水素の 1s 軌道の重なりによる σ 結合となる．

混成軌道では，混成させた原子軌道の総数と等しい数の混成軌道が形成されなくてはならない．sp^3 混成軌道で説明される分子中の原子は，単結合を 4 つもつ炭素のほか，単結合を 3 つもつ窒素などが代表的である．分子内にそのような原子がある場合は，そこを中心とした三次元構造をもつことになる．

（2）sp^2 混成軌道

エチレン C_2H_2 やベンゼンに見られる，単結合 2 つと二重結合 1 つをもつ炭素原子が sp^2 混成軌道の代表例である．この場合，分子内にこの原子を中心とした平面構造をつくることが特徴である．エチレンについて詳しくみる．まず，図 1.30（c）のようにエチレンは平面構造をとることが実験的にわかっている．すなわち，炭素原子が平面方向に軌道を 3 つ（原子価）もつ必要があるが，この条件は，前項でみたように原子軌道からだけでは満たされない．そこで，図 1.30（b）中に示すように，s 軌道 1 つと，2p 軌道 2 つ，総数 3 つを混合する．その結果，互いに 120° をなす 3 つの **sp^2 混成軌道**がつくられ，これらに電子を 1 つずつ配置すれば結合できる状態となる．

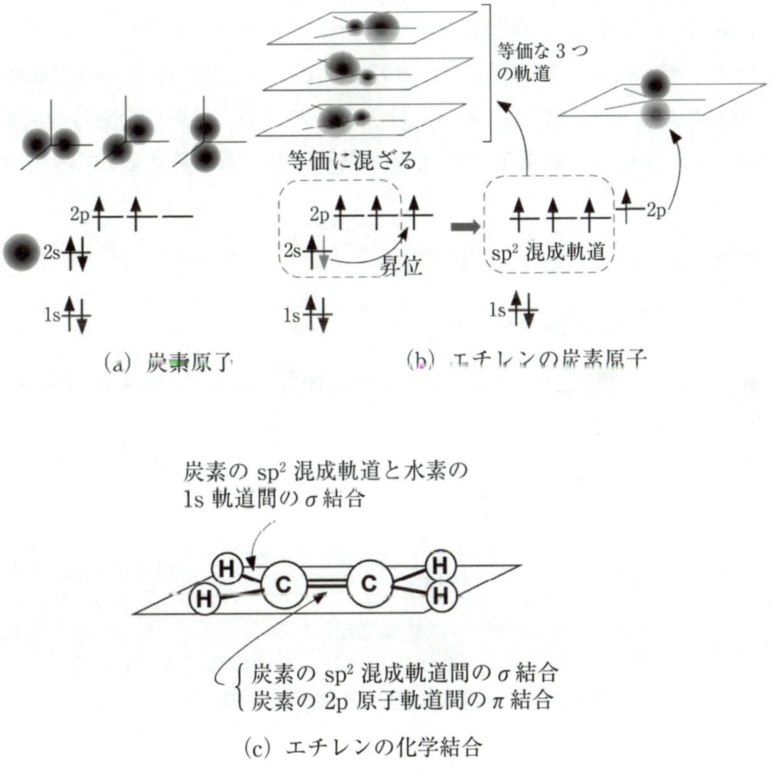

図 1.30　エチレンの平面構造と sp^2 混成軌道

エチレンでは，平面3方向に伸びる sp^2 混成軌道のうち2つにそれぞれ水素原子の1s軌道が重なりσ結合を形成する．もう片方の炭素でも同様のCH結合が形成されると，それぞれの炭素に sp^2 混成軌道が1つ残るが，これらどうしでC-C間のσ結合をつくる．ここで，sp^2 混成軌道に使われなかった2p軌道の役割が重要である．図1.30（b）のように，2p軌道は sp^2 混成軌道がつくる平面に垂直に広がる．この2p軌道どうしが最大の重なりをもつとき，すなわち，6つの原子が同一平面上にあるときに2p軌道間のπ結合を形成する．よって，エチレンのC=C二重結合は，sp^2 混成軌道間のσ結合と2p軌道間のπ結合による2つの共有結合から形成されるといえる．代表的な sp^2 混成軌道は，前述した炭素原子の他，単結合1つと二重結合1つをもつ窒素原子，あるいは BX_3 型のホウ素などがある．

（3）sp混成軌道

アセチレンやシアン化水素などの直線分子の構造の中心となる炭素原子を説明するときに用いられる．図1.31のアセチレンの結合について考える．アセチレンから直線方向に原子価状態をつくり出すために，炭素の2s軌道と2p軌道1つを混ぜることにより形成する，等価で互いに反対方向に広がる2つの**sp混成軌道**を考える．図1.31（b）のように炭素の価電子4つのうち，2つはsp混成軌道に配置されて，残りの2つは混成に関わらない2つの2p軌道に1つずつ配置される．炭素のsp混成軌道の1つは，水素原子の1s軌道とσ結合し，もう一方は，炭素のsp混成軌道どうしのσ結合となる．

一方，互いに直交する炭素の2p軌道に配置された価電子が，それぞれC－C間のπ結合を形成することになる．その結果，原子価結合法で考えるC≡C三重結合は，sp混成軌道間のσ結合1つと，2p軌道間のπ結合2つからなる．分子内において，三重結合をもつ炭素，二重結合を2つもつ炭素，ニトリル基の窒素などがsp混成軌道として考える代表的なケースで，この原子の部分は直線構造となる．

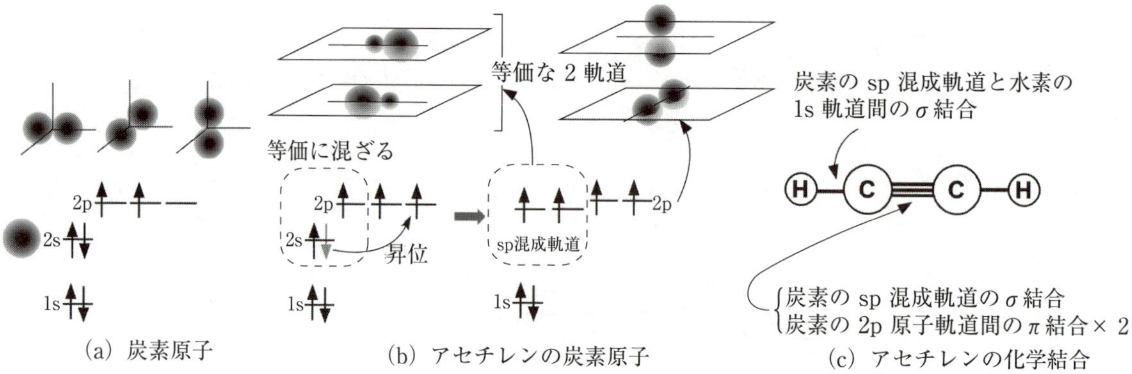

図1.31　sp混成軌道とアセチレンの結合

（4）dsp^2，d^2sp^3，dsp^3 混成軌道

金属イオンを中心とした錯体形成では，図1.32に示すような様々な形で配位子が結合する．

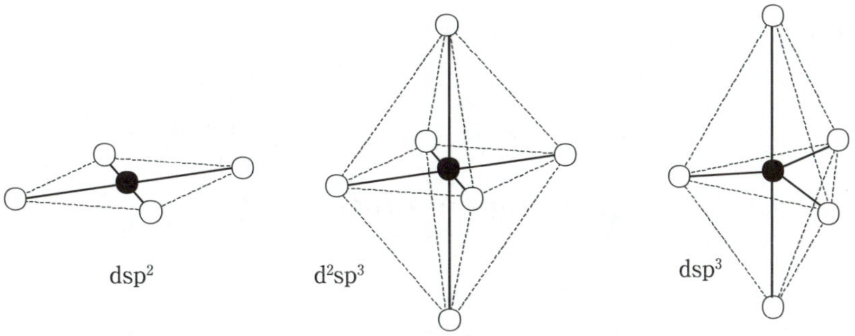

図 1.32　d 軌道が関わる混成軌道

これらは，s 軌道，p 軌道に加えて d 軌道が関わる混成軌道により立体構造を解釈する．例えば，正方形型には Pt を中心としたシス-ジアミンジクロロ白金（Ⅱ）（*cis*-[$PtCl_2(NH_3)_2$]）などがある．dsp^2 混成軌道は，Pt^{2+} の電子配置を [Xe]$4f^{14}5d^86s^06p^0$ としたときの空の 5d 軌道が 1 つ，6s 軌道，および 6p 軌道が 2 つの計 4 つの原子軌道から混成される．これらは，電子が配置されていない空の軌道による混成軌道であり，ここに，Cl^- や NH_3^- が共有電子対を提供して**配位結合**する．

C　化学結合の実際：2 原子分子の MO

（1）MO 法と結合性軌道，反結合性軌道

最も簡単な分子の例として水素分子イオンの MO 法による取扱いについて考える．図 1.33 のように，水素分子イオンは水素原子核 2 個と電子 1 個で形成される分子であるので，先に述べたように，MO 法では近接した水素原子核 2 つからなるクーロン場があり，そこに電子がどのように存在しうるかを考える．原子核間の距離が固定されているとして，解くべき電子のシュレディンガー方程式（式 1.7）は，ポテンシャル V の部分が，

$$V(r) = -\frac{e^2}{4\pi\varepsilon_0}\left(\frac{1}{r_1}+\frac{1}{r_2}\right) \tag{1.16}$$

となる．この場合，方程式は解けないわけではないが，波動関数やエネルギーは簡単な式にはな

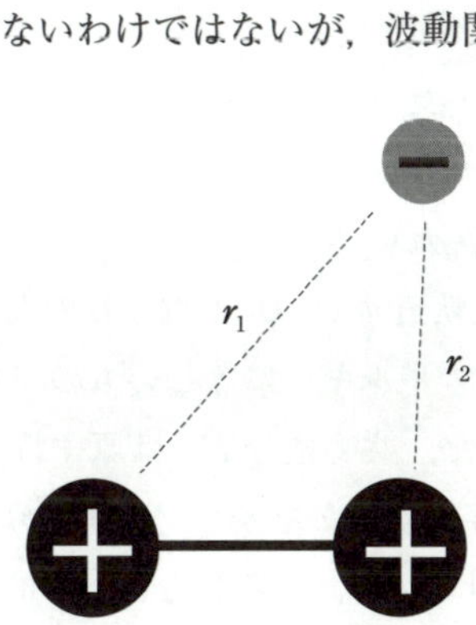

図 1.33　水素分子イオンの電子が感じる電場

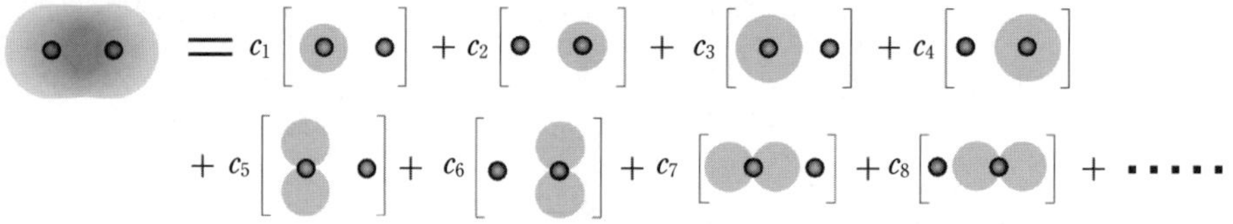

図 1.34　LCAO-MO のイメージ

らない．そして，もし電子が 2 つになったらもはや解けない．したがって，一般的な対処法として，解となる波動関数 ψ を既知の原子軌道 ϕ（これも取り扱いは簡単ではないが）の足し合わせ（原子軌道の一次結合であるので linear combination of atomic orbital : LCAO ）として仮定し，

$$\psi = \sum c_i \phi_i \tag{1.17}$$

とする．そして，エネルギーが最小となるように係数 c_i を決定する方法をとる．さらに原子核間距離を変えてエネルギーが最小になったところが，そのモデルでの最適解となる．実際に，各原子近傍では，その原子軌道に近い形で電子は存在していると予想され，このような近似法が適切な方針であると考えてよいだろう．LCAO の考え方は，図 1.34 のようなイメージである．

右辺の項が増えれば，それだけ左辺の分子軌道を正確に表せるということになるが，水素分子イオンの場合は，式（1.17）は図の水素原子 1 と 2 それぞれの 1s 原子軌道の足し合わせとして表してもよいだろう．図 1.34 であれば，右辺の第二項までを採用することになり，水素分子イオンの波動関数を

$$\psi = c_1 \phi_1^{1s} + c_2 \phi_2^{1s} \tag{1.18}$$

と書くことができる．この式（1.18）と式（1.16）を式（1.7）に代入すると，エネルギー E が c の関数として得られる．

$$E = \frac{\int \psi^* \hat{H} \psi \, d\tau}{\int \psi^* \psi \, d\tau} = \frac{c_1^2 H_{11} + 2c_1 c_2 H_{12} + c_2^2 H_{22}}{c_1^2 S_{11} + 2c_1 c_2 S_{12} + c_2^2 S_{22}} \tag{1.19}$$

ここで，ハミルトニアン演算子 $\hat{H}$ は，波動方程式の演算子の部分をまとめたもので，

$$\hat{H} = -\frac{\hbar}{2m} \nabla^2 + V \tag{1.20}$$

である．また，S_{12}，H_{11}，H_{12} はそれぞれ，

重なり積分：$S_{12} = \int \phi_1 \phi_2 d\tau$　（$S_{11} = S_{22} = 1$）
クーロン積分：$H_{11} = \int \phi_1 H \phi_1 d\tau$
共鳴積分：$H_{12} = \int \phi_1 H \phi_2 d\tau$

と呼ばれる．重なり積分 S_{12} は原子軌道 ϕ_1 と ϕ_2 の重なりの大きさを表し正負どちらもとりうる．クーロン積分 H_{11} は原子軌道 ϕ_1 のエネルギーに等しいものであり，その係数はいかに原子軌道 ϕ_1 に電子が存在するかを表す．また，共鳴積分 H_{12} は原子軌道 ϕ_1 と ϕ_2 の相互作用の大きさを表しその交換領域にいかに電子が存在するかを表し，交換積分とも呼ばれる．重なり積分は正負どちらの符号も取りうるが，クーロン積分，共鳴積分は基本的には負の値となる．

さて，エネルギー E が最小になるように c を決定するには，具体的には，

$$\frac{\partial E}{\partial c_i} = 0 \tag{1.21}$$

を解く．それが，水素分子イオンの波動関数を式（1.18）に近似した場合の，最も実際に近いものであると考えるわけである．ここでは，その結果のみを示すと，次のような分子軌道として2つの波動関数とそのエネルギーが得られる．

$$\psi_{\pm} = \frac{1}{\sqrt{2(1 \pm S_{12})}}\left(\phi_1^{1s} \pm \phi_2^{1s}\right) \tag{1.22}$$

$$E_{\pm} = \frac{H_{11} \pm H_{12}}{S_{11} \pm S_{12}} \tag{1.23}$$

ここで水素原子の1s軌道のエネルギーを $E_{1s}(=H_{11})$ として，式（1.23）を書き換えると，

$$E_{-} = E_{1s} - \frac{H_{12} - E_{1s}S_{12}}{1 - S_{12}}$$

$$E_{+} = E_{1s} + \frac{H_{12} - E_{1s}S_{12}}{1 + S_{12}}$$

となる．右辺第二項の符号は負であるので，$E_{+} < E_{1s} < E_{-}$ という関係となる．図1.35にエネルギーと式（1.22）の波動関数の形を併せて示した．

LCAOによる分子軌道法において，図1.35のエネルギー図が用いられるが，その意味するところを是非理解しておこう．要点は以下のとおりである．

① 真中の部分がLCAO法による分子軌道を表しており，点線で結ばれた両側の原子軌道が主成分である．両側の原子軌道の電子数の和が，真中の分子軌道の電子数となる．

② 原子軌道を同じ位相で足し合わせたものがエネルギーが安定化した分子軌道，原子軌道を逆の位相で足し合わせたものが不安定化した分子軌道となる．

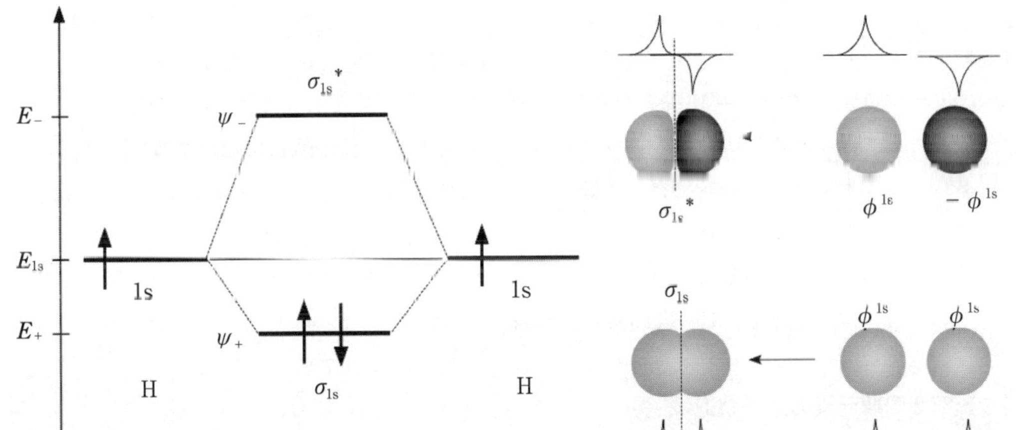

図1.35

波動関数の灰色と黒色の部分は，波動の符号が＋と－の部分に対応する．＋と－の部分は，重なると干渉のため消滅してしまう．電子の存在確率は＋と－は同じである．

軌道の形状は，② より予想することができる．図 1.35 の場合は電子の存在確率が高いのが結合軸上であるので，これらはともに σ 結合である．ここで，エネルギーが安定化し，かつ，結合する原子核間の電子密度が高い軌道を**結合性軌道** σ_{1s}，エネルギーが不安定化し，かつ，原子核間に節が存在し電子の密度が低い軌道を**反結合性軌道** $\sigma_{1s}{}^*$ と呼ぶ．文字通り，結合性軌道に電子が配置されれば結合する方向に働き，一方，反結合性軌道に電子が配置されれば結合を弱める働きをする．$\sigma_{1s}{}^*$ の添字 1s は主に 1s 原子軌道の線形結合で表されることを意味し，* は反結合性の意味である（σ_{1s} は 1sσ, 1σ と表記されることもある）．MO 法では，原子と原子が手を結ぶというイメージではなく，結合性軌道に電子が配置される，ということが結合に相当する．

（2）分子軌道への電子配置と結合次数

水素分子イオンの分子軌道を用いて水素分子について考える．水素分子は 2 電子系であるが，電子配置のルールは原子軌道と同様である．そうすると水素分子の電子配置は

$$H_2 : \sigma_{1s}{}^2$$

ということになる．結合性軌道に配置されたこの 2 つの電子が，電子式における共有電子対に相当するが，分子内におけるこれら 2 電子の分布は，図 1.35 の σ_{1s} 軌道のようになるということである．

ここで，結合性軌道に 2 電子配置されることにより共有結合が 1 本形成されるということから，結合に関わる実質的な電子数を 2 で割った**結合次数**が次のように定義されている．

$$\text{結合次数} = \frac{1}{2}\,[n_b - n_a]$$

ここで，n_b, n_a はそれぞれ，結合性軌道の電子数，反結合性軌道の電子数である．これを用いれば，電子配置 $\sigma_{1s}{}^2$ である水素分子の結合次数は $(2 - 0)/2 = 1$ であり，これは，水素分子が単結合であるということに対応する．

［例題 1.7］　水素分子から 1 電子を取り去った $H_2{}^+$ では，H_2 と比較して結合強度はどうなるか．また，ヘリウムは通常は He_2 という分子は形成しないが，$He_2{}^+$ となると He_2 よりも結合するようになる．このことを，分子軌道を用いて説明せよ．

［解答］　水素分子イオンでは，水素分子の結合性軌道の電子が 1 つ減るので，結合は弱くなる．また，He_2 と $He_2{}^+$ では，電子配置はそれぞれ，$\sigma_{1s}{}^2\,\sigma_{1s}{}^{*2}$ と $\sigma_{1s}{}^2\,\sigma_{1s}{}^{*1}$ となる．結合次数で比較すれば，He_2 で 0，$He_2{}^+$ で 0.5 であるので，He_2 は基本的には結合せず，$He_2{}^+$ は弱いながら結合する．

（3）第 2 周期元素の分子軌道

第 2 周期の二原子分子について分子軌道を考えてみる．図 1.36 と図 1.37 はそれぞれ窒素分子と酸素分子の場合である．LCAO 法による分子軌道形成は，基本的にはエネルギーが近く重なりが大きい原子軌道が結果として同じ分子軌道の主成分となる．

① **N_2 分子**：エネルギーの低い順に σ_{1s}，$\sigma_{1s}{}^*$，σ_{2s}，$\sigma_{2s}{}^*$ となる．また，2p 軌道を主成分とした，π_{2p}，σ_{2p}，$\pi_{2p}{}^*$，$\sigma_{2p}{}^*$ 軌道がある．π_{2p} 軌道と $\pi_{2p}{}^*$ 軌道には，それぞれ結合軸と垂直な方

向に2つ軌道があり，二重に縮退している．図1.36には結合に関わる2p軌道由来の分子軌道の形状を示した．また，同様に結合に関わる2s軌道由来のσ_{2s}，$\sigma_{2s}{}^{*}$は，それぞれ図1.35のσ_{1s}，$\sigma_{1s}{}^{*}$と似た形状をしていると考えてよい．それぞれの軌道は不思議な形状をしているようにみえるかもしれない．しかし，これらは，2つの原子核のまわりを取り巻く波動であり，徐々に節が増えていくとみれば図1.9の原子軌道と通じるものがあることに気づくだろう．

図1.36の分子軌道に窒素分子の14電子を配置すると，電子配置は$\sigma_{1s}{}^{2}\,\sigma_{1s}{}^{*2}\,\sigma_{2s}{}^{2}\,\sigma_{2s}{}^{*2}\,\pi_{2p}{}^{4}\,\sigma_{2p}{}^{2}$となり，結合性軌道と反結合性軌道の電子数はそれぞれ10と4である．したがって，結合次数は（10 − 4)/2 = 3となり確かにN_2は三重結合である．ただし，電子式 :N⋮⋮N: で表したときの6個の共有電子が，図1.36の分子軌道の特定の電子に対応するわけではないことも同時に示している．

図1.36中，σ_{2p}軌道に2p軌道だけでなく，2s軌道からも点線が結ばれている．これは，2s軌道と2p軌道のエネルギー間隔が比較的近いので，σ_{2p}軌道に2s軌道の寄与も考慮するということを表している．その結果，本来π_{2p}軌道よりも低エネルギー側にあるσ_{2p}軌道が，高エネルギー側にまで押し上げられる．第2周期の等核二原子分子のうち，Li_2, Be_2, B_2, C_2, N_2はこの順序である．

図1.36を用いて，窒素が$N_2{}^{+}$，$N_2{}^{-}$になった時の結合強度について考える．通常，陽イオンになるときは，電子が配置されている最もエネルギーの高い軌道の電子が抜ける．この軌道を**最高被占軌道 highest occupied molecular orbital**（**HOMO**）と呼ぶ．窒素のHOMOはσ_{2p}軌

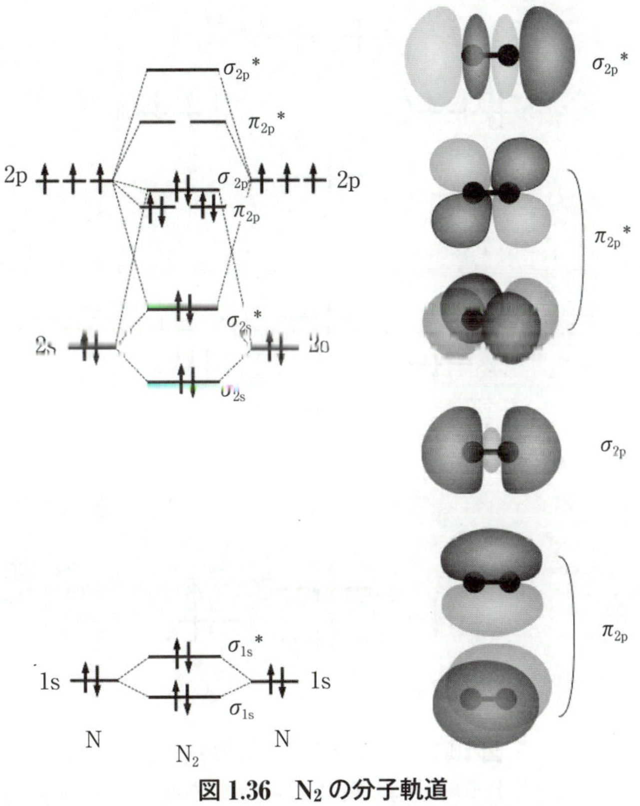

図1.36　N_2の分子軌道

表 1.4　N_2, O_2 およびそのイオン種の結合距離（Å）

N_2^+	1.116	O_2^+	1.116
N_2	1.098	O_2	1.208
N_2^-	1.19	O_2^-	1.35

道であるので，N_2^+となるときには結合性軌道の電子が1個少なくなるため結合は弱くなる．結合次数も3から2.5となる．実際に，表1.4のようにイオン化により結合距離は長くなり，結合が弱くなることと合致する．陰イオンになるときには，空軌道のうち最もエネルギーが低い $\pi_{2p}{}^*$ 軌道に電子が1個配置される．この軌道を**最低空軌道 lowest unoccupied molecular orbital（LUMO）**と呼ぶ．N_2^-では，電子が反結合性軌道に1個配置されることになるので，結合次数は同じく2.5となり，結合は弱くなる．

② **O_2 分子**：同じ第2周期元素でも，O_2，F_2 では分子軌道の順序が N_2 とは異なり，図1.37のように σ_{2p} 軌道が π_{2p} 軌道よりも低エネルギー側になる．これは，O，Fでは，2s，2pのエネルギー間隔が広いので，σ_{2p} 軌道形成に2s軌道の寄与は少なく，N_2 で見たような軌道の押し上げはないからである．酸素分子の16電子を配置していくと，電子配置は $\sigma_{1s}{}^2\ \sigma_{1s}{}^{*2}\sigma_{2s}{}^2\ \sigma_{2s}{}^{*2}\sigma_{2p}{}^2\ \pi_{2p}{}^4$

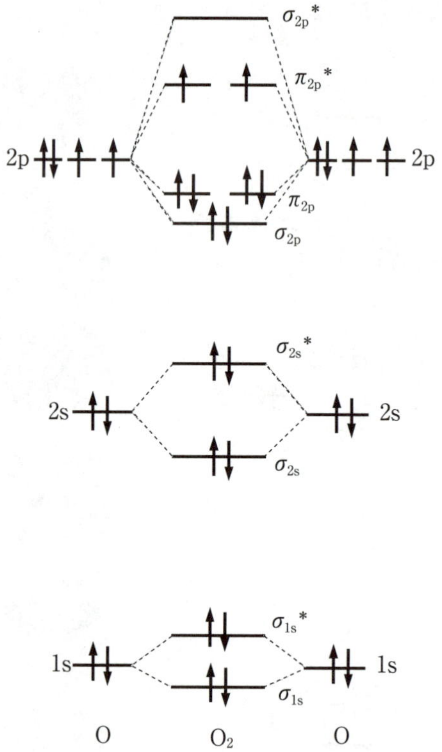

図 1.37　O_2 の分子軌道と電子配置
軌道の形状は N_2 とほぼ同じである．

$\pi_{2p}{}^{*2}$ となる．$\pi_{2p}{}^{*}$ は二重に縮退しているので，図 1.36 のように $\pi_{2p}{}^{*}$ 軌道において別々の軌道にスピンを同じ方向にして配置されている．これは，この電子配置が最も安定であるという Hund の規則に従ったものである．結合次数は (10 − 6)/2 = 2 となり，確かに酸素分子の二重結合と矛盾しない．しかし，図 1.26 の電子式で描いた酸素分子の 12 個の価電子と対応させてみると，8 個が結合性軌道，4 個が反結合性軌道に配置された結果，実質的に結合次数が 2 になっているといえる．窒素と同様，酸素の二重結合は，図 1.26 のように 2 組の共有電子対によるもの，という単純な話ではなさそうである．また，$\pi_{2p}{}^{*}$ 軌道の電子は対を成していないので反応活性が高い．さらに，電子スピンが打ち消されていないので，磁気的性質をもつことになる．実際，液体酸素は磁石に反応する興味深い物質で，このような磁気に応答する性質を**常磁性**と呼ぶ．

[例題 1.8]　表 1.4 を参考にし，$O_2{}^{+}$，$O_2{}^{-}$ の結合距離について，分子軌道への電子配置の観点に基づき考察しなさい．

[解答]　$O_2{}^{+}$ は反結合性軌道が 1 つ減るので，結合次数が 2.5，$O_2{}^{-}$ では反結合性軌道の電子が 1 つ増えるので，結合次数は 1.5 となり，それぞれ O_2 と比較して結合距離は短縮，伸長する．

分子軌道法は，もちろん CO や NO などの異核二原子分子や H_2O やベンゼンなどの多原子分子など，原理的にはすべての分子に適用できる．分子軌道のうち HOMO と LUMO のエネルギーや波動関数の性質は，化学反応の選択性などを支配する外側の軌道という意味で大切である．有機化学においては，VB 法で分子骨格を論じ，HOMO–LUMO が関わる部分には MO 法で電子の非局在化を取り扱うことがよく用いられる．また，計算機を用いて，分子軌道をはじめ分子構造などを計算する量子化学計算と呼ばれる分野がある．昨今では，計算機の処理速度の向上により，小さな分子はもちろん，サイズの大きな有機化合物などの分子軌道，最適化構造，電荷分布などの分子の基本情報，さらには反応機構も現実的な時間とコストで計算することが可能である．

D　金属結合

元素の性質のところで説明した，d ブロック元素に代表される金属原子は，有限数の分子を形成せず多数の原子集合体として存在する．その集合体の原子間結合を金属結合と呼ぶ．金属には，① 熱・電気伝導性，② 金属光沢，③ 電気伝導度が温度上昇により低下，④ 展性・延性，という性質がある．これらは，金属のもつ**自由電子**に由来するものである．自由電子は図 1.38 のように，ある結合に局在しているのではなく，方向性をもたずに金属イオンの間に非局在化し，自由に動くことができる．逆に，自由電子の海に陽イオンが浮いている状態と表現されることもある．

自由電子の存在は分子軌道法の考え方を応用した**バンド構造**により説明できる．図 1.36 と図 1.37 でみたように，2 つの原子が結合したときに，2 つの原子に広がる分子軌道が生成されたことを思い出そう．ここで，結合する原子の数が増加し，かつ相互作用が広く及ぶとすると，図

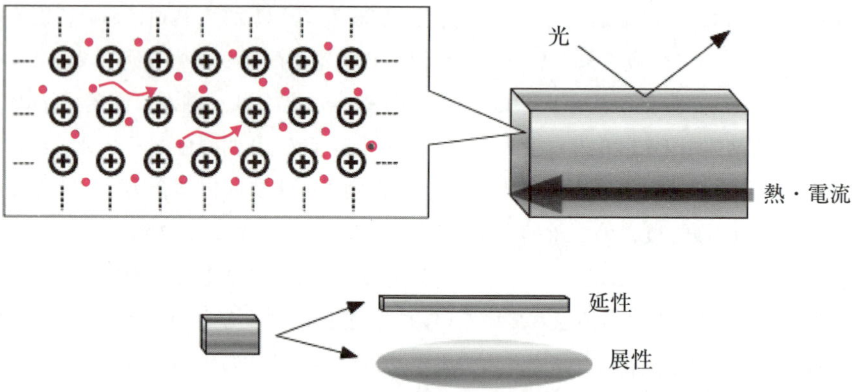

図 1.38　金属における自由電子

共有結合の電子のように特定の結合に局在化しているのではなく，すべての金属原子イオンで共有するように非局在化している．

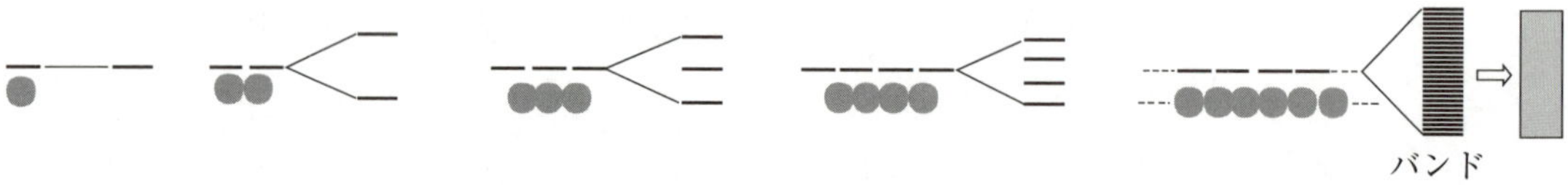

図 1.39　固体中のバンド形成

1.39 のように多数の分子軌道が密集した状態となる．これをバンドと呼ぶ．このようなバンド構造は，例えば遷移金属を含む第 4 周期元素では，3d, 4s, 4p 軌道間で形成される．固体中では，このバンドを電子が埋めることになる．

さて，ここで固体が絶縁体，導体，あるいは半導体のいずれかの性質を示すかは，バンドを電子がどのように満たしているかで説明できる．構成原子の価電子が埋める領域のバンド構造は，大きく分けて図 1.40 のようになる．それぞれ，絶縁体，金属導体，半導体の違いがわかるだろうか．

まず，電子で満たされたバンドを価電子帯 valence band，その次にエネルギーの高いバンドを伝導帯 conduction band と呼ぶ．また，価電子帯と伝導帯の間に電子が存在できないエネルギー領域がある場合がある．その領域を禁止帯，エネルギー差をバンドギャップと呼ぶ．金属導体では，図 1.40 のように，伝導帯が中途半端に埋まった状態となる．このような状態では，図 1.40 の拡大図のように容易にすぐ上のレベルを電子が移動することができ，これらは自由電子としてふるまう．電場をかけると加速された電子が空の領域である伝導帯 conduction band を流れ実質的な電子の移動が起きる．これが，電気導電性を示す機構である．同様に，熱も自由電子が効率良く運ぶので熱伝導性が高くなる．Na や Cu では伝導帯が 4s 軌道由来のバンドでなり，Mg のように複数のバンドにより伝導帯が形成されることもある．

一方，価電子帯が電子で埋まっており，かつ空の伝導帯とのバンドギャップが大きい場合は，自由電子が生じず伝導性をもつことができない絶縁体となる．単体結晶では炭素の結晶であるダイヤモンドに代表されるが，この場合，価電子は C−C 間の非常に強い共有結合に局在化しているという見方もできる．ちなみに，ダイヤモンドの分子軌道が炭素原子の sp^3 混成軌道を主に形

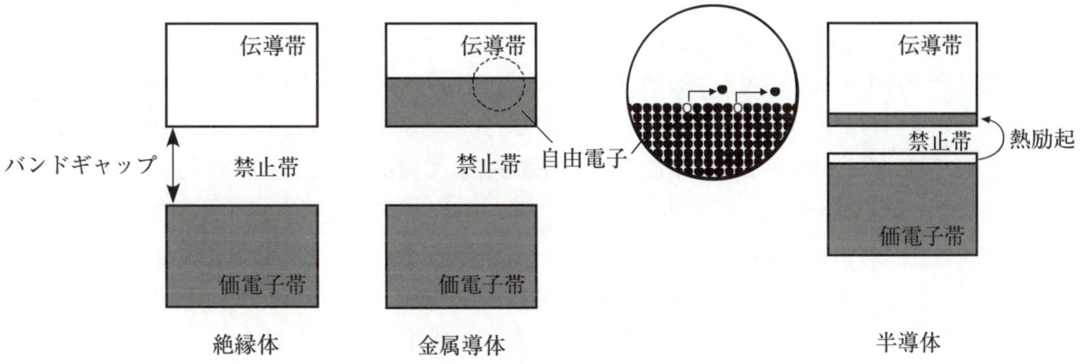

図 1.40　絶縁体，金属導体，半導体のバンド構造

成されるとすれば，価電子帯は結合性軌道，伝導帯は反結合性軌道であり，強い相互作用により互いに大きく分裂する．これがエネルギーギャップとなり，ダイヤモンドの場合は約 6 eV である．エネルギーギャップが小さい場合は**半導体**の性質をもつようになる．例えば，価電子帯と伝導帯のバンドギャップは，炭素と同族の Si では 1.1 eV，Ge では 0.72 eV 程度となる．この程度のエネルギーギャップの場合，図 1.40 のように熱電子などが伝導帯に少しだけ存在することができ，伝導帯は一部満たされ，価電子帯は一部空となる．それによって，電場によりわずかな電流が流れる．温度が高ければ，伝導帯の電子が増えるので半導体の抵抗は低下し電気が流れやすくなる．それに対して金属では，金属原子の熱振動が自由電子の動きを妨げるので，抵抗が増加する．これは，金属と半導体を区別する 1 つの基準となる．

［例題 1.9］　熱伝導率，電気伝導性の大きい上位 3 つの金属を調べて比較しなさい．

［解答］　熱伝導性，電気伝導性ともに大きい順に，Ag, Cu, Au である．熱伝導性と電気伝導性には相関がある．

1.1.3 ―――― 共役と共鳴

A 共　役

共役 conjugation とは二重結合と単結合が交互にある状態をいう．例えば，1, 3-ブタジエンの構造式は

$$CH_2=CH-CH=CH_2$$

と表現されるが，炭素原子-炭素原子結合は左から二重結合-単結合-二重結合となっており，この分子は共役していることになる．しかし，1, 4-ペンタジエン

$$CH_2=CH-CH_2-CH=CH_2$$

の場合，炭素原子-炭素原子結合は左から二重結合-単結合-単結合-二重結合となり，二重結合と単結合が交互の関係になっていない．したがって，この分子は共役していない．

共役は分子の電子状態に大きな影響を与える．先の1, 3-ブタジエンの構造式にあるように，二重結合と単結合がはっきりと区別できる構造式を**共鳴構造式 resonance structure**（極限構造式）と呼ぶ．これについて，炭素原子のp軌道を使って図示すると，図1.41（a）のようになる（水素原子は省略されている）．共鳴構造式においては，二重結合を構成するπ電子はその結合内に留まり，あまり自由に動くことができないように示されている．これをπ電子が**局在化 localization**しているという．しかし，共役においては単結合で結ばれている構造式中央の炭素原子-炭素原子間においてもp軌道同士が結合してπ結合をつくり，結果として，すべてのp軌道が結合した状態となる（図1.41(b)）．それにより，π電子の二重結合内での束縛が解消し，分子内を自由に動き回ることができるようになる．これをπ電子の**非局在化 delocalization**と呼ぶ．

図1.42は，1, 3-ブタジエンの分子図である．各点（原子）上の数値はヒュッケル分子軌道法と呼ばれる量子化学計算の結果から得られるπ電子密度，結合上の数値はπ結合次数と呼ばれるものである．前者は各原子にπ電子がどれだけいるかを示したものであり，後者はπ結合の

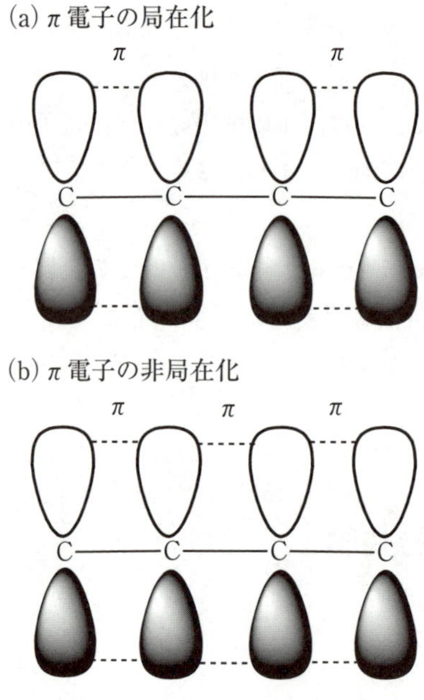

図1.41　ブタジエンの電子構造

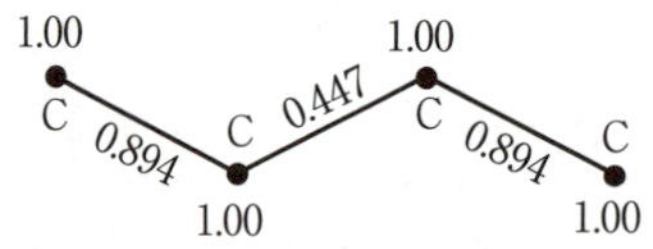

図1.42　ブタジエンの分子図

度合い（1 に近ければ近いほど二重結合性が強い）を示したものである．π 電子は，各原子に 1 個ずつ存在している．また，共役することで，単結合，二重結合とはっきり分けることができなくなる．共鳴構造式で見られる二重結合の部分においては若干，二重結合性が下がるものの，単結合の部分にも 1.5 重結合程度に π 結合があることがわかる．

B 共　鳴

共鳴 resonance は π 電子の非局在化により結合の種類や電荷が固定せず，複数の共鳴構造が考えられる状態である．例えばベンゼン分子は図 1.43 (a) のように共役した六角形構造として表されるが，実際には 6 本の炭素原子－炭素原子結合ははっきりと単結合，二重結合と区別できるわけではなく，すべて同じであり，共鳴構造で表すことはできない．そこで 2 つの共鳴構造式を矢印で結び，共鳴混成体という形でベンゼンの分子構造を表すことがある．これは，両方の共鳴構造を行き来するという意味ではなく，実際の分子構造は両者が混ざり合ったものであるという意味である．また，図 1.43 (b) には炭酸イオンの共鳴も示したが，こちらは π 結合のみならず，負電荷も移動した共鳴構造が見られる．ベンゼンや炭酸イオンの各共鳴構造は等価であるが，エノラートイオンのように等価にならない場合もある（図 1.43 (c)）．

共鳴の特徴は，各共鳴構造を比較したとき，電子の位置が変わっているだけで，原子核の位置

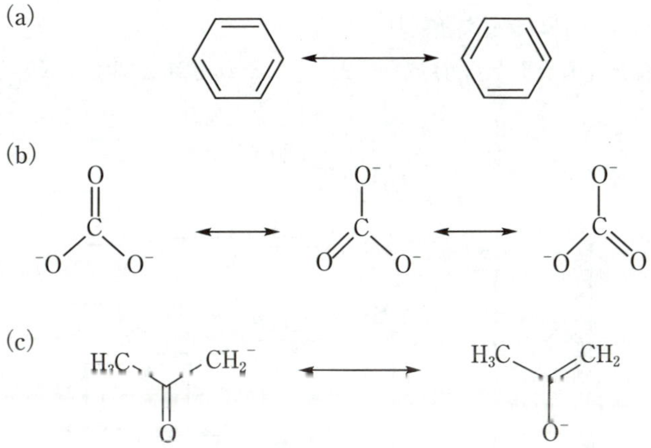

図 1.43　共鳴の例

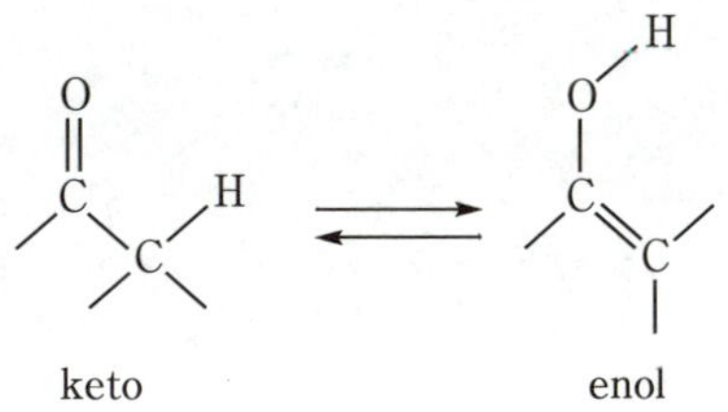

図 1.44　ケト－エノール互変異性

は変わらないというところにある．共鳴に似た現象として，互変異性がある．図1.44にケト-エノール互変異性 keto-enol tautomerism を示した．二重結合の位置が変わるのは共鳴と同じだが，ケト型とエノール型で原子核の位置が変わっており，この点で共鳴と異なる．混同しがちなので，注意が必要である．

C 非局在化エネルギー

共役における π 電子の非局在化は，分子のエネルギー的な安定をもたらす．共役系分子における π 電子は1つの結合に留まらず（局在せず），炭素鎖に沿って分子内に広がっている．その結果として，各共鳴構造より安定なエネルギーをもつ．このような π 電子の非局在化に伴う安定エネルギーを非局在化エネルギー delocalization energy（共鳴エネルギー）という．図1.45に，ヒュッケル分子軌道法と呼ばれる量子化学計算により得られたエチレンとブタジエンの各分子軌道のエネルギーを示した．ここで β は共鳴積分と呼ばれ，1個の電子と2個の原子核との相互作用に基づくエネルギーである．実際は β の式に，α で表されるクーロン積分と呼ばれるエネルギーが加わる．このエネルギーは1個の電子と1個の原子核との相互作用に基づくエネルギーである．

図1.45に示されているデータを用いて，1, 3-ブタジエンの非局在化エネルギーを求めてみよう．ブタジエンの基底状態における波動関数 ψ_g は

$$\psi_g = \phi_1(1)\,\phi_1(2)\,\phi_2(3)\,\phi_2(4)$$

であり，4つの π 電子（電子1から4）が ϕ_1 と ϕ_2 にそれぞれ2個ずつ収容されていることから

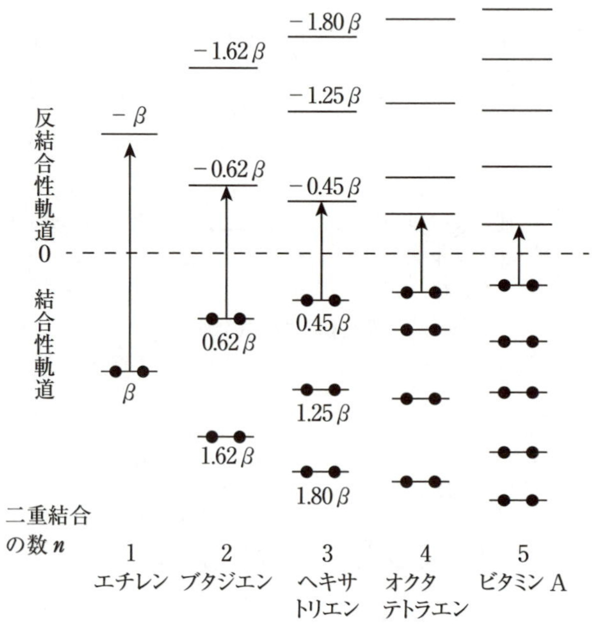

図1.45　共役オレフィンの最低遷移エネルギー

（川面博司編（2000）薬品物理化学の基礎 第3版，廣川書店）

π 電子エネルギーは，

$$E_\pi = E_1 + E_2 + E_3 + E_4 = 2(\alpha + 1.62\beta) + 2(\alpha + 0.62\beta) = 4\alpha + 4.48\beta$$

となる．一方，ブタジエンを共鳴構造式で考えると，全 π 電子エネルギーはエチレン 2 個分に相当することとなる．エチレンにおいて π 電子は ϕ_1 に 2 個収容されていることから，その全 π 電子エネルギーは $2(\alpha + \beta)$，エチレン 2 個分だと $4(\alpha + \beta)$ である．両者の差は 0.48β となるが，これがブタジエンの非局在化エネルギーである．

コラム　ポリエンの吸収極大波長

ポリエンは多数の共役二重結合をもつ化合物のことを指すが，その特徴として，共役系が長くなるにつれて，吸収極大波長も長くなることがあげられる．このことは，量子化学的な立場でいえば，電磁波の吸収による最高被占軌道（HOMO）から最低空軌道（LUMO）への電子遷移エネルギーが小さくなることを表している．図 1.45 には，エチレン，ブタジエン以外の共役オレフィンのエネルギー準位も示されている．矢印の長さが電子遷移エネルギーの大きさを表しているが，二重結合の数が多くなるにつれて，矢印の長さが短くなっている．いい換えると電子遷移エネルギーが小さくなっていくことを示している．これは実験的事実を説明する結果であり，量子化学計算の有用性を示す一例である．

また，ポリエンをポテンシャルエネルギー V の井戸とし，π 電子がその中を自由に動くというモデル，いい換えれば，一次元井戸型ポテンシャル（図 1.46）を考えると，実験結果をよく説明できる事例がある．このモデルは自由電子模型と呼ばれるが，例としてヘキサトリエンの最低遷移エネルギーを求めてみよう．

長さ l の一次元の箱の中を動く電子のエネルギー E は，シュレディンガー方程式を解くことにより

$$E_n = \frac{n^2 h^2}{8ml^2} \quad (n = 1, 2, 3, \ldots, n)$$

と表される．ここで，n は量子数，h はプランク定数，m は電子の質量である．また，量子数 $n + 1$ におけるエネルギーは

$$E_{n+1} = \frac{(n + 1)^2 h^2}{8ml^2}$$

となるので，n 番目の軌道から $n + 1$ 番目の軌道への遷移エネルギーは

$$\Delta E_{n \to n+1} = \frac{(n + 1)^2 h^2}{8ml^2} - \frac{n^2 h^2}{8ml^2} = \frac{(2n + 1)h^2}{8ml^2}$$

と表され，$E = h\nu = hc/\lambda$ を用いると

$$\lambda = \frac{hc}{E} = \frac{8ml^2 hc}{(2n + 1)h^2} = \frac{8mcl^2}{(2n + 1)h}$$

となる．ここで，

$c = 3 \times 10^8$ m・sec^{-1}

$m = 9.1 \times 10^{-31}$ kg

$h = 6.62 \times 10^{-34}$ J・sec

を代入し，さらにヘキサトリエンの最低遷移エネルギーを考える際には $n = 3$，$l = 7.3\,\text{Å} = 7.3 \times 10^{-10}$ m を代入すると，

$$\lambda = 251 \text{ nm}$$

と求められる．実測の吸収極大波長は 258 nm であり，この自由電子模型は実験結果をよく説明している．

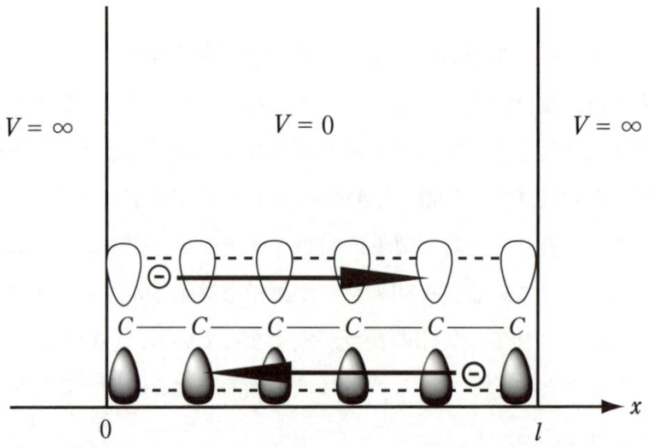

図 1.46　ヘキサトリエンの自由電子模型

[例題 1.10]　次の化合物のうち，共役しているものをすべて選べ．

1. $CH_2CHCHCH_2$
2. $CH_3CHCHCH_3$
3. $CH_2CHCHCHCHCH_2$
4. $CH_2CHCH_2CHCH_2$
5. CH_3CHCCH_2

[解答]　各選択肢につき，価標を使って表すと，

1. $CH_2{=}CH{-}CH{=}CH_2$
2. $CH_3{-}CH{=}CH{-}CH_3$
3. $CH_2{=}CH{-}CH{=}CH{-}CH{=}CH_2$
4. $CH_2{=}CH{-}CH_2{-}CH{=}CH_2$
5. $CH_3{-}CH{=}C{=}CH_2$

となり，共役の定義に沿っているのは 1 と 3 である．

1.2 分子間相互作用

1.2.1 ファンデルワールス力

A ファンデルワールス力とは

電荷をもたない中性分子や原子の間にはファンデルワールス力という弱い非共有結合性の力（引力）が働く．この相互作用は，単原子分子である希ガスでさえ理想気体の法則 $pV = nRT$ には完全に従わないことを示したオランダの科学者 van der Waals の名前に由来している．気体が理想的な振る舞いと異なる理由の 1 つは，分子間にファンデルワールス力が働くからである．例えば，常温で気体である希ガスやハロゲンも温度を下げれば凝集し液体になるし固体にもなる．無極性分子も結晶化するのはファンデルワールス力のためである．ファンデルワールスは実在する気体の振る舞いを記述するファンデルワールスの状態方程式を見出した（1.3.1 参照）．ファンデルワールス力はすべての原子に働く力であり，原子間力顕微鏡（AFM）はこのファンデルワールス力を利用して様々な物質の構造を調べることができる．一般にファンデルワールス力は，1）極性分子間の双極子－双極子相互作用（配向力または配向効果），2）極性分子と無極性分子間の双極子－誘起双極子相互作用（誘起力または誘起効果），3）無極性分子間のロンドン分散力（分散力または分散効果）をまとめたものとして定義される．それぞれの相互作用の概念図を図 1.47 に示した．これらの詳細は後述する．

しばしば疎水性相互作用とファンデルワールス力を混同しているケースがあるので注意が必要である．疎水性相互作用や疎水効果と呼ばれるものは，水溶液中において疎水性のものが互いに水を嫌い集合することであり，ファンデルワールス力などの分子間相互作用が合わさった効果がある．したがって，疎水性相互作用はファンデルワールス力や水素結合などと同列なものではない．また，疎水結合というものも存在しない．疎水性相互作用については 1.2.7 で詳しく述べる．

はじめにファンデルワールス力は分子間に働く弱い引力と書いたが，互いに反発する力，すなわち斥力も存在する．さもなければ，原子や分子は引力によって互いに接近し続け，物質は完全につぶれてしまうだろう．ファンデルワールス力は原子間距離の 6 乗に反比例する引力と距離の 12 乗に反比例する斥力で近似される（1.2.3 参照）．原子同士がどんどん接近すると，強い反発によって斥力が生じる．引力と斥力のつり合ったところに原子間相互作用のエネルギー極小値が存在し，そこが最も居心地の良い距離である．ファンデルワールス力によって原子のファンデルワールス半径が規定され，分子の大きさや形が決まる．リガンド分子とタンパク質の結合がぴったり合うのはファンデルワールス力の結果，互いが結合するのに都合の良い形であるからである．図1.48にリガンド分子とタンパク質の結合の一例を示す．医薬品の設計において，ファンデルワールス相互作用は水素結合などの静電相互作用とともに，十分に考慮すべき重要な相互作用で

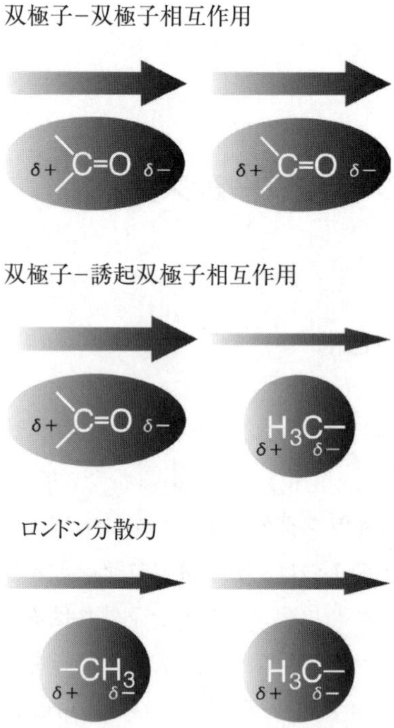

図1.47　ファンデルワールス力

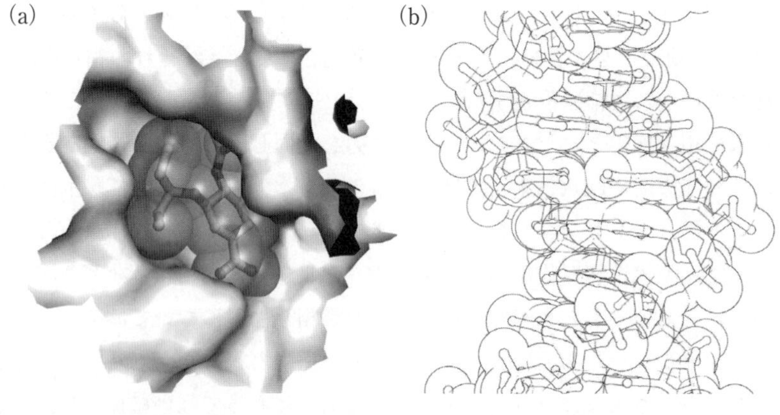

図1.48　タミフル中間体がノイラミニダーゼの分子表面に結合している様子（a）および B型DNAの二重らせん構造における塩基対のスタッキング相互作用（b）

(a) タミフル中間体をスティックモデルとファンデルワールス半径で表示している．
(b) スティックモデルとファンデルワールス半径で表示している．

ある．ファンデルワールス力は水素結合とともにタンパク質構造の構築に最も重要な相互作用である．DNA の二重らせん構造において，ワトソン・クリック塩基対の π 電子が 3.4 Å の距離で積み重なるスタッキング相互作用もファンデルワールス相互作用によるものである（図 1.48）．

1.2.2 ――― ◆ 双極子間相互作用

A 双極子-双極子相互作用（配向力）

電気的に中性な分子であっても，多くの分子は原子の電気陰性度の違いと分子の構造に依存して，分子内に電荷の偏りをもっている．この電荷の偏りが双極子モーメントを生じさせる．極性分子の双極子モーメントを特に永久双極子モーメントと呼ぶ．双極子モーメントが μ_A と μ_B の 2 つの極性分子の相互作用を考えてみる．自由に回転している双極子の相互作用エネルギーは 0 であるが，実際は完全に自由に回転しているわけではなく，より低いエネルギーの配向のほうが好まれる．双極子どうしの代表的な配向を図 1.49 に示した．

双極子が相互作用する場合，(a) Head-to-tail の向きに並ぶ場合と，(b) Anti-parallel の向きに並ぶ場合は引力的な相互作用が働き，(c) Head-to-head は反発的な相互作用が働く．そのため，(a) や (b) のような配向が好まれ，そのために平均の相互作用エネルギーはゼロにはならない．これらを考慮すると，詳細は省略するが距離 r だけ離れた極性分子 A と B との間の双極子-双極子相互作用のエネルギーは式 (1.24) で表される．これを**キーサムの相互作用**，または**永久双極子-永久双極子相互作用**ともいう．

$$U(r) = -\frac{2}{3}\frac{\mu_A^2\mu_B^2}{(4\pi\varepsilon_0)^2 r^6}\frac{1}{k_B T} \tag{1.24}$$

ここで，ε_0 は真空の誘電率，k_B はボルツマン定数，T は絶対温度である．この式から双極子-双極子相互作用は距離の 6 乗に反比例すること，および温度に反比例することが見て取れる．

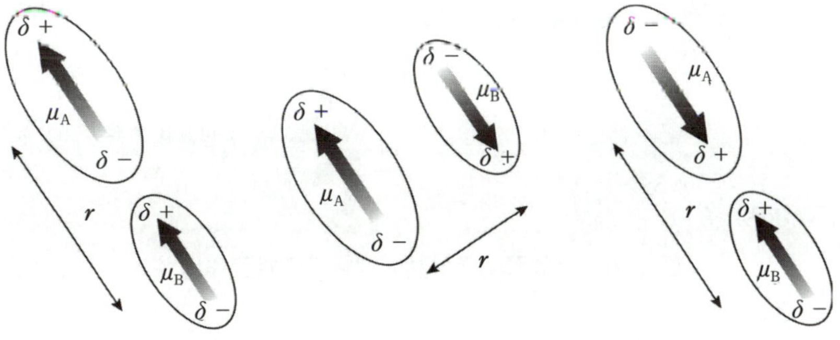

(a) Head-to-tail (b) Anti-parallel (c) Head-to-head

図 1.49 永久双極子と永久双極子の相互作用

つまり，距離が遠くなると相互作用エネルギーは急激に減少する．また，高温になると無視できることがわかる．

［例題 1.11］　式（1.24）の右辺がエネルギーの単位をもつことを確認せよ．

［解答］　μ の単位は C m，ε_0 の単位は $C^2\ J^{-1}\ m^{-1}$，距離 r の単位は m，k_B の単位は $J\ K^{-1}$，T の単位は K なので，

$$\frac{C^2\ m^2\ C^2\ m^2}{(C^2\ J^{-1}\ m^{-1})^2\ m^6}\ \frac{1}{J\ K^{-1}\ K} = J$$

B　双極子-誘起双極子相互作用（誘起力）

無極性分子であっても，近くの極性分子による電場の影響を受けると，無極性分子の電子分布がひずみ，電気的に負の電子は一方に偏り，電気的に正の原子核はそれと反対方向に偏る．それによって一時的な双極子モーメントが誘起される．これを**誘起双極子**といい，誘起双極子は永久双極子と Head-to-tail の向きで相互作用する（図 1.50）．この相互作用を**双極子-誘起双極子相互作用**，あるいは**永久双極子-誘起双極子相互作用**や**デバイ力**ともいう．

双極子-誘起双極子相互作用エネルギーは式（1.25）で表される．

$$U(r) = -\frac{\alpha_B \mu_A{}^2}{(4\pi\varepsilon_0)^2 r^6} \tag{1.25}$$

ここで，α_B は分子 B の分極率であり，永久双極子の電場 E の影響で生じた誘起双極子モーメント μ^* との間には，$\mu^* = \alpha_B E$ の関係がある．すなわち，分極率が大きい分子ほど誘起双極子モーメントも大きくなる．双極子-誘起双極子相互作用は双極子-双極子相互作用と同様に距離 r の 6 乗に反比例する．

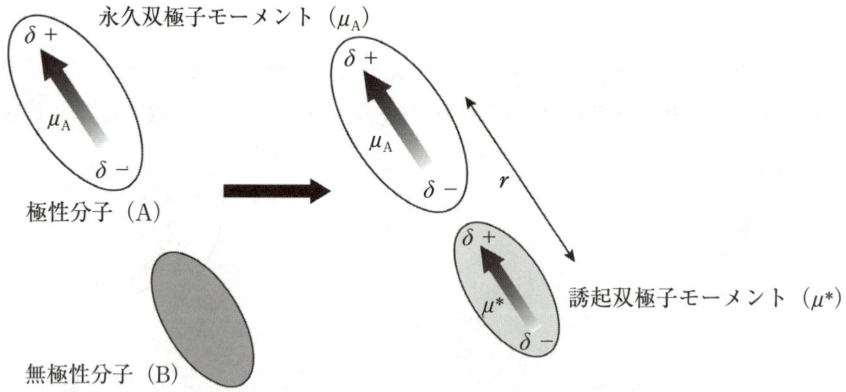

図 1.50　永久双極子と誘起双極子の相互作用

［例題 1.12］　$\alpha/4\pi\varepsilon_0$ が体積の単位をもつことを確認せよ．

［解答］　$\mu^* = \alpha_B E$ の関係において，E の単位は $V\ m^{-1}$，μ の単位は C m であることから，α の単位は，$C\ m/V\ m^{-1} = C\ m^2\ V^{-1}$ となる．一方，距離 r 離れた電荷 q_1，q_2

の静電相互作用のエネルギーは $q_1q_2/4\pi\varepsilon_0 r$ であるから，ジュール = $C^2\,m^{-1}/4\pi\varepsilon_0$ であり，ジュール = クーロン×ボルトであるから，
$C^2\,m^{-1}/4\pi\varepsilon_0 = C\,V$ であり，$C\,V^{-1} = 4\pi\varepsilon_0 m$ となる．α の単位は $C\,m^2\,V^{-1}$ であることから，$\alpha = 4\pi\varepsilon_0 m^3$.
したがって，$\alpha/4\pi\varepsilon_0$ が = m^3 であり，体積の単位をもつ．
この $\alpha/4\pi\varepsilon_0$ は分極率体積と呼ばれ，実際の分子体積と同じくらいの大きさである．分子のサイズが大きいと分極率も大きいということになる．

1.2.3 ◆ 分散力

A 分散力

分散力とは誤解を招きやすい用語である．あたかも分散させる力，すなわち互いに反発するような力のような印象を受けるが，逆である．分散力とは中性な分子間に働く引力である．前節の双極子間相互作用では，永久双極子モーメントあるいは永久双極子によって誘起された誘起双極子モーメントをもっており，それらの相互作用は古典物理学の考え方で理解できる．ヘリウムが低温で凝縮すると液体になることや，ベンゼンが常温で液体であることが示すように，無極性分子どうし，すなわち双極子モーメントをもたない分子間にも引力的な相互作用が働く．この引力は量子力学的効果として考えられ，ドイツ人科学者の名前にちなみ，**ロンドン力**（**ロンドンの分散力**）と呼ばれる．原子核の高い正電荷は，原子核まわりの電子だけでは近くに存在する原子の電子に対して完全に遮蔽することができず，互いに影響を及ぼし合う．その結果，電子の波動関数に揺らぎが生じ，瞬間的な双極子（**瞬間双極子**）モーメントが生じる．これが他方の分子を分極させ瞬間的な双極子モーメントを誘起し，引力的な相互作用が働く．これを分散力，あるいは**瞬間双極子–誘起双極子相互作用**という．このような分散力は極性分子においても生じるが，他の相互作用の影響がない無極性分子の間では特に重要な相互作用である．ロンドン力は式(1.26) で表され，双極子相互作用と同様に距離 r の 6 乗に反比例する．

$$U(r) = -\frac{3}{2}\left(\frac{I_A I_B}{I_A + I_B}\right)\frac{\alpha_A \alpha_B}{(4\pi\varepsilon_0)^2}\frac{1}{r^6} \tag{1.26}$$

ここで α_A と α_B はそれぞれ分子 A と分子 B の分極率，I_A と I_B はそれぞれ分子 A と分子 B の第一イオン化エネルギーである．原子あるいは分子のサイズとともに増加し，分散力はしばしば，ファンデルワールス引力に最大の寄与をする．

B レナード・ジョーンズポテンシャル

先に述べたように，双極子–双極子相互作用（配向力），双極子–誘起双極子相互作用（誘起

力)，分散力を総称してファンデルワールス力あるいはファンデルワールス相互作用という．式(1.24)，式(1.25)，式(1.26)で示したように，これらはすべて距離 r の6乗に反比例し，距離が大きくなると急激に減少する．すなわち分子間距離が小さいときに重要な**近距離相互作用**である．ファンデルワールス相互作用には，引力相互作用に加えて，距離 r の12乗に反比例する斥力相互作用も存在する．原子や分子がある距離までしか近づけないのは，原子や分子が近づいていくと，パウリの排他原理によって強い反発力が働くからである．これによって，原子や分子は一定の大きさの空間を占めることになる．このような反発力による相互作用を**交換反発相互作用**という．ファンデルワールス相互作用の引力相互作用と斥力相互作用を合わせた全ポテンシャルエネルギーは一般にレナード・ジョーンズポテンシャルと呼ばれる式(1.27)で表される．

$$U(r) = 4\varepsilon\left[\left(\frac{\sigma}{r}\right)^{12} - \left(\frac{\sigma}{r}\right)^{6}\right] \tag{1.27}$$

ここで ε, σ は原子・分子に固有の値であり，それぞれエネルギーおよび長さの単位をもつ（ε は前項の誘電率ではないことに注意)．全体のポテンシャルエネルギーは斥力成分と引力成分からなっており，括弧内の第1項は斥力相互作用を表し，距離 r の12乗に反比例する．一方，第2項は引力相互作用であり，距離 r の6乗に反比例する．図1.51に，距離 r とポテンシャルエネルギー $U(r)$ との関係を示した．

式(1.27)から以下のことがいえる．

1. 分子間に働く斥力は距離の12乗に反比例し，距離が減少すると急激に増加する．
2. 分子間に働く引力は距離の6乗に反比例し，距離が減少すると減少する．
3. ポテンシャルエネルギーは分子間距離が無限大のとき0となる．
4. ポテンシャルエネルギーの最小値は $-\varepsilon$ である．
5. 分子間距離が σ のときポテンシャルエネルギーは0となる．

ポテンシャルエネルギーが最小である $-\varepsilon$ のときが分子間の居心地の良い距離であり，そのとき引力と斥力がつり合っている．ポテンシャルエネルギーがゼロになる分子間距離 σ は分子が接近できるぎりぎりの距離であり，分子の大きさの目安になる．同一原子の場合には，その値の

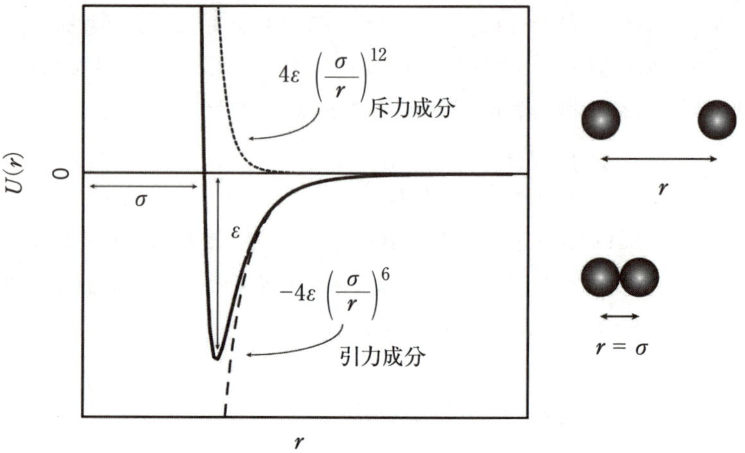

図1.51 レナード・ジョーンズポテンシャル

半分がファンデルワールス半径となる．

［例題 1.13］　レナード・ジョーンズの式を用いて，ポテンシャルエネルギーが極小となる距離 r とそのときのポテンシャルエネルギーを求めよ．

［解答］　レナード・ジョーンズの式を微分して0となる r を求めればよい．

よって，

$$\frac{\mathrm{d}}{\mathrm{d}r}U(r) = 4\varepsilon\left[(-12)\left(\frac{\sigma}{r}\right)^{13} - (-6)\left(\frac{\sigma}{r}\right)^{7}\right] = 0$$

$$r^6 = 2\sigma^6$$

$$r = 2^{\frac{1}{6}}\sigma$$

求めた r をレナード・ジョーンズの式に代入して，

$$U(2^{\frac{1}{6}}\sigma) = 4\varepsilon\left[\left(\frac{\sigma}{2^{\frac{1}{6}}\sigma}\right)^{12} - \left(\frac{\sigma}{2^{\frac{1}{6}}\sigma}\right)^{6}\right]$$

$$= 4\varepsilon\left(\frac{1}{4} - \frac{1}{2}\right)$$

$$= -\varepsilon$$

レナード・ジョーンズポテンシャルは計算化学においてよく用いられる．計算機の進歩によって，タンパク質などの生体高分子やその複合体を対象とした分子動力学シミュレーションが可能になった．ファンデルワールス相互作用のポテンシャルエネルギーを計算する際に式（1.27）はよく用いられているが，$1/r^{12}$ 項は斥力相互作用を表現するにはしばしば不十分であり，a を定数として指数関数の形 exp［$-ar/\sigma$］のほうがより正確に斥力相互作用を取り扱うことができる．

1.2.4 ──── 静電相互作用

イオンなどの電荷をもった2個の粒子間において働く相互作用を**静電相互作用**（あるいは**クーロン相互作用**）と呼び，それらの電荷に働く力を**クーロン力**という．2つのイオンが互いに異符号であれば引力，同符号であれば斥力となる．図1.52のように，2つのイオンの電荷を q_{A}，q_{B}，イオンを取り囲む媒質の誘電率を ε とするとき，その間に働く力 F は，

$$F = \frac{q_{\mathrm{A}}q_{\mathrm{B}}}{4\pi\varepsilon r^2} \tag{1.28}$$

と表される．ポテンシャルエネルギー U と力 F との間には，$\mathrm{d}U = -F\mathrm{d}r$ の関係があり積分することにより，

$$U = \frac{q_{\mathrm{A}}q_{\mathrm{B}}}{4\pi\varepsilon r} \tag{1.29}$$

となる．静電相互作用は電荷間の距離 r に反比例して緩やかに減少することから，前項のファン

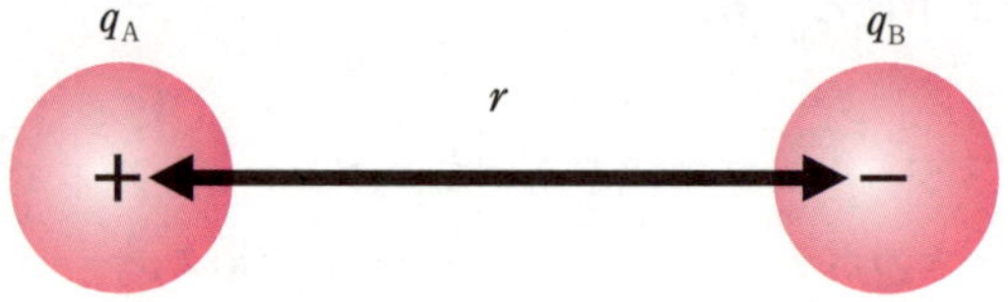

図 1.52　電荷間のクーロン相互作用

デルワールス力などに比べて遠距離まで及ぶ力であり，**遠距離相互作用**ともいう．また，分母に誘電率の項があることから，水などの誘電率の高い溶媒中ではイオン間の静電相互作用は弱くなり，誘電率の低い溶媒中では静電相互作用が強くなる．

静電相互作用は，NaCl 水溶液のような電解質溶液におけるイオン間において働く．また，タンパク質においては，酸性アミノ酸と塩基性アミノ酸間での相互作用として働き，タンパク質の高次構造の安定化に寄与している．

[例題 1.14]　NaCl が Na^+ イオンと Cl^- イオンのイオン対として存在し，それらの距離が 2.36 Å であるとする．媒質中と真空中の誘電率の比（$\varepsilon/\varepsilon_0$）を比誘電率 ε_r というが，空気中の比誘電率を 1 とし，水の比誘電率を 78.5 とすると，水中の静電相互作用エネルギー（ポテンシャルエネルギー）は空気中の何倍になるか求めよ．

[解答]　真空中の誘電率を ε_0，Na^+ と Cl^- の電荷を q_A，q_B とすると，空気中と水中の静電相互作用エネルギーは，それぞれ

$$U(\text{空気}) = \frac{q_A q_B}{4\pi\varepsilon_0} \qquad U(\text{水}) = \frac{q_A q_B}{4\pi \times 78.5\varepsilon_0}$$

となる．

よって，

$$\frac{U(\text{水})}{U(\text{空気})} = \frac{1}{78.5}$$

1.2.5 ◆ 水素結合

一般に，炭化水素類においては分子量が大きくなるに伴い分子間力が強くなり，沸点が高くなる傾向にある．しかしながら，H_2O，NH_3，HF の沸点はその傾向に反し，他の水素化合物の同族体に比べ，異常に高い．これらの化合物には，X−H…X の形で示されるように，1つの水素原子と N，O，F などの**電気陰性度**の大きな2つ以上のヘテロ原子が関与する相互作用である**水素結合**が存在し，水素結合を切断するためのエネルギーが必要となり，他の水素化合物よりも高沸点となる（図 1.53）．

図 1.53 に水素結合のいくつかの例を示す．安息香酸はトルエン中で水素結合により2分子会合した2量体を形成する．また，マレイン酸は *cis* 体であるため分子内および分子間での水素結

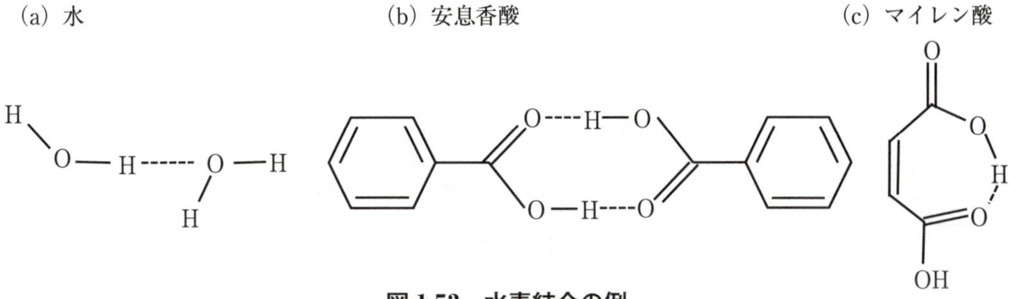

図 1.53　水素結合の例

合をするのに対し，*trans* 体であるフマル酸は分子間水素結合しか形成しない．そのため，2 個目のプロトンはフマル酸よりもマレイン酸の方が解離しにくくなる（マレイン酸：$pK_1 = 2.0$, $pK_2 = 6.3$．フマル酸：$pK_1 = 3.0$, $pK_2 = 4.5$ ）．

水分子間での水素結合 1 個当たりのエネルギーは約 20 kJ/mol であり，ファンデルワールス力よりは強いものの共有結合よりははるかに弱い力である．しかしながら，タンパク質などの生体高分子においては，数多くの水素結合をもつため重要な相互作用の 1 つである．タンパク質はアミノ酸がペプチド結合により縮合した化合物であり，ペプチド結合(-CO-NH-)の-CO-基の O と-NH-基との間で水素結合を形成することがある．この水素結合は，タンパク質の α ヘリックス構造や β シート構造の他，3 次構造や 4 次構造を保持するのにも重要な役割を果たしている．また，DNA の二重らせん構造形成にも水素結合が関与している．

なお，水素結合の強さを決めているのは主として静電相互作用であるが，分子軌道法による水素結合の研究結果から電荷移動相互作用も重要であることが明らかになっている．

［例題 1.15］　*p*-ニトロフェノールと *o*-ニトロフェノールの沸点を比較すると，*p*-ニトロフェノールの方が高い．その理由を説明せよ．

［解答］　*p*-ニトロフェノールは，分子間で水素結合を形成するのに対し，*o*-ニトロフェノールは，分子内で水素結合を形成するため，前者の方が沸点が高くなる．

1.2.6　電荷移動相互作用

電子を与えやすい分子である**電子供与体**（ドナー）と電子を受け取りやすい分子である**電子受容体**（アクセプター）との間で電荷の移動が起こり，両分子間において引力が生じ，分子錯体を形成する作用のことを**電荷移動相互作用**という．また，生成した分子錯体のことを**電荷移動錯体**という．電子供与体から電子受容体に電荷が移動することから，それらの最高被占軌道 highest occupied molecular orbital（HOMO）と最低空軌道 lowest unoccupied molecular orbital（LUMO）の特徴が重要となる．図 1.54 は，電子供与体と電子受容体のエネルギー準位を示したものである．電子供与体の HOMO と電子受容体の LUMO との間での電

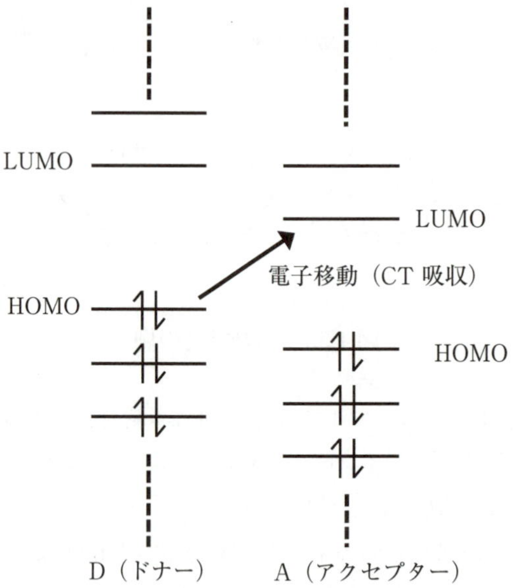

図 1.54 電子供与体（D）と電子受容体（A）のエネルギー準位

荷の移動が起こりやすいほど電荷移動相互作用がしやすくなるので，HOMO-LUMO 間のエネルギー差が小さいほど相互作用が強くなる．すなわち，電子供与体の HOMO のエネルギー準位が高いほど，そして電子受容体の LUMO のエネルギー準位が低いほど，電荷移動相互が起こりやすくなるといえる．このことをいい換えれば，電子供与体の HOMO のエネルギー準位が高いということは電子を出しやすいということであるから，電子供与体の**イオン化エネルギー**が小さいことになる．一方，電子受容体の LUMO のエネルギー準位が低いということは電子を受け取りやすいことを意味しており，電子受容体の**電子親和力**が大きいといえる．

アントラセンは無色であり，ピクリン酸はうすい黄色をした化合物であるが，両者を混合すると赤色を呈する．これは，アントラセンとピクリン酸の間で電荷移動が生じた結果であり，電荷移動相互作用では，元のそれぞれの分子の電子スペクトルとは異なった新たな吸収帯が出現する．

［例題 1.16］ 以下の文章の正誤について答えよ．誤っている場合は，誤っている箇所を修正せよ．

1. 電荷移動相互作用において，電子供与体のイオン化ポテンシャルが小さく，電子受容体の電子親和力が小さいほどその結合力は強くなる．
2. 電荷移動による分子間相互作用は，電子を放出しやすい分子と電子を受け取りやすい分子との間で起こり，会合によってそれぞれの分子自体にはない新しい吸収帯が出現することを特徴とする．
3. ドナーの LUMO 準位とアクセプターの HOMO 準位が近いほど相互作用が強くなる．

［解答］

1. 誤り．電子親和力が大きいほど
2. 正しい．

3. 誤り．ドナーの HOMO 準位とアクセプターの LUMO 準位

1.2.7 ◆ 疎水性相互作用

疎水性物質（疎水基）が水の中に入ると，その周囲に構造化した水の層が形成される．この構造化した水の層は，水の規則構造が増大した状態，すなわちエントロピー（乱雑さ）が減少した状態であるため不安定である．図 1.55 に示すように，複数の疎水性物質がばらばらに水中にある状態（a）と疎水性物質が寄り集まった状態（b）とを比較すると，構造化した水分子の数は後者の方が少なくなるためエントロピー的に有利となる．このように，結果として疎水性物質が凝集するという現象を起こす相互作用を**疎水性相互作用**という．したがって，疎水性相互作用は，疎水性物質（疎水基）間に特別な相互作用が働くのではなく，水のエントロピーが増大することにより引き起こされる相互作用であることから，水中でのみ生じる．石鹸などの界面活性剤が油性物質を溶解するのも疎水性相互作用によるものである．

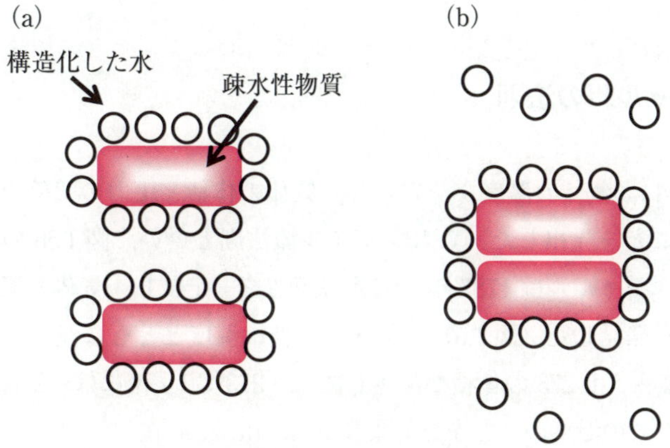

図 1.55 疎水性相互作用のモデル

［例題 1.17］ 疎水性相互作用に関する次の記述の正誤について答えよ．

1. 疎水性相互作用は，疎水性分子（または疎水性基）の周りに形成される水構造が疎水性分子の会合により崩壊し，その結果エントロピーが増大することに起因する．
2. 気相中のエタン分子間には疎水性相互作用がみられる．
3. 疎水性相互作用は界面活性剤分子のミセル形成に関与している．
4. 疎水性相互作用はタンパク質の高次構造の安定化に寄与している．

［解答］
1. 正しい．
2. 誤り．疎水性相互作用は水中でのみ起こる．
3. 正しい．
4. 正しい．

1.3 気体の巨視的状態と微視的状態

固体，液体，気体のいずれもが絶え間なく熱運動しているが，気体の状態の分子は，分子どうしが結合をもたず自由に飛び回っているという点で，固体や液体とは違った特徴をもつ．物質の状態は，周囲の温度と圧力によって支配されるが，分子が自由に飛び回っていることができる気体状態では，温度と圧力に特に敏感に状態が変化する．そこで，気体状態の分子に着目し，熱運動との関係を調べていく．

1.3.1 ファンデルワールスの状態方程式

A ボイル・シャルルの法則

ボイルは1662年に，気体の温度を一定にし，気体の体積と圧力の関係を調べ，気体の体積が圧力に反比例することを見出した．これをボイルの法則といい，図1.56のように等温曲線は双曲線を描く．一方，シャルルは1787年に気体の圧力を一定にし，気体の温度と体積の関係に比例関係があることを発見した（図1.57）．気体の体積は温度とともに減少し，図1.58のように，温度が1℃減少すると，1/273の体積が減少して，−273℃（正確には−273.15℃）で気体の体積は理論上0となる．この温度のことを**絶対零度** absolute zero point といい，−273℃を0度とした温度を絶対温度（単位K）という．すなわち0℃は273Kで，25℃は298Kとなる．

この2人の発見を1つにまとめ，気体の体積が圧力に反比例し，絶対温度に比例することを，ボイル・シャルルの法則と呼ぶ．

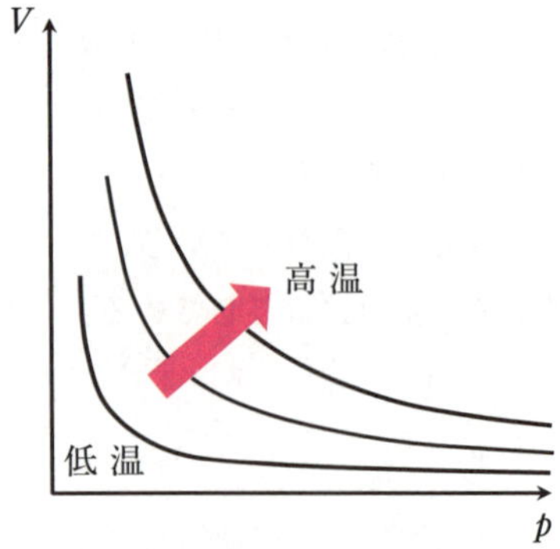

図1.56 ボイルの法則

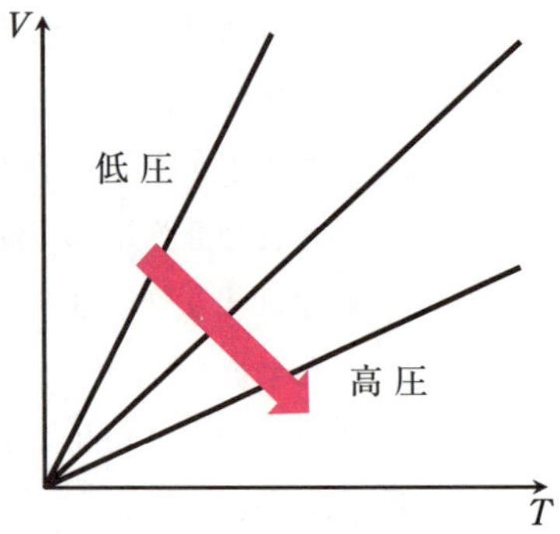

図1.57 シャルルの法則

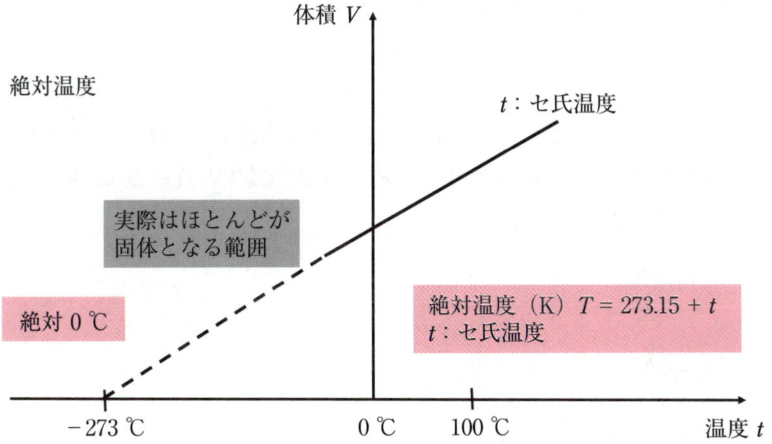

図 1.58　絶対零度の導出

ファーレンハイト度で表せば −459.7 F.

B　理想気体

アボガドロは 1811 年，すべての気体は，同一温度，同一圧力の下で，同一体積に同じ数の分子が含まれることを提唱した．このアボガドロの発見と先のボイル・シャルルの法則を合わせ，気体の温度と圧力と体積には次式の関係があることが結論される．

$$pV = nRT \tag{1.30}$$

ここで，p は気体の圧力を，V は気体の体積を，T は絶対温度を示し，n は気体のモル数を表す．R は**気体定数** gas constant と呼ばれる比例定数である．式（1.30）をみると，気体のモル数に変化がない場合，気体の圧力，体積，絶対温度のうち，2 つが決まれば，残りの変数が決まることがわかる．このような系の状態によって一義的に定まる物理量のことを**状態量** quantity of state といい，また，式（1.30）を気体の**状態方程式** equation of state という．

気体 1 モルの体積は，実験から，273 K，1 atm における標準状態で，22.4 L であることがわかっている．そのため，比例定数である気体定数 R は

$$R = \frac{pV}{nT} = \frac{1[\mathrm{atm}] \times 22.4[\mathrm{L}]}{1[\mathrm{mol}] \times 273.15[\mathrm{K}]} = \frac{1.0131 \times 10^5[\mathrm{Pa}] \times 22.4[\mathrm{L}]}{1[\mathrm{mol}] \times 273.15[\mathrm{K}]}$$

$$= \frac{1.013 \times 10^5[\mathrm{J/m^3}] \times 22.4 \times 10^{-3}[\mathrm{m^3}]}{1[\mathrm{mol}] \times 273.15[\mathrm{K}]} = 8.31\ [\mathrm{J/mol \cdot K}] \tag{1.31}$$

となる．

ボイル・シャルルの法則は，気体の種類によらず測定値とよく一致するが，低温状態や高圧状態ではずれを生じることがわかっている．そこで，どんな状態においても式（1.30）の関係が成立する気体を**理想気体** ideal gas あるいは完全気体と呼ぶ．

理想気体では，構成する分子が，

・完全な球体でありながら体積をもたない．

・ぶつかっても変形しない．

・他の分子との間に引力や反発力が働かない.

ということを条件として考えている.

［例題 1.18］　理想気体の状態方程式を利用して，気体の密度 ρ を含む式に変形せよ.

［解答］　気体の密度は，体積当たりの質量なので，気体の質量を m［kg］，1 モル当たりの質量を M［kg］とすると，

$$n = \frac{m}{M}$$

$$\rho = \frac{m}{V}$$

の関係が得られるため，

$$p\frac{m}{\rho} = \frac{m}{M}RT$$

$$p = \frac{\rho RT}{M}$$

になる.

C　実在気体

理想気体の状態方程式 $pV = nRT$ を変形すると，式（1.32）のように，pV と nRT の比は常に 1 となる.

$$Z = \frac{pV}{nRT} = 1 \tag{1.32}$$

この Z を**圧縮因子** compression factor といい，理想気体からのずれの程度を表す．実際に圧

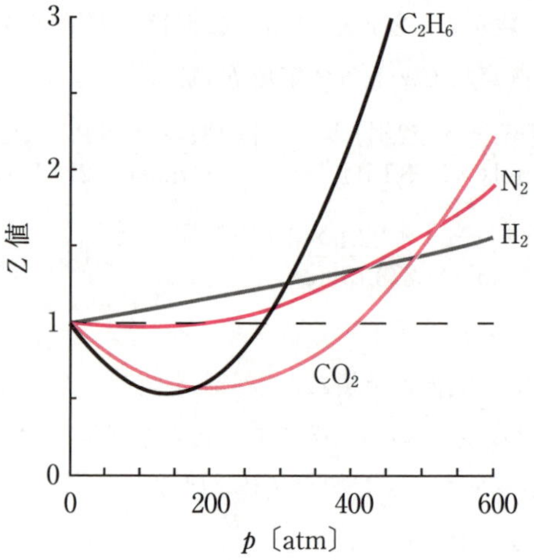

図 1.59　圧縮因子の圧力依存性

力に対して Z を求めてみると，高圧下での実際の気体は図 1.59 のようにずれを生じてくる．実在気体では，低圧状態では，分子どうしの引力の影響を受け，いったん Z は 1 より小さくなるが，高圧状態になると分子どうしの衝突による反発力が大きくなり Z は 1 を上回る．

D　ファンデルワールスの状態方程式

実在気体の状態方程式を，ファンデルワールスは次のように考えた．

（1）分子間引力に関する補正

分子が接近し合うと，分子間にファンデルワールス力による引力が働くため（図 1.60），実際の気体の圧力はその分だけ減少する．

互いに引き合う分子が A，B 別々の分子とすると，分子間のファンデルワールス力による引力は，A の濃度に比例し，B の濃度にも比例する．気体の分子の濃度は，分子数 n を体積 V で割った $\dfrac{n}{V}$ で表すことができるので，実際の気体の圧力の低下分は，$\left(\dfrac{n}{V}\right)^2$ に比例して減少する．したがって，比例定数を a とすると，実際の圧力は理想気体から，

$$p = \frac{nRT}{V} - a\left(\frac{n}{V}\right)^2 \ [\mathrm{J/m^3}] \tag{1.33}$$

だけ減少する．

（2）分子の体積に関する補正

さらに，実在気体では分子が近づくと斥力が働き，ある一定の距離を保とうとするため，ある一定の体積分だけ分子が存在できない空間（体積）を生じることになる．この体積のことを排除

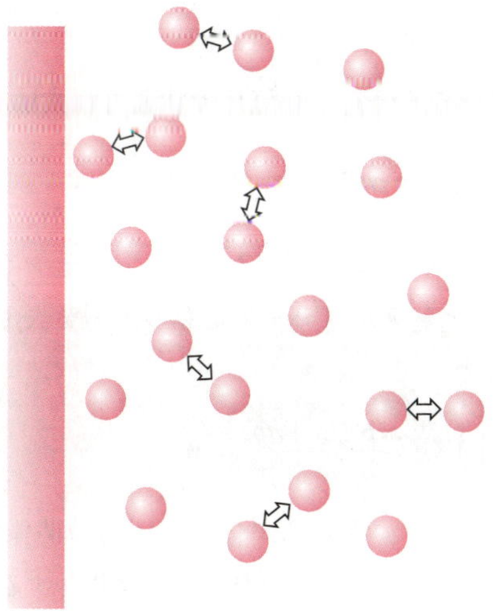

図 1.60　分子間に働くファンデルワールス力

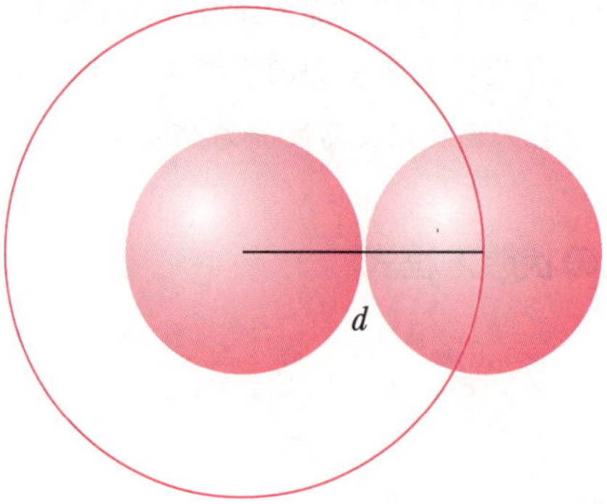

図 1.61　分子の排除体積の考え方

体積という．今，分子1モル当たりの排除体積が b [m^3] であるとすると，理想気体の式での V は，($V - b$)[m^3] となり，圧力は，

$$p = \frac{nRT}{V - b} \, [\mathrm{J/m^3}] \tag{1.34}$$

となる．

排除体積は，1分子を直径 d の球体と仮定すると，片方の分子は他方の分子の中心から d の距離より近くには接近できないため（図1.61），$\frac{4}{3}\pi d^3$ となる．これは1対の分子の排除体積となるので，分子1個当たりにすると，$\frac{2}{3}\pi d^3$ となる．分子1個の体積は，$\frac{4}{3}\pi\left(\frac{d}{2}\right)^3 = \frac{\pi d^3}{6}$ なので，排除体積は，分子1個の体積の4倍に相当する．

また，分子1モル当たりに換算すると，アボガドロ数 N_A を掛けて，

$$b = \frac{2}{3}\pi d^3 N_A \tag{1.35}$$

となる．

式（1.33）と式（1.34）を変形すると，実在気体の状態方程式は，

$$\left(p + \frac{an^2}{V^2}\right)(V - b) = nRT \tag{1.36}$$

で，表すことができる．ここで，a および b はファンデルワールス定数と呼ばれ，実験的に求められている．代表的な分子のファンデルワールス定数の一例を表1.5に示す．

さらに式（1.36）を変形すると，

$$V^3 - \left(b + \frac{RT}{p}\right)V^2 + \frac{p}{a}V - \frac{ab}{p} = 0 \tag{1.37}$$

となり，V の3次関数が得られる．すなわち，体積と圧力の関係は変曲点を1つもつ曲線として表すことができる．しかし，実在気体では気体-液体が共存する領域があり，その領域では気体が凝縮され液体へと変化するため，圧力は体積によらずほぼ一定となる．このため，実際には，図1.62に示すように，気体と液体の共存する領域では，体積と圧力はほぼ一定となり，両者の

表 1.5　ファンデルワールス定数の一例

物　質	a [atm・L^2/mol^2)]	b [L/mol]
アセチレン	4.516	0.0522
二酸化炭素	3.658	0.0429
エチレン	4.612	0.0582
水素	0.2452	0.0265
窒素	1.370	0.0387
酸素	3.570	0.0319
水蒸気	5.537	0.0305

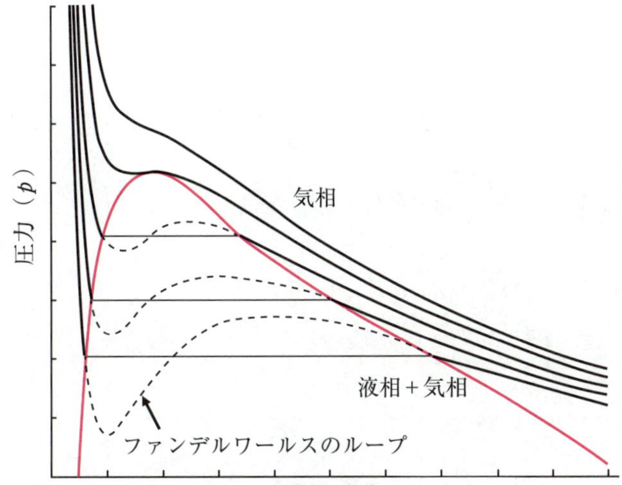

図 1.62　実在気体の p－V 状態図

関係は直線を示す．理論上の変曲点を有する点線をファンデルワールスのループという．

E　混合気体（ドルトンの分圧の法則）

アボガドロの法則によれば，同じ温度，同じ圧力下では同じ体積中の気体は同じ個数の分子を含むことから，気体を混合した際には各成分の圧力は独立した値を示すと考えられる．混合気体が示す圧力を全圧といい，混合気体の全体積から残る成分の気体を全部抜いて，1 つの成分気体のみが単独で占めたときに占める圧力を分圧という．

ドルトンは，一定温度において混合気体の全圧は各成分気体の分圧の和に等しい，という法則を見出した．つまり，混合気体の全圧を p，各成分の分圧を p_A，p_B，p_C ……とすると，

$$p = p_A + p_B + p_C + \cdots\cdots \tag{1.38}$$

と表すことができ，各成分気体の分圧は共存する他の気体に影響されない．つまり，この法則が成り立つのは理想気体，あるいはそれに近い状態の場合である．

2つの理想気体Aと理想気体Bの混合気体からドルトンの分圧の法則を導いてみる．いま，2つの気体AとBが体積 V[L] の容器に入っているとき，混合気体の圧力が p [Pa] とすると，

$$pV = (n_A + n_B)RT \tag{1.39}$$

が成り立つ．ここで，n_i は気体 i が体積 V[L] の容器内で p_i の圧力を示すときのモル数とする．

各成分気体の分圧は共存する他の気体に影響されないことから，気体Aおよび気体Bについて，

$$p_A V = n_A RT \tag{1.40}$$

$$p_B V = n_B RT \tag{1.41}$$

が成り立つ．両式を足し合わせると，

$$(p_A + p_B)V = (n_A + n_B)RT \tag{1.42}$$

となり，$p = p_A + p_B$ が成立する．

また，式 (1.40) を式 (1.42) で，または，式 (1.41) を式 (1.42) で割ると，

$$\frac{p_A V}{(p_A + p_B)V} = \frac{n_A RT}{(n_A + n_B)RT} \tag{1.43}$$

$$\frac{p_B V}{(p_A + p_B)V} = \frac{n_B RT}{(n_A + n_B)RT} \tag{1.44}$$

となり，そこから

$$\frac{p_A}{p_A + p_B} = \frac{n_A}{n_A + n_B} \tag{1.45}$$

$$\frac{p_B}{p_A + p_B} = \frac{n_B}{n_A + n_B} \tag{1.46}$$

となる．$\frac{n_A}{n_A + n_B}$，$\frac{n_B}{n_A + n_B}$ は全モル数に対する気体A，気体Bのモル数の割合を指し，Aの**モル分率** mole fraction，Bのモル分率という．式 (1.45) と式 (1.46) の比をとると，

$$\frac{p_A}{p_B} = \frac{n_A}{n_B} \tag{1.47}$$

となり，分圧比とモル比が等しいことがわかる．

1.3.2 気体の分子運動とエネルギー

A 理想気体の気体運動論

気体の分子はいずれもが絶え間なく熱運動を行っていて，その結果，圧力や温度や体積の状態量が定まることをすでに学んだ．ここでは，気体の分子の運動によって生じる圧力について，理想気体を気体運動論的に考える．気体運動論は，

・気体は非常に小さな粒子（気体粒子と呼ぶ）からできている．
・気体粒子は自由な方向に等速運動している．
・気体粒子どうしは引力も反発力も働かない．
・気体粒子は別の気体粒子または，構成する壁面と衝突するが，衝突によっても運動量は保存される．

という仮定のもとで考えられている．

これらの仮定に基づき，気体粒子の速度や圧力，運動エネルギーなどを求めてみよう．

B　気体の圧力

今，図 1.63 のように，1 辺の長さが l の立方体の中で運動する気体分子があるとする．さらに単純化するために，x 軸方向のみの運動から気体の圧力を求める．

気体の分子が x 軸方向の運動によって壁面と衝突すると，気体分子の速度 $\vec{v}$ は衝突の前後で（v_x, v_y, v_z）から（$-v_x$, v_y, v_z）へと変化するので，気体の分子の質量を m とすると，分子の運動量 $m\vec{v}$ は（$-2mv_x$, 0, 0）だけ変化する．この分子の運動量の変化は，分子が壁から受けた力積と考えられる．したがって，壁が分子から受ける力積 I は，作用反作用の法則から（$2mv_x$, 0, 0）となる．力積 I は運動量をどれだけ変化させたかを表す量であるので，力 F_x と時間 t を掛け合わせた量 $F_x t$ で表されるが，式（1.48）のように，微小時間での運動量の変化量を表す式で表すこともできる．

$$I = F_x t = ma \cdot t = m \cdot \frac{\Delta v_x}{\Delta t} \cdot t = \Delta(mv_x) \cdot \frac{t}{\Delta t} \tag{1.48}$$

1 個の分子が周期的に壁に与える力は，運動量の変化量 $2mv_x$ なので，十分な時間での壁面への衝突回数を掛け合わせた運動量の総変化量を，かかった時間で割ると，平均的な壁面への力（圧力）を得ることができる．今，単位時間（t = 1 秒）での衝突回数から壁面への圧力を求めてみると，1 度壁面に衝突した分子が次に衝突するまでの時間は，$\dfrac{2l}{v_x}$ で表されることから，1 秒当

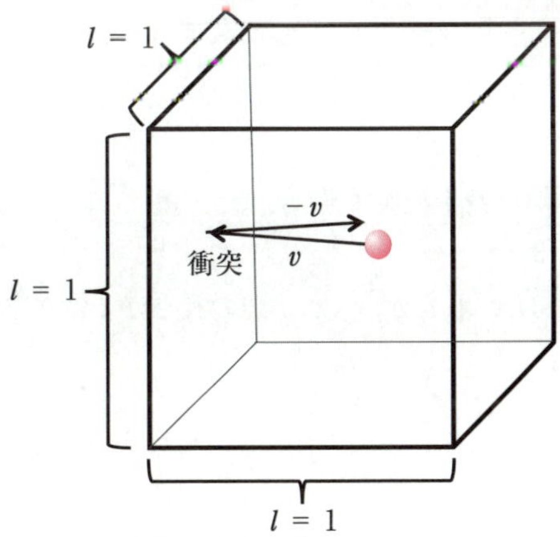

図 1.63　立方体容器の中の気体分子の x 軸方向の運動

たりの衝突回数は，$\frac{v_x}{2l}$ となる．よって，壁面への圧力は，$l = 1$ とすると，

$$2mv_x \times \frac{v_x}{2l} = \frac{m{v_x}^2}{l} = m{v_x}^2 \tag{1.49}$$

となる．

複数の分子について考えると，i 番目の分子が壁面に衝突する際の力の平均 $\overline{f_x}$ は，式（1.49）より，

$$\overline{f_x} = \frac{m{v_{ix}}^2}{l} \tag{1.50}$$

となり，N 個全体の分子の力 F は

$$F_x = \frac{m}{l}\sum_{i=1}^{N} {v_{ix}}^2 \tag{1.51}$$

で表される．ここで，二乗速度 ${v_{ix}}^2$ の N 個の平均 $\overline{{v_x}^2}$ を考えると，$\overline{{v_x}^2} = \frac{1}{N}\sum_{i=1}^{N} {v_{ix}}^2$ となることから，式（1.51）は，

$$F_x = \frac{Nm}{l}\overline{{v_x}^2} \tag{1.52}$$

と表すことができる．

さらに，壁面全体への圧力を考える場合には，N 個全体の分子の力 F_x を壁面の面積 l^2 で割ってやればよいので，

$$p_x = \frac{F_x}{l^2} = \frac{Nm}{l^3}\overline{{v_x}^2} = \frac{Nm}{V}\overline{{v_x}^2} \tag{1.53}$$

となる．ここで，V は1辺 l の直方体の体積（l^3）とする．

ここまで，式の簡略化のため，x 軸方向のみの場合として，気体の圧力を算出してきたが，実際の分子は x, y, z 軸方向に自由に飛び回っているので，どの方向においても分子の運動はどれも均等に一定である．y 軸方向の ${v_{iy}}^2$ の N 個の平均二乗速度を $\overline{{v_y}^2}$，z 軸方向の ${v_{iz}}^2$ の N 個の平均二乗速度を $\overline{{v_z}^2}$ とすると，三者はともに等しく，

$$\overline{{v_x}^2} = \overline{{v_y}^2} = \overline{{v_z}^2} \tag{1.54}$$

となり，また，

$$p_x = p_y = p_z \tag{1.55}$$

である．x, y, z 軸方向の二乗速度の平均値 $\overline{v^2}$ は，

$$\overline{{v_x}^2} + \overline{{v_y}^2} + \overline{{v_z}^2} = 3\overline{v^2} \tag{1.56}$$

で求めることができる（図1.64）．したがって，1辺の長さが l の立方体の中の気体の圧力 p は，

$$p = p_x = p_y = p_z = \frac{Nm}{V}\overline{{v_x}^2} = \frac{Nm}{3V}\overline{v^2} \tag{1.57}$$

となる．

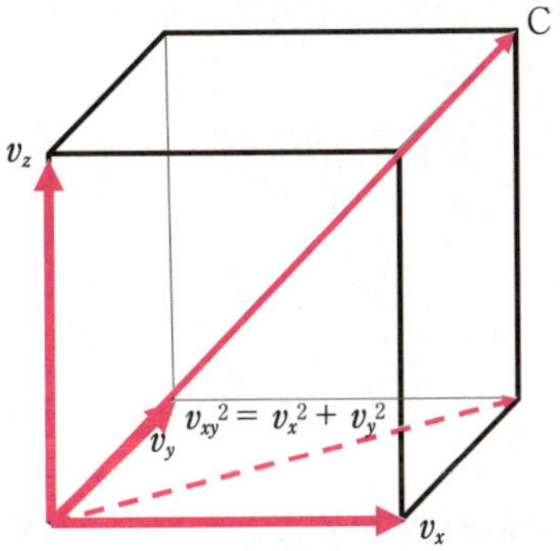

図 1.64　分子の x, y, z 軸方向の二乗速度の平均値 $\overline{v^2}$

C　気体の根平均二乗速度

式（1.57）と理想気体の状態方程式より，気体の二乗速度の平均値 $\overline{v^2}$ は，

$$\overline{v^2} = \frac{3pV}{Nm} = \frac{3nRT}{Nm} = \frac{3RT}{N_{\mathrm{A}}m} \tag{1.58}$$

で表される．ここで，N_{A} はアボガドロ数で，分子の総数が $N = nN_{\mathrm{A}}$ で求められることより，式（1.58）を導いている．また，気体定数 R をアボガドロ数で割った，1 分子当たりの気体定数を**ボルツマン定数** Boltzmann constant，k_{B} と呼ぶ．

$$k_{\mathrm{B}} = \frac{R}{N_{\mathrm{A}}} = \frac{8.31\,[\mathrm{J/(mol \cdot k)}]}{6.02 \times 10^{23}\,[1/\mathrm{mol}]} = 1.38 \times 10^{-23}\,[\mathrm{J/K}] \tag{1.59}$$

式（1.58）の平方根をとった式（1.60）を**根平均二乗速度** root mean square velocity という．

$$\sqrt{\overline{v^2}} = \sqrt{\frac{3RT}{N_{\mathrm{A}}m}} = \sqrt{\frac{3RT}{M}} \tag{1.60}$$

ここで，アボガドロ数に気体の質量をかけた $N_{\mathrm{A}}m$ は 1 モルの質量（モル質量）（単位は kg/mol であることに注意）で，記号 M で表す．つまり，気体分子の根平均二乗速度は，温度が高くなるほど大きくなり，分子量が大きくなるほど小さくなる．図 1.65 に根平均二乗速度の例を示す．

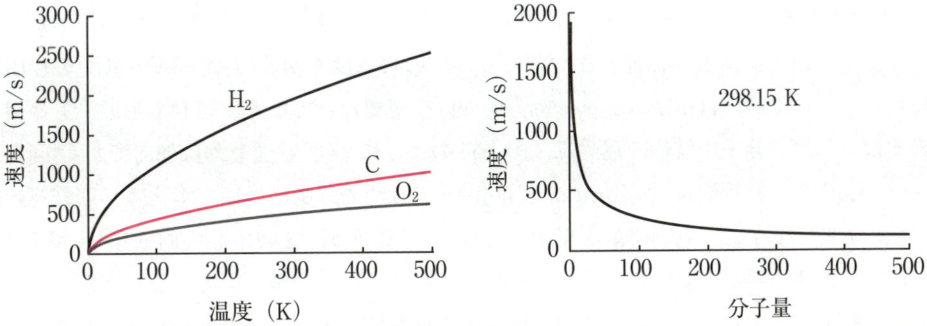

図 1.65　気体分子の根平均二乗速度に及ぼす分子量および絶対温度の影響

［例題 1.19］ 27℃における窒素の根平均二乗速度を求めなさい．窒素のモル質量（分子量）を28.0として計算しなさい．

［解答］ $$C=\sqrt{\frac{3RT}{M}}=\sqrt{\frac{3\times 8.314\times(273+27)}{28.0\times 10^{-3}}}=516.94=517\,[\mathrm{m/s}]$$

D 気体の運動エネルギー

気体粒子1つ1つは，自由な運動をしていることから，それぞれ $\frac{1}{2}mv^2$ の運動エネルギーをもっている．これを複数個の分子で考えると，N 個全体の分子の運動エネルギーの平均は，

$$\overline{\frac{1}{2}mv^2}=\frac{1}{N}\sum_{i=1}^{N}\frac{1}{2}mv_i^2=\frac{1}{2}m\overline{v^2} \tag{1.61}$$

で求めることができる．ここで，$\overline{v^2}$ は式（1.58）より $\frac{3pV}{Nm}$ で表すことができ，また理想気体の状態方程式を用いると，分子の運動エネルギーの平均は，

$$\frac{1}{2}m\overline{v^2}=\frac{3pV}{2N}=\frac{3nRT}{2N}=\frac{3}{2}\frac{R}{N_\mathrm{A}}T=\frac{3}{2}k_\mathrm{B}T \tag{1.62}$$

と表すことができる．

式（1.62）からも明らかなように，分子の運動エネルギーは，絶対温度 T に比例し，温度が分子の運動エネルギーそのものであることがわかる．横軸を絶対温度，縦軸をエネルギーとしたグラフの傾き $\frac{3}{2}k_\mathrm{B}$ は，気体の温度を1K上げるのに必要なエネルギー，**熱容量** heat capacity，C_V に相当する．

単原子分子の気体の場合，x, y, z 軸方向に自由に飛び回ることができるが，この運動のことを**並進運動** translational motion といい，そのときの運動エネルギーを並進運動エネルギーという．並進運動エネルギーは，x, y, z 軸方向に等価に分割することができ，これを3つの自由度に分割するという．つまり，1つの方向（自由度）当たりの並進運動エネルギーは，$\frac{1}{2}k_\mathrm{B}T$ となる．これをエネルギー等分配の法則という．

1個の原子の位置は x, y, z 軸方向の3つの自由度によって特定できるが，2個の原子が結合した二原子分子の場合，構成する原子1つ当たり3つの自由度があるので，$3N=6$ つの自由度が必要になる．ここでいう自由度は x, y, z 軸方向の直交座標だけでなく，運動の形態にも適用される．例えば，二原子分子の気体の運動は，図1.66のように，① 並進運動に加えて，② **回転運動** rotational motion，③ **振動運動** vibrational motion の3つの運動について考える．回転運動における回転の方向としては，xy 平面（z 軸中心の回転），yz 平面（x 軸中心の回転），zx 平面（y 軸中心の回転）の3種類が考えられるが，直線分子の場合，分子の軸を中心とした回転は，見かけ分子の位置が全く変化していないため，直線分子の場合には2つの自由度が存在することになる．これに，原子の結合軸に対しての振動運動が加わり，全部で6つの自由度となる．

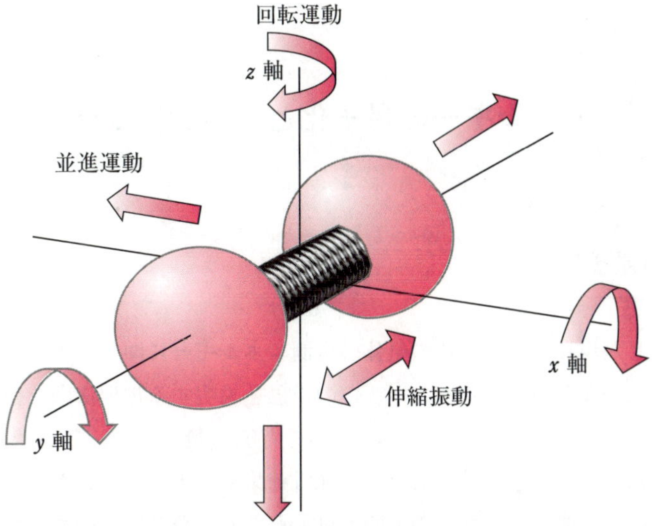

図 1.66　気体分子の並進運動，回転運動と振動運動

つまり，二原子分子の場合，分子のもつエネルギーは 6 つの自由度に等価に分割できるはずである．ところが，二原子分子の気体の実測エネルギー（単位温度当たりのエネルギー，熱容量 C_V）は，6 つの自由度の等分配の法則から予測されるものとは異なる．というのは，振動運動のエネルギーは低温ではエネルギー等分配の法則を当てはめることができず，高温のときにのみ熱容量への寄与を与えるためである．このことは，分子レベルのエネルギーは連続的には変化せず，飛び飛びの値をもっていること意味し，これまでの力学的な考え（古典力学，ニュートン力学ともいう）では説明できない．これを説明するには，新しい概念（量子論）を適用する必要がある．

［例題 1.20］　27℃における 1 モルの分子と 1 分子の運動エネルギーを求めなさい．

［解答］

$$E = \frac{3}{2}RT = \frac{3}{2} \times 8.314 \times (273 + 27) = 3741.3 = 3.74 \times 10^{3}\,[\mathrm{J}]$$

$$e = \frac{3}{2}RT \div N_{\mathrm{A}} = \frac{3 \times 8.314 \times (273 + 27)}{2 \times 6.023 \times 10^{23}} = 6.21 \times 10^{-21}\,[\mathrm{J}]$$

または，

$$e = \frac{3}{2}k_{\mathrm{B}}T = \frac{3}{2} \times 1.38 \times 10^{-23} \times (273 + 27) = 6.21 \times 10^{-21}\,[\mathrm{J}]$$

1.3.3 ――― エネルギーの量子化とボルツマン分布

A 分子運動の量子化

量子力学が発展した現在では，上述の気体の実測エネルギーに関しての矛盾は解消されている．量子力学は原子や電子などのミクロなレベルでの現象を説明する物理法則を指し，先の振動運動のエネルギーが高温のときにのみ熱容量への寄与を与える例のほか，紫外線やX線などの特定の波長の光を金属に当てたとき電子が飛び出す光電効果や，水素放電管から放出される光の波長が飛び飛びである（離散的）ことなどの説明が可能となる．飛び飛びのエネルギーの最小単位を**量子** quantum と呼ぶ．量子化された飛び飛びのエネルギーの1つ1つを**エネルギー準位** energy level という．原子や電子などのミクロなレベルでのエネルギー現象を解明していくのには量子を用いた理論が必要になってくる．そこで，気体粒子の運動についてエネルギー準位的に考えてみる．

実際の原子に配置する電子軌道のもつエネルギー準位は，100 ～ 1,000 [kJ/mol] 程度の間隔で量子化されている．それに対して振動運動のエネルギー準位は，4 ～ 10 [kJ/mol] 間隔とかなり小さいレベルであり，回転運動のエネルギー準位の間隔は，さらに小さい $4 \times 10^{-4} \sim 4 \times 10^{-2}$ [kJ/mol] 程度となる．さらに，並進運動となると，エネルギー準位は 10^{-21} [kJ/mol] の間隔となり，極めて小さな値をとる．このレベルのエネルギー間隔となると，もはや量子化されていると考えず，連続的なエネルギーとしてとらえることができる．そのため，並進運動については，ニュートン力学による連続的な運動エネルギーによってうまく説明することができる．

これまでは，理想気体での分子の運動を，個々の粒子についてではなく，平均的な分子の動きとして取り扱ってきた．しかし，実際の気体の粒子は方向だけでなく，速度もさまざまで，エネルギー的に分布をもったものとして取り扱う必要がある．これは，個々の気体分子のもつエネルギーが量子化されていることによる．つまり，気体分子は全体としてある法則化されたエネルギーの分布をもち，そのため運動する速度も分布をもっている．たとえるなら，同じ学年の学生でも1人1人の走る速さが異なっていて，それを調べると，集団の走る速さは1つの分布の形になっているということである．誰もどのくらいの速さで走ろうと意図しないのに，全体でみると走る速さはきれいな分布をしている．

B ボルツマン分布

ある温度と圧力で熱平衡にある気体分子の集合体について考える場合，量子論的には，気体分子のもつエネルギーは飛び飛びで量子化されていて，ある一定の分布をもっているとした．それでは，どれだけの数の分子がどのエネルギー準位にどのように分布しているのだろうか．

表 1.6　分子のエネルギー準位のとりうる場合の数

エネルギー準位	分子の個数				
	例 1	例 2	例 3	例 4	例 5
4	0	2	0	1	0
3	0	0	0	1	1
2	0	1	2	1	2
1	10	0	6	1	3
0	0	7	2	6	4
場合の数	1	360	1,260	5,040	12,600

今，分子の総数が N 個で，系全体のエネルギーが E の分子の個々のエネルギー分布について考えてみると，最も低いエネルギー準位 ε_1 に n_1 個の分子があり，エネルギー準位 ε_2 に n_2 個の分子，……，エネルギー準位 ε_n に n_n 個の分子という分布をしており，N と E には，

$$N = \sum_{i=1}^{N} n_i \tag{1.63}$$

$$E = \sum_{i=1}^{N} \varepsilon_i n_i \tag{1.64}$$

の関係が成り立つ．例えば，全エネルギーが 10 で，分子の総数が 10 個の場合で，エネルギー準位が 0，1，2，3 ……と整数値をとる場合で考えると，分子の分布は，表 1.6 のようになる．

例 2 の場合，エネルギー準位 4 をとる分子は 10 個の分子から 2 個とる組合せとなり，エネルギー準位 2 をとる分子は，残りの 8 個から 1 つ選ぶ組合せ，エネルギー準位 0 をとる分子は，残りの 7 個から 7 つ選ぶ組合せとなり，場合の数の総数 W は，

$$W = {}_{10}C_2 \cdot {}_8C_1 \cdot {}_7C_7 = \frac{10 \cdot 9 \cdot 8 \cdot 7 \cdot 6 \cdot 5 \cdot 4 \cdot 3 \cdot 2 \cdot 1}{2 \cdot 1 \cdot 1 \cdot 7 \cdot 6 \cdot 5 \cdot 4 \cdot 3 \cdot 2 \cdot 1} = \frac{10!}{2! \cdot 1! \cdot 7!} = 360$$

例 3 の場合，

$$W = {}_{10}C_2 \cdot {}_8C_6 \cdot {}_2C_2 = \frac{10 \cdot 9 \cdot 8 \cdot 7 \cdot 6 \cdot 5 \cdot 4 \cdot 3 \cdot 2 \cdot 1}{2 \cdot 1 \cdot 6 \cdot 5 \cdot 4 \cdot 3 \cdot 2 \cdot 1 \cdot 2 \cdot 1} = \frac{10!}{2! \cdot 6! \cdot 2!} = 1260$$

さらに例 5 の場合，

$$W = {}_{10}C_1 \cdot {}_9C_2 \cdot {}_7C_3 \cdot {}_4C_4 = \frac{10 \cdot 9 \cdot 8 \cdot 7 \cdot 6 \cdot 5 \cdot 4 \cdot 3 \cdot 2 \cdot 1}{1 \cdot 2 \cdot 1 \cdot 3 \cdot 2 \cdot 1 \cdot 4 \cdot 3 \cdot 2 \cdot 1} = \frac{10!}{1! \cdot 2! \cdot 3! \cdot 4!}$$
$$= 12600$$

となり，場合の数はずっと多くなり，より自然な分布になる．

これを一般化すると，

$$W = \frac{N!}{n_1! \cdot n_2! \cdot n_3! \cdots n_n!} \tag{1.65}$$

となる．ボルツマンは，色々な分布の状態の中で，実際にどのような分布が起こっているかを考え，場合の数の総数 W が最も多くなるときが最も自然であるとした．その結果，全分子数 N で，エネルギー準位 ε_i にある分子の数 n_i 個の割合は，

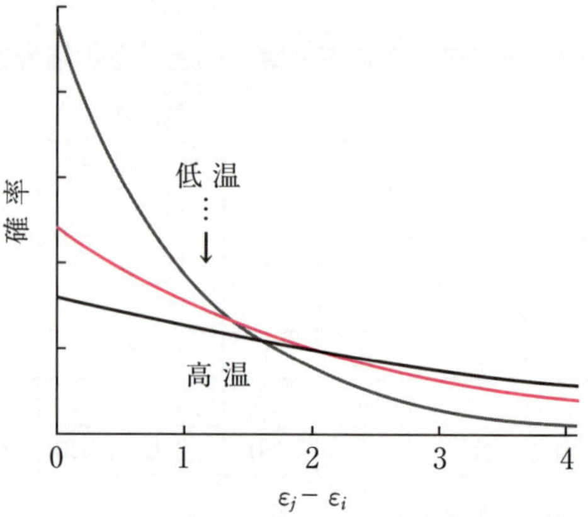

図 1.67　ボルツマン分布に及ぼす温度の影響

$$\frac{N_i}{N} = \frac{e^{\frac{-\varepsilon_i}{k_B T}}}{\sum_{i=1}^{N} e^{\frac{-\varepsilon_i}{k_B T}}} \tag{1.66}$$

で求めることを導いた．これを**ボルツマン分布則** Boltzmann distribution law と呼ぶ．また，この関係は任意の2つのエネルギー準位 ε_i と ε_j における N_i 個と N_j 個の分子との関係にも成り立つことがわかっている．

$$\frac{N_i}{N_j} = e^{\frac{-(\varepsilon_j - \varepsilon_i)}{k_B T}} \tag{1.67}$$

これによると，同一温度で，エネルギー準位差が大きくなればなるほど分布する分子の数は少なくなる．また，温度が高くなればなるほど，高いエネルギー準位に多くの分子が存在することになる（図 1.67）．

また，式（1.67）より，室温（298 K）でのエネルギー準位差（$\varepsilon_j - \varepsilon_i$）が $k_B T$（1.38×10^{-23} [J/K] × 298K = 4.11×10^{-21} [J]）よりも十分低い並進運動のエネルギーの場合，$\frac{-(\varepsilon_j - \varepsilon_i)}{k_B T} \approx 0$ となり，$\frac{N_i}{N_j} = e^0 = 1$ となる．これは，1つのエネルギー準位に均等に分布することを示しており，エネルギー等分配の法則が成り立つ．つまり，並進運動のエネルギーだと量子化されておらず古典力学での説明が可能となることを示している．

マックスウェルは経験的に分子の速度はある分布をもっていることを提唱したが，ボルツマン分布の発見によって再度検討され，その確からしさが証明された．そのため，気体の速度の分布関数のことを，マクスウェル・ボルツマンの速度分布と呼ばれている．

その一例を図 1.68 に示すが，温度の上昇とともに速い速度をもつ分子の割合は増加し，ある特定の温度でその分布は最大となり，さらに温度が上昇すると，速度の分布は減少する，釣鐘型の形を示す．

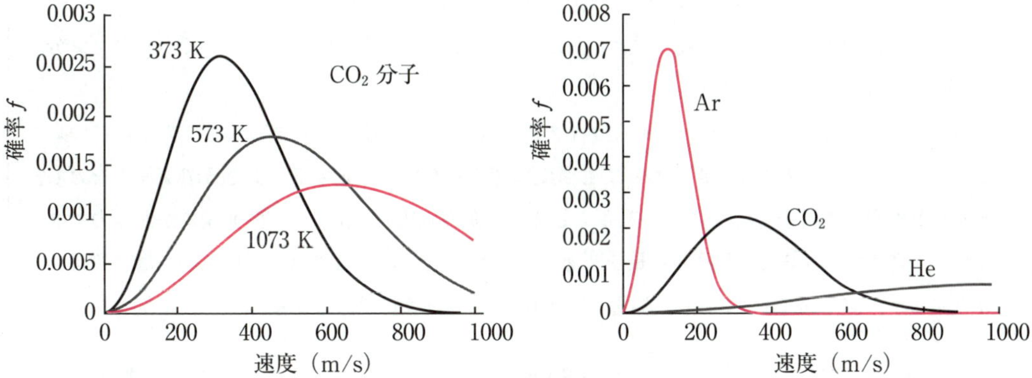

図 1.68　マクスウェル・ボルツマンの速度分布に及ぼす温度と分子量の影響

この図の頂点の速度は，最大確率速度と呼ばれ，$\sqrt{\dfrac{2RT}{M}}$ で求められる．速度分布の平均値は，平均速度と呼ばれ，$\sqrt{\dfrac{8RT}{\pi M}}$ で求められる．さらに，速度の二乗は運動エネルギーと関連することより，二乗平均の平方根をとって，根平均二乗速度が求められる．この根平均二乗速度 $\sqrt{\dfrac{3RT}{M}}$ は，気体の分子運動から導いた結果と一致する．

なお，最大確率速度と平均速度と根平均二乗速度は

$$
\begin{aligned}
\text{最大確率速度：平均速度：根平均二乗速度} &= \sqrt{\frac{2RT}{M}} : \sqrt{\frac{8RT}{\pi M}} : \sqrt{\frac{3RT}{M}} \\
&= \sqrt{2} : \sqrt{\frac{8}{\pi}} : \sqrt{3} \\
&= 0.816 : 0.921 : 1
\end{aligned}
$$

となる．

気体分子は法則化されたエネルギーの分布をもち，その分布状態も温度によって異なるということを学んできた．気体のような物質を構成する分子の１つ１つの量子力学的な動きを統計平均的な法則を用いて整理し，さらに物質全体の性質や物理法則までを決定する学問を**統計力学** quantum statistical mechanics という．統計力学によると，化学変化を起こすために必要な高いエネルギーをもった分子の割合が温度の上昇によって増えてくると，反応を起こす分子の割合が増え，その結果反応速度は温度とともに増大してくるといった過程の詳細を知ることができる．反応速度については後の章で述べられているが，その理解を深めるために，ここで学んだことを活用してもらいたい．

[コラム] 大気圧の高度による変化

パスカルは1648年に気圧が高度によってどう変わるかを求めているが，そこでボルツマン分布と同等の関係式を得ている．

図1.69に示すように，界面から断面積 A の円筒を用意し，地面からある高さでの気圧について考えてみる．ここで，高さが変わっても温度は変化しないと仮定する．高さ h の気圧 p をとし，そのときの空気密度を ρ とすると，高さ h と $h+\Delta h$ の気圧差 Δp は，単位面積にかかる力であるから，高さ Δh の空気の薄層の重量を断面積 A で割ったもので表される．空気の薄層の質量を M とすると，$M = \rho A \Delta h$ であり，質量 M にかかる重力は Mg であるから，

$$\Delta p = -\frac{Mg}{A} = -\frac{\rho A \Delta h g}{A} = -\rho g \Delta h \tag{1.68}$$

となる．理想気体の状態方程式と，断面積 A で高さ Δh の空気の体積 $V = \dfrac{M}{\rho}$ から，$\rho = \dfrac{pM}{RT}$ となることから

$$\Delta p = -\frac{pMg}{RT}\Delta h \tag{1.69}$$

$$\frac{\Delta p}{p} = -\frac{Mg}{RT}\Delta h \tag{1.70}$$

と表すことができる．両辺を積分すると，$\displaystyle\int \frac{1}{p}\Delta p = -\frac{Mg}{RT}\int \Delta h$ から

$$\ln p = -\frac{Mg}{RT}h + C \tag{1.71}$$

ただし，C は積分定数となる．$h = 0$ のときの気圧を p_0 とすると，$C = \ln p_0$ となることから，

$$\ln p = -\frac{Mg}{RT}h + \ln p_0 \tag{1.72}$$

$$\ln\frac{p}{p_0} = -\frac{Mg}{RT}h \tag{1.73}$$

$$\frac{p}{p_0} = e^{-\frac{Mgh}{RT}} \tag{1.74}$$

となる．$R = k_B N_A$，$M = mN_A$ と置き換えると，

$$\frac{p}{p_0} = e^{-\frac{mgh}{k_B T}} \tag{1.75}$$

となる．質量 m の高さにおける位置エネルギー（ポテンシャルエネルギー）は $\varepsilon = mgh$ であり，圧力比 $\dfrac{p}{p_0}$ は空気中の分子の数の比 $\dfrac{N}{N_0}$ と置き換えることができるため，

$$\frac{N}{N_0} = e^{-\frac{mgh}{k_B T}} \tag{1.76}$$

と書くことができる．

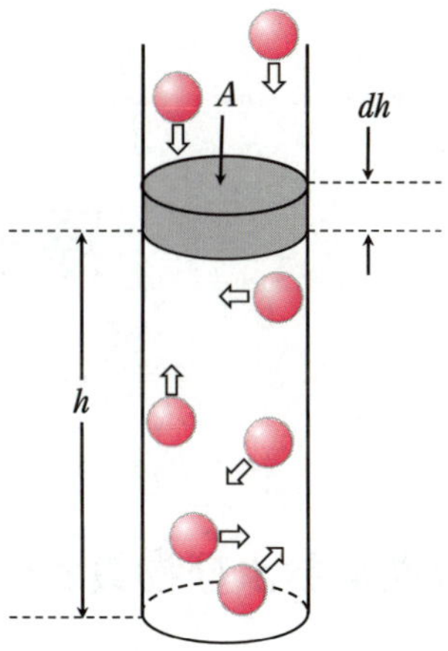

図 1.69　面積当たりの地面からある高さまでの気圧の模式図

1.4 原子・分子の挙動

1.4.1 電磁波の性質および物質との相互作用

A 電磁波とは

私たちは薬や生体関連の分子に興味があるわけだが，残念ながら分子を直接目で見たり，分子と会話をしたりすることができない．その代わりに，分子にさまざまな光（もっと一般には電磁波）を当て，どのようなことが起こるかを観測し，分子の構造や性質に関する情報を得る（分子分光）．ここでは，まず光あるいは電磁波とは何かということから始めよう．光という言葉は日常でも用いるが，後に述べるようにややあいまいな言葉である．

電子は粒子であるが，砂粒や米粒とは違って波動性ももっている．一方，光は電磁波という波

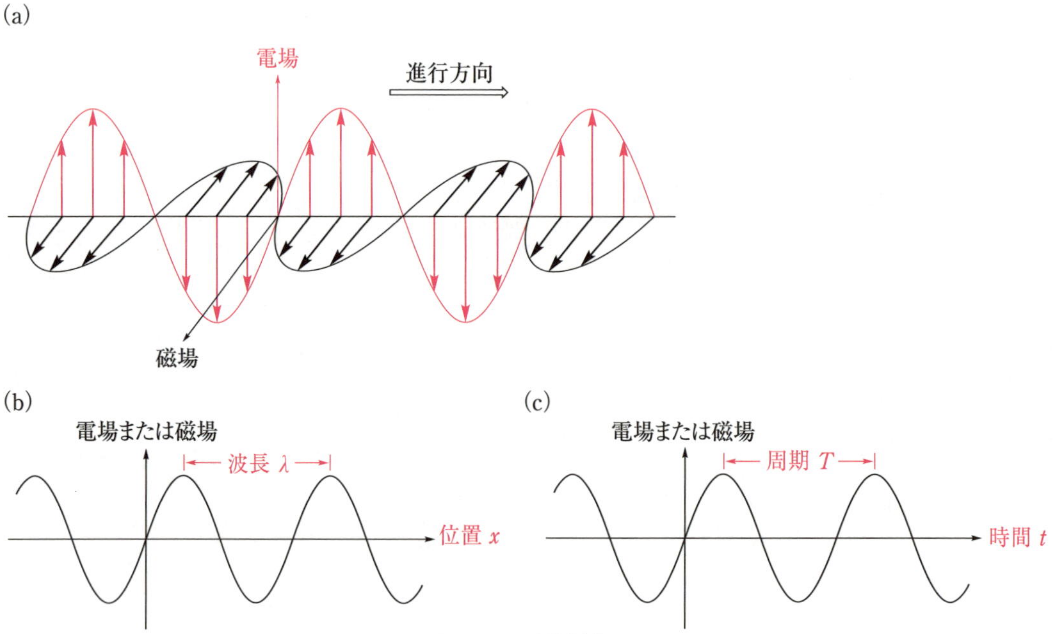

図 1.70　電磁波

(a) 直交した電場と磁場の伝搬．(b) ある瞬間における様子．(c) ある位置を通り過ぎる波の様子．

（図 1.70）であるが，ふつうの波とは違って粒子性ももっている．より具体的には，光子という質量をもたないつぶつぶの流れと見なすことができる．電磁波の**振動数**を ν（ニュー）とすると，その電磁波の光子 1 個がもつエネルギー E は，

$$E = h\nu \tag{1.77}$$

である．ここで，h は**プランク定数**と呼ばれる基本物理定数で，$h \fallingdotseq 6.63 \times 10^{-34}$ J s である．また，光の強度を増すということは光子の数が増えることを意味し，各光子のエネルギーは変わらない．

波とは何かの振動が伝わっていく現象であり，電磁波では電場と磁場の振動が空間を伝わっていく（図 1.70）．電場と磁場の振動面は進行方向に垂直で（横波），さらに互いに直交している．通常の波には媒体があるが，電磁波は真空中でも伝わる．真空中で電磁波が進む速さ（真空中の光速）は，$c \fallingdotseq 3.00 \times 10^8$ m s^{-1} であり，これも基本物理定数の 1 つである．媒質中での光速はその絶対屈折率に反比例して遅くなるが（1.4.4D 参照），空気の絶対屈折率は 1 に極めて近いので，空気中での光速は真空中とほぼ同じである．

電場とは，電荷を動かす作用をもつように空間が変化した状態である．図 1.71 に示すように，2 枚の平行に置かれた金属板を直流電源につなぐことを考えよう（この装置を平行板コンデンサーという）．最終的に落ち着く状態は，電源の正極につないだ金属板に正電荷が，もう一方の金属板に負電荷が蓄積した状態である．この時，金属板の間には電場が生じている．この電場は，正電荷を図の上向きに，負電荷を下向きに動かすような空間の変化である（金属板の間に何もなくても，そこには空間の変化が起こっていることに注意しよう）．このように電場は方向性をもっており，ベクトルで表される物理量である．電場が振動しているというのは，このベクトルの大きさと向きが周期的に変化しているということである．分子は，正電荷をもった原子核と，負電荷をもった電子から成っているので，分子に電磁波を当てると何かが起こることは容易に推測できよう．どのような電磁波を当てると何が起こるのかについては，次項で詳しく説明する．

波を特徴づける量として，**波長** λ（ラムダ），**波数** $\tilde{\nu}$（ニュー・チルダ），周期 T，振動数 ν がある．波長とは，図 1.70（b）に示すように，波の山と山（あるいは谷と谷）の間の距離である．波数は波長の逆数であり，単位長さの中に「∿」という形が何個含まれているかを表す．波数は赤外線という電磁波に対して用いることが多いが，この時，1 cm 当たりで考えて，cm^{-1}（毎

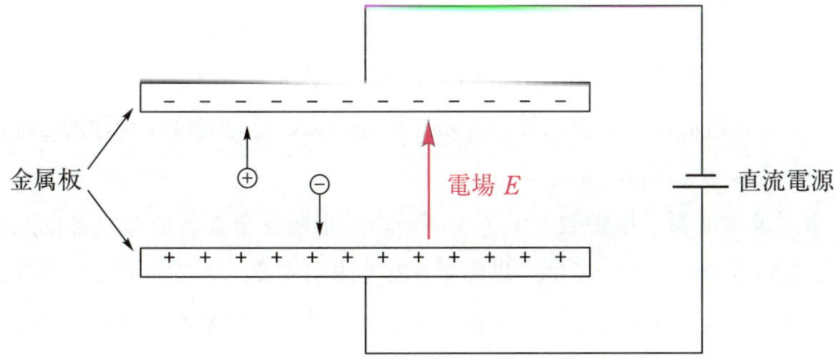

図 1.71　直流電源につないだ 2 枚の平行な金属板の間に生じる電場

センチメートル）という単位で表すのが慣習となっている．周期とは，図1.70（c）に示すように，1回の振動に要する時間である．物理化学では，周期の逆数である振動数を用いることが多い．振動数は，単位時間（SI単位では1秒）当たりの振動の回数である．振動数のSI単位は s^{-1}（毎秒）であるが，これをHz（ヘルツ）とも表す．

一般に，波が進む速さは「波長×振動数」であり，電磁波の場合，

$$c = \lambda\nu \tag{1.78}$$

という関係が成り立つ．式（1.77）および（1.78）と，$\tilde{\nu} = 1/\lambda$ という関係から，

$$E = h\nu = h\frac{c}{\lambda} = hc\tilde{\nu} \tag{1.79}$$

と書くことができる．したがって，電磁波のエネルギーは振動数と波数に比例し，波長に反比例する．

B　電磁波の分類

電磁波のうち，波長が400～800 nm（ナノメートル）程度のものを**可視光線**と呼ぶ．ここで，1 nm = 10^{-9} m である．可視光線は，長波長側から赤・橙・黄・緑・青・藍・紫という色に見える（いわゆる虹の七色）．しかし，これらの色の光をまんべんなく含んだ光は色がついて見えず，白色光という．ここで，白色とは色がついていないことを意味し，無色と同じ意味であると考えてほしい（無色透明か白濁して見えるかは，光の散乱と関係した問題である）．太陽光は可視光線のすべての成分を含み，白色光である．白色光のうち，例えば青色の光が物質に強く吸収されると，その物質は橙色に見える（例えば，ニンジンなどに含まれる天然色素の β-カロテン）．目に届く光には橙色以外の光も含まれているのだが，人間の目には橙色に見えるのである．青色と橙色は，互いに補色の関係にあるといわれる．

紫外線は，可視光線よりも波長の短い電磁波であり，英語のultravioletからUVと略される．**X線**は，さらに波長の短い電磁波である．X線には物質を透過する性質があり，医療分野では胸部X線（レントゲン）検査やコンピュータ断層撮影（CT）検査で使われている．また，結晶により回折される性質を利用して，結晶構造の研究に用いられる．回折とは，特定の方向で反射波が強め合う現象である．X線より波長の短い電磁波は γ 線である．X線と γ 線の波長領域は一部重複しているが，発生方法の違いによって呼び名が使い分けられている．

赤外線は，可視光線よりも波長の長い電磁波であり，英語のinfraredからIRと略される．赤外線より波長の長い電磁波は**マイクロ波**，さらに波長の長い電磁波は**ラジオ波**と呼ばれ，マイクロ波とラジオ波を合わせて電波とも呼ぶ．

図1.72に，電磁波の波長・振動数・エネルギーの大小関係をまとめた．各電磁波がどのような現象と関係しているのかについては，以降で詳しく説明する．さて，光とは何か，ということであるが，狭い意味では可視光線のことを指すが，通常は紫外線や赤外線も含めて「光」と呼んでいることが多い．しかし，波長にしてどこからどこまでを光と呼ぶといった明確な定義はない．電磁波のうち，紫外線・可視光線・赤外線の辺りを指す，漠然とした言葉である．

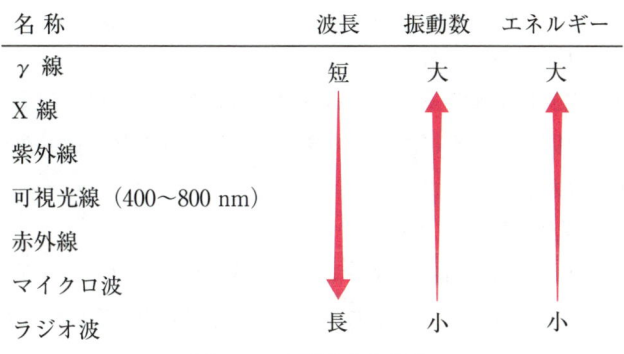

名 称	波長	振動数	エネルギー
γ 線	短	大	大
X 線			
紫外線			
可視光線（400〜800 nm）			
赤外線			
マイクロ波			
ラジオ波	長	小	小

図 1.72　電磁波の名称

[例題 1.21]　波長 450 nm の可視光線のエネルギーを，光子 1 個がもつエネルギー（J 単位），および光子 1 mol 当たりに換算した値（kJ mol^{-1} 単位）として求めよ．ただし，アボガドロ定数 N_{A} を 6.02×10^{23} mol^{-1} とする．また，波長 225 nm の紫外線のエネルギーは，この可視光線のエネルギーの何倍か．

[解答]　$450\ \mathrm{nm} = 450 \times 10^{-9}\ \mathrm{m} = 4.50 \times 10^{-7}\ \mathrm{m}$

光子 1 個がもつエネルギーは，

$$h\nu = h\frac{c}{\lambda} = (6.63 \times 10^{-34}\ \mathrm{J\ s}) \cdot \frac{3.00 \times 10^{8}\ \mathrm{m\ s^{-1}}}{4.50 \times 10^{-7}\ \mathrm{m}} = 4.42 \times 10^{-19}\ \mathrm{J}$$

光子 1 mol 当たりに換算すると，

$$h\nu N_{\mathrm{A}} = (4.42 \times 10^{-19}\ \mathrm{J}) \cdot (6.02 \times 10^{23}\ \mathrm{mol^{-1}})$$
$$= 266 \times 10^{3}\ \mathrm{J\ mol^{-1}} = 266\ \mathrm{kJ\ mol^{-1}}$$

波長 225 nm の紫外線のエネルギーは，波長 450 nm の可視光線のエネルギーの 2 倍である．

C　共鳴条件

次項で述べるように，分子の電子状態・振動状態・回転状態のエネルギーは量子化されている．つまり，分子に固有の決められた値しかとることができない．この決められたエネルギー値のことを，エネルギー準位という．分子は光を吸収あるいは放出（発光）することにより，異なるエネルギー準位の状態へ変化することができる．状態間の変化を遷移と呼び，エネルギーの高い状態への遷移を励起という．一般に，2 つのエネルギー準位 E_1 と E_2 の間の遷移は，次の**共鳴条件**

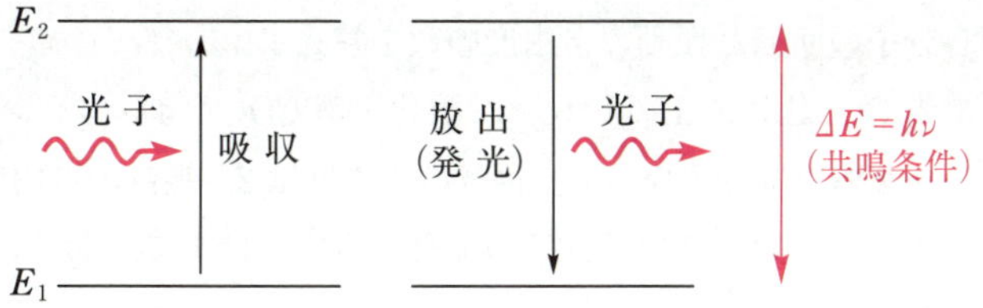

図 1.73　光の吸収または放出による状態間の遷移（共鳴条件）

を満たす光を吸収あるいは放出することによって起こり得る（図 1.73）．

$$\Delta E = E_2 - E_1 = h\nu$$

この条件を満たせば必ず遷移が起こるというわけではないが，遷移確率の議論は難しいため本書では触れない．次項で説明するように，遷移のタイプには回転遷移，振動遷移，電子遷移の3つがあり，対応する ΔE の大きさは，

回転遷移 < 振動遷移 < 電子遷移

となっている．また，回転遷移の ΔE に対応する電磁波はマイクロ波，振動遷移の ΔE に対応する電磁波は赤外線，電子遷移の ΔE に対応する電磁波は可視光線と紫外線である．

1.4.2 分子の振動，回転，電子遷移

A 分子運動の自由度

分子の運動（原子核の動き）は，並進・回転・振動の3つに分けて考えることができる．並進とは，分子が形や大きさを変えずに平行移動するだけの動きである．分子の重心だけが移動する動きといってもよい．分子は3次元空間に存在するから，並進を表すには3個の変数が必要である（重心の位置の座標）．これを，並進の自由度は3であるという．並進のエネルギーは，量子化されていない（連続的な値を取りうる）と考えてよい．回転とは，分子の向きが変化することである．非直線分子の場合，3次元空間での回転を表すには3個の変数が必要となる．つまり，回転の自由度は3である．直線分子の場合は，回転の自由度は2となる．細長い円筒状の棒を軸まわりに回してみても，棒の向きは変わらない．同じように，直線分子の分子軸は回転軸とはならないのである．

分子中の原子数を N とすると，原子核の動きを完全に表すには，$3N$ 個の変数が必要である（最もわかりやすいのは，分子を xyz 座標系に置いたときの各原子の x, y, z 座標）．つまり，分子運動の自由度の総数は $3N$ である．したがって，並進と回転の自由度を除くと，非直線分子では $3N-6$ 個，直線分子では $3N-5$ 個の自由度が残っている．これらは，分子の形や大きさが変化する，振動と呼ばれる運動に対応している．結合長や結合角の変化や結合まわりのねじれといってもよい．

[例題 1.22]　次の各分子の回転と振動の自由度の数を答えよ．

(a) 酸素 O_2，(b) 水 H_2O，(c) 二酸化炭素 CO_2，(d) エチレン C_2H_4

[解答]　(a) $N=2$ の直線分子なので，回転の自由度は2，振動の自由度は $3 \times 2 - 5 = 1$ である．一般に2原子分子の振動の自由度は1で，これは結合の伸縮に対応する．

(b) $N=3$ の非直線分子なので，回転の自由度は3，振動の自由度は $3 \times 3 - 6 = 3$

である．

(c) $N = 3$ の直線分子なので，回転の自由度は2，振動の自由度は $3 \times 3 - 5 = 4$ である．

(d) $N = 6$ の非直線分子なので，回転の自由度は3，振動の自由度は $3 \times 6 - 6 = 12$ である．

B　回転遷移

ここでは，HClやCOのような，異核2原子分子に話を限ることにする．回転のエネルギーは量子化されていて，次式で表されることが知られている．

$$E_J = \frac{J(J+1)h^2}{8\pi^2 I} \qquad (J = 0, 1, 2, \cdots)$$

J は量子化された回転のエネルギーを区別する回転量子数である．また，I は慣性モーメントと呼ばれ，2個の原子の質量 m_1, m_2 から

$$\frac{1}{\mu} = \frac{1}{m_1} + \frac{1}{m_2}$$

で定義される換算質量 μ と原子間距離 r を用いて，$I = \mu r^2$ と表される．

回転エネルギー準位の間隔は，マイクロ波のエネルギー領域に対応している．双極子モーメントをもつ異核2原子分子では，その回転の振動数が照射したマイクロ波の振動数と一致すると，マイクロ波の電場によって回転が加速し，J が1だけ大きい準位に遷移することができる（回転遷移）．これに対し，双極子モーメントをもたない N_2 や O_2 などの等核二原子分子では，マイクロ波の吸収は起こらない．

マイクロ波分光法は，結合長を求めるのに用いることができるが，一般に気相中の分子にしか適応できない．溶液では，分子間の衝突の頻度が回転の振動数よりもずっと高くなり，分子は十分に回転することができなくなるためである．

C　調和振動

分子の振動を扱う上で基礎となる調和振動（単振動）についてまず述べる．調和振動の簡単な例は，図1.74に示したようなバネにつながれたおもりが行う振動である．バネの一端は壁に固定されており，もう一端におもりがつながれている．おもりと床の間には摩擦がないとする．おもりをつかんでバネを自然長（l_0）から少し伸ばすか，あるいは縮めてから手を放すと，おもりは左右に振動し続ける．この振動が，調和振動の例である．バネの長さを l とすると，バネを伸ばしたとき（$l - l_0 > 0$），おもりには左向きに $F = k(l - l_0)$ という大きさの力が働く．ここで，k はバネ定数と呼ばれ，バネの強さを表すバネに固有の定数である．このような元に戻そうとする力を復元力と呼ぶ．バネを縮めたときは（$l - l_0 < 0$），右向きに $F = k|l - l_0|$ という大きさの復元力が働く．いま，右向きの力を正，左向きの力を負とし，$l - l_0 = x$ とおくと，伸ばしたときと縮めたときをまとめて，バネに働く力を

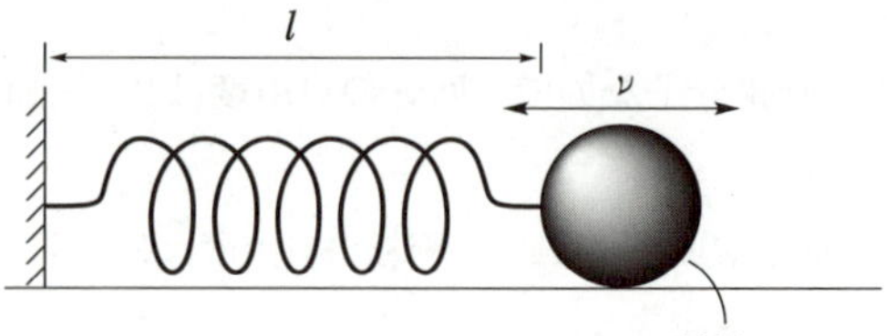

図 1.74　調和振動する物体の例

$$F = -kx \qquad (1.80)$$

と表すことができる．このとき，負号はこの力が復元力であることを表している．x は変位と呼ばれる．つまり，おもりには変位に比例する復元力が働くといえる．

一般に，式（1.80）のように表される変位に比例する復元力を受ける物体（質量 m）は，

$$\nu = \frac{1}{2\pi}\sqrt{\frac{k}{m}}$$

という振動数の調和振動を行う．振動はバネが強いほど速く，おもりの質量が大きいほど遅くなることがわかる．

D　二原子分子の振動

二原子分子の振動（結合の伸縮）は，バネの伸縮によくたとえられる．しかし，上で述べた振動より話は複雑になる．まず，分子が振動のみを行っているとした場合，分子の重心は動かない（重心の移動は並進である）．2 個の原子核は，重心が動かないように，近づいたり離れたりを繰り返しているのである．等核二原子分子であれば 2 個の原子核は対称に伸縮するが，異核二原子分子では質量の小さい原子核の方が大きく動く．そして，この伸縮振動の振動数は，換算質量 μ を用いて

$$v = \frac{1}{2\pi}\sqrt{\frac{k}{\mu}}$$

と表されるのである．つまり，伸縮振動の振動数は，換算質量をもった仮想的な粒子の調和振動と同じになる．

さらに，バネの振動とは異なり，分子の振動は量子力学に支配される運動である．つまり，実際に伸縮している様子を追跡するようなことはできない．また，振動のエネルギーは次のように量子化されている．

$$E_v = \left(v + \frac{1}{2}\right)h\nu \qquad (v = 0, 1, 2, \cdots)$$

ここで，v は振動量子数である．エネルギー準位の低い方から具体的に書くと，

$$E_0 = \frac{1}{2}h\nu, \qquad E_1 = \frac{3}{2}h\nu, \qquad E_2 = \frac{5}{2}h\nu, \quad \cdots$$

と，等間隔 $h\nu$ で並んでいる．最も低いエネルギー準位 E_0（振動の基底状態のエネルギー）が 0 でないことに注意しよう．このエネルギーは零点エネルギーと呼ばれ，対応する振動は絶対零度

における振動に相当している．たとえ絶対零度になっても，分子は振動しているのである．

E　多原子分子の振動

多原子分子の振動は複雑であるが，結合長や結合角の変化をうまく組み合わせると，独立した調和振動の集まりとして表すことができる．このような振動を，**基準振動**という．基準振動の数は，非直線分子では $3N-6$ 個，直線分子では $3N-5$ 個（N は原子数）である（1.4.2A 参照）．

二酸化炭素 CO_2 には 4 個の基準振動が存在する．これらを図 1.75 に示した．この図のように，分子振動の様子は，原子核が平衡の位置からどのように動くかを矢印で示すことにより表すことができる．**対称伸縮振動**では，2 本の結合が対称的に伸縮する（中央の C 原子は動かない）．図 1.75 では結合が伸びるときの様子を示したが，矢印の向きをすべて逆にして，結合が縮むときの様子を示しても構わない．**逆対称伸縮振動**は，一方の結合が伸びる（縮む）とき，もう一方の結合が縮む（伸びる）振動であり，C 原子も動く（質量の小さい C 原子のほうがやや動きが大きい）．**変角振動**は，結合角が 180° からずれた折れ曲がり構造の間を行き来する振動である．分子軸を含み互いに直交した 2 つの独立な振動面が存在するため，変角振動は二重に縮重している．

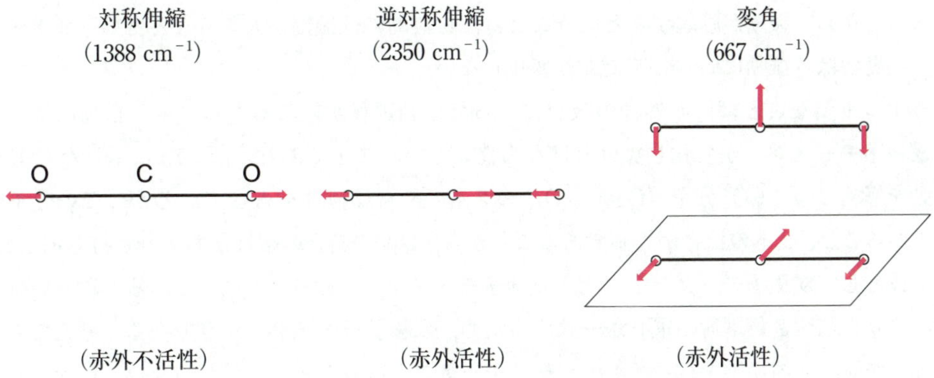

図 1.75　CO_2 分子の 4 個の基準振動
同じ振動数の赤外線の波数も示した．

［例題 1.23］　Cl_2 分子と HCl 分子の伸縮振動を図示せよ．
［解答］

水分子 H_2O には 3 個の基準振動が存在する．これらを図 1.76 に示した．CO_2 のときと異なり，対称伸縮振動では中央の O 原子も動く．ただし，質量の小さい H 原子の動きのほうが大きい．また，変角振動は 1 個しか存在しない．これは，CO_2 と比べると，回転の自由度が 1 個増えたことに対応している．

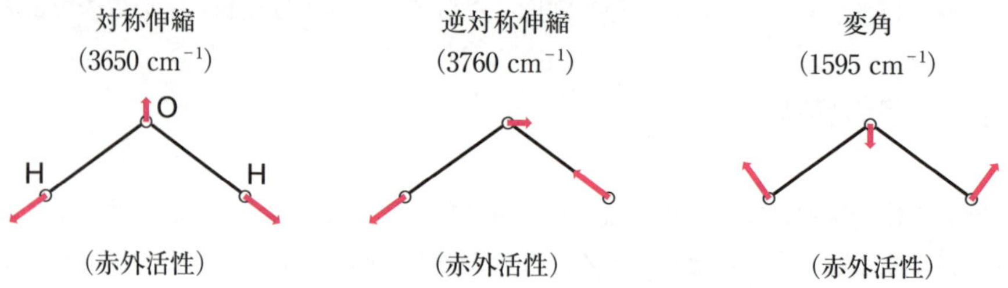

図 1.76 H_2O 分子の 3 個の基準振動
同じ振動数の赤外線の波数も示した.

F 振動遷移

分子の振動準位の間隔は赤外線のエネルギーに相当しており，赤外線の吸収によって $\Delta v = 1$ の振動遷移が起こり得る．一定温度における振動準位への分布はボルツマン分布に従うが，室温では，振動数の非常に小さな振動を除き，ほとんどの振動は基底状態（$v = 0$）にある．したがって，赤外線の吸収によって起こる振動遷移は，$v = 0$ から $v = 1$ への励起であると考えてよい．この 2 つの準位の間隔は $h\nu$ であるから，吸収される赤外線の振動数は，分子振動の振動数と同じである．なお，振動が励起するということは，古典的には振幅が大きくなるというイメージである（振動数は各振動に固有の値であり変化しない）．

もう 1 つ重要なことは，赤外線の吸収によって振動遷移が起こるためには，振動によって分子の双極子モーメントが変化しなければならないということである．図 1.75 に示した CO_2 分子の振動を考えよう．CO_2 分子（O=C=O）の 2 本の結合は極性をもっているが，この分子が直線形であること，2 本の結合が等価であることから，2 本の結合の極性がちょうど打ち消し合い，分子全体として双極子モーメント（永久双極子モーメント）は 0（ゼロ）である．あるいは，対称性により正電荷と負電荷の重心が一致するため，双極子モーメントが 0 であると考えてもよい．この分子が対称伸縮振動を行っても，双極子モーメントは 0 のままで変わらない．このような振動は赤外線を吸収して励起することはなく，**赤外不活性**であるという．これに対し，逆対称伸縮

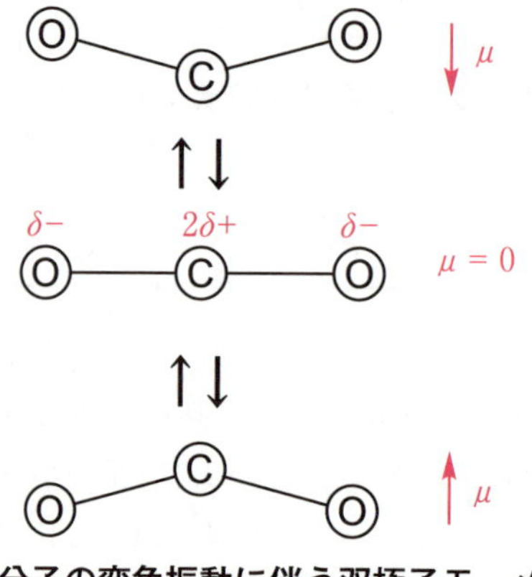

図 1.77 CO_2 分子の変角振動に伴う双極子モーメント μ の変化

を行うと，正電荷の重心と負電荷の重心が一致しなくなり，双極子モーメントを生じる．このような振動は，赤外線の吸収により激しくなることが可能で，**赤外活性**であるという．2個の変角振動も，図1.77に示したように双極子モーメントを生じさせるため，赤外活性な振動である．

[例題1.24]　酸素 O_2 と塩化水素 HCl の振動（伸縮振動）が赤外活性か赤外不活性かを答えよ．

[解答]　O_2 分子の双極子モーメントは0であり，結合が伸縮しても極性は生じず，双極子モーメントは0のままである．したがって，O_2 の振動は赤外不活性である．一般に，等核二原子分子の振動は赤外不活性である．HCl分子は，Cl原子が負に帯電するように分極しており，双極子モーメントをもっている．結合が伸縮すると，電子雲の広がりに変化が起こり，その重心が移動して，双極子モーメントに何らかの変化が生じるはずである．したがって，HClの振動は赤外活性である．一般に，異核二原子分子の振動は赤外活性である．

次に，図1.76に示した H_2O 分子の振動の赤外活性・不活性について考えよう．H_2O 分子は永久双極子モーメントをもっている．対称伸縮・逆対称伸縮・変角のいずれの振動を行っても，正電荷をもった原子核の位置の変化に伴い，電子雲（負電荷）の分布に変化が生じ，双極子モーメントの変化をもたらすであろう．これら3つの振動は，いずれも赤外活性である．

光の吸収量を波長や波数に対してグラフにしたものを，吸収スペクトルと呼ぶ．赤外線領域の吸収スペクトルを赤外吸収スペクトルまたはIRスペクトルと呼び，分子中に存在する官能基に関する情報が得られる．IRスペクトルの横軸には慣習的に波数（$\mathrm{cm^{-1}}$）がとられ，通常の測定範囲は $4000 \sim 400\ \mathrm{cm^{-1}}$ である．これは，波長に直すと $2.5 \sim 25\,\mu\mathrm{m}$（マイクロメートル）である（$1\,\mu\mathrm{m} = 10^{-6}\ \mathrm{m}$）．

[例題1.25]　波数 $400\ \mathrm{cm^{-1}}$ の赤外線の波長が $25\,\mu\mathrm{m}$ であることを示せ．

[解答]

$$\lambda = \frac{1}{\tilde{\nu}} = \frac{1}{400\ \mathrm{cm^{-1}}} = \frac{1}{400 \times 10^2\ \mathrm{m^{-1}}} = 25 \times 10^{-6}\ \mathrm{m} = 25\,\mu\mathrm{m}$$

波数の単位を $\mathrm{cm^{-1}}$ から $\mathrm{m^{-1}}$ に変えると，1 cm当たりの「〰」の数から1 m当たりの「〰」の数になるので，数値が100倍になることに注意しよう．

[コラム] 地球温暖化と分子振動

ここまで来ると，地球温暖化の原因として二酸化炭素 CO_2 が槍玉に上がる理由を，分子レベルで理解することができるであろう．

地表からは赤外線が放出されている．一般に物体は電磁波を放出しており，温度が高いほど短波長の光を放出する．太陽は地球よりもはるかに温度が高く，主に可視光線を放出している．地表から放出される赤外線の一部は，大気圏外に出る前に大気中の物質により吸収され，そのエネルギーは大気圏内に滞留する．このようにして大気の温度を上昇させる働きをする気体物質を温室効果ガスという．

大気中に圧倒的に多く存在する窒素 N_2 と酸素 O_2 は，温室効果ガスではない．これらの分子は赤外活性な振動をもたず，赤外線を吸収しないからである．これに対し，上で説明したようにCO_2の分子は赤外活性な振動をもち赤外線を吸収するため，温室効果ガスである．赤外線の吸収によって振動が激しくなり，余分なエネルギーの一部は，地表へ向けて赤外線として再放出される．あるいは，他の気体分子との衝突によりその並進エネルギーを増加させたりする．このようにして，大気・地表の温度上昇がもたらされると考えられる．

水（水蒸気）は大気中に二酸化炭素より多く存在し，しかも赤外線を吸収するが，あまり問題視されない．水も二酸化炭素ももともと存在しているが，二酸化炭素は，ここ数十年で人間の活動によって量が増えてきたところが問題なのである．二酸化炭素以外の温室効果ガスとしては，メタンCH_4，一酸化二窒素N_2Oなどがある．ハイドロフルオロカーボンなどのフロン類も温室効果ガスである．

G 電子遷移

分子の電子状態のエネルギーも量子化されている．通常，分子は電子的基底状態にあると考えてよい．そして，基底状態から励起状態への電子遷移は，紫外線または可視光線の吸収によって起こる．この領域の吸収スペクトルを紫外・可視吸収スペクトル（UV-Vis スペクトル）という（Vis は visible の頭文字）．

平面型分子である1,3-ブタジエン（$H_2C=CH-CH=CH_2$）のUV-Vis スペクトルでは，紫外線領域の217 nmに吸収の極大が現れる．これがどのような励起によるものかを説明しよう（図1.78）．4個のC原子はいずれもsp^2混成であり，sp^2混成軌道を用いてσ結合の骨格が形成される．各C原子には，混成に用いられなかった2p軌道が1個ずつ残っており，それらは分子平面に垂直な方向に伸びている．これら4個の2p軌道が相互作用して，4個のπ分子軌道（π_1～π_4）が形成される．このうち，π_1とπ_2は結合性軌道，π_3とπ_4は反結合性軌道である．反結合

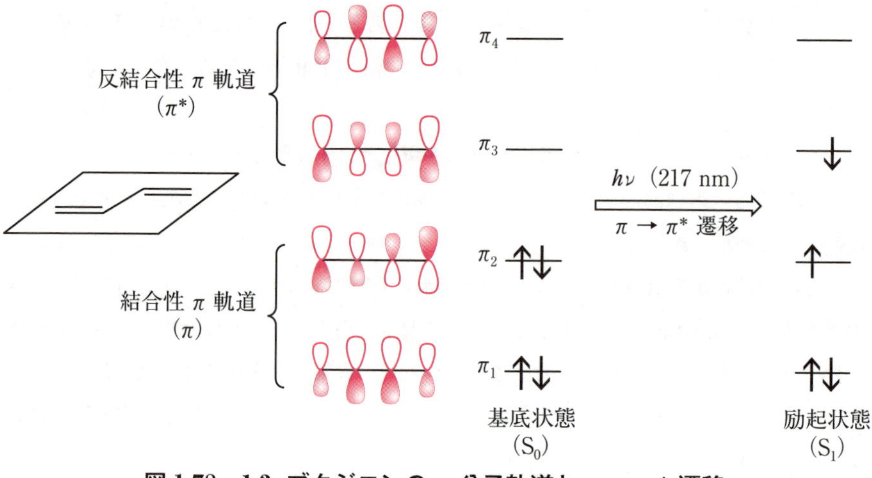

図1.78 1,3-ブタジエンのπ分子軌道と$\pi \rightarrow \pi^*$遷移

性 π 軌道は，π^* 軌道と呼ばれる．π_1 と π_2 軌道に 2 個ずつ，計 4 個の π 電子が収容され，非局在化した 4 個の π 電子の状態が表される．217 nm に観測される吸収は，π_2 から π_3 へ 1 個の電子が移る遷移によるものである．このようなタイプの電子遷移を，$\pi \rightarrow \pi^*$ 遷移という．217 nm の紫外線のエネルギーは，約 551 kJ mol^{-1} である．つまり，π_2 から π_3 へ 1 電子励起した状態は，基底状態よりもこれだけエネルギーが高いのである．

分子の電子遷移は，分子軌道法に基づいて考えるのがわかりやすい．安定な分子のほとんどは偶数個の電子をもっており，それらは軌道エネルギーの低い方から，2 個ずつ分子軌道を占有している．1 個の分子軌道を占有する 2 個の電子は，α スピン（上向きスピン）と β スピン（下向きスピン）の対をなしている．このような電子配置をもつ分子は，閉殻電子構造をもつという．占有された分子軌道のうち最も軌道エネルギーの高い軌道は最高被占軌道（HOMO），占有されていない（空の）分子軌道のうち最も軌道エネルギーの低い軌道は最低空軌道（LUMO）と呼ばれる．上の 1,3-ブタジエンの例では，π_2 軌道が HONO，π_3 軌道が LUMO である．最も長波長側に現れる吸収は，HOMO から LUMO への 1 電子励起によるものであると考えてよい．

ホルムアルデヒド $H_2C=O$ のようにローンペア（孤立電子対）をもつ分子では，非結合性 nonbonding 軌道（n 軌道）が存在する（図 1.79）．ホルムアルデヒドには π 軌道も存在するが，HOMO は n 軌道となる．LUMO は π^* 軌道である．n 軌道から π^* 軌道へ 1 電子が移る電子遷移を $n \rightarrow \pi^*$ 遷移という．$n \rightarrow \pi^*$ 遷移に必要なエネルギーは，$\pi \rightarrow \pi^*$ 遷移に必要なエネルギーよりも小さい．したがって，$n \rightarrow \pi^*$ 遷移は $\pi \rightarrow \pi^*$ 遷移よりも長波長の光を吸収して起こる．関連する実験値として，気体のアセトン $(CH_3)_2C=O$ において，$n \rightarrow \pi^*$ 遷移は 279 nm，$\pi \rightarrow \pi^*$ 遷移は 195 nm の紫外線を吸収して起こる．

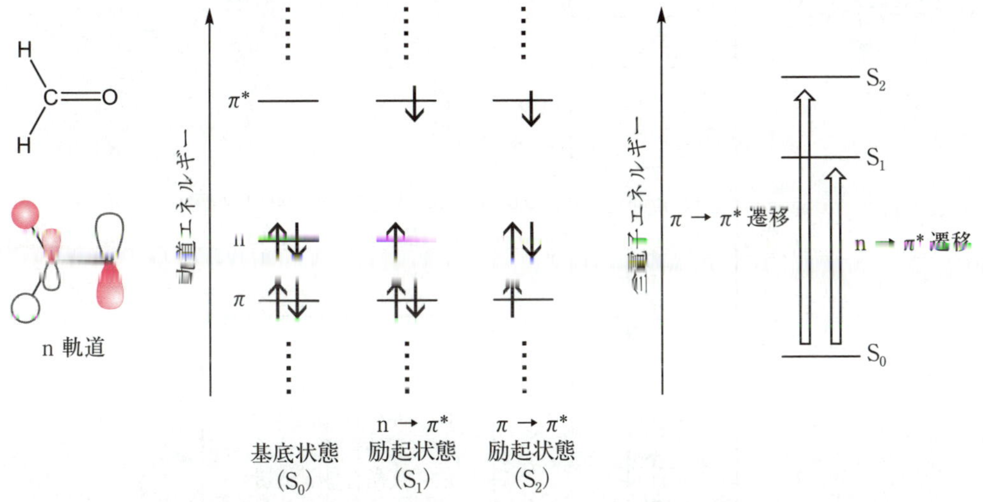

図 1.79　ホルムアルデヒド $H_2C=O$ の $n \rightarrow \pi^*$ 遷移と $\pi \rightarrow \pi^*$ 遷移

[コラム] ローンペアと非結合性軌道

非結合性軌道というのは，教えるのが非常に厄介な概念である．その背景の1つには，化学者が原子価結合法的な概念と，分子軌道法的な概念をごちゃ混ぜにして考える嫌いがあるということが挙げられる．ローンペアは原子価結合法的な概念で，結合電子対ではない電子対である．1個の原子上（窒素や酸素）に局在化して存在し，結合形成には関与していない．分子軌道法では，結合性軌道に電子が入ることによって結合が形成される．したがって，ローンペアをもつ分子では，結合性軌道とは別のタイプの占有軌道が存在することになる．それが非結合性軌道である．しかしながら，分子軌道というのは，多かれ少なかれ分子全体に広がっているのが宿命であり，これが分子軌道法をわかりにくくしている主な原因である．非結合性軌道といえども，特定の原子上に完全に局在化しているわけではなく，結合形成に多少は関与している．ホルムアルデヒドの酸素原子は2組のローンペアをもつのでn軌道に分類できる分子軌道も2つ存在するが，その一方は，図1.79のπ軌道よりも低い軌道エネルギーをもっている．このことからも推察されるように，大きな分子になると分子軌道も複雑になり，計算機を用いた計算を行わないと詳細はわからない．しかしながら，おおむね図1.80に示したような順に並んでいる．もちろん，非結合性軌道はローンペアをもった分子にしか存在しない．また，とくに分子が大きくなってくると，σとπ，πとn，π^*とσ^*の間で部分的な逆転が起こる．有機化合物の研究で重要となる電子遷移は，主に$\pi \to \pi^*$遷移と$n \to \pi^*$遷移である．$n \to \sigma^*$遷移や$\sigma \to \sigma^*$遷移もあるが，あまり重要ではない．

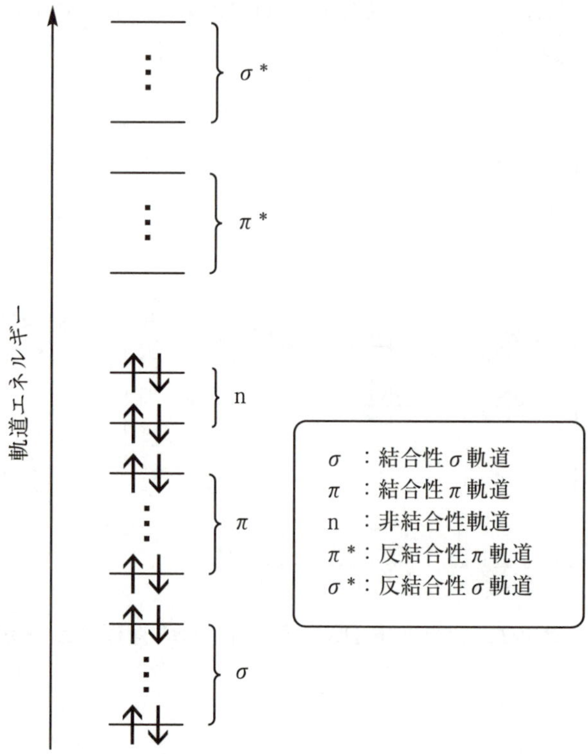

図1.80　分子軌道のエネルギーの典型的な順序

H　蛍光とりん光

紫外線または可視光線を吸収して電子的に励起した分子は，多くの場合，余分のエネルギーを熱として周囲に放出して基底状態に戻る．しかし，余分のエネルギーを光として放出（発光）して基底状態に戻ることもある．この発光には，**蛍光**と**りん光**がある（図 1.81）．

閉殻電子配置では不対電子が存在せず，分子全体としてスピンをもっていない．量子力学的にいうと，電子の全スピン量子数 S の値が 0 である．一般に，$S = 0$ の状態を一重項 singlet 状態という．このように閉殻分子の基底状態は一重項であり，S_0 と表す（S は singlet，0 は基底状態の意）．紫外線または可視光線の吸収により HOMO から LUMO へ 1 電子励起した状態も一重項である（2 個の不対電子は逆向きのスピンをもつ）．通常，この状態が最低励起一重項状態（S_1 と表す）である．より高いエネルギーの励起一重項状態（S_2, S_3, …）は，単純に 1 個の電子配置だけで表されるとは限らない．S_2 や S_3 状態に励起した場合，通常は速やかに S_1 状態にまで落ちてくる（余分なエネルギーは熱として放出される）．蛍光とは，励起一重項状態（通常は S_1 状態）からの発光である．

S_1 状態では，2 個の不対電子は逆向きのスピンをもっている．この 2 個の電子のスピンが同じ向きになった状態は，三重項 triplet 状態と呼ばれる．一般に，$S = 1$ の状態を三重項状態という．三重項状態は，エネルギーの低い方から T_1, T_2, …と表される（T は triplet の意）．三重項状態からの発光がりん光である（通常は T_1 状態からの発光である）．

励起一重項状態から励起三重項状態への変換を**項間交差**というが，項間交差には時間を要する．したがって，蛍光が励起後速やかに放出されるのに対し，りん光はやや遅れて観測される．また，りん光は比較的長時間にわたって観測される．

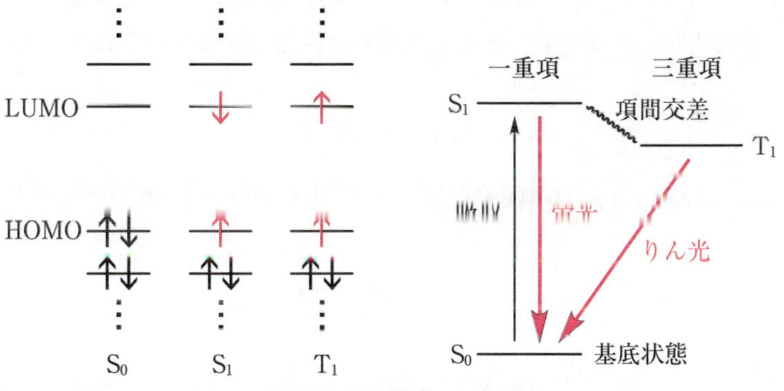

図 1.81　蛍光とりん光

［コラム］一重項と三重項のより厳密な説明

不対電子が 2 個あるとき，それらのスピンの向きとして次の 4 通りが考えられる．

電子 1，電子 2 とも上向き（α）

電子 1，電子 2 とも下向き（β）

電子 1 は上向き，電子 2 は下向き

電子1は下向き，電子2は上向き

これらはそれぞれ，$\alpha(1)\alpha(2)$，$\beta(1)\beta(2)$，$\alpha(1)\beta(2)$，$\beta(1)\alpha(2)$ という関数で表される．ここで，括弧の中に示した電子の番号は，スピン座標と呼ばれるものである．これら4個のうち，$\alpha(1)\alpha(2)$ と $\beta(1)\beta(2)$ は $S=1$ の状態であることが示されるが，残りの $\alpha(1)\beta(2)$ と $\beta(1)\alpha(2)$ は正しい全スピン状態を表していない．正しい全スピン状態は，これらの線形結合である $\alpha(1)\beta(2)-\beta(1)\alpha(2)$ と $\alpha(1)\beta(2)+\beta(1)\alpha(2)$ により表され，前者が一重項（$S=0$），後者が三重項（$S=1$）である．ここに出てきた $S=1$ の3個の状態は同じエネルギーをもっている（三重に縮重しているという）．つまり，三重項状態は3個1組の状態であり，これが三重項という用語の由来である．なお，$2S+1$ の値をスピン多重度といい，一重項（$S=0$）では1，三重項（$S=1$）では3となる．

より詳しくいうと，$S=1$ の状態には，全スピン磁気量子数 M_s の値が $-1, 0, 1$ の3個の状態が対応している．これは，ある主量子数 n に対する p 原子軌道（方位量子数 $l=1$）には，磁気量子数 m の値が $-1, 0, 1$ の3個が存在することと似ている．原子軌道の方位量子数と磁気量子数は，その軌道に入った電子の軌道角運動量に関係している．これに対して，一重項，三重項という用語は，多電子系の全スピン角運動量に関係しているのである．

I　ストークスシフト

光の吸収によって電子遷移が起こるとき，分子の構造は変化しないと考えてよい（垂直励起という）．つまり，光の吸収は，基底状態で最も安定な構造で起こると考えてよい．しかし，一般にこの構造は，励起状態にある分子にとっては最適な構造ではない．これは，電子遷移は一般に

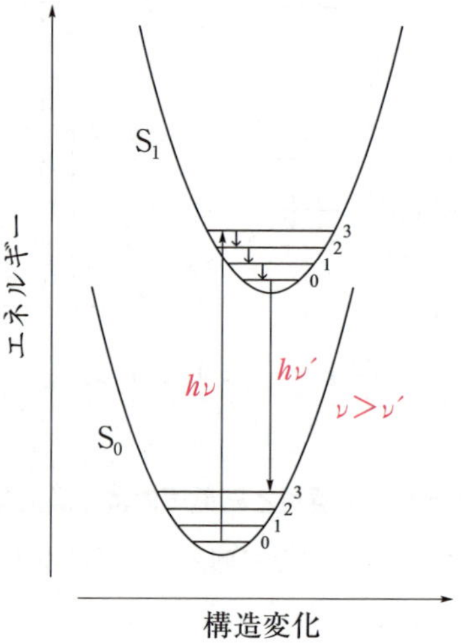

図 1.82　垂直励起とストークスシフト

水平な横線は，振動準位を模式的に表している．

振動状態の励起を伴うことを意味する．異なる電子状態には，異なる一連の振動準位が付随している（図 1.82）．基底電子状態の最低振動準位から垂直励起により励起電子状態の分子が生じたとき，その分子は一般に振動的にも励起しているのである．そして，余分の振動エネルギーを熱として放出しながら，はしごを降りるように最低の振動準位に落ちてきて，そこから発光が起こる．したがって，励起分子からの発光の波長は，一般に吸収した光の波長よりも長くなる．これをストークスシフトという．

1.4.3 ◆ 電子や核のスピンとその磁気共鳴

原子核および電子は，ともにスピン角運動量をもっている．そのため，外部磁場の中ではスピン角運動量の配向によって異なったエネルギーをもつ．このエネルギー差に対応するラジオ波の共鳴吸収を測定する核磁気共鳴スペクトル nuclear magnetic resonance（NMR）は，有機化合物やタンパク質などの構造解析に用いられる．また，磁気共鳴画像 magnetic resonance imaging（MRI）として画像診断にも用いられている．一方，電子スピンを利用する電子スピン共鳴スペクトル electron spin resonance（ESR）は，ラジカルや錯体の性質に関する研究に利用されている．ここでは，磁気共鳴の原理と NMR の基礎的な事項について述べる．

A　磁気共鳴の原理

電子のスピン量子数は 1/2 であるが，原子核においてはいろいろな値をとりうる．スピン量子数 I をもつ原子核を磁場 B の中に置くと，磁気量子数 m_I は，

$$m_I = -I,\ -I+1,\ \cdots\cdots,\ I-1,\ I$$

となり，$2I+1$ 通りの値をとるため，$2I+1$ 通りのエネルギーの異なる状態に分裂する．これをゼーマン分裂と呼ぶ．そのエネルギーは量子数 m_I によって，

$$E_{m_I} = -\gamma_N \hbar B m_I \qquad (1.81)$$

と表される．ここで，γ_N は磁気回転比と呼ばれ，核に固有の値である．

^1H や ^{13}C は $I = 1/2$ であり，$m_I = -1/2,\ 1/2$ の 2 通りの配向が可能である．^{14}N は $I = 1$ であるので，3 通りの配向が可能となる．

プロトンの磁気回転比は正の値をもち，核のつくる磁石と核スピンが同じ方向を向く．図 1.83 に示すように，$I = 1/2$ の場合には 2 通り（$m_I = 1/2$ の α 状態，$m_I = -1/2$ の β 状態）のエネルギー状態をとり，そのエネルギー差は次式で表される．

$$\Delta E = E_\beta - E_\alpha = \frac{\gamma_N \hbar B}{2} - \left(-\frac{\gamma_N \hbar B}{2}\right) = \gamma_N \hbar B \qquad (1.82)$$

$\gamma_N > 0$ の場合には，$\Delta E > 0$ であり，エネルギー準位は β 状態のほうが α 状態よりも高く，

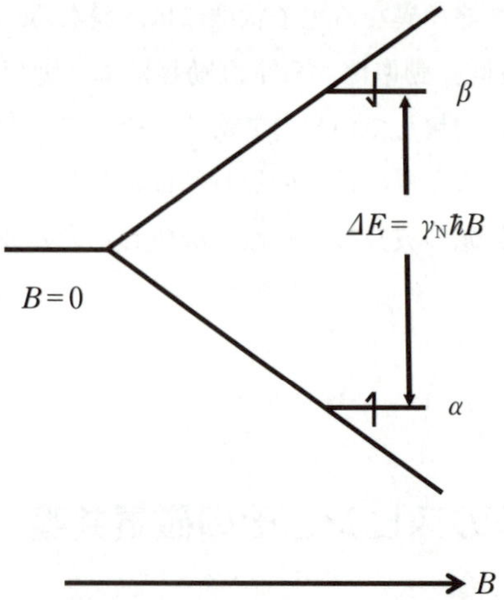

図 1.83 磁場 B 中におけるスピン 1/2 核のエネルギー準位

熱的平衡状態ではボルツマン分布則により α 状態のものが少し多く存在する．このエネルギー差 ΔE に相当する振動数の電磁波を照射すると共鳴し，α 状態にある核が β 状態に飛び移る．

$$h\nu = \Delta E = \gamma_N \hbar B \tag{1.83}$$

したがって，

$$\nu = \frac{\gamma_N B}{2\pi} \tag{1.84}$$

これを**共鳴条件**といい，対応する電磁波はラジオ波である．

B 化学シフト

同じ核種でも化学的環境が異なると，外部磁場の異なる値で共鳴が起きる．外部磁場 B は，分子内部の核の近傍で電子の周回運動を誘起するため，小さな付加的磁場 δB をつくり出す．δB は外部磁場 B に比例し，

$$\delta B = -\sigma B \tag{1.85}$$

と表される．比例定数 σ は遮蔽定数と呼ばれる．注目している原子核が受ける正味の磁場 B_{loc} は，

$$B_{loc} = B + \delta B = (1 - \sigma)B \tag{1.86}$$

となる．したがって，共鳴条件は，

$$\nu = \frac{\gamma_N B_{loc}}{2\pi} = \frac{\gamma_N}{2\pi}(1 - \sigma)B \tag{1.87}$$

である．実際の測定では，注目している核の共鳴周波数と基準とする標準物質（テトラメチルシラン）の共鳴周波数との差を用い，これを**化学シフト**という．

化学シフトの大小を決めるのは，分子内の電子によって引き起きされる小磁場であり，外部磁場によって原子核の周りを電子が循環し，核近傍に反対向きの小磁場が生じる．核の周りの電子密度が高いほど，この小磁場は強くなり，**遮蔽効果**も大きく，化学シフトは高磁場側に移動する．

C スピン-スピン結合

^{1}H-NMR スペクトル測定を行うと，スペクトルのピーク強度（ピーク面積）は，対応するプロトンの個数に比例する．例えば，室温にてエタノールの ^{1}H-NMR スペクトル測定を行うと，CH_3 基と CH_2 基のピーク強度比は，3：2 となる．しかしながら，CH_3 基のピークは 3 重線に，CH_2 基のピークは 4 重線に分裂する．このような分裂は，化学結合を通して隣接する核スピン間に働く磁気相互作用によるものであり，**スピン-スピン結合**（**カップリング**）という．また，分裂したピーク間の幅は，**スピン-スピン結合定数**と呼ばれる．

スピン-スピン結合が生じるためには，核と核が磁気的に非等価でなければならない．エタノールのメチル基の 3 個のプロトンは等価であるため互いに相互作用しない．したがって，メチル基のプロトンを 3 重線に分裂させているのは，等価ではない隣接のメチレン基のプロトンによるものである．n 個のプロトンが隣接して相互作用を及ぼす場合，$n+1$ 本に分裂する．その強度比は，二項係数，すなわちパスカルの三角形のようになる（図 1.84）．

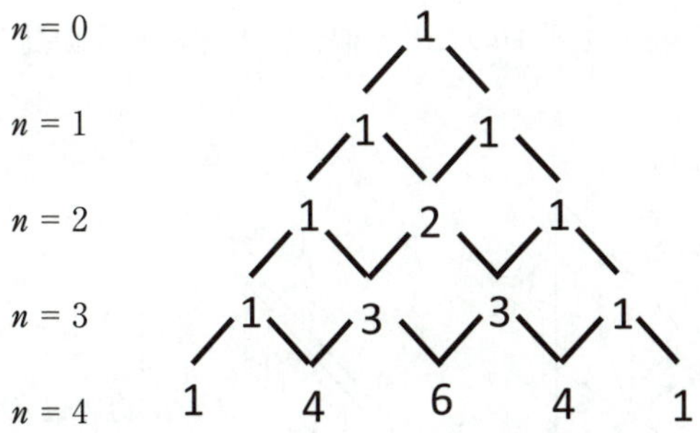

図 1.84 パスカルの三角形

［例題 1.26］ プロトンの磁気回転比を 2.68×10^{8} ($T^{-1} \cdot s^{-1}$) とすると，500 MHz の NMR 装置に使われている超電導磁石の強さは何 T か求めよ．

［解答］ $\nu = \dfrac{\gamma_N B}{2\pi}$ より

$$500 \times 10^{6} = \frac{2.68 \times 10^{8} B}{2\pi}$$

$$B = 11.7 \ (\mathrm{T})$$

1.4.4 光の屈折，偏光および旋光性

A 偏 光

1.4.1 で，光というのは振動する電場と磁場が空間を伝わっていく現象であり，電場と磁場の振動面は進行方向に垂直で，互いに直交していると述べた．しかし，電場と磁場の振動面の方向について，それ以上のことは述べなかった．実は，通常の光では振動面の方向はまちまちで，あらゆる方向に振動している電場と磁場を含んでいる（図 1.85）．しかし，その光が偏光子と呼ばれる光学素子に入射すると，特定の方向でのみ電場と磁場が振動している光のみが透過してくる．このように，電場と磁場の振動面が特定の方向のみである光を**直線偏光**または**平面偏光**と呼ぶ．偏光子の例としては，方解石（炭酸カルシウム $CaCO_3$ の結晶）からつくられるニコルプリズムなどがある．直線偏光の磁場の振動面のことを偏光面と呼ぶが，振動の方向は電場の振動面で表すことが多い．

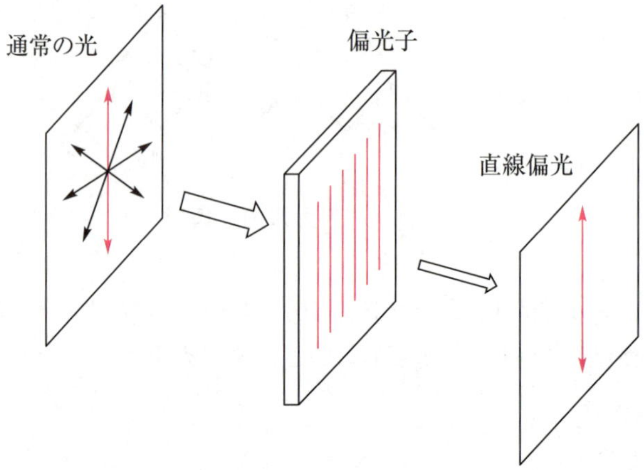

図 1.85　直線偏光

通常の光では電場の振動面はまちまちであるが，偏光子を通過させて得られる光（直線偏光）では，振動方向がそろっている．

B 旋 光

旋光とは，直線偏光の偏光面が物質を通過した際に回転する現象のことである．この性質を示す物質や化合物は，**旋光性**あるいは**光学活性**をもつといわれる．光学活性は，キラルな分子構造に起因する．キラルとは，鏡像と重ね合わせることができない性質のことをいう．キラルな有機分子のほとんどは，少なくとも1個の不斉炭素原子をもつ．しかし，不斉炭素原子をもつ分子で

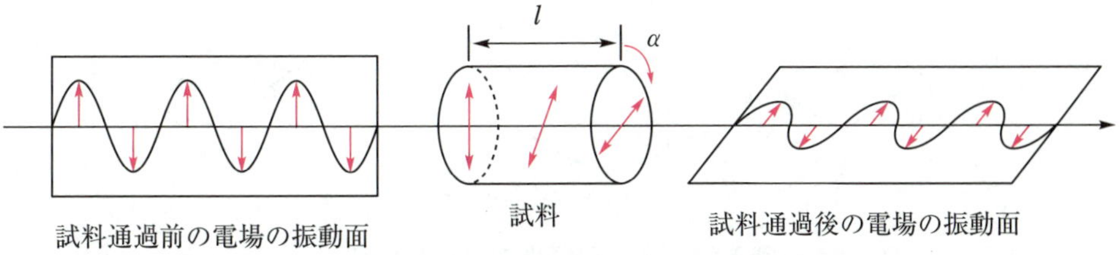

図 1.86 光学活性化合物の溶液試料による直線偏光の回転

あっても，対称面をもっていれば光学活性ではない（メソ化合物）．また，不斉炭素原子が存在しなくても，対称面をもっていない分子は光学活性を示す．

光の進む先から光源の方向を見たとき，偏光面を右に回転させる性質を**右旋性**，左に回転させる性質を**左旋性**という．また，偏光面の回転角のことを**旋光度**または旋光角と呼び，α で表す（図 1.86）．旋光度の符号は，右旋性のとき正，左旋性のとき負と約束されている．旋光度は，試料の層の厚さ（光路長）と濃度に比例する．そこで，光学活性化合物を特徴づける量として，比旋光度 $[\alpha]^t_\lambda$ を次のように定義する．

$$[\alpha]^t_\lambda = \frac{100\alpha}{lc}$$

ここで，l は光路長（mm），c は濃度（溶液 1 mL 中に含まれる試料の質量（g））である（やや特殊なので注意されたい）．また，旋光度は測定波長 λ（nm）と温度 t（°C）に依存するため，これらの値を上に示したように併記する．通常，光源にはナトリウム D 線（波長約 589 nm）が用いられ，このときには $[\alpha]^t_D$ と表すことが多い．ナトリウム D 線は，低圧ナトリウムランプから発せられる橙黄色の単色光で，トンネルや高速道路の照明にも使われている．ランプの中にはナトリウムの蒸気が入っていて，放電によって $(1s)^2(2s)^2(2p)^6(3s)^1$ という電子配置で表される Na 原子の基底状態から，$(1s)^2(2s)^2(2p)^6(3p)^1$ という電子配置の励起状態が生じる．3p 電子が 3s 軌道に戻るときに発する光が D 線である．

C 円偏光

偏光には，偏光面が回転しながら進む**円偏光**というものもある．光の進行方向から見たときの回転方向が右回りのものを**右円偏光**，左回りのものを**左円偏光**という．光を光子と見なしたとき，これら 2 種類の光は逆向きのスピンをもっている．直線偏光は，図 1.87(a) に示したように，同じ速さで進む右円偏光と左円偏光のベクトル和とみなすことができる．そして，光学活性な媒質では，右円偏光と左円偏光の進む速さに違いが生じる．旋光性はこのことに起因している．図 1.87（b）には，右円偏光の方が速く進む場合，電場の振動面が右回りに回転する様子を示した．

物質中では光速は真空中よりも遅くなり，真空中の光速を物質中の光速で割った値を屈折率（絶対屈折率）という（1.4.4D 参照）．屈折率が大きいほど光速が遅くなり，境界で進行方向が曲げられる屈折の程度が大きくなる．屈折率と光速が反比例の関係にあることから，光学活性物質の旋光現象は，右円偏光と左円偏光に対する屈折率の違いに起因するという言い方もできる．

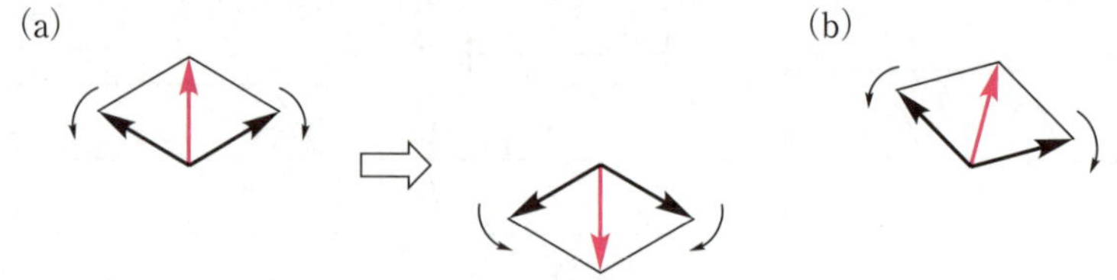

図 1.87　左右円偏光のベクトル和

(a) 直線偏光は，同じ速さで進む右円偏光と左円偏光のベクトル和である．
(b) 旋光は，右円偏光と左円偏光の速さの違いにより起こる．

屈折率は用いた光の波長に依存するため，屈折率に依存する旋光度も波長によって異なる．この現象を，**旋光分散** optical rotation dispersion (ORD) という．また，光学活性物質では，右円偏光と左円偏光の吸収の強さ（モル吸光係数）にも微妙な違いが生じる．これを**円偏光二色性**または**円二色性** circular dicroism（CD）という．ORD や CD は，光学活性物質の研究において極めて重要である．

D　光の屈折

光速は物質によって異なり，光がある物質から別の物質へ進むとき，境界で進行方向が曲げられる．この現象を**屈折**という．レース中の車が路肩にはみ出したとき，舗装部分と非舗装部分の路面抵抗の違いによって外側に進行方向を曲げられるのと似ている．図 1.88 に，物質 A（光速 v_A）から物質 B（光速 v_B）へ光が進入する様子を示した．ここでは，$v_A > v_B$ としている．図中に示したように入射角 i と屈折角 r を定義すると，A に対する B の**相対屈折率**（n_{AB}）は，次のように表される．

$$n_{AB} = \frac{v_A}{v_B} = \frac{\sin i}{\sin r}$$

A を真空としたときの値が B の**絶対屈折率**であり，n_B と書く．上の定義から，$n_{AB} \cdot n_{BC} = n_{AC}$，$n_A \cdot n_{AB} = n_B$ などの関係式が示される．また，

$$n_A = \frac{c}{v_A} \qquad (c\text{ は真空中の光速で定数})$$

であるから，物質中の光速は，その物質の絶対屈折率と反比例することがわかる．なお，屈折率は光の波長に依存し，短波長の光ほど屈折率が大きい．

空気の絶対屈折率は 1 に非常に近い．例えば，1 atm（1.013×10^5 Pa），15 °C で 1.0003 である（ナトリウム D 線）．したがって，空気に対する相対屈折率は，絶対屈折率に極めて近い値となる．

図 1.88 は，$v_A > v_B$，すなわち $n_A < n_B$ で，光が物質 A から物質 B に進入する場合の図であった．では，屈折率の大きい物質 B の側から光が入射するとどうなるであろうか（図 1.89）．入射角 i を 0° から徐々に大きくしていくと（図 1.89 (a)），ある入射角（i_C）のところで屈折角 r が 90° になり，さらに入射角を大きくすると，光は物質 A には進入せず，すべて反射するようになる（図 1.89 (b)）．これを**全反射**という．屈折率が 90° になるときの入射角（i_C）を臨界角という．

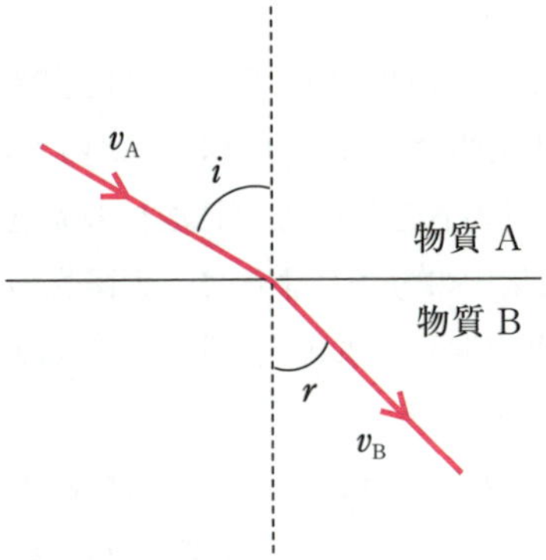

図 1.88　物質の境界における光の屈折（$v_A > v_B$，すなわち $n_A < n_B$ の場合）

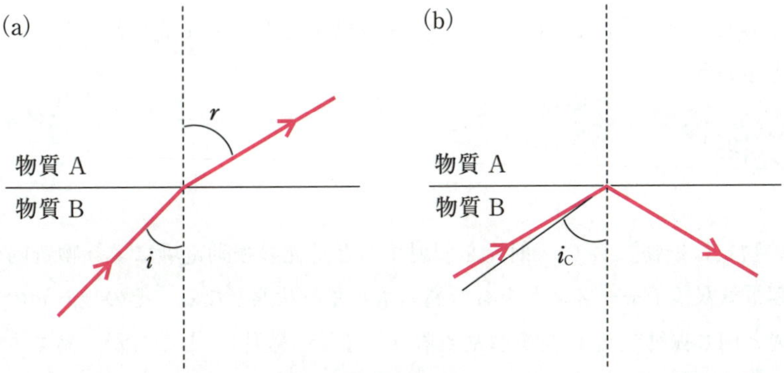

図 1.89　全反射

(a) 物質 B から物質 A（$n_B > n_A$）に光が入射するときの屈折．(b) 入射角が臨界角 i_C より大きいときの全反射．

胃カメラなどの内視鏡や光通信などに使われる光ファイバーは，全反射を応用したものである．光ファイバーは繊維状で 2 層構造をしており，光を伝える中心部は屈折率が大きく，外周部分は屈折率が小さい．このため，光は中心部内で全反射を繰り返しながら進む．

1.4.5　光の散乱および干渉

A　光の散乱

光が物質に当たってさまざまな方向に広がる現象を**散乱**という．光は波の性質をもつので，その波長が物質の大きさより長いと物質に衝突しないことがあるが，物体と同程度かそれ以下の波長であれば散乱される．光の波長と散乱を起こす物質の粒子径との関係から，**レイリー散乱**と**ミ**

一散乱がよく知られている．

レイリー散乱とは，照射光の波長（λ）の1/10以下の粒子径の物質との散乱現象で，照射光と散乱光の波長は等しく，散乱光強度はλの4乗に反比例する．したがって，可視光（波長400～800 nm）であれば，短波長の青色光の方が長波長の赤色光に比べ強く散乱される．例えば，サイズがおよそ0.1 nmの大気中の分子によって，太陽光の中の青色光が強く散乱されるため，空は青く見え，また，朝陽と夕陽は，青色光が散乱され透過光の赤色光が多くなるため赤く見える．

ミー散乱とは，光の波長と物質の粒子径が同程度の場合に生じる散乱現象である．粒子径が大きい場合は反射波の振幅はλの2乗に比例し散乱光強度はλの4乗に比例する．この効果は，個々の分子による散乱光の強度変化（λの4乗に反比例）と相殺されるため，波長に対する依存性は少ない．このため，空に浮かぶ雲は，太陽光を散乱し白く見えるのである．また．可視光の通路が透明な溶液中で白く光るのは，その溶液中の微粒子によって光散乱されるためで，これを**チンダル現象**という．

B　ラマン散乱

基底状態の物質に振動数ν_0の入射光を照射すると，光の振動電場により物質内の電子運動が増加し，誘起電気双極子モーメントをもつ高エネルギー状態となる．その後，元の基底状態に戻る際，入射光と同じ振動数ν_0の光を散乱する（**レイリー散乱**）．ところが，高エネルギー状態から元の状態に戻らずに別のエネルギー状態になることがある（図1.90）．この散乱光（**ストークス光**）の振動数は$\nu_0 - \nu_1$でありν_1を**ラマンシフト**，この現象を**ラマン散乱**と呼ぶ．また，アンチストークス光が現れるのは，初期のエネルギー状態ν_1，散乱光を照射した後のエネルギー状態ν_0の場合である．ラマンシフト（波数：4000～200 cm^{-1}）を横軸に，ストークス光の強度を縦軸にプロットしたラマンスペクトルは，分子の振動エネルギー準位に相当するため，赤外吸収スペクトルと同様に，分子構造についての情報が得られる（図1.91）．

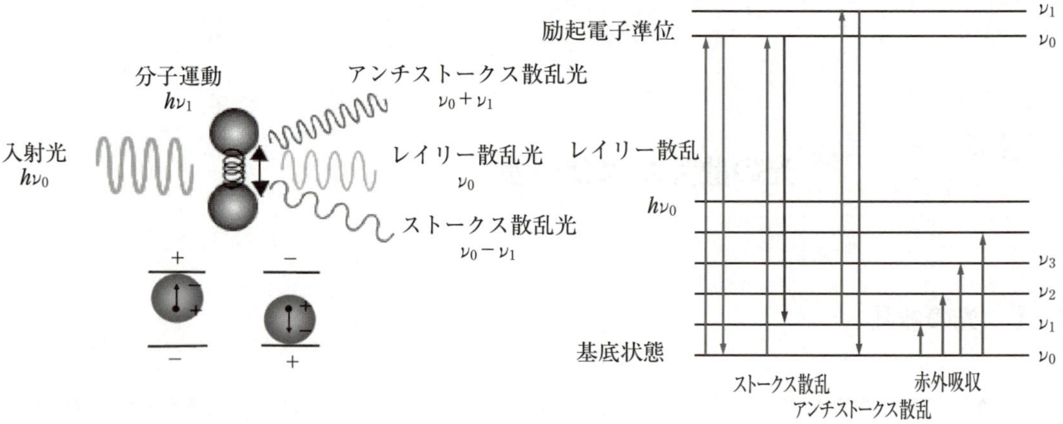

図1.90　レイリー散乱，ストークス散乱，アンチストークス散乱

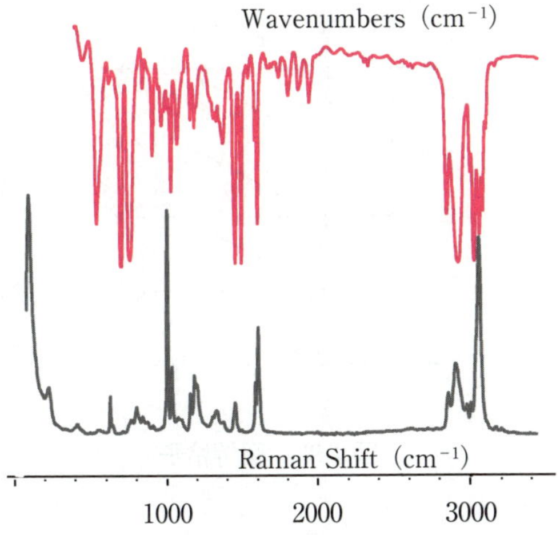

図 1.91　Polystyrene のラマンスペクトルと赤外吸収スペクトル

次に，入射光と散乱光の強度について考える．十分量の溶媒に溶解した高分子溶液は光を散乱し，曇りや濁りを生じる．これは，高分子の濃度は均一になっておらず揺らいでおり，分極率・屈折率にも揺らぎが生じているからである．入射光と散乱光の強度比は溶質の分子量や形状に関係するので，これからコロイド分子や DNA などの高分子の平均分子量や物質の形状に関する情報（粒子径など）が求まる．この原理は，レーザー散乱による粒子径測定装置に応用されている．

C　光の干渉

光源から離れた仕切りにスリットがあると，光はそのスリットを光源としたように進んでスクリーンに投影され，また，陰にあたる部分にも光が回り込む．これは，光の波動性のために起こる現象である．図 1.92 で光源 S_0 からの光が S_1 と S_2 のスリットを経て，スクリーンに届くとき，スクリーン上の点 O は 2 つの穴からの距離が等しいため．同じ位相であり，強め合う．一方，点 P では，穴からの距離の差が光の波長 λ の半分，正しくは $S_2P - S_1P = S_2H = (n + 1/2)\lambda$，であれば，位相は逆になるため光は弱められる．この結果，スクリーンには干渉像が現れる．ところで，光源の波長を一定にすれば，干渉像は“スリット”と“スクリーン”の位置関係に依存する．この，“光源”−“スリット”−“スクリーン”という組合せのうちに“スリット”を“反射

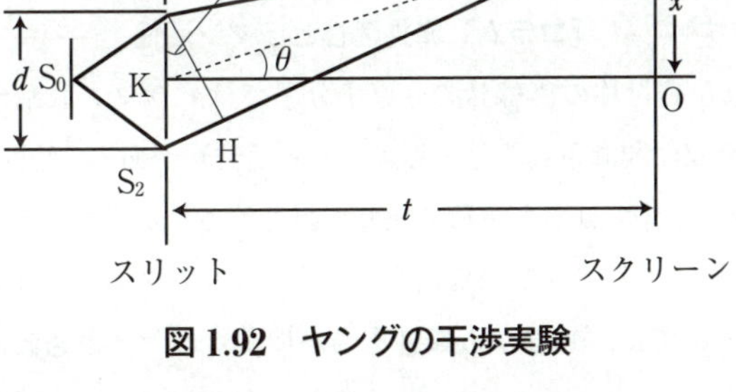

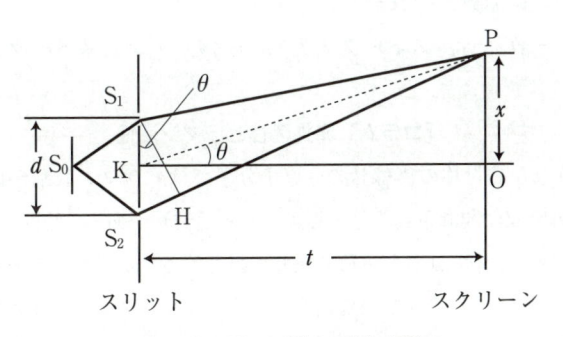

図 1.92　ヤングの干渉実験

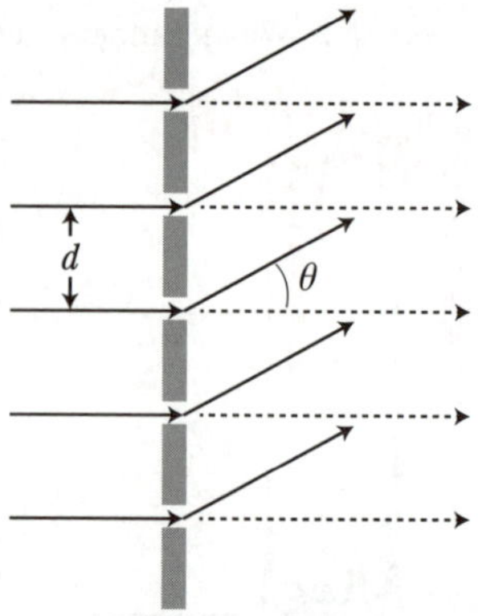

図 1.93　回折格子

板”に置き換えても，**干渉**が起こる．また，光源がX線で，反射板が結晶中の原子であれば，干渉像は原子の空間配列に依存するため，原子の位置を知ることもできる．

光源が種々の波長が混ざった光（白色光）であり，2つのスリットの距離 d が光源の波長程度であれば，スリットからの角度に依存し強められていく光は，波長とともに変化する．これが**回折格子** gratings（グレーティング）の原理である．**回折格子**は，白色光を波長ごとに分ける光学素子である．最も単純な回折格子は，多数の平行スリットが等間隔で配列した構造をしている．白色光が回折格子に入射すると，波長ごとに決まったある角度で光が強め合い（回折），この強め合った光を取り出すことで波長選択ができる．すなわち，図 1.93 のように隣り合うスリットに入射した平行光線について，その光路差が波長の整数倍になるとき光は強め合う．同様に，すべてのスリットからの光もこの方向に強め合い，この強め合った光を回折光と呼ぶ．

[例題 1.27]　レイリー散乱とミー散乱の違いを述べよ．

[解答]　レイリー散乱とは，照射光の波長の 1/10 以下の粒子径の物質との散乱現象で，照射光と散乱光の波長は等しく，散乱光強度は λ の 4 乗に反比例する．
ミー散乱とは，光の波長と物質の粒子径が同程度の場合に生じる散乱現象であり，散乱強度には波長依存性は少ない．

[例題 1.28]　入射光の振動数を ν_0 とするとき，レイリー散乱，ストークス光，アンチストークス光の振動数はそれぞれいくらか．ただし，ラマンシフトを $\Delta\nu$ とせよ．

[解答]　レイリー散乱 ν_0，ストークス光 $\nu_0 - \Delta\nu$，アンチストークス光 $\nu_0 + \Delta\nu$

[コラム] 赤外活性とラマン活性

二酸化炭素のような左右対称の直線状の3原子分子では，ラマン散乱が観測される分子振動（**ラマン活性**）と赤外吸収が観測される分子振動（**赤外活性**）がある．左右の CO 結合か対称伸縮する分子振動では，分子全体で見ると電荷の偏りが打ち消されるので，赤外吸収スペクトルは観測できないが，外部電場により分極率が変化するため，ラマンスペクトルが観測される（ラマン活性）．一方，逆対称伸縮では，外部から振動電場が加えられたとき過渡的な電気双極子モーメントが誘起される，すなわち双極子モーメントが変化する場合に赤外活性となる．

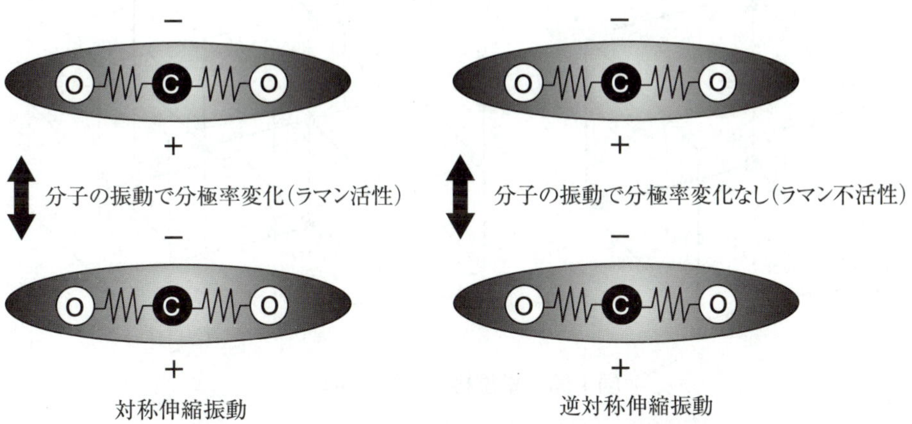

図 1.94　ラマン活性と赤外活性（ラマン不活性）

1.4.6 ——— 結晶構造と回折現象

A　結晶と単位格子

結晶は物質の固体状態の一種である．結晶は，原子や分子が規則的（周期的）に並んだ状態である．私たちの身の回りには，宝石に代表されるような美しい結晶や，食塩やショ糖など結晶は身近に存在する．分子の構造を詳しく知りたいのであれば，その分子を結晶化し，X 線結晶構造解析の手法を用いて**結晶構造**（結晶中の分子構造）を決定するのが一般的である．X 線結晶構造解析は分子構造を原子の解像度で構造を決定できるため，薬学分野においては，有機化合物や金属錯体，薬物の標的となるタンパク質やそれらの複合体の構造解析など，なくてはならない研究分野の 1 つである．

結晶といえば多くの場合，3 次元的に整列したものを指すが，1 方向にのみ整列した繊維結晶や平面的に整列した 2 次元結晶も存在する．3 次元的な繰り返し単位は同一平面上にない 3 つのベクトル $\boldsymbol{a}$，$\boldsymbol{b}$，$\boldsymbol{c}$ で表すことができる．この繰り返し単位は，結晶軸という 3 つのベクトルの長さ（a，b，c）と軸のなす角（α，β，γ）で決められる平行 6 面体であり，これを**単位格子**（単位胞または結晶格子）といい，6 つのパラメータ，a，b，c，α，β，γ を格子定数，繰り返し単位を代表する点を格子点という（図 1.95）．したがって，結晶は格子点がジャングルジムのように並んだ構造をもっている（図 1.95）．単位格子は，どのようなとり方をしてもかまわないが，できるだけ単純なほうがよい．すなわち，a，b，c はできるだけ短く，α，β，γ はできるだ

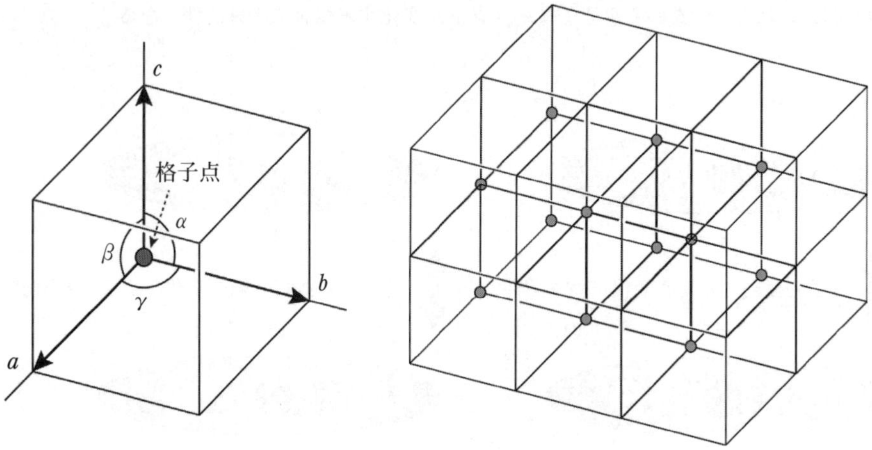

図 1.95　単位格子と格子定数

け 90° に近い鈍角をとる．このように決めた単位格子は 7 種類に分類され，それらを結晶系あるいは単に晶系という（表 1.7）．この表の下に行くほど対称（規則性）が高い結晶系である．単位格子はできるだけ対称が高いものを選ぶと都合がよい．

ところで，図 1.96 において単位格子を（1）のようなひし形として考えることができるが，（2）のような単位格子を考えると，軸が直交していて便利である．実際，（2）の単位格子は（1）の単位格子よりも対称性が高く都合がよい．図 1.96 において，（1）の単位格子は格子点を 1 つ含む．このように格子点を 1 つ含む単位格子を単純格子といい，記号 P で表す．一方，（2）の単位格子は，原点（0, 0）に加えて，$(a/2, b/2)$ の位置にも格子点を含む．このように単位格子中に複数の格子点を含むものを複合格子という（図 1.97）．底心格子（通常は記号 C で表す）と体心格子（記号 I）は格子点を 2 個含む．面心格子（記号 F）は格子点を 4 つ含む．7 つの晶系と格子の種類の組合せにより，格子のとり方は 14 種類に限定され，それを発見者の名前にちなんでブラベ Bravais 格子という（表 1.8）．

表 1.7　7 つの結晶系

結晶系	格子定数の規則
三斜晶系	$a \neq b \neq c$, $\alpha \neq \beta \neq \gamma \neq 90°$
単斜晶系	$a \neq b \neq c$, $\alpha = \gamma = 90°$, $\beta \neq 90°$
直方晶系 *	$a \neq b \neq c$, $\alpha = \beta = \gamma = 90°$
正方晶系	$a=b \neq c$, $\alpha = \beta = \gamma = 90°$
三方晶系 **	$a = b = c$, $\alpha = \beta = \gamma \neq 90°$ または $a = b \neq c$, $\alpha = \beta = 90°$, $\gamma = 120°$
六方晶系	$a = b \neq c$, $\alpha = \beta = 90°$, $\gamma = 120°$
立方晶系	$a = b = c$, $\alpha = \beta = \gamma = 90°$

* 以前の教科書では斜方晶系と呼ばれていた．
** 三方晶系は 2 つの軸のとり方がある．詳細は結晶学の専門書を参照．

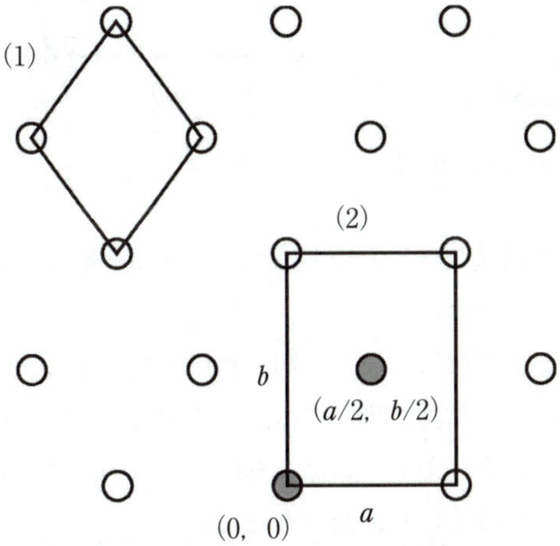

図 1.96　単位格子のとり方

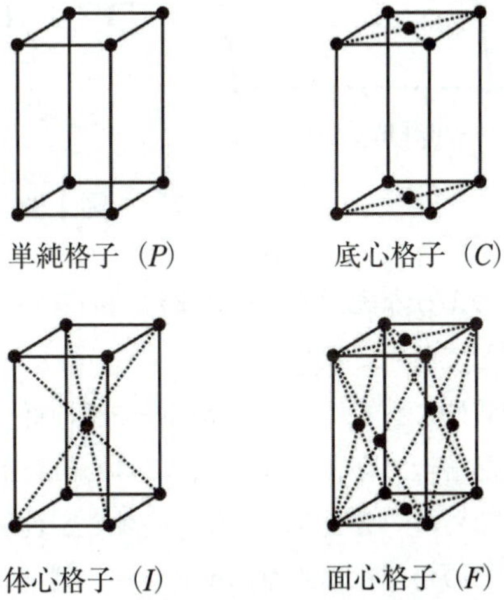

図 1.97　単純格子と複合格子

表 1.8　ブラベ格子

結晶系	記　号
三斜晶系	*P*
単斜晶系	*P*, *C*
直方晶系	*P*, *C*, *I*, *F*
正方晶系	*P*, *I*
三方晶系*	*R*
六方晶系	*P*
立方晶系	*P*, *I*, *F*

*三方晶系では $a = b = c$, $\alpha = \beta = \gamma \neq 90°$ のとき菱面体格子（記号 *R*）と呼ばれる格子をとる.

すべての結晶はこのような 14 種類の単位格子に分類され，その単位格子の中には分子や原子がある規則性（対称性）によって詰め込まれている．対称についての詳細な解説は専門書に譲るが，例えば回転対称やらせん対称などがある．ブラベ格子と対称の組合せによって，結晶の中に存在する分子や原子の空間的な配置は 230 種類に整理され，これを結晶の空間群という．図 1.98 に一例を示す．単純格子に ABC からなる分子が 2 回回転対称で詰まっている場合，この結晶の空間群を $P2$ と表現する．2 回回転対称とは，360/2°，すなわち 180° 回転させると重なる性質である．

さて，ここまで結晶の幾何学的な性質について述べてきたが，分子構造（結晶構造）を決定することとどう関係するのだろうか？　結晶構造解析の理論は本書の範囲を超えるため，残念ながら詳細を述べることはできないが，結晶構造を決定するためには，分子がどのような仮想的な箱

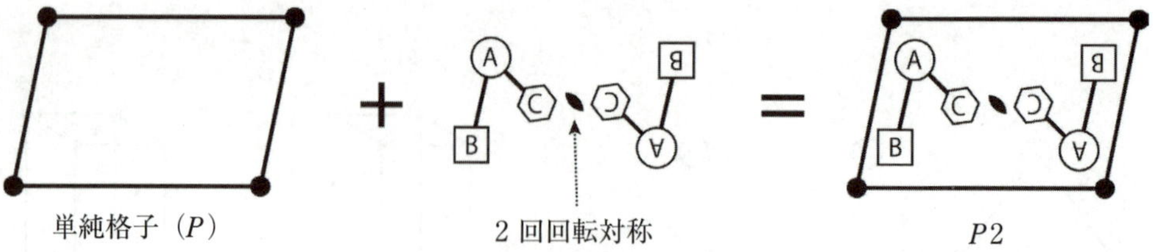

図1.98　空間群 $P2$ について

にどのような配置で詰め込まれているか，すなわち結晶の格子定数と空間群を知る必要があると理解しておいて欲しい．

物質によっては，同じ結晶系や空間群の結晶になるとは限らない．同一組成の物質が2種以上の結晶構造で存在するとき，これらを**結晶多形**という．結晶多形間では，分子の幾何学的配置が異なるため，分子間相互作用の強さや性質が異なる．そのため，結晶多形間では，溶解性や安定性などの物理化学的性質が異なり，製剤研究においてはしばしば問題となる．

［例題1.29］　正方晶系に底心格子がない理由を説明せよ．

［解答］　図のように単純正方格子が底心格子になるように格子点をおいてみると，新たな格子を考えることができる．

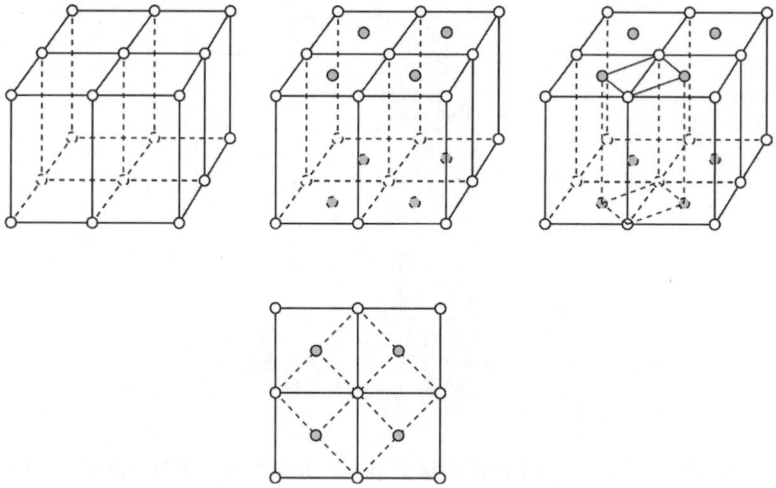

すなわち，もとの正方格子よりも小さい正方形（辺の長さが $1/\sqrt{2}$ ）の新たな単純正方格子をとることができる．したがって，正方晶系には底心格子が存在しない．

B　X線回折現象

X線は波長がおよそ100 Å～0.1 Å程度の電磁波であり，原子や分子の世界の大きさに匹敵する．X線が物質に当たるとそのまま透過するほか，原子核の周りに存在する電子によって散乱

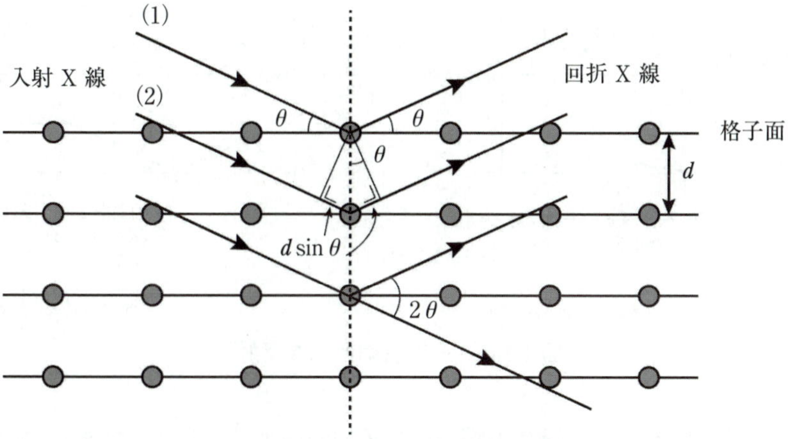

図 1.99　ブラッグの式の根拠

される．X 線散乱のうち，入射 X 線と散乱 X 線で波長が変わらない散乱を弾性散乱といい，波長が変わる散乱を非弾性散乱という．弾性散乱で X 線の振動電場によって電子が強制振動させられ，同じ振動数，すなわち同じ波長をもち，電子の数に比例した強さの散乱 X 線が発生する．それらは互いに干渉し合い，回折現象を起こすので弾性散乱は干渉性散乱ともいい，特に散乱体が電子の場合には**トムソン散乱**という．X 線結晶構造解析ではトムソン散乱のみ考えればよい．散乱波は干渉によって特定方向に強められた回折 X 線を生じる．それを X 線フィルムや検出器で記録すると，試料が結晶の場合は回折点，粉末すなわち微小結晶の集合体の場合は回折線として現れる．

結晶からの X 線回折は，格子点を含む面（格子面）からの反射と考えると理解しやすい（図 1.99）．

面間隔 d の格子面に角度 θ で入射した X 線の反射が θ 方向で観測できるための条件は，経路 (1) を通る波と経路 (2) を通る波の位相がそろう，すなわち波の位相差が 2π の整数倍であることである．波の経路差で考えてみる．波の波長を λ とすると位相差は経路差 × $2\pi/\lambda$ であることから，経路差 × $2\pi/\lambda$ が 2π の整数倍となればよい．すなわち，経路差 $/\lambda = n$（整数）波の経路差は図より $2d\sin\theta/\lambda$ であるから，

$$2d\sin\theta = n\lambda \qquad (n = 1, 2, 3, \cdots)\,(n\text{ を反射の次数という})$$

これは発見者であるヘンリー・ブラッグとローレンス・ブラッグの父子の名前ちなんで，**ブラッグの式**と呼ばれている．ブラッグの式は，回折現象を起こすための条件であることから，ブラッグの法則とも呼ばれ，X 線回折における最も重要な式の 1 つである．なお，ブラッグ父子は 1915 年，ノーベル物理学賞を受賞している．この基本的な式は，X 線の波長 λ と角度 θ（実際には入射 X 線からの角度 2θ）がわかれば，結晶の面間隔 d に関する情報がわかることを示している．

ブラッグの式において，$n = 1$ と 2 では何か違うのだろうか．図 1.100 を見て欲しい．左図は面間隔 d の面からの一次反射である．経路差 $2d\sin\theta$ は λ である．右図は面間隔 d の面からの二次反射を示した．経路差が 2λ なので，回折 X 線の角度は大きくなる．ここで，面間隔が $d/2$

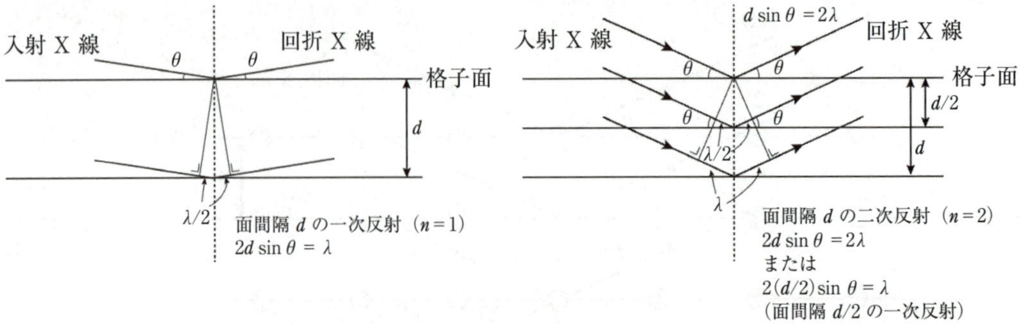

図 1.100　一次反射と二次反射

である面からの反射を考えてみると，経路差は $2(d/2)\sin\theta = \lambda$ であり，間隔 $d/2$ からの一次反射として考えられる．X 線結晶構造解析においては，d/n の面間隔をもつ面からの一次反射として考えた方が便利である．

［例題 1.30］　波長 1.5418 Å の X 線を用いた DNA 繊維の X 線回折実験によって，入射 X 線から 26.2° の方向に一次の回折 X 線が観測されたとする．ブラッグの式を用いて，このことから面間隔を求めよ．

［解答］　$2\theta = 26.2°$ より $\theta = 13.1°$．ブラッグの式により面間隔 d は

$$d = \lambda/2\sin\theta = 1.5418/(2 \times 0.2266) = 3.40\ \text{Å}$$

これは B 型の二本鎖 DNA における塩基対間の距離に相当する．

コラム

構造化学や構造生物学では分子の構造を知るためにどうにかして結晶を得ようと必死に努力する．しかし製剤研究において，結晶化は薬剤の溶解性を下げる傾向があるため，結晶化が起こらないような工夫をする．結晶に対する考え方が 180° 異なるのは興味深い．

1.5 放射線と放射能

1.5.1 原子の構造と放射壊変

A 原子の構造

図 1.101 に示したように，水は 1 つの酸素原子と 2 つの水素原子が結合した H_2O という**分子** molecule である．このように物質は，1 つあるいは複数の**原子** atom が組み合わさってできている．原子は球形の**原子模型**で示されるように，中心に正の電荷をもつ 1 つの**原子核** nucleus とその周囲を運動する 1 つあるいは複数の負の電荷をもつ（軌道）**電子** electron から構成され，電気的に中性である．原子核は正の電荷をもつ**陽子** proton と電荷をもたない**中性子** neutron からなり，これらは**核子** nucleon と総称される．

原子の直径（電子軌道の広がり）は 10^{-10} m 程度，原子の中心に存在する原子核の直径は 10^{-15} m 程度である．電子の質量は核子の質量の約 1/1,840 であり，原子の質量はほとんどが原子核に集中している．このため，原子核の陽子と中性子の数の和を**質量数** mass number, A という．電気的に中性な原子では，陽子の数と軌道電子の数は同じであり，陽子の数は**原子番号** atomic number, Z と呼ばれる．元素の化学的性質は電子，特に最外殻電子の軌道上の配列状態により決まるので，中性子数は異なるが陽子数が同じである元素は，**同位体**（**同位元素**）isotope と呼ばれ，ほぼ同じ化学的性質を示す．また，質量数も原子番号も同じでありながら，原子核のエネルギー準位だけが異なる場合を**核異性体** nuclear isomer と呼ぶ．原子核の種類は，陽子および

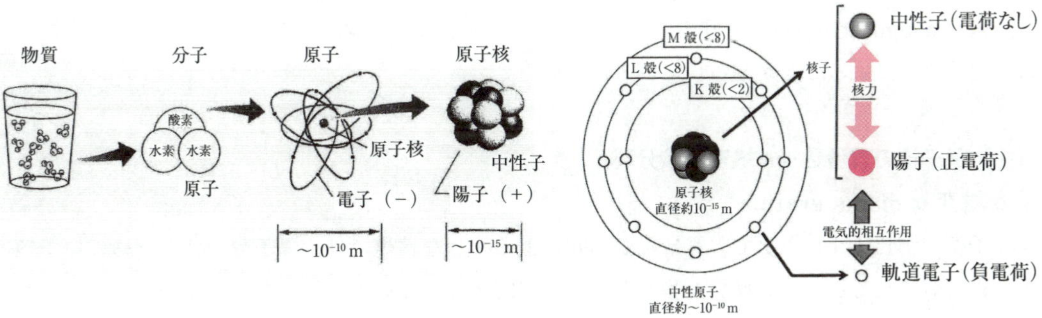

図 1.101　物質の構造と原子模型

中性子の数ならびにエネルギー状態で規定され，それぞれを**核種** nuclide と呼ぶ．核種の表記は，正確には元素記号の左上に質量数を，左下に原子番号を記載するが（例：陽子数6，中性子数6からなる炭素；${}^{12}_{6}\mathrm{C}$），元素記号の左上に質量数だけを記載する表記がよく使われる（${}^{12}\mathrm{C}$）．

B　原子の質量と原子核の結合エネルギー

核子，電子および原子の質量は，統一原子質量単位 unified atomic mass unit, u で記述される．${}^{12}_{6}\mathrm{C}$ の1原子の質量を 12 u と決め，1 u はその 1/12 と定義されている．ここで陽子，中性子，電子の質量を統一原子質量単位で表すと，それぞれ 1.0072765，1.0086650，0.0005486 u であり，これらの値を用いて ${}^{12}_{6}\mathrm{C}$ の質量を計算すると，

$$6 \times (1.0072765 + 1.0086650 + 0.0005486) = 12.0989406\ \mathrm{u}$$

となり，それぞれ陽子，中性子，電子から ${}^{12}_{6}\mathrm{C}$ を組み立てると，質量が 0.0989406 u だけ大きくなる．このような現象は水素原子を除くすべての原子核に認められ，**質量欠損** mass defect と呼ばれている．特殊相対性理論によると，質量はエネルギーと等価であり，光速を c（m/s），物質の質量を m (kg)，エネルギーを E (J) とすると，$E = mc^2$ が成立する．この質量欠損により生じたエネルギーが原子核の結合エネルギーに転換され，このエネルギーの多くは核子を結び付けている核力として働くと考えられている．

放射化学では，電子は負の電気素量（1.6022×10^{-19} C）をもち，原子核は整数倍の正の電気量をもつことから，エネルギーを表す単位として，1 V の電位差がある自由空間で1個の電子（1単位の電気素量）が得る運動エネルギーとして定義される**電子ボルト** electron volt, eV が用いられ，1 eV = 1.6022×10^{-19} J である*．多くの核種の核子1個当たりの結合エネルギーは7〜9 MeV であり，この値が高い核種ほど安定である．また，化学結合のエネルギーは最大で数十 eV であることから，原子核を形成する結合エネルギーが非常に大きな値であることがわかる．

C　原子核の安定性と壊変形式

同位体の中で原子核が安定なものは**安定同位体** stable isotope, SI，不安定で自発的に原子核が変化し異なる核種になり［(**放射**)**壊変** disintegration］，放射線を放出するものは**放射性同位体** radioisotope, RI と総称される．RI では，壊変前の核種を**親核種** parent nuclide，壊変後の核種を**娘核種** daughter nuclide と呼ぶ．原子核の安定性は，原子核の ① 質量，② 陽子数と中性子数の比，などによることが知られている．

（1）原子核の質量数（α壊変と核分裂）

① α壊変 α disintegration

原子番号が 82(Pb) 以上で，質量数が 200 以上の大きな核種では，陽子数が多いために原子核内の正電荷によるクーロン反発が強くなり，不安定となっている．このため，原子核からヘリウム原子核（${}^{4}\mathrm{He}^{2+}$）を放出する**α壊変**が起きる．α壊変を起こすと，生成した娘核種は親核種より質量数が4，原子番号が2小さい原子核に変わる．図 1.102 に ${}^{226}\mathrm{Ra}$ のα壊変による原子核変

---

* 電気量×電位差＝エネルギー

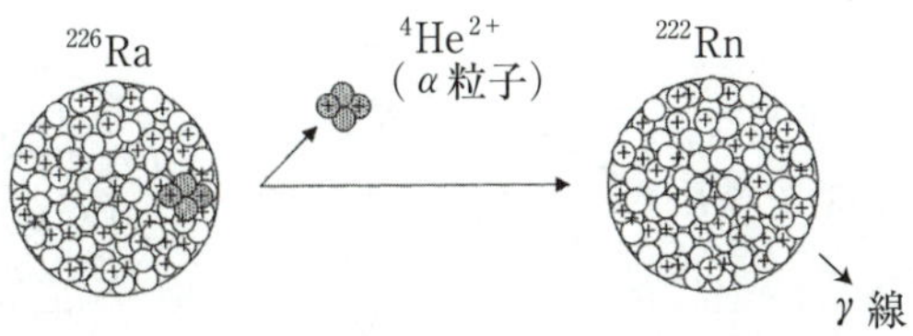

図 1.102　α壊変による原子核の変化

化を示した．放出される $^{4}He^{2+}$ は，**α粒子**と呼ばれ，この高速のα粒子の流れが**α線**と呼ばれる放射線である．α粒子は核種固有の運動エネルギーをもつため，そのエネルギー分布は線スペクトルを示す．親核種である ^{226}Ra の質量は，娘核種である ^{222}Rn とα粒子の質量の和より大きい．壊変に伴う質量の減少分は**壊変エネルギー** disintegration energy に相当し，このエネルギーの多くが娘核種とα粒子の運動エネルギーとなる．また，壊変直後の原子核の励起状態を解消するため，**γ線**も放出する．α壊変を起こす核種には，^{226}Ra 以外に ^{222}Rn，^{235}U，^{238}U，^{232}Th，^{239}Pu などがある．

② 核分裂 nuclear fission

重い原子核1個が中程度の重さの原子核2個に分裂する反応を**核分裂**と呼ぶ．核分裂は自発的に起こる**自発核分裂**と，外部から熱中性子や高速中性子などを照射することによって起こす**誘導核分裂**がある．^{235}U の誘導核分裂では質量数90および140付近の核分裂片の収率が高く，その中で ^{90}Sr や ^{131}I などは特定の臓器に集積しやすいため，放射線防護の観点から注意を要する核種である．

（2）陽子数と中性子数の比（β壊変）

HやHeのような原子番号の小さい核種を除くと，天然に存在する核種では陽子数（Z）と中性数（N）の比が，$1 \leqq N/Z < 1.6$ にあることが知られている．陽子または中性子が過剰な核種は原子核が不安定で，原子核内で電子または陽電子の出入りを伴う中性子と陽子の相互変換が起きる．この壊変形式をβ壊変と総称し，β^-壊変，β^+壊変および（軌道）電子捕獲の3つの形式がある．β壊変前後の親核種と娘核種を比べると，「原子番号は変化するが，質量数は変わらない」という特徴がある．

① β^-壊変 β^- disintegration（陰電子壊変）

^{14}C のような中性子過剰な核種で起こる壊変で，図1.103に示したように原子核内で中性子が陽子と電子（e^-，陰電子 negatron ともいう）に変換され，この電子が原子核外に放出される現象を**β^-壊変**といい，この高速な電子の流れが**β^-線**という放射線である．この壊変では同時に，電気的に中性で静止質量が電子の1/2,000以下の粒子であるニュートリノ（中性微子）も放出されているが，透過力が非常に高いため，その検出は難しい．

β^-壊変の際に解放される壊変エネルギーは核種ごとに決まっているが，そのエネルギーは放出された電子とニュートリノに種々の比率で分配されるため，電子の運動エネルギー分布は図1.104に示したように0～最大エネルギーまでの連続スペクトルを示す．このため，β^-線のエネルギーを記載するときは，最大エネルギー値を使う．β^-壊変では，壊変直後の原子核の励起状

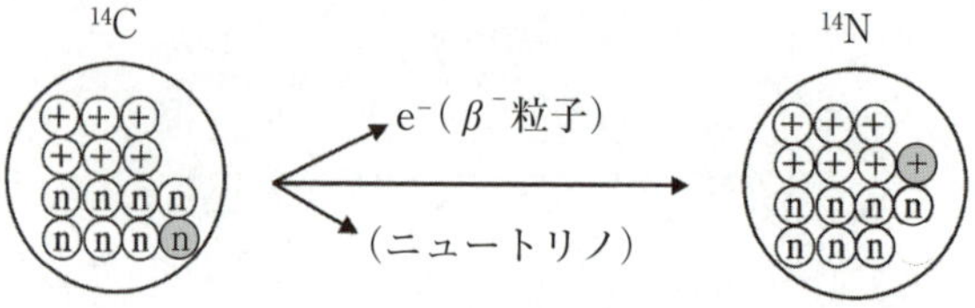

図 1.103　β$^-$壊変による原子核の変化

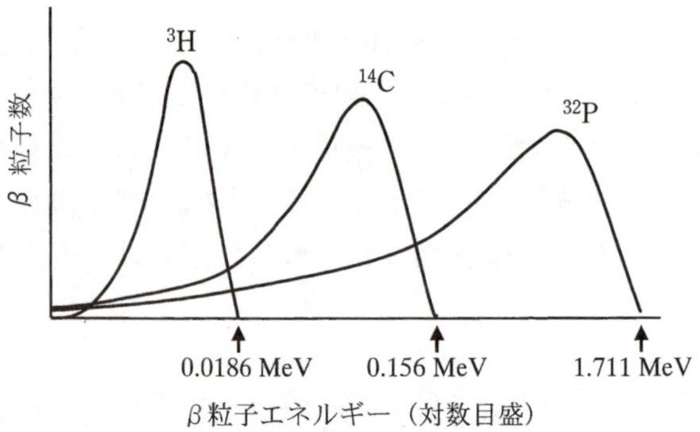

図 1.104　β$^-$線スペクトルの例

態を解消するため，**γ線**の放射を伴うことが多いが（例：^{60}Co，^{99}Mo，^{131}I など），β$^-$線とニュートリノの放出のみで基底状態に達するものもある（例：^{3}H，^{14}C，^{32}P，^{35}S，^{45}Ca，^{90}Sr，など）．

② β$^+$壊変 β$^+$ disintegration（陽電子壊変）

^{11}C のような陽子過剰な核種で起こる壊変で，図 1.105 に示したように原子核内で陽子が中性子と陽電子 positron（e$^+$）に変換され，この陽電子が原子核外に放出される現象を**β$^+$壊変**といい，この高速な陽電子の流れが**β$^+$線**という放射線である．β$^-$壊変と同様に，同時にニュートリノも放出されるため，陽電子の運動エネルギー分布は連続スペクトルを示す．このため，β$^+$線のエネルギーを記載するときも最大エネルギー値を使う．β$^+$放射体には ^{11}C，^{13}N，^{15}O，^{18}F などがあり，後述の陽電子断層撮影法（PET）に使用されている．

③（軌道）電子捕獲 electron capture（EC 壊変）

陽子過剰な核種では，図 1.106 に示したように原子の軌道電子が原子核内に取り込まれ，陽子が中性子に変換される現象も起きる．これを（**軌道**）**電子捕獲**または**EC 壊変**という．この現象は原子核に最も近い K 軌道の電子に起きやすい．電子捕獲の際に放出されるのはニュートリノ

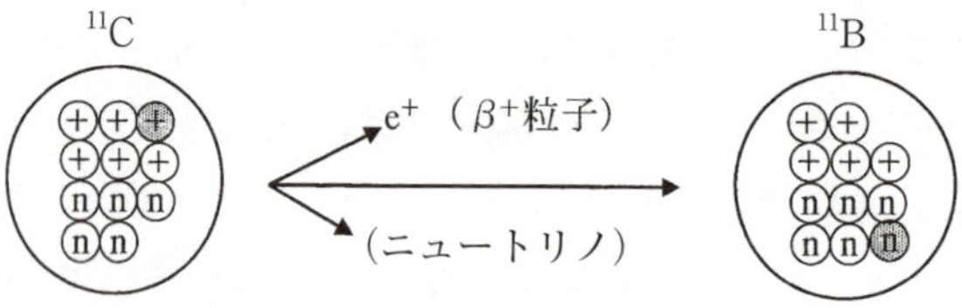

図 1.105　β$^+$壊変による原子核の変化

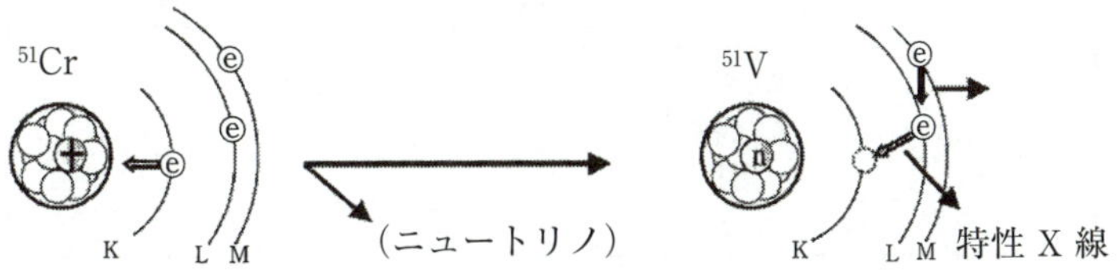

図 1.106　EC 壊変による原子核の変化

だけである．しかし，K 軌道に空孔ができるので，そこへエネルギー準位の高い軌道電子が落ち込んでくる．このとき，軌道間のエネルギー準位差に相当するエネルギーをもつ電磁波が放出される．この電磁波を**特性 X 線**（または**固有 X 線**）と呼び，核種固有の波長をもち，そのエネルギー分布は線スペクトルを示す．また，先述の β^- および β^+ 壊変と同様に，壊変直後の原子核から γ 線の放出を伴う場合がある．この壊変を起こす核種には ^{51}Cr，^{67}Ga，^{123}I，^{125}I，^{201}Tl などがある．

（3）原子核の励起状態（γ 転移と核異性体転移）

α 壊変や β 壊変により生成した娘核種あるいは種々の原子核反応により生じた原子核が励起状態にあるとき，基底状態に転移することを **γ 転移** γ transition（または γ 壊変）といい，このとき放出される電磁波を **γ 線**と呼ぶ．γ 転移では原子番号も質量数も変化しない．また，原子核の各エネルギー準位も量子化されているため，γ 線は核種に固有なエネルギーをもち，エネルギー分布は線スペクトルを示す．ほとんどの核種で励起状態は不安定であり，このため α 線や β 線と同時に γ 線が放出されるように観察される．しかし，壊変直後の励起状態が比較的安定な準安定状態になる核種もあり，このような核種を**核異性体**と呼ぶ．核異性体もいずれは γ 線を放射して基底状態に到達する．この現象を**核異性体転移** isomeric transition, IT という．核異性体の表記はエネルギー準位の高い核種の質量数の後ろに“m”をつけて区別する（例：陽子数 43，中性子数 56 の準安定状態にあるテクネチウム；^{99m}Tc）．この転移を起こす核種には ^{99m}Tc 以外に ^{81m}Kr，^{137m}Ba などがある．

［例題 1.31］　各壊変および転移後の親核種と娘核種の原子番号と質量数の変化の表を完成させなさい．

壊変形式	放出される粒子	原子番号の変化	質量数の変化	代表的な核種
α 壊変				
β^- 壊変				
β^+ 壊変				
軌道電子捕獲（EC 壊変）				
γ 転移				
核異性体転移				

[解答]

壊変形式	放出される粒子	原子番号の変化	質量数の変化	代表的な核種
α 壊変	α 粒子 ($^{4}He^{2+}$)	−2	−4	^{223}Ra, ^{226}Ra, ^{222}Rn, ^{235}U, ^{238}U, ^{239}Pu, など
β^{-} 壊変	β^{-} 粒子 ((陰) 電子) + ニュートリノ	+1	0	^{3}H, ^{14}C, ^{32}P, ^{35}S, ^{45}Ca, ^{89}Sr, ^{90}Sr, ^{90}Y, ^{60}Co, ^{99}Mo, ^{131}I, など
β^{+} 壊変	β^{+} 粒子 (陽電子) + ニュートリノ	−1	0	^{11}C, ^{13}N, ^{15}O, ^{18}F, など
軌道電子捕獲 (EC 壊変)	ニュートリノ	−1	0	^{51}Cr, ^{67}Ga, ^{123}I, ^{125}I, ^{201}Tl など
γ 転移	なし	0	0	[α 壊変後] ^{226}Ra, ^{222}Rn [β 壊変後] ^{60}Co, ^{131}I [EC 壊変後] ^{123}I, ^{125}I, ^{67}Ga
核異性体転移	なし	0	0	^{99m}Tc, ^{81m}Kr, ^{137m}Ba など

[例題 1.32]　静止した電子がすべてエネルギーに変換されたときの値を MeV 単位で示しなさい.

[解答]　$1\ \mathrm{u} = 1.6605387 \times 10^{-27}\ \mathrm{kg}$ [← $12\ \mathrm{g}/(6.022 \times 10^{23} \times 12)$]

電子の統一原子質量単位：0.0005486 u

光速：2.998×10^{8} m/s

$1\ \mathrm{eV} = 1.60217733 \times 10^{-19}\ \mathrm{J}$

$$\frac{0.0005486\,[\mathrm{u}] \times 1.6605387 \times 10^{-27}\,[\mathrm{kg/u}] \times (2.998 \times 10^{8})^{2}\,[(\mathrm{m^{2} \cdot s^{-2}})]}{1.60217733 \times 10^{-19}\,[\mathrm{J/eV}]}$$

$$= 0.511\cdots\ [\mathrm{MeV}]$$

1.5.2 ◆ 放射性核種の物理的性質

A　壊変速度と放射能の単位

放射能 radioactivity は，① 壊変する原子核の性質，を表すとともに，② 単位時間に壊変する原子の数，と定義される物理量も表している．壊変は，個々の原子核が単独に，ある確率にしたがって起きる現象であるため，その速度は近似的に一次反応と考えることができる．すなわち，放射能 A は，放射性核種の原子数 N に比例するため，時間 t で壊変して減少する原子数を $-\dfrac{\mathrm{d}N}{\mathrm{d}t}$ とすると次の式が得られる．

$$A = -\frac{\mathrm{d}N}{\mathrm{d}t} = \lambda N$$

λ は**壊変定数** disintegration constant と呼ばれ，速度論的には一次の反応速度定数であるが，その意味は放射性核種に固有な単位時間当たりの壊変の確率を示している．この式の第 2 および 3 項を積分すると，時間 t における放射性核種の原子数の式が得られる．

$$\ln N = -\lambda t + \ln N_0 \quad \text{または} \quad N = N_0 e^{-\lambda t}$$

（ただし，$t = 0$ のときの原子数を N_0 とする）

放射能 A は，$A = \lambda N$ であるから，$N = N_0 e^{-\lambda t}$ の両辺に λ をかけて整理した次の式が，時間 t における放射能 A を示している．

$$A = A_0 e^{-\lambda t}$$ （ただし，$t = 0$ のときの放射能を A_0 とする）

このように，放射能の時間経過による減少は図 1.107 左側のグラフのように指数関数的に進行する．$A = A_0 e^{-\lambda t}$ の対数を取ると，$\ln A = -\lambda t + \ln A_0$ という直線の式となり，片対数グラフの横軸を時間 t，縦軸を放射能 A としてグラフを描くと，図 1.107 右の直線が得られ，その傾きは $-\lambda$ を示している．放射能の単位は，Bq（ベクレル）が使用される．1 Bq は，毎秒の壊変が 1 個であるときの放射能である（$\lambda = 1\ \mathrm{s}^{-1}$）．また，この現象をわかりやすくするために，放射性核種

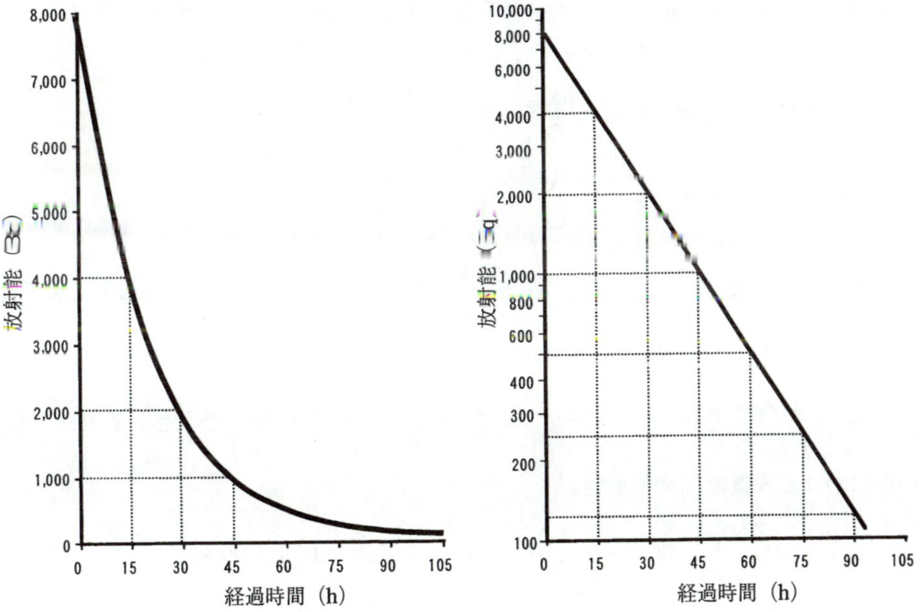

縦軸：普通目盛　　縦軸：対数目盛

図 1.107　^{23}Na（半減期：14.96 h）の減衰

や放射能の量が壊変により半分に減少するのに要する時間である（**物理的**）**半減期**（physical) half-life を用いることが多い．半減期を T で表すと，その時間における放射能は $\frac{A_0}{2} = A_0 e^{-\lambda T}$ となる．$\frac{1}{2} = e^{-0.693}$ であるので，$\lambda T = 0.693$ となり，壊変定数と半減期は反比例の関係にあることがわかる．また，$\lambda = 0.693/T$ を $A_0 e^{-\lambda t}$ に代入すると，

$$A = A_0 e^{\frac{-0.693t}{T}} = A_0 \left(\frac{1}{2}\right)^{\frac{t}{T}}$$

が得られる．

B 放射平衡と壊変系列

（1）放射平衡 radioactive equilibrium

壊変により生成した娘核種が不安定な放射性核種である場合，さらに壊変して別の核種となる．これを逐次壊変という．

$$\text{親核種（放射性核種）} \xrightarrow[\text{半減期 } T_X]{\text{壊変定数 } \lambda_X} \text{娘核種 Y（放射性核種）} \xrightarrow[\text{半減期 } T_Y]{\text{壊変定数 } \lambda_Y} \text{安定核種 Z}$$

親核種の半減期 T_X が娘核種の半減期 T_Y より長い場合，親核種の壊変が続く限り，娘核種の壊変が継続するため，十分な時間が経過した後では娘核種が見かけ上，親核種の半減期で減衰するようになる．この状態を**放射平衡**という．親核種 X および娘核種 Y の壊変定数および半減期は図中の文字で表し，0 時間の X と Y の原子数を $N_{X,0}$，$N_{Y,0}$（ただし，$N_{Y,0} = 0$）とし，任意の時間 t 経過後の X と Y の原子数を N_X，N_Y とする．

$$\text{親核種 X の壊変速度：} -\frac{dN_X}{dt} = \lambda_X N_X$$

$$\text{娘核種 Y の壊変速度：} -\frac{dN_Y}{dt} = \lambda_Y N_Y - \lambda_X N_X$$

両式を積分すると，$N_X = N_{X,0} e^{-\lambda_X t}$ と $N_Y = \frac{\lambda_X N_{X,0}}{\lambda_Y - \lambda_X}(e^{-\lambda_X t} - e^{-\lambda_Y t})$ が得られる．親核種 X と娘核種 Y の放射能は，それぞれ $A_X = \lambda_X N_X$，$A_Y = \lambda_Y N_Y$ である．よって，娘核種 Y の放射能は，$A_Y = \lambda_Y N_Y = \frac{\lambda_Y \lambda_X N_{X,0}}{\lambda_Y - \lambda_X}(e^{-\lambda_X t} - e^{-\lambda_Y t}) = \frac{\lambda_Y A_{X,0}}{\lambda_Y - \lambda_X}(e^{-\lambda_X t} - e^{-\lambda_Y t})$ で示される（ただし，$A_{X,0}$ は 0 時間における親核種 X の放射能）．

続いて，$\lambda = \frac{-0.693}{T}$ と $e^{-\lambda t} = \left(\frac{1}{2}\right)^{\frac{t}{T}}$ を使って，娘核種 Y の放射能 A_Y を，親核種 X の $A_{X,0}$ と T_X および娘核種 Y の T_Y で表すと，$A_Y = \frac{T_X A_{X,0}}{T_X - T_Y}\left[\left(\frac{1}{2}\right)^{\frac{t}{T_X}} - \left(\frac{1}{2}\right)^{\frac{t}{T_Y}}\right]$ となる．

① 永続平衡 secular equilibrium

T_X が非常に長いため測定期間中の親核種の減少が無視することができ，また T_Y が T_X に比べて非常に短い場合（$T_X \gg T_Y$，1000 倍以上），$T_X - T_Y \fallingdotseq T_X$ と近似できる．また，十分な時間（$t \gg T_Y$，T_X の 10 倍以上）が経過した後であれば，$\left(\frac{1}{2}\right)^{\frac{t}{T_Y}}$ は近似的に 0 となる．これらの条件を満たしたときの娘核種 Y の放射能は $A_Y = A_{X,0}\left[\left(\frac{1}{2}\right)^{\frac{t}{T_X}}\right] = A_X$ で示され，親核種 X と娘核種 Y の放射能が等しくなる．この状態を**永続平衡**といい，図 1.108（A）に放射能の時間変化を示す．永続平衡にある系の特徴として，平衡後の系全体の放射能は，親核種 X の放射能と娘核種 Y の放射能の和であるため，親核種 X のみ存在していたときの 2 倍の値で推移する．また，親核種 X と娘核種 Y の放射能が等しい（$\lambda_X N_X = \lambda_Y N_Y$）から，それぞれの核種の原子数の比 $\left(\frac{N_Y}{N_X}\right)$ は一定値 $\left(\frac{\lambda_X}{\lambda_Y}\right)$ となり，半減期の比 $\left(\frac{T_Y}{T_X}\right)$ と等しくなる．

② 過渡平衡 transient equilibrium

T_X が T_Y に比べて長いが，永続平衡ほどに大きな差がない場合 $\left(\frac{T_X}{T_Y} > 10\right)$，$\frac{T_X}{T_X - T_Y}$ を 1 と近似することはできない．しかし，十分な時間（$t \gg T_Y$，T_Y の 10 倍以上）が経過した後であれば，$\left(\frac{1}{2}\right)^{\frac{t}{T_Y}}$ は近似的に 0 となる．このため，娘核種 Y の放射能は $A_Y = \left(\frac{T_X}{T_X - T_Y}\right)$

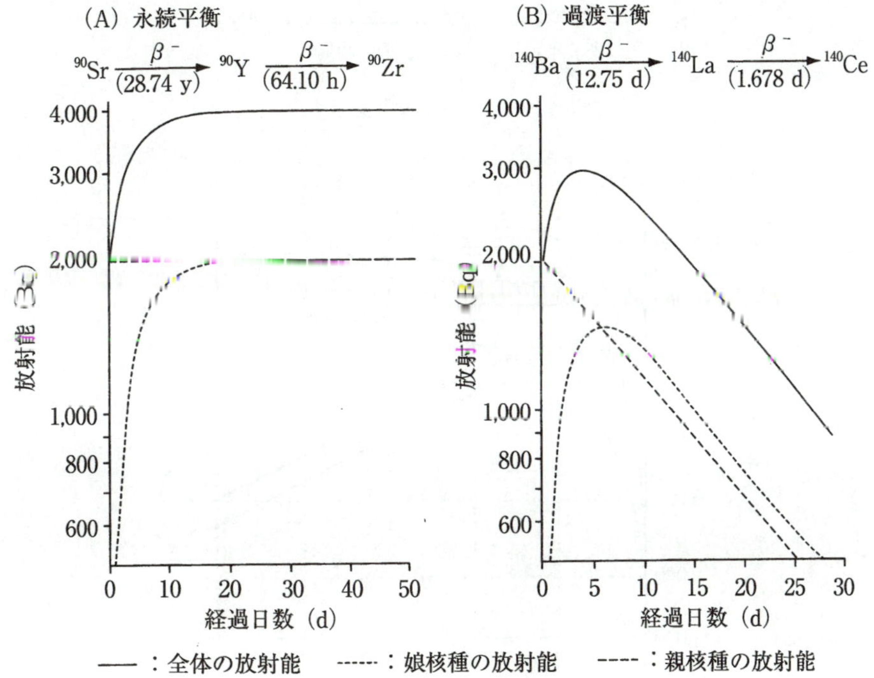

図 1.108　放射平衡の例

AX,0>e $\frac{1}{2}$ o $_{\frac{t}{T_X}}$ H = e $\frac{T_X}{T_X - T_Y}$ o AX となる．この式から親核種 X と娘核種 Y の放射能の比が一定となって平衡が成立し，娘核種 Y の放射能 A_Y は親核種の放射能 A_X より $\left(\frac{T_X}{T_X - T_Y}\right)$ 倍だけ大きくなり，図 1.108 (B) に示したように極大値を示す．この状態を**過渡平衡**という．過渡平衡においても平衡に到達した後は親核種と娘核種の原子数の比は等しくなる．過渡平衡は，短半減期の放射性医薬品である ^{99m}Tc や ^{81m}Kr を得る方法であるミルキングに利用されている．

[例題 1.33] 28 MBq の ^{99m}Tc がある．3 時間後の放射能（MBq）を計算しなさい．ただし，^{99m}Tc の半減期は 6 時間であり，$\sqrt{2}$ = 1.4 とする．

[解答]

$$A = A_0\left(\frac{1}{2}\right)^{\frac{t}{T}} = 28 \times \left(\frac{1}{2}\right)^{\frac{3}{6}} = 28 \times \left(\frac{1}{2}\right)^{\frac{1}{2}}$$

$$= 28 \times \frac{1}{\sqrt{2}} = 28 \times \frac{\sqrt{2}}{2} = 28 \times \frac{1.4}{2} = 28 \times 0.7$$

$$= 19.6 \cong 20 \text{ MBq}$$

[例題 1.34] ^{90}Sr は以下に示す放射壊変により，放射性核種 ^{90}Y を経て，^{90}Zr の安定核種になる．^{90}Y の放射能の時間推移を示す曲線はどれか．1つ選べ．ただし，時間ゼロにおける ^{90}Sr の放射能は 5×10^4 Bq，^{90}Y の放射能は 0 とする．

$$^{90}\text{Sr} \xrightarrow[\text{28.8 年}]{\beta^-} {}^{90}\text{Y} \xrightarrow[\text{64.1 時間}]{\beta^-} {}^{90}\text{Zr}$$

矢印の下の数字は半減期を示す．

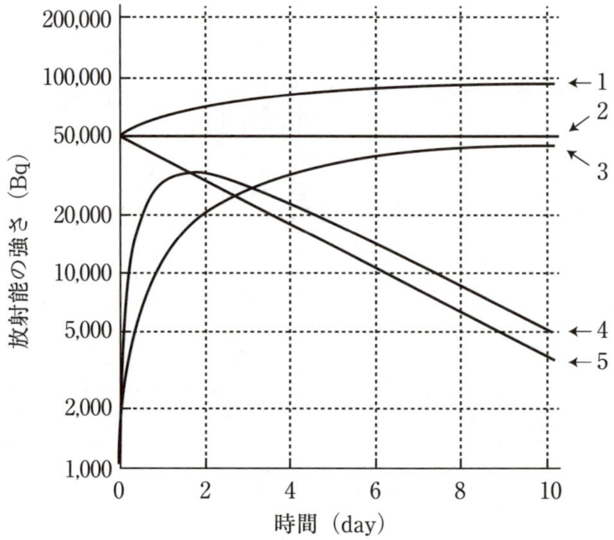

（第 99 回薬剤師国家試験　一部改変）

［解答］ 3

このグラフが放射平衡に到達する組合せであると仮定して考えたとき，1～3：永続平衡に関係する曲線，4，5：過渡平衡に関係する曲線.

1. 永続平衡にある放射性同位体の混合物の全放射能.
2. 永続平衡にある親核種の放射能.
3. 永続平衡にある娘核種の放射能.
4. 過渡平衡にある娘核種の放射能.
5. 過渡平衡にある親核種の放射能.

1.5.3 放射線と物質との相互作用

放射性核種が壊変して放出される α 線，β 線，γ 線などは，直接あるいは間接的に物質を電離させる能力をもつことから**電離放射線**と呼ばれる（本書では「放射線」と記載）．一方，紫外線や可視光線などは，エネルギーの低い電磁波で励起能力はあるが，電離能力をもたないため，**非電離放射線**と呼ばれる．また放射線は，α 線や β 線などの電荷をもつ**荷電粒子線**および中性子線のように電荷をもたない**無荷電粒子線**，ならびに γ 線や X 線のような**電磁波**に分類される．各放射線に共通な物質との相互作用に，励起・電離（イオン化）作用，蛍光作用，写真作用，化学作用がある.

A 放射線に共通の相互作用

（1）励起・電離（イオン化）作用と蛍光作用

励起 excitation とは，軌道電子にエネルギーが与えられ，より外側の軌道に移動する現象である，放射線がある種の物質にあたると物質中の原子または分子が励起状態となり，次いで励起状態からより低いエネルギー状態へ移る際に，そのエネルギーの差を光（蛍光）として放出することがある．これを**蛍光作用**という．一方，**電離（イオン化）** ionization とは，軌道電子にエネルギーを与えることにより，原子の軌道から弾き出して，電子と陽イオン（イオン対）を生成する現象である．放射線のエネルギーは化学結合やイオン化エネルギーよりもはるかに高いので，物質中を通過する間に，物質を構成する原子を励起または電離（イオン化）する作用をもっている．放射線が物質中を進むとき，単位飛行距離当たりに生成するイオン対の数を**比電離（度）**という．α 線，β 線，γ 線の比電離は大体 $10^4：10^2：1$ である.

（2）写真作用と化学作用

写真のフィルムに塗布されている AgBr などのハロゲン化銀に放射線があたると，Ag^+ の還元が起き Ag の微小な核が形成され，現像・定着すると放射線の通った道筋は黒い点列となって現れる．この現象を**写真作用**と呼び，放射線の物質中における進路を**飛跡** track という．放射線が物質を通過するとき，物質を構成する原子は励起・電離作用を受け，物質に化学変化が生じる．放射線の照射によって引き起こされる化学変化を研究する分野は**放射線化学** radiation chemistry と呼ばれる．放射線の照射によって物質が受ける変化の程度は，物質の種類，状態によって異なる．

放射線が飛跡に沿って単位飛行距離当たりに物質に与えるエネルギーを**線エネルギー付与** linear energy transfer（LET）といい，放射線化学や放射線生物学でよく用いられる．LET は放射線の種類，エネルギー，通過する物質によって決まる．一般にエネルギーが小さいほど，また入射する粒子の質量が大きいほど LET は大きくなる．γ 線や X 線は低 LET 放射線，陽子線，α 線，重粒子線は高 LET 放射線である．

B　各放射線と物質の相互作用

（1）α 線と物質との相互作用

α 粒子（線）はヘリウム原子核（$^{4}He^{2+}$）が加速されたものであり，質量が大きく，２価の正の電荷をもつ．α 粒子は物質を通過するとき，主に軌道電子と相互作用し，次々と励起や電離を引き起こしながら，その運動エネルギーを急速に失う．このため，α 線の透過力は β 線や γ 線に比べて著しく小さく，その飛程（飛行距離）は固体中で数十 μm，空気中でも 10 cm 以下であり，紙１枚で十分に遮蔽できる（ただし，同時に出る γ 線は透過力が非常に高いため，遮蔽では両放射線を考慮すること）．一方，短い飛程で全エネルギーを失うので，比電離は他の放射線に比べて非常に大きい．このため，体内に取り込まれた場合に生体組織への影響が非常に大きく，内部被曝には注意を要する．α 粒子の質量は，電子に比べて非常に大きいので，軌道電子と衝突してもその進行方向が曲げられることはほとんどなく，物質中を直進する．また，α 粒子が２価の正の電荷をもつことから，原子核による散乱や，原子核反応を起こす確率は極めて小さい．図 1.109 左は α 線の吸収曲線である．α 粒子の数は，ある厚さのところで急にゼロになる．飛程がほぼ一定なのは，α 線の運動エネルギーが核種によって一定であること，止まるまで直進するこ

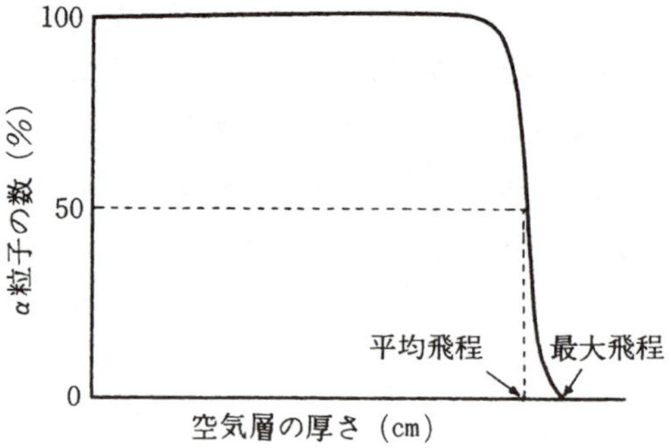

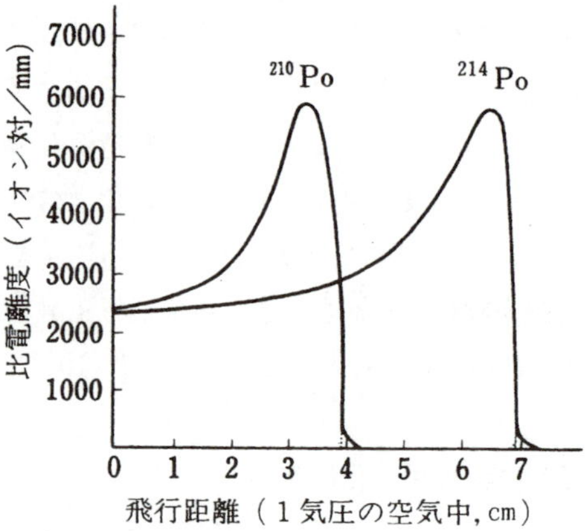

図 1.109　α 線の吸収曲線と Bragg 曲線

と，および1回の衝突によるエネルギー損失量がほぼ一定であることに基づく．図1.109右はブラッグ曲線と呼ばれ，α線の飛程とその比電離を示したものである．α線が物質を通過する際に，運動エネルギーを失って速度を落とすと，物質との相互作用の割合が増し，飛程の終わり付近で急激に比電離が高まり，より多くのイオン対をつくることを示している．この現象はα線だけでなく，陽子線や炭素の重粒子線でも同様に観測され，この性質ががんの重粒子線治療に応用されている．

（2）β線と物質の相互作用

① β^-線およびβ^+線が共通に示す物質との相互作用

β^-粒子（線）とβ^+粒子（線）の本体はそれぞれ原子核から放出された電子（e^-）と陽電子（e^+）であり，質量はα粒子の約1/7,000と小さいが，電荷をもつ．このためβ粒子は物質を通過するとき，物質を構成する原子の軌道電子や原子核との間でクーロン力を及ぼし合い，図1.110のように，**励起**や**電離**，運動エネルギーはほとんど失わずに進行方向のみが変えられる**（弾性）散乱** scattering，原子核の近くを通過するとき減速され，その運動エネルギーの一部を電磁波［制動X線（制動放射線ともいう)］として放出する**制動放射** bremsstrahlungが起きる．β粒子はこれらの相互作用により，運動エネルギーを少しずつ失いながら大体前方にジグザグに進む．ただし，多数回の散乱が引き続いて起きると，進行方向が180°近く曲げられることがあり，これを**後方散乱**という．

図1.111は，β^-壊変する^{32}Pの吸収曲線である．β線の吸収曲線は，運動エネルギーが連続スペクトルを示すこと，飛程がジグザグであることから，α線の場合より複雑であるが，一般に指数法則が近似的に成立する．700 mg/cm^{2}付近まではほぼ指数関数的に減少していくが，それ以降は吸収されにくい放射線が観察される．この放射線は制動X線である．この制動X線による

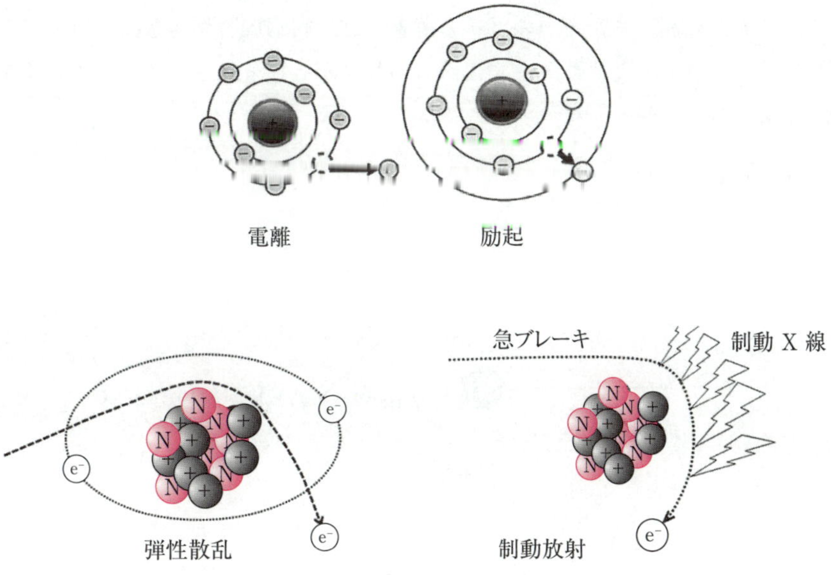

図1.110　β線と物質の相互作用

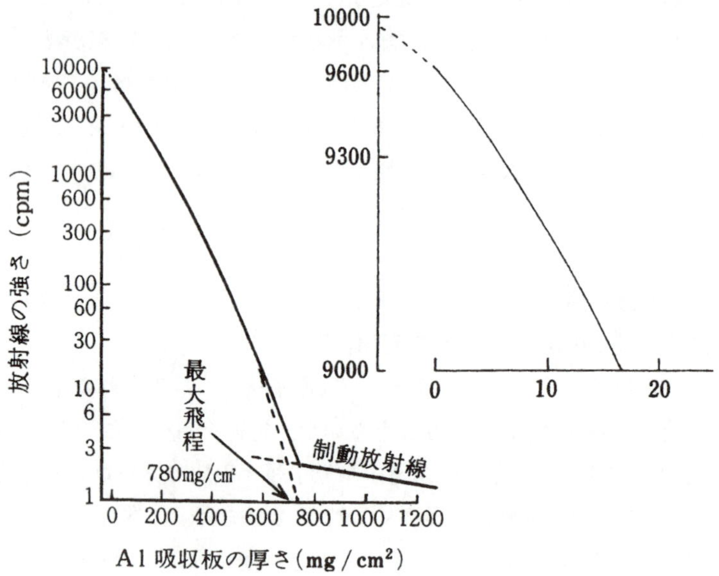

図 1.111　^{32}P の β^-線の吸収曲線

計数値を実線で示されている実測の計数値からそれぞれ引き，直線部分を外挿し，横軸と交わった点を最大飛程とする．飛程は相互作用する物質の密度によって大きく変わる．このため，最大飛程の記載には，mg/cm^2（[長さ：cm] × [密度：g/cm^3]）が使われる．ほとんどのβ線の最大飛程は 1 g/cm^2 以下である．したがって，最大飛程よりも厚い物質，例えば数 mm の鉛で囲めば，β線を完全に遮蔽することは可能である．しかし，制動放射が起きる確率は，β線のエネルギーに比例し，物質を構成する原子の原子番号の二乗に比例することから，鉛（密度：11.34 g/cm^3）では制動放射が起きやすく，発生した制動 X 線は透過力が高く，数 mm の鉛板では遮蔽できない．このため高エネルギーのβ線の遮蔽には，制動放射が起きにくいアクリル板などでまず遮蔽を行い，発生した制動 X 線や遮蔽し切れなかった減速されたβ粒子を鉛などで止める方法がよく使われている．

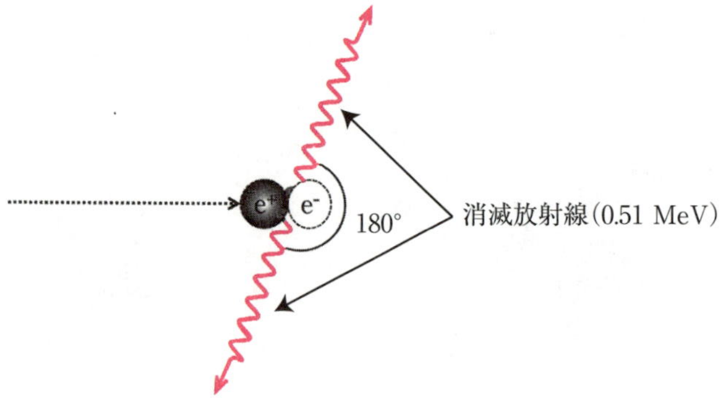

図 1.112　陽電子消滅

② β^+線と物質の相互作用

β^-粒子（電子）は物質との相互作用により運動エネルギーを失い停止すると，自由電子となる．一方，β^+粒子（陽電子）は運動エネルギーを失い停止すると，図 1.112 のように物質のもつ電子と結合して，電子 1 個の静止質量に相当する 0.51 MeV のエネルギーをもった電磁波を互いに 180° 反対方向に 2 本放出し消滅する．この現象を**陽電子消滅**といい，放出される電磁波は**消滅放射線**（**消滅γ線**ともいう）と呼ばれる．この陽電子消滅を利用した核医学診断が，陽電子断層撮影法 positron emission tomography（PET）である．

（3）γ線および X 線と物質の相互作用

γ線と X 線は，励起した原子核から放出されるか，軌道電子の移動で発生するかが異なるが，両者とも電磁波であり，電荷をもたないため，原子との静電的な相互作用は示さず，電離や励起作用は小さい．また，質量をもたないため，α線やβ線のような粒子線に比べて透過性が非常に高い．電磁波のエネルギー E (J) は，その振動数 ν (s^{-1})，波長 λ (m)，プランク定数 h (J·s)，光速 c（m/s）を用いると次のように示される．

$$E = h\nu = \frac{hc}{\lambda}$$

これらの電磁波は主に原子中の軌道電子と相互作用を起こし，図 1.113 に示した**光電効果** photoelectric effect，**コンプトン散乱**（**コンプトン効果**）Compton scattering，**電子対生成** electron-pair creation によりエネルギーを失う．なお，これらの現象は電子密度が高いほどよく起きるため，γ線と X 線の遮蔽は鉛，タングステン，鉄，コンクリートなど，原子番号の大きい原子を含むもので行う．

① 光電効果

γ線や X 線が物質を構成する原子の軌道電子にすべてのエネルギーを与え，電磁波は消滅し，電子が放出される現象を**光電効果**という．放出された電子は**光電子**と呼ばれる．この現象はエネルギーの低いγ線や X 線（1 MeV 以下）でよく起きる．また，通過する物質の原子番号が大きいほど起こりやすい．放出される光電子は高い運動エネルギーをもっており，二次的に他の原子と相互作用を起こす．

② コンプトン散乱（コンプトン効果）

γ線や X 線が原子の軌道電子にそのエネルギーの一部を与えて電子を放出し，入射した電磁

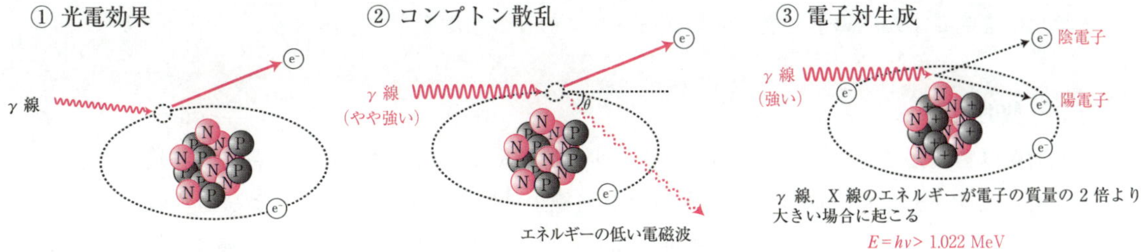

図 1.113　γ線と物質の相互作用

波より低いエネルギーの電磁波が別の方向に散乱される現象を**コンプトン散乱**（**コンプトン効果**）という．放出された電子は**コンプトン電子**と呼ばれる．この現象はエネルギーが中程度のγ線やX線で起こりやすい．また，通過する物質の原子番号に比例して発生確率は高くなる．コンプトン電子のエネルギーは散乱角によって異なり連続スペクトルを示すが，散乱角が180°のときに最大となる．

③ 電子対生成

エネルギーの高いγ線やX線が，原子核の近傍を通過するとき，その電界の中で一対の電子と陽電子をつくり出し，電磁波が消滅する現象を**電子対生成**という．この現象は電子2個分の質量をエネルギーに換算した1.02 MeV以上で起き，その確率はγ線やX線のエネルギーとともに増大し，通過する物質の原子番号の二乗にほぼ比例する．生成した電子と陽電子は，β^-粒子やβ^+粒子と同様の運命をたどる．

④ γ線とX線の吸収と半価層

γ線やX線は物質との相互作用によってエネルギーを失い減衰するが，粒子線とは異なり，一定の飛程を示すのではなく，物質を通過する前のγ線やX線等の電磁波の強度をI_0，厚さdの物質を通過した際の電磁波の強度をIとすると，次の式のように物質中で指数関数的に減弱する．

$$I = I_0 e^{-\mu d}$$

ここで，μ（cm^{-1}）は**線吸収係数**（**線減弱係数**）と呼ばれ，単位長さ当たりに吸収される電磁波の割合を示している．μは物質の密度に依存するため，μを物質の密度ρ（$\mathrm{g/cm^3}$）で除したμ_m（$= \mu/\rho$，$\mathrm{cm^2/g}$）は**質量吸収係数**（**質量減弱係数**）と呼ばれる．入射したγ線やX線の強度が半分になるときの物質の厚さを半価層（D）という．線吸収係数と半価層との関係は，半減期と壊変定数の関係と同様に，$\mu\mathrm{D} = 0.693$，$I = I_0\left(\frac{1}{2}\right)^{\frac{d}{\mathrm{D}}}$である（質量吸収係数の場合も同様で，$\mu$を$\mu_\mathrm{m}$とし，半価層を$\mathrm{g/cm^2}$で表したDを代入すれば同じ式が成立する）．

（4）中性子と物質の相互作用

中性子は電荷をもたないため，物質との相互作用において電子や原子核とクーロン力を及ぼし合うことはなく，主として原子核に衝突して，散乱あるいは原子核反応を起こす．速い中性子（100 keV以上）と物質との相互作用は大部分が原子核との衝突による弾性散乱である．中性子が物質中で多数回の弾性散乱を繰り返して運動エネルギーを失い，最終的にはその温度における気体分子の熱運動エネルギーと同じになる．この状態の中性子を**熱中性子**と呼び，熱中性子は原子核反応を起こすか，陽子，電子，ニュートリノの3つに壊変して消滅する．

（5）放射線量

放射線は物質を通過するとき，物質を構成する原子や分子にエネルギーを与え，物質を物理的，化学的に変化させる．この変化の大きさは放射線の種類とエネルギー，および物質の種類や照射時間などに関係する．物質の単位質量に与えられるエネルギーは**放射線量**と呼ばれ，**照射線量** exposure dose，**吸収線量** absorbed dose，**等価線量** equivalent dose，**実効線量** effective dose などがある.

① 照射線量（単位：C/kg）

電磁波であるγ線やX線に適用される放射線量で，標準状態にある乾燥空気1 kgにこれらの放射線を照射し，生じたイオン対の電荷量が1 C（クーロン）の場合，照射線量は1 C/kgである.

② 吸収線量（単位：Gy）

放射線の照射により物質1 kg当たりに1 Jのエネルギー吸収があるとき，1 Gy（グレイ）と定義されている．吸収線量は，放射線の種類やエネルギー（線質），また物質の種類に関係なく適用されている.

③ 等価線量と実効線量（単位：Sv）

放射線の生物作用は，放射線の電離能に強く依存し，照射された線量が同じでも放射線のエネルギーによりその作用の程度は異なる（放射線の線質効果）．このため，異なる放射線の生物作用を統一的に把握するため，**生物学的効果比** relative biological effectiveness（RBE）が導入された．放射線防護および管理の分野では，低線量における確率的影響（がんの発生など）の誘発に関するRBEの代表値である**放射線荷重係数** radiation weighting factor が使用される．**等価線量**は，吸収線量を放射線荷重係数で重み付けしたものであり，その単位はSv（シーベルト）が用いられる.

等価線量（Sv）＝吸収線量（Gy）× 放射線荷重係数

確率的影響の発生確率と等価線量の関係は，被曝した臓器・組織の種類によっても異なる．全身が均等に被曝した場合の各臓器・組織の確率的影響の相対的寄与は**組織荷重係数**としてまとめられている．この組織荷重係数で等価線量をさらに重み付けし，全身の臓器・組織について加算した総和の線量を**実効線量**といい，その単位は等価線量と同じくSv（シーベルト）である.

実効線量（Sv）＝ $\sum$（等価線量（Sv）× 組織荷重係数）
＝ $\sum$（臓器・組織の吸収線量（Gy）× 放射線荷重係数 × 組織荷重係数）

表 1.9　放射線荷重係数（ICRP 2007 年勧告）

放射線のタイプ	放射線荷重係数 W_R
光子	1
電子およびμ粒子	1
中性子（エネルギー：E_n）	
$E_n < 1$ MeV	$2.5 + 18.2\,e^{-[\ln(E_n)]^2/6}$
1 MeV $\leqq E_n \leqq$ 50 MeV	$5.0 + 17.0\,e^{-[\ln(2E_n)]^2/6}$
$E_n > 50$ MeV	$2.5 + 3.25\,e^{-[\ln(0.04E_n)]^2/6}$
陽子および荷量パイ中間子	2
α粒子，核分裂片，重イオン	20

表 1.10　組織荷重係数（W_T）

組織（臓器）	ICRP 1990 年勧告	ICRP 2007 年勧告
生殖腺	0.20	**0.08**
骨髄（赤色）	0.12	0.12
結腸	0.12	0.12
肺	0.12	0.12
胃	0.12	0.12
膀胱	0.05	**0.04**
乳房	0.05	**0.12**
肝臓	0.05	**0.04**
食道	0.05	**0.04**
甲状腺	0.05	**0.04**
皮膚	0.01	0.01
骨表面	0.01	0.01
唾液腺	［対象外］	**0.01**
脳	［残りの臓器に含む］	**0.01**
残りの組織・臓器	［10 臓器］0.05	［14 臓器］**0.12**
計	1.00	1.00

太数字：2007 年勧告で変更された組織荷量係数

［例題 1.35］　^{90}Y からの β^- 線（最大エネルギー：2.280 MeV，最大飛程：約 1100 mg/cm^2）をアクリル板（1.18 g/cm^3）で遮蔽する．必要なアクリル板の厚さ（cm，小数点1位まで）を計算しなさい．

［解答］　1.0 cm

最大飛程を遮蔽材の密度で除すことにより求められる．

$$\frac{1.1\ (\mathrm{g/cm^2})}{1.18\ (\mathrm{g/cm^3})} = 0.9322\cdots\cdots\ (\mathrm{cm})$$

注：β 線の遮蔽に原子量の大きな金属を使用すると，制動放射が強く起き，発生した制動 X 線の遮蔽を考慮せねばならなくなる．このため，β 線の遮蔽には，アクリル板など原子量の小さな物質からなる材質の遮蔽材を使用する．ほとんどの β^- 線は，厚さ 1 cm のアクリル板で完全に遮蔽できる．

1.5.4 放射線測定

放射線の測定は，放射線と物質との相互作用のよって生じる物理的，化学的変化を検出することにより行われる．一般的には，電離や励起（発光現象）といった相互作用が利用される．

A　電離作用を利用した放射線測定装置

（1）気体の電離作用を利用した放射線測定装置

図 1.114 左に示したような金属の円筒容器に気体を封入し，その中心線位置に針金状の陽極を張り，陰極になる容器と絶縁し，両極間に電圧（印加電圧）をかける．放射線がこの容器の中に入射すると，気体をイオン化し，一組の電子と陽イオンのイオン対を生成（一次電離）し，それぞれ反対の電極へ向かい，電極に接触するとパルス状の電離電流が流れ，これを観測することにより測定を行う．図 1.114 右は印加電圧とパルス波高を示したものである．印加電圧が低い場合（A，再結合領域），イオン対が生成しても各イオンの運動とクーロン引力により再結合してしまい中性分子に戻り，電極まで移動しないものがほとんどであり，測定には使用されない．

① 電離箱

印加電圧を上げていくと，イオン対の再結合は無視できるようになり，陽イオンと電子は両電極に集まるようになる．この印加電圧の領域では，多少印加電圧を上げても電極に移動する陽イオンや電子と気体分子との衝突による二次電離は強くないため，ほとんど一次電離により生じた陽イオンと電子の数のまま電極に集まり，一定の電流が流れる．この領域を**電離箱領域**（B）と呼び，**電離箱** ionization chamber に用いられている．電離箱の中に存在する気体は空気であり，照射線量の測定などに用いられている．

② ガイガー・ミュラー（GM）計数装置

さらに印加電圧を上げると，図 1.115 のように電離作用によって生じた電子は陽極近くの強い電場によって加速され，大きな運動エネルギーをもつようになる．加速された一次電子は陽極に達するまでに途中の気体分子と衝突して二次イオンをつくる（二次電離）．このように電離が次々と起こり，電子の数はネズミ算的に増加する．この現象を**電子なだれ**と呼び，電子なだれを使って電子数を増加させる方法を**気体増幅**という．電子なだれが発生する領域（C ～ E）の，**ガ**

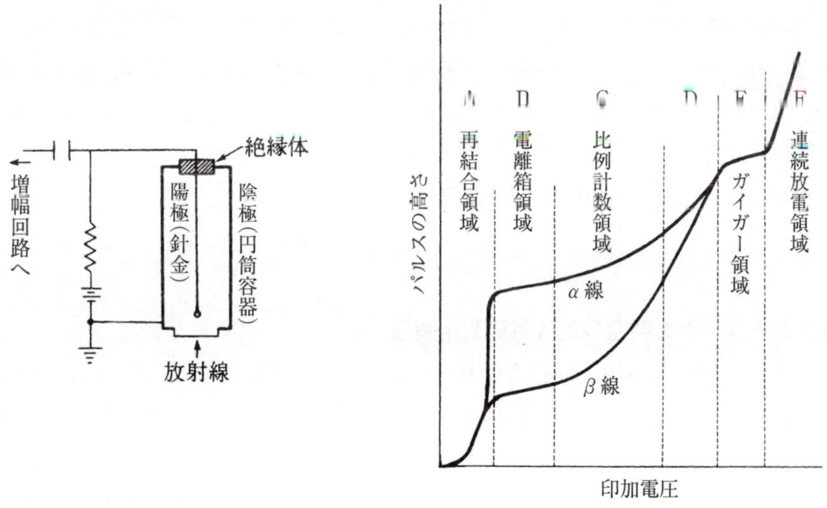

図 1.114　計数装置の模式図および印加電圧とパルス高との関係

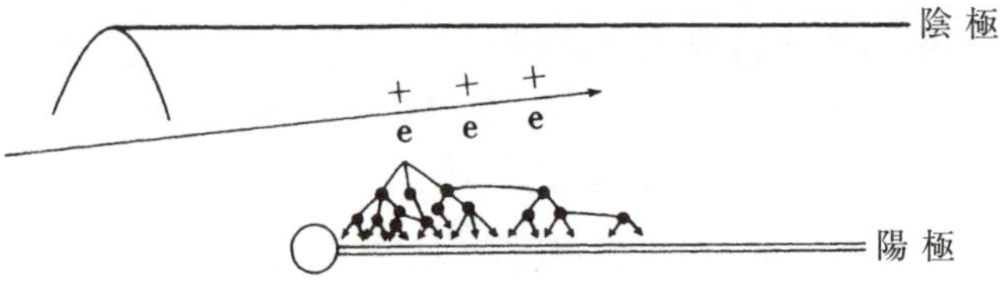

図 1.115 気体増幅の原理

イガー領域（E）で使用する装置をガイガー・ミュラー（GM）計数装置という．GM 計数管の中の気体は Ar などの不活性ガスが密閉されている．端窓型の GM 計数管では図 1.114 の放射線の入口が薄い雲母（マイカ）でつくられており，^{14}C，^{35}S，^{32}P から放出される β^- 粒子（それぞれ，0.156，0.167，1.711 MeV）は雲母の窓を通ることができるので測定可能であるが，^{3}H から放出される非常に運動エネルギーの低い β^- 粒子（0.0186 MeV）や α 粒子は雲母でも遮蔽されてしまうため測定ができない．

（2）固体の電離作用を利用した放射線測定装置

半導体の中を放射線が通過すると電離により，電子と正孔（軌道電子が抜けた状態の原子で，見かけ上，正電荷の電子のような動きをする）ができる．この状態の半導体に電圧をかけ両電極に電子と正孔を移動させることにより電離電流を観測する方法で，この原理を使用した測定装置を**半導体検出器**という．気体を使った検出器よりエネルギー分解能が高く，また半導体の密度が高いために検出効率が高い，などの利点がある．高純度ゲルマニウムを使用した高純度型半導体検出器は低エネルギー X 線や数 MeV の γ 線の検出に用いられている．

B 励起・蛍光作用を利用した放射線測定装置

ある種の物質に放射線が入射すると，吸収された放射線のエネルギーの一部が蛍光として放出される．この現象を**シンチレーション** scintillation といい，蛍光を出す物質を**シンチレータ** scintillator という．シンチレータから発生する微弱な蛍光を**光電子増倍管** photomultiplier tube, PMT で光電子に変換，増幅して計数する装置を**シンチレーションカウンタ**（**シンチレーション計数装置**）という．シンチレーションカウンタは結晶シンチレータを用いて γ 線や X 線を測定するものと液体シンチレータを用いて β^- 線（特にエネルギーの低い β^- 線）を測定するものとに分けられる．

（1）固体シンチレータを利用した放射線測定装置

ヨウ化ナトリウム（NaI）に 0.1% 程度のタリウム（Tl）を加えて作製した NaI(Tl) の結晶は，透明で大きな結晶をつくることが比較的容易であり，原子番号の大きなヨウ素原子を含むことから，γ 線や X 線と相互作用を起こしやすいため，これらの検出に汎用されている．しかし，NaI は潮解性があるため，ステンレスなどの金属で密封した状態で使用せねばならず，α 線や β 線はこの金属により遮蔽されてしまい測定することができない．このシンチレータを用いた検出器は，放射線量を測定する場合と，パルスの波高分析からスペクトルを得て，核種の同定に用いる場合がある．また，核医学診断用のシンチカメラに用いられ，画像診断に活用されている．

（2）液体シンチレータを利用した放射線測定装置

液体シンチレータは，シンチレータなどをトルエンやキシレンなどの有機溶媒に溶かしたものである．試料を直接シンチレータに溶解するため，理論上，全方向に放出される放射線のエネルギーを，壊変の直近でシンチレータが受け取ることができ，^{3}H や ^{14}C など低エネルギー β^{-} 線放出核種の測定に適している．液体シンチレータを使用した測定では，発光を妨害する現象である**クエンチング**やシンチレータと試料が化学反応を起こし発光してしまう**ケミルミネセンス**に注意が必要である．クエンチングには ① 化学クエンチング（ハロゲン，ニトロ基，カルボキシ基，水酸基などを置換基にもつ化合物によってエネルギーが吸収されてしまう場合），② 色クエンチング（試料が黄色や赤色に着色しており，シンチレータの発光を吸収してしまう場合），③ 酸素クエンチング（溶存酸素によりエネルギーが吸収される場合）などがある．

C　フィルムとイメージングプレート

放射線の写真作用はすでに述べた（1.5.3 A (2) 参照）．この原理を利用し，放射性核種を含む試料や動物組織切片などを X 線フィルムに密着させ，そのフィルムを現像することにより，試料中の放射性同位元素で標識した化合物などの位置や分布，濃度などを記録する方法を**オートラジオグラフィー** autoradiography（ARG）という．

最近では ARG よりも迅速に放射能分布の画像解析が行える**ラジオルミノグラフィー** radioluminography (RLG) が汎用されている．この方法では，X 線フィルムの代わりに，放射線のエネルギーを蓄積することが可能なイメージングプレート imaging plate（IP）が使用される．IP の感度は X 線フィルムの数十倍のため，露光時間が短い，現像が不要，などの利点がある．また，IP は蛍光灯の光を照射することにより，元の状態に戻るので，繰り返しの使用が可能である．

D　放射線測定値の統計処理

放射線源からの放射線を測定器により測定した値を**計数値**（**カウント**）という．単位時間当たりの計数値を**計数率**といい，通常，1 分当たりの計数値 count per minute（cpm）で表記する．しかし，測定器は線源からの放射線の一部しか測定できていない．線源から出ている放射線のうち，測定器が検出できた割合を**計数効率**という．1 分当たりの壊変数を壊変率 disintegration per minute（dpm）(= Bq (個 /s) × 60 (s)) で表すと，以下の式で表される．

$$計数効率\ (\%) = 計数率\ (cpm) \div 壊変率\ (dpm) \times 100$$

壊変はランダムに起こるため，注目する原子核がいつ壊変するかはわからない．しかし，多数の壊変に対しては平均的な壊変速度を求めることが可能であり，壊変は統計的な現象といえる．

同一試料を複数回測定したとき，計数値 n の分布の平均値を m とすると，m が小さいとポアソン分布に従い，m が大きくなるとガウス分布（正規分布）に近似できる．計数値の統計誤差は標準偏差 $\sigma = \sqrt{m}$ で示される．t 分間測定した計数値および計数率は，通常，標準偏差を付記し，$m \pm \sqrt{m}$ および $\dfrac{m}{t} \pm \dfrac{\sqrt{m}}{t}$ $\left(あるいは \dfrac{m}{t} \pm \sqrt{\dfrac{m}{t^2}}\right)$ と書かれる．

測定器から放射線源を取り去っても若干の計数値が観測される．これを自然計数（バックグラウンド background）という．これは，宇宙線や計数管や自然界に存在する放射性同位元素に起因している．測定試料の正味の計数を求めるには，自然計数をあらかじめ測定しておいて，これを差し引かねばならない．t_b 分間の自然計数が n_b，放射線源を入れたときの t_a 分間の計数が n_a であったとき，正味の計数率（cpm）とその標準偏差は $\left(\dfrac{n_a}{t_a} - \dfrac{n_b}{t_b}\right) \pm \sqrt{\dfrac{n_a}{t_a^2} + \dfrac{n_b}{t_b^2}}$ で与えられる．

［例題 1.36］ ^{14}C で標識した試料を計数効率が 8% の GM 計数装置で測定したとき，4820 cpm であった．また別に自然計数を測定したところ，20 cpm であった．この試料の放射能（kBq）を計算しなさい．

［解答］ この試料のみ計算率は，4820 − 20 = 4800 cpm

計算効率が 8% なので，この試料の放射能は，$\dfrac{4800}{0.08} = 60000$ dpm

$\mathrm{Bq} = \dfrac{\mathrm{dpm}}{60}$ なので，$\dfrac{60000}{60} = 1000\ \mathrm{Bq} = 1\ \mathrm{kBq}$

［例題 1.37］ GM 計数装置により測定試料およびバックグラウンド試料を 10 分ずつ測定して，それぞれ 4664 count，236 count が得られた．この測定試料の正味の計数率（cpm）および標準偏差を計算しなさい．

［解答］ 正味の計数率とその標準偏差は，以下の式で計算できる．

$$\left(\frac{n_a}{t_a} - \frac{n_b}{t_b}\right) \pm \sqrt{\frac{n_a}{t_a^2} + \frac{n_b}{t_b^2}}$$

正味の計数率：$\left(\dfrac{n_a}{t_a} - \dfrac{n_b}{t_b}\right) = \left(\dfrac{4664}{10} - \dfrac{236}{10}\right) = 466.4 - 23.6 = 442.8$ cpm

標準偏差：$\sqrt{\dfrac{n_a}{t_a^2} + \dfrac{n_b}{t_b^2}} = \sqrt{\dfrac{4664}{100} + \dfrac{236}{100}} = \sqrt{49} = 7$

1.5.5 ◆ 放射性核種の分類とその利用

A　天然放射性核種

天然に存在する放射性核種は次の 3 つに分類される．

① **一次天然放射性核種**：半減期が極めて長く，地球が形成（約 4.5×10^9 年前）されて以来，現在でもなお存在している核種．^{40}K，^{235}U，^{238}U，^{232}Th など．

② **二次天然放射性核種**：親核種である ^{235}U，^{238}U，^{232}Th と放射平衡の関係になっているため，常に生成して天然に存在している核種．^{226}Ra や ^{222}Rn など．

③ **誘導天然放射性核種**：宇宙線や天然放射性核種からの放射線による原子核反応で生成する核種．^{3}H や ^{14}C が知られている．

B　人工放射性核種

原子核が自発的に，または粒子線などの衝撃を受けてエネルギー状態や核子の構成が変化する現象を（**原子**）**核反応** nuclear reaction と呼ぶ．原子炉や加速器を使用して核反応を起こさせ，人工的につくり出された放射性核種を**人工放射性核種**という．用いられる粒子としては，① 原子核に近づいても電気的な反発を受けない中性子，および ② 原子核との電気的な反発を乗り越えるだけのエネルギーを与えられた（加速された）荷電粒子，のいずれかである．中性子の生成源としては原子炉が用いられる．荷電粒子としては陽子，重陽子，α 粒子などがある．

① 原子炉を使用した有用放射性核種の製造

原子炉による製造には，核分裂生成物を用いる方法と，核反応を用いる方法がある．前者の例は ^{99}Mo であり，後者の例は ^{60}Co である．

② 加速器を使用した有用放射性核種の製造

多種類の核反応に適応でき，放射性医薬品基準に収載されている ^{51}Cr，^{67}Ga，^{111}In，^{123}I，^{201}Tl などはサイクロトロン産生核種である．また，陽電子断層撮影法（PET）に使用する ^{11}C，^{13}N，^{15}O，^{18}F もサイクロトロンで製造されている．

③ ジェネレータ（ミルキング）を使用した有用放射性核種の製造

放射平衡にある放射性核種を製造したい場合，特に必要とする娘核種の半減期が短い場合，親核種と娘核種を容易に分離できれば，娘核種を繰り返し製造することができる．これを可能としたシステムが**ジェネレータ**で，娘核種を取り出す操作を牛（ジェネレータ）の乳搾りになぞらえて**ミルキング**という．^{99m}Tc のジェネレータは図 1.116 左に示したように，その構造はプラスチック製容器に入ったアルミナカラムに ^{99m}Tc の親核種である ^{99}Mo の過酸化物（$^{99}MoO_4^{2-}$）が吸着されており，ここで β^- 壊変が起こり，^{99m}Tc の過酸化物（$^{99m}TcO_4^-$）が生成される．アルミ

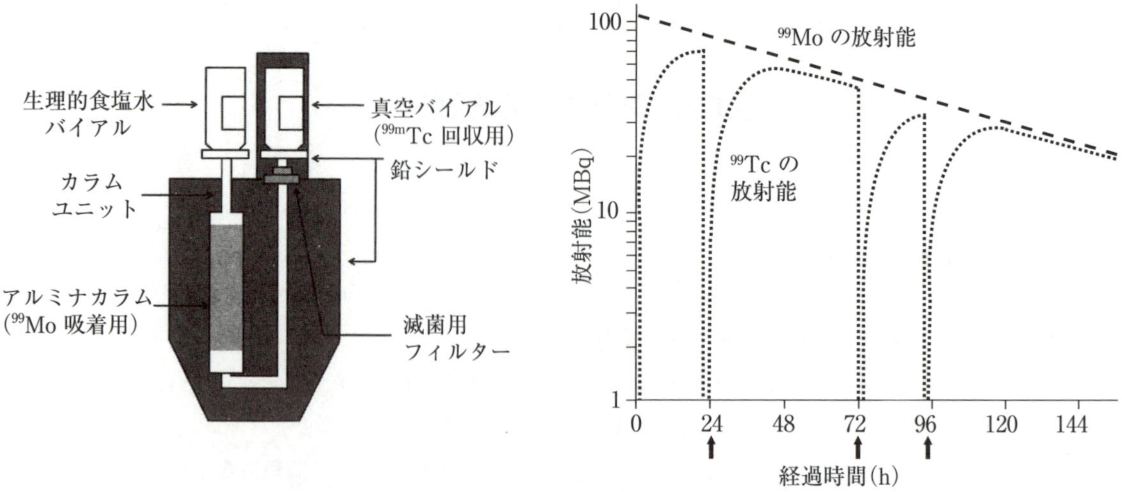

図 1.116　^{99m}Tc ジェネレータの模式図とミルキングの原理

ナに対する吸着力は $^{99}MoO_4^{2-}$ のほうが $^{99m}TcO_4^-$ より高いため，このカラムに生理食塩水を通すと $^{99m}TcO_4^-$ だけが溶出されてくる．^{99}Mo（半減期：約 66 時間）－ ^{99m}Tc（半減期：約 6 時間）は図 1.116 右のように約 23 時間で放射平衡に到達するので，前の溶出から一日放置しておけば，比放射能（単位質量または単位物質量当たりの放射能）の高い ^{99m}Tc を再度入手することができる．

C　放射性同位元素の利用

（1）薬学領域における利用

放射性あるいは安定同位体およびこれらの同位体で目印を付けた化合物（以下，標識体）は，物理化学的性質は同じで生体内で同一挙動をとるが，放射能をもっていることや質量数が異なることによって容易に検出することが可能となる．標識体を用いて，体内動態を検討する方法を**トレーサー法**という．

トレーサー法以外の放射線の使用法として，^{60}Co の γ 線や電子線を使用した放射線滅菌が日本薬局方に収載されている．また，分子構造を決定する単結晶 X 線構造解析や物質の定性的評価や結晶多形の判定などに使用する粉末 X 線回折法では，Cu や Mo の特性 X 線が使用されている．

（2）医療への応用

医療目的で使用される放射性物質を**放射性医薬品** radiopharmaceuticals といい，臨床診断を目的とした放射性医薬品の応用分野は**核医学** nuclear medicine，特に放射性医薬品を用いて疾病の画像診断を行うことを**核医学診断**という．

放射性医薬品の用途は，トレーサーとして診断に用いられる診断用放射性薬品と放射線源とし

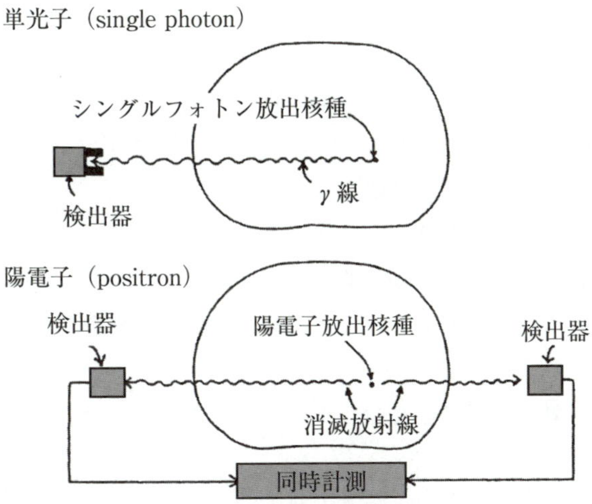

図 1.117　SPECT と PET の放射線の放出様式の違いと検出器の配置

て治療に用いられる治療用放射性医薬品の 2 通りがある．また診断用放射性医薬品は，画像診断や代謝・排泄を見るために人体に投与するインビボ放射性医薬品と，人体から得られた試料を分析する際に使用するインビトロ放射性医薬品に分けられる．

核医学診断に使用されるインビボ放射性医薬品の条件として，体外での検出能と同時に被験者の被曝線量をより低く抑える必要がある．このため，低エネルギーの γ 線を放射する核種で，かつ半減期の短いものが使用される．この条件を満たす核種として，シングルフォトン放出核種（^{99m}Tc，^{111}In，^{67}Ga，^{201}Tl，^{123}I，^{131}I，^{51}Cr，^{133}Xe）およびポジトロン放出核種（^{11}C，^{13}N，^{15}O，^{18}F）が用いられる．シングルフォトン断層撮影 SPECT では γ 線を NaI（Tl）で，陽電子断層撮影 PET ではポジトロンが陽電子消滅した際に放出される消滅放射線をガドリニウムシリコンオキサイド（Gd_2SiO_5（Ce））などのシンチレータで検出し，得られた信号をコンピュータ処理して平面画像を得ている．このような方法を**シンチグラフィー**といい，得られた画像を**シンチグラム**という．図 1.117 に示したように，検出器の配置は，SPECT では放射性核種から放出される 1 本の γ 線を検出するが，PET では陽電子が消滅する際に 180° 反対方向に放出される一対の消滅放射線を検出器で同時計測する．

放射性同位元素あるいはそれで標識された化合物（治療用放射性医薬品）を体内に投与し，目的とする部位に効率的に集積させることで，治療標的部位に放射線を照射して治療する方法を，内部照射療法あるいは内用放射線療法と呼ばれる．治療用放射性医薬品は，細胞や組織に対する破壊作用を利用するため，電離能力の高い α 線，β^- 線，オージェ電子などを放出する放射性同位元素が候補に挙げられる．現在わが国で承認されている治療用放射性医薬品は次の 4 つである．

i）Na^{131}I（ヨウ化ナトリウムカプセル）：甲状腺疾患治療薬

ii）^{89}SrCl（メタストロン注）：骨転移の疼痛緩和剤

iii）^{90}Y-イブリツモマブチウキセタン（ゼヴァリン イットリウム（^{90}Y）静注用セット）：抗悪性腫瘍剤

iv）^{223}RaCl$_2$（ゾーフィゴ静注）：去勢抵抗性前立腺がんの骨転移巣に対する抗悪性腫瘍剤

i）～ iii）は β^- 線放出核種を，iv）は α 線放出核種を含んだ放射性医薬品である．

［例題 1.38］ 次の放射性核種とその製造方法の組合せで，正しいのはどれか．

1. ^{99}Mo：ジェネレータ（ミルキング）により製造
2. ^{11}C：原子炉により製造
3. ^{18}F：サイクロトロンにより製造
4. ^{81m}Kr：原子炉により製造
5. ^{99m}Tc：ジェネレータ（ミルキング）により製造

［解答］ 3，5

各放射性核種の製造方法は以下のとおりである．

原子炉により製造	サイクロトロンにより製造	ジェネレータ（ミルキング）により製造
^{51}Cr, ^{99}Mo, ^{125}I, ^{131}I, ^{133}Xe	^{11}C, ^{13}N, ^{15}O, ^{18}F, ^{51}Cr, ^{111}In, ^{123}I, ^{201}Tl, ^{67}Ga	^{68}Ga, ^{81m}Kr, ^{99m}Tc

［例題 1.39］ 核医学診断に使用されるインビボ（体内）診断用放射性医薬品に使用される核種として正しいのはどれか．

1. α 壊変する核種
2. β^- 線のみを放出する核種
3. γ 線や消滅放射線を放出する核種
4. 物理学的半減期の長い核種
5. 生物学的半減期の長い核種

［解答］ 3

短半減期の γ 線源および β^+ 線源（消滅放射線あるいは消滅 γ 線）が用いられる．

章末問題

[問題 1.1] 光速の 3 分の 1 の速度まで加速された電子のド・ブロイ波長を求めなさい．また，50 kg のヒトが 1 m/s で歩いているときのド・ブロイ波長を求めなさい．

[解答] 相対論効果を無視すれば，ド・ブロイ波長は，$\lambda = h/mv$ である．ここに，それぞれ代入すれば，電子の場合は約 7×10^{-12} m であり，原子のサイズと比較すると意味のある大きさである．一方，ヒトのド・ブロイ波長は約 1×10^{-35} m であり，もはや限りなくゼロに近い数値である．

[問題 1.2] 表の元素 A, B, C, D は F, Ne, Na, Mg のいずれかである．それぞれ対応させなさい．

	第一イオン化エネルギー（eV）	第二イオン化エネルギー（eV）	第三イオン化エネルギー（eV）
元素 A	21.6	41.0	63.5
元素 B	5.1	47.3	71.6
元素 C	7.6	15.0	80.1
元素 D	17.4	35.0	62.7

[解答] 第一イオン化エネルギーが最も高い元素 A が希ガスの Ne である．また，第一イオン化エネルギーに比べて第二イオン化エネルギーが急激に大きくなる元素 B が 1 族元素の Na，第一，第二イオン化エネルギーに比べて，第三イオン化エネルギーが急激に大きい元素 C が Mg，第一イオン化エネルギーが Ne についで大きい元素 D が F ということになる．

[問題 1.3] 混成軌道に関する問に答えなさい．

a. 三角錐型をもつアンモニア NH_3 の N−H 結合について，混成軌道と VB 法の考え方で説明しなさい．

b. 正三角形をもつ三塩化ホウ素の B−Cl 結合について，混成軌道と VB 法の考え方で説明しなさい．

c. アレン分子（H_2CCCH_2）の炭素原子間の結合について説明しなさい．ここで，2 つの HCH 面は互いに直交している．

d. アスピリンについて，ベンゼン環と同じ平面上にある原子はどれか．混成軌道に基づいて説明しなさい．

[解答] a. 窒素原子の sp^3 混成軌道のうち 3 つが，それぞれ水素原子の 1s 軌道間と σ

結合をする．sp^3 混成軌道の残りの1つには非共有電子対が配置される．

b. ホウ素の sp^2 混成軌道と塩素の 3p 軌道間の σ 結合である．

c. 3つの炭素は互いに二重結合をしており，ともに炭素の sp^2 混成軌道と sp^2 混成軌道間の σ 結合と 2p 軌道間の π 結合からなる二重結合である．

d. ベンゼン環に結合する−COOH の COO, および−$OCOCH_3$ のベンゼン環に結合する O が同一平面にある．

［問題 1.4］ 二酸化チタン（TiO_2）に代表される光触媒と呼ばれる材料は，自然の光を吸収して有機物を酸化分解する効果をもつ．二酸化チタンのこのような性質をもたらす特徴について調べなさい．

［解答］ 自然の光を吸収することにより，価電子帯から伝導帯へ電子を励起することができる．

［問題 1.5］ （i）原子軌道への電子配置には，3つの基本的なルールとして，① 構成原理（軌道の順序），② Pauli の排他律，③ Hund の規則がある．それぞれについて，簡潔に説明しなさい．

（ii）典型元素である 1，2，13 ～ 18 族元素は最外殻の満たされ具合（または，空き具合）が似ているために，同族の元素で分類される場合がある．一方，3 ～ 12 族の遷移金属元素や希土類は，最外殻電子の共通性により，同周期の元素で分類される場合がある．このことを，具体的な電子配置を用いて概説しなさい．

［解答］ （i）① エネルギーの低い軌道から順に電子を配置していく．② 同じ軌道には，電子スピンが互いに逆向きの2電子まで配置できる．③ 縮退している軌道がある場合は，可能な限り電子スピンを同じ向きにして別の軌道に配置する．ただし，① については，規則性から外れる元素もあることを覚えておこう．

（ii）周期表と図 1.18 を対応させてみよう．

［問題 1.6］ 第二周期元素では，原子番号の増加に伴い最外殻電子の有効核電荷が増加する．ところが，${}_7N$ と ${}_8O$ を比較すると，有効核電荷が大きいはずの酸素のイオン化エネルギーが，窒素よりも小さくなる．この理由を，電子配置に基づいて説明しなさい．

［解答］ 窒素の電子配置は $[He]2s^22p^3$，酸素の電子配置は $[He]2s^22p^4$ であり，イオン化エネルギーを決めているのは 2p 電子の安定性である．ここで，窒素の $2p^3$ は3つの 2p 軌道に互いにスピンを平行にして配置されているが，酸素の $2p^4$ では，2つのスピンが同じ 2p 軌道に配置されるために，電子反発による不安定化が起きる（図 1.15 参照）．この不安定化が，有効核電荷の増加による安定化よりもエネルギー的に大きい．その結果として，窒素よりも酸素の方がイオン化エネルギーは小さくなる．

[問題 1.7]　（ⅰ）NH_3，および BH_3 の立体構造について，混成軌道にも基づいて説明しなさい（参考までに，BH_3 は単独で安定して存在せず，互いに結合して B_2H_6 となる）.

（ⅱ）メチルラジカル CH_3 は三角錐構造をしているが，イオンになると平面構造になる．平面構造となるのは，メチルカチオン CH_3^+，メチルアニオン CH_3^- のどちらと予想されるか.

[解答]　（ⅰ）NH_3 では窒素の sp^3 混成軌道と水素 1s 軌道の結合により三角錐型，一方，BH_3 は B の sp^2 混成軌道と水素 1s 軌道の結合により正三角形型の分子構造をもつ.

（ⅱ）平面構造となるのは CH_3^+ である．安定な構造は，価電子が決めていると考えてよい．CH_3^+ は BH_3 と等電子（価電子 6）であるので平面構造，一方，CH_3^- は NH_3 と等電子的（価電子 8）なので三角錐になる．この考え方は，他の分子にもある程度は適用できる．例えば，屈曲型の NO_2 が NO_2^+ になると，CO_2 と等電子的のため直線分子となる.

[問題 1.8]　図 1.45 のブタジエンのエネルギー準位を用い，次の問いに答えよ.

(1) ブタジエンの基底状態の π 電子エネルギーを求めよ.

(2) ブタジエンの最低励起状態（1 個の HOMO の電子が LUMO に遷移した状態）の π 電子エネルギーを求めよ.

(3) 基底状態のブタジエンにおける非局在化エネルギーを求めよ.

[解答]　(1) 基底状態において，π 電子は ϕ_1（エネルギー E_1）と ϕ_2（エネルギー E_2）にそれぞれ 2 個ずつ収容されている．すなわち，

$$2E_1 + 2E_2 = 2(\alpha + 1.618\beta) + 2(\alpha + 0.618\beta) = 4\alpha + 4.48\beta$$

である.

(2) 最低励起状態において，π 電子は ϕ_1（エネルギー E_1）に 2 個，ϕ_2（エネルギー E_2），ϕ_3（エネルギー E_3）にそれぞれ 1 個ずつ収容されている．すなわち，

$$\begin{aligned}2E_1 + E_2 + E_3 &= 2(\alpha + 1.62\beta) + (\alpha + 0.62\beta) + (\alpha - 0.62\beta)\\ &= 4\alpha + 3.24\beta\end{aligned}$$

である.

(3) 共鳴構造におけるブタジエンの π 電子エネルギーはエチレン 2 分子の π 電子エネルギーに相当すると考える．エチレンの基底状態における π 電子エネルギーは 2（$\alpha + \beta$）であるから，2 分子では

$$\underset{\text{分子}}{2} \times \underset{\pi\text{電子エネルギー 2個分}}{2(\alpha + \beta)} = 4\alpha + 4\beta$$

である．(1) より，π 電子が非局在化しているブタジエンの全 π 電子エネルギーは $4\alpha + 4.48\beta$ であるから，非局在化による安定化エネルギーは

$$(4\alpha + 4.48\beta) - (4\alpha + 4\beta) = 0.48\beta$$

と求められる．

[問題 1.9]　希ガス元素について，沸点の高い順に並べよ．また，その理由を述べよ．

[解答]　ラドン，キセノン，クリプトン，アルゴン，ネオン，ヘリウム

これら希ガス元素について，周期表の下にある元素ほど体積が大きい．体積が増加するとともに，分子間接触が増加し，ファンデルワールス力が強まるから．

[問題 1.10]　ファンデルワールス力に関する以下の記述の正誤を答えよ．また，誤りの場合はその理由も述べよ．

1. ファンデルワールス力を表すレナード・ジョーンズポテンシャルの引力項は分子間距離の6乗に比例する．
2. レナード・ジョーンズポテンシャルは分子間距離が無限大のときゼロである．
3. 無極性分子間にはファンデルワールス力は働かない．
4. 分散力は永久双極子をもつ分子間に働く反発力である．
5. 希ガスであっても理想的な振る舞いをしない理由の1つはファンデルワールス力が働くからである．

[解答]

1. 誤：分子間距離の6乗に反比例する．
2. 正
3. 誤：無極性分子であっても，誘起双極子や瞬間誘起双極子によるファンデルワールス相互作用がある．
4. 誤：分散力は無極性分子間において，分子内の電子雲の揺らぎによって生じた瞬間双極子間に働く引力である．
5. 正

[問題 1.11]　距離 r 離れた質量 M と m の2つの物体間に働く万有引力ポテンシャル $U_g(r)$ は $U_g(r) = -GMm/r$ と表せる．なお，G は万有引力定数であり，$G = 6.77 \times 10^{-11}$ N m^{2}kg^{-2} である．アルゴン分子間について，万有引力ポテンシャル $U_g(r)$，レナード・ジョーンズポテンシャルの引力項 $-4\varepsilon(\sigma/r)^6$ と，斥力項 $4\varepsilon(\sigma/r)^{12}$，引力項と斥力項の和を r = 100 pm，200 pm，300 pm，500 pm，1000 pm の場合で比較せよ．なお，$\varepsilon = 1.68 \times 10^{-21}$ J，σ = 340 pm を用いよ．

[解答]　アルゴン分子の質量は $39.948/6.022 \times 10^{23}$ g $= 6.63 \times 10^{-26}$ kg

r/pm	100	200	300	500	1000
$U_g(r)$ / J	-2.93×10^{-51}	-1.47×10^{-51}	-9.77×10^{-52}	-5.86×10^{-52}	-2.93×10^{-52}
引力項 / J	-1.04×10^{-17}	-1.62×10^{-19}	-1.42×10^{-20}	-6.64×10^{-22}	-1.04×10^{-23}
斥力項 / J	1.60×10^{-14}	3.92×10^{-18}	3.02×10^{-20}	6.57×10^{-23}	1.60×10^{-26}
和 / J	1.60×10^{-14}	3.75×10^{-18}	1.59×10^{-20}	-5.98×10^{-22}	-1.04×10^{-23}

レナード・ジョーンズポテンシャルと比較して，万有引力ポテンシャルの方がはるかに小さく，距離 r による変化も小さい．一方，レナード・ジョーンズポテンシャルの引力項と斥力項は距離 r が変わると大きく変化することがわかる．

［問題 1.12］ 以下の文章の正誤について答えよ．

1. 電荷移動相互作用において，電子供与体のイオン化ポテンシャルが小さく，電子受容体の電子親和力が大きいほどその結合は強くなる．
2. 疎水性相互作用は，疎水基間での相互作用である．
3. 水素結合は弱い結合であるので，その物質の融点，沸点などの物理化学的性質に影響を与えない．
4. 気相中のプロパノール分子間には，疎水性相互作用が認められる．
5. 疎水性相互作用は，水以外の溶媒中で作用する分子間力である．
6. 静電力はファンデルワールス力に比べ，遠距離でも比較的強く作用する分子間力である．
7. 電荷移動相互作用における電子供与体は，HOMO エネルギー準位が高く，イオン化ポテンシャルが大きい分子である．
8. 酸素原子の電気陰性度は硫黄原子より大きいので，分子間に働く水素結合は H_2O の方が H_2S よりも強い．
9. 静電相互作用によるポテンシャルエネルギーは，距離の 2 乗に反比例する．
10. 疎水性相互作用は，ファンデルワールス相互作用により説明される．

（第 100 回薬剤師国家試験　問 91 を一部改変）

［解答］

1. 正しい．
2. 誤り．水のエントロピーが関係しており，疎水基間には特別な相互作用はない．
3. 誤り．水素結合は共有結合などよりも弱い相互作用であるが，物質の融点や沸点などに影響を与える．
4. 誤り．疎水性相互作用は水中でのみ生じる．
5. 誤り．疎水性相互作用は水中でのみ生じる．
6. 正しい．
7. 誤り．イオン化ポテンシャルが小さい分子である．
8. 正しい．
9. 誤り．距離に反比例する．
10. 誤り．水のエントロピーが関係している．

[問題 1.13]　ファンデルワールス相互作用に関する次の問いに答えよ．

1. 永久双極子-誘起双極子相互作用（誘起力）や瞬間双極子-誘起双極子相互作用（分散力）は，無極性分子が関係する分子間相互作用では特に重要である．それぞれの発生機構を説明せよ．
2. メタンの水素原子を1つフッ素原子に置換すると沸点が大きく上昇する．その理由について説明せよ．

[解答]

1. 誘起力：無極性分子が近くの極性分子のつくる電場の影響を受けることによって双極子（誘起双極子）をもつことがあり，その結果，互いに引き合う．
   分散力：無極性分子の電子の位置が変化するときに生じる瞬間的な双極子（瞬間双極子）によって相手の分子に双極子を誘発し，互いに引き合う．
2. Hが電気陰性度の大きいFに置き換わることで分子が分極し，その結果，分子間の相互作用が強まり，沸点は上昇する．

[問題 1.14]　疎水性相互作用について次の問いに答えよ．

1. 疎水性相互作用の機構について説明せよ．
2. 次のうち，疎水性相互作用が関わっているものをすべて答えよ．
   ① 塩化ナトリウムの結晶
   ② 細胞膜（脂質二重膜）
   ③ 酢酸分子の二量体形成
   ④ 界面活性剤の洗浄力
   ⑤ 細胞表面の受容体への薬物の結合
   ⑥ 水分子間の相互作用
   ⑦ シクロデキストリンの疎水性分子との包接錯体形成
   ⑧ 疎水性化合物のベンゼンへの溶解

[解答]

1. 疎水性分子が水中に分散するとき，その表面は運動が制限された水分子で覆われる．これは水にとってエントロピー的には不利であるため，エントロピー増大のために結果として疎水性分子同士が集まる．疎水性分子間での引力が支配する相互作用ではない．
2. ②，④，⑤，⑦

[問題 1.15]　電荷移動相互作用について次の問いに答えよ．

1. 電荷移動相互作用の機構を説明せよ．
2. ヨウ素-デンプン反応の機構を電荷移動相互作用に基づいて説明せよ．

[解答]

1. 電子供与体（ドナー）のHOMOの電子が電子受容体（アクセプター）のLUMOに移ることによる相互作用．電子供与体のイオン化エネルギーが低く，電子受容体の電子親和力が大きいほど起こりやすい．
2. ヨウ素がデンプンのらせん構造の中に入り込み，デンプンのヒドロキシル基からヨウ素へ電荷移動が起こる相互作用により新しい吸収帯が現れるため，色調が変化することに基づいている．

［問題 1.16］ 生体内での分子間相互作用に関する次の問いに答えよ．

1. DNA の二重らせん構造の安定化に関与している分子間相互作用を 3 つ答えよ．
2. DNA には 2 種類の塩基対（アデニン–チミン，グアニン–シトシン）があるが，どちらの方がより安定か理由とともに答えよ．
3. タンパク質の α へリックスと β シート構造の形成に強く関わっている分子間相互作用を答えよ．
4. 酵素の基質分子との複合体形成に関わる相互作用を挙げよ．また，酵素の基質特異性発現について分子内および分子間相互作用に基づいて説明せよ．

［解答］

1. 水素結合，疎水性相互作用，π–π 相互作用（ファンデルワールス力（分散力））．
2. アデニン–チミン間は 2 本の水素結合，グアニン–シトシン間は 3 本の水素結合が形成されるため，グアニン–シトシン間の方がより安定である．
3. 水素結合：いずれもペプチド結合の窒素に結合した水素と炭素に結合したカルボニル酸素間での水素結合によるものだが，α へリックスは，1 本のペプチド鎖が水素結合によりらせん状に巻いた構造であるのに対し，β シートは平行に並んだ 2 本のペプチド鎖が水素結合により固定された構造となっている．
4. 静電的相互作用，疎水性相互作用，水素結合，ファンデルワールス相互作用．様々な分子内および分子間相互作用による酵素の高次構造による立体的な条件とともに，基質認識部位は，特異的なアミノ酸配列により，特定の基質分子の官能基と特異的に相互作用するため，基質特異性が発現する．

［問題 1.17］ N_2 11.20 g と O_2 3.200 g を混合し，25℃で 1.228×10^{-3} m^3 の容器に充てんしたとき，このときの圧力を求めなさい．完全気体とする．

［解答］

$$p_t = (n_A + n_B)\frac{RT}{V} = \frac{\left(\frac{11.20}{28.0} + \frac{3.200}{32.0}\right) \times 8.314 \times (273 + 25)}{1.228 \times 10^{-3}}$$

$$= 1.0087 \times 10^6 = 1.009 \times 10^6 \text{ [Pa]}$$

［問題 1.18］ 298 K，1.35×10^6 Pa のある気体のモル体積（m^3/mol，1 モル当たりの体積）が，完全気体の状態方程式から計算した値より 15% 低かった．この条件での圧縮因子と気体のモル体積を求めなさい．

［解答］

$$\text{圧縮因子 } Z = \frac{pV_r}{nRT} = \frac{V_r}{V_i} = \frac{(1.00 - 0.15) \times V_i}{V_i} = 0.85$$

$$\frac{V_r}{n}=Z\frac{RT}{p}=0.85\times\frac{8.314\times298}{1.35\times10^6}=1.559\times10^{-3}=1.56\times10^{-3}\ [\mathrm{m^3/mol}]$$

［問題 1.19］　1Lの容器に 6.023×10^{23} 個のヘリウム分子が含まれている．この容器を1気圧の力で閉じ込めた．このときのヘリウム分子の温度を求めよ．ヘリウムのモル質量（分子量）を2.0として計算しなさい．

［解答］　ヘリウム分子1個の質量を m_{He} とすると，

$$m_{\mathrm{He}}=\frac{2\times10^{-3}}{6.023\times10^{23}}=3.332\times10^{-27}\ [\mathrm{kg/個}]$$

$$\overline{v^2}=\frac{3pV}{Nm}\text{より}$$

$$\overline{v^2}=\frac{3pV}{Nm_{\mathrm{He}}}=\frac{3\times(1.013\times10^5)\times1}{(6.023\times10^{23})\times(3.332\times10^{-27})}=0.15\times10^6\ [\mathrm{m^2/s^2}]$$

分子の並進運動エネルギーは，$E_j=\dfrac{1}{2}mv^2=\dfrac{3}{2}k_{\mathrm{B}}T$ なので，

$$T=\frac{m\overline{v^2}}{3k_{\mathrm{B}}}=\frac{(3.332\times10^{-27})\times(0.15\times10^6)}{3\times(1.38\times10^{-23})}=12.07\ [\mathrm{K}]$$

［問題 1.20］　下の図は，マクスウェル・ボルツマン分布則に基づいた，温度の異なる，ある理想気体の運動の速さ分布である．図中の曲線Aは温度 $T_1=150$ K の場合，曲線Bは温度 T_2 の場合を示す．気体の運動に関する記述のうち，誤っている記述はどれか．ただし，図中の分子運動は並進運動のみを表しているものとする．

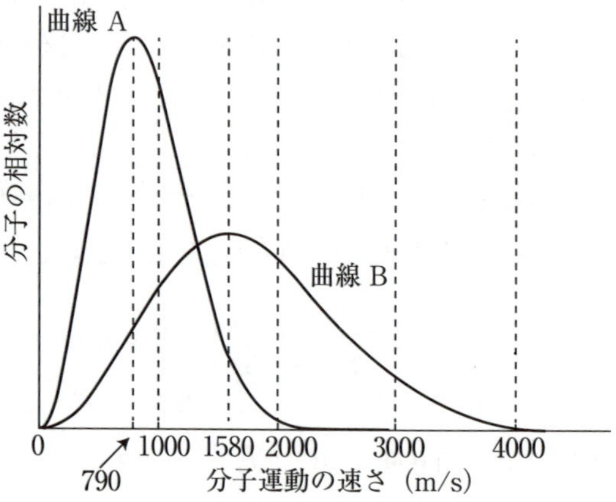

1. T_2 は，約600Kである．
2. 各曲線における最大確率速度（頂点における速度）は，それぞれの平均の速さより小さい．
3. 分子量が2倍，温度 T_1 の理想気体における分布曲線は，曲線Aと比べて，右側にシフトし広がる．

4. 温度が高くなれば，速さ分布は広がる．

（第 100 回国家試験問題改題）

［解答］　3

1. 頂点の最大確率速度は $\sqrt{\dfrac{2RT}{M}}$ で求められるため，曲線 A の速度が 2 倍になると曲線 B の温度は 4 倍となる．
3. 分子量が 2 倍になると分子運動の速度は $\sqrt{2}$ 倍遅くなるため，曲線 A に比べて左側にシフトし，狭まる．

［問題 1.21］　図は，水素分子のモル熱容量（定容熱容量（$C_{v,m}$））と温度との関係を表す．$C_{v,m}$ の温度依存性に関する記述のうち，正しいのはどれか．ただし，この温度依存性に，水素分子における電子運動は関与しないと仮定する．R は気体定数（$C_{v,m}$ J・mol^{-1}・K^{-1}）を表す．

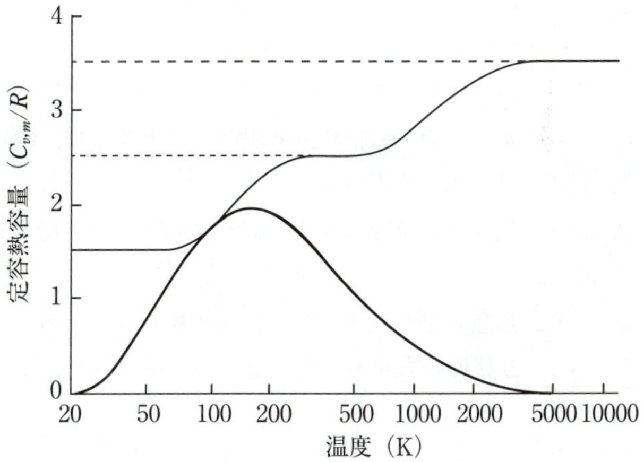

1. 100 K より低い温度では，水素分子が液化しているため，定容熱容量は低い値を示す．
2. 100 K より低い温度での定容熱容量は，水素分子の回転運動と振動運動が寄与する．
3. 298 K における定容熱容量は，水素分子の並進運動エネルギー，回転運動エネルギー，振動運動エネルギーより求められる．
4. 温度の上昇に伴い水素分子が，回転運動，振動運動のエネルギー準位へと分布できるようになり，定容熱容量が増大する．
5. 10,000 K においては，水素分子の開裂が起こるため，定容熱容量が高い値を示す．

（第 98 回国家試験問題改題）

［解答］　4

1. 水素分子の沸点は低く（20 K），図は気化した状態を示している．
2. 100 K より低い温度での定容熱容量は，水素分子の並進運動のみが寄与する．

3. 298 K の点をみると，定容熱容量は振動運動のエネルギーは関与しておらず，水素分子の並進運動エネルギー，回転運動エネルギーから求められる．
5. 10,000 K においては，水素分子の振動運動のエネルギーが関与するため，定容熱容量が高い値を示す．

［問題 1.22］　以下の文章の正誤について答えよ．

1. 核磁気共鳴スペクトルでは，マイクロ波領域の電磁波を用いる．
2. 核磁気共鳴スペクトルでは，電子スピン状態の変化に伴う光の吸収を利用する．
3. ^{1}H の核スピン量子数は 1/2 であり，^{14}N の核スピン量子数は 1 である．
4. プロトンの周囲の電子密度が高いほど，遮蔽効果が小さく，低磁場シフトする．
5. ^{1}H を磁場 B 中におくと，2 つの状態に分裂し，核スピンが $-1/2$ である β 状態のほうが安定である．
6. ^{1}H を磁場 B 中においたときの 2 つのスピン状態のエネルギー差は，$\gamma_{\mathrm{N}}\hbar B$ となる．ただし，γ_{N} は ^{1}H の磁気回転比である．
7. 核磁気共鳴スペクトルにおけるピークの分裂幅をスピン－スピン結合定数といい，隣接する核スピン間の相互作用の強さによって変化する．
8. ジエチルエーテルの核磁気共鳴スペクトルでは，CH_2 基は 2 本に分裂する．

［解答］

1. 誤り．ラジオ波を用いる．
2. 誤り．核スピン状態の変化に伴う光の吸収を利用する．
3. 正しい．
4. 誤り．遮蔽効果が大きくなり，高磁場シフトする．
5. 誤り．β 状態の方が不安定（高エネルギー状態）である．
6. 正しい．
7. 正しい．
8. 誤り．2 本ではなく，4 本に分裂する．

［問題 1.23］　電磁波に関する以下の問いに答えよ．

(1) 次の電磁波を，エネルギーが小さい方から並べよ．
　① 赤色の単色光　② 紫色の単色光　③ 緑色の単色光
(2) 次の電磁波を，エネルギーが小さい方から並べよ．
　① 波長 10 μm の電磁波　② 波長 100 nm の電磁波
　③ 波長 1 Å の電磁波
(3) 次の電磁波を，波数が小さい方から並べよ．
　① 波長 500 nm の電磁波　② 波長 25 μm の電磁波
　③ 波数 1000 cm^{-1} の電磁波

［解答］

(1) ① < ③ < ②
(2) 波長をすべて m 単位に直すと，① は 10^{-5} m，② は 10^{-7} m，③ は 10^{-10} m であり，③ < ② < ① の順になっている．波長とエネルギーは反比例するの

で，エネルギーの小さいほうから並べると，① < ② < ③ となる．① は赤外線，② は紫外線，③ は X 線である．

(3) ③ の波長は 10 μm であり，波長の順は ① < ③ < ② である．波数は波長の逆数なので，波数の小さい方から並べると，② < ③ < ① となる．① は可視光線，② と ③ は赤外線である．

[問題 1.24] 次の文章の空欄に当てはまる語句または数値を答えよ．

(1) 四塩化炭素（テトラクロロメタン）CCl_4 の分子は 4 本の極性結合をもつが，正四面体の形をとっているため，分子の永久 [ア] は [イ] である．この分子には [ウ] 個の基準振動があるが，その中に，正四面体の構造を保ったまま 4 本の結合が伸縮する振動がある．この振動を行っても，分子の [ア] は [イ] のままで変化しないので，この振動は [エ] である．

(2) [オ] 性の物質では，右円偏光に対する屈折率が，同じ波長の左円偏光に対する屈折率よりも大きい．

(3) 水の [カ] 屈折率と，試料の水に対する [キ] 屈折率の [ク] は，その試料の [カ] 屈折率に等しい．

[解答] ア：双極子モーメント，イ：0，ウ：9，エ：赤外不活性，オ：左旋，カ：絶対，キ：相対，ク：積

[問題 1.25] 波数 800 cm^{-1} の赤外線のエネルギーを，kJ mol^{-1} 単位で求めよ．また，この赤外線のエネルギーは，波数 400 cm^{-1} の赤外線のエネルギーの何倍か．

[解答]

$$800\ \mathrm{cm^{-1}} = 800 \times 10^2\ \mathrm{m^{-1}} = 8.00 \times 10^4\ \mathrm{m^{-1}}$$

$$\begin{aligned} hc\tilde{\nu}N_A &= (6.63 \times 10^{-34}\ \mathrm{J\ s}) \cdot (3.00 \times 10^8\ \mathrm{m\ s^{-1}}) \cdot (8.00 \times 10^4\ \mathrm{m^{-1}}) \\ &\quad \cdot (6.02 \times 10^{23}\ \mathrm{mol^{-1}}) \\ &= 9.58 \times 10^3\ \mathrm{Jmol^{-1}} = 9.58\ \mathrm{kJ\ mol^{-1}} \end{aligned}$$

この赤外線のエネルギーは，波数 400 cm^{-1} の赤外線のエネルギーの 2 倍である．

[問題 1.26] 正方晶系に面心格子がない理由を説明せよ．

[解答] 例題 1.29 と同様に図示するとよい．単純正方格子が面心格子になるように各面の中心に格子点をおいてみると，もとの正方格子よりも小さい体心格子をとることができる．

[問題 1.27] 回折格子に対して垂直な方向から 532 nm のレーザーを入射し，50 cm 離れたスクリーン上で回折点を観測したところ，5 cm 間隔で明点が現れた．用いた回折格子の間隔を求めよ．

[解答] 図のように角度 δ をとると，回折格子なので強め合う条件は $d \sin\delta = \lambda$．三平方の定理から $\sin\delta$ を求め，

$d = 532\ \mathrm{nm}/\sin\delta = 5.32\ \mu\mathrm{m}$

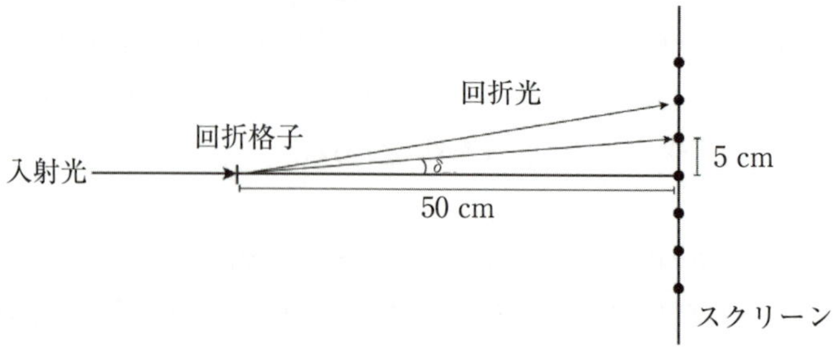

[問題 1.28] タンパク質の結晶はタンパク質以外に多くの水分子（溶媒）を含むことが知られている．リゾチームの結晶は正方晶系（$a = b = 79\,\text{Å}$，$c = 38\,\text{Å}$）であり，単位格子中に8分子のリゾチームを含む．結晶の密度を測定したところ 1.24 g/mL であったとするとリゾチーム結晶の何%（重量比）が水分子であるか？　ただし，リゾチームの分子量は 14000 とする．

[解答] 37%

x% が水分子とする．結晶の密度が 1.24 g/mL であることから，

$$1.24 \times 10^6\ \mathrm{g/m^3} = \{14000 \times 8/(6.02 \times 10^{23})\} / \{(79 \times 79 \times 38 \times 10^{-30}) \times (1 - x/100)\}$$

これを解いて，$x = 37\%$

[問題 1.29] 炭素の同位体（同位元素）には，^{11}C，^{12}C，^{13}C，^{14}C などがある．次の記述について，誤っているのはどれか．2つ選べ．

1. ^{11}C は半減期が短く，陽電子を放出する．
2. ^{12}C の1モルの質量は，12 g である．
3. ^{13}C は，安定同位体である．
4. ^{14}C の娘核種は，^{14}S である．
5. これら4種の炭素同位体の原子核は，いずれも6個の陽子と6個の中性子からなっている．

[解答] 4，5

1. 正しい．
2. 正しい．^{12}C の統一原子質量を 12 u と定義．
3. 正しい．
4. 誤り．^{14}N.
5. 誤り．同位体とは陽子の数が同じで，中性子の数が異なる核種．

[問題 1.30] 放射性核種のうち，β^+ 線を放出するのはどれか．2つ選べ．

1. ^{11}C　2. ^{12}C　3. ^{13}C　4. ^{14}C　5. ^{15}O

[解答] 1，5

1. ^{11}C：β^+壊変　2. ^{12}C：安定核種　3. ^{13}C：安定核種
4. ^{14}C：β^-壊変　5. ^{15}O：β^+壊変

［問題 1.31］　放射壊変と放射線に関する記述のうち，正しいのはどれか．2つ選べ．
1. α 壊変では，陽子 2 個とニュートリノ（中性微子）2 個が放出される．
2. β^+壊変では，親核種は原子番号が 1 増えた娘核種となる．
3. β 壊変では，親核種と娘核種の質量数は変わらない．
4. γ 線の放射の前後では，核種の原子番号も質量数も変化しない．
5. 軌道電子捕獲（EC 壊変）は，α 壊変の一種である．

（第 93 回薬剤師国家試験，一部変更）

［解答］　3，4
1. ヘリウム原子核（$^4He^{2+}$）が放出される．
2. 親核種は原子番号が 1 減った娘核種となる．β^-壊変ならば正しい．
3. 正しい．
4. 正しい．
5. β 壊変の一種である．

［問題 1.32］　放射平衡のうち，永続平衡となる条件として正しいのはどれか．2つ選べ．ただし，親核種および娘核種のそれぞれの半減期を T_p，T_d，またそれぞれの壊変速度定数を λ_p，λ_d とする．
1. $T_p \gg T_d$　2. $T_p \ll T_d$　3. $T_p / T_d = 1$
4. $\lambda_p \gg \lambda_d$　5. $\lambda_p \ll \lambda_d$

［解答］　1，5
永続平衡の条件は，$T_p \gg T_d$．放射壊変は一次反応に近似できるから，
$T_p = 0.693/\lambda_p$，$T_d = 0.693/\lambda_d$
$(0.693/\lambda_p) \gg (0.693/\lambda_d)$
$(1/\lambda_p) \gg (1/\lambda_d)$
$\therefore \quad \lambda_p \ll \lambda_d$

［問題 1.33］　過渡平衡が成立すると考えられる逐次壊変はどれか．2つ選べ．ただし各核種の括弧内の数値は半減期で，m は分，h は時間，d は日，y は年を示している．
1. ^{99}Mo (65.94 h) → ^{99m}Tc (6.015 h) → ^{99}Tc
2. ^{137}Cs (30.1671 y) → ^{137m}Ba (2.552 m) → ^{137}Ba
3. ^{125}Xe (16.9 h) → ^{125}I (59.40 d) → ^{125}Te
4. ^{140}Ba (12.752 d) → ^{140}La (1.678 d) → ^{140}Ce
5. ^{226}Ra (1.6 × 10^3 y) → ^{222}Rn (3.8235 d) → ^{218}Po

［解答］　1，4
2，5．永続平衡

3. 放射平衡を形成しない

[問題 1.34] 放射性核種のうち，過渡平衡を利用したミルキングで得られるものはどれか．2つ選べ．

1. ^{18}F　2. ^{81m}Kr　3. ^{99}Mo　4. ^{99m}Tc　5. ^{125}I

[解答] 2, 4

1. ^{18}F：サイクロトロン
3. ^{99}Mo：原子炉
5. ^{125}I：原子炉

[問題 1.35] 放射線に関する記述のうち，誤っているものはどれか．2つ選べ．

1. α線は，線スペクトルを示す．
2. α線の本体は，電子である．
3. β^-線の透過性は，α線の透過性よりも大きい．
4. β^+線は放射された後，運動エネルギーを失った状態で電子と結合して消滅し，消滅放射線が放射される．
5. γ線は，電荷をもった粒子線である．

（第91回薬剤師国家試験　一部改変）

[解答] 2, 5

2. α線の本体は，ヘリウムの原子核（$^4He^{2+}$）である．
5. γ線は，原子核から放出される電磁波である．

[問題 1.36] β^-線と物質との相互作用のうち，誤っているのはどれか．2つ選べ．

1. 電離・励起　2. 電子対生成　3. 弾性散乱
4. 光電効果　5. 制動放射

[解答] 2, 4

2, 4. γ線と物質との相互作用

[問題 1.37] ^{99m}Tcが放射するγ線（0.141 MeV）と物質との相互作用のうち，正しいのはどれか．2つ選べ．

1. コンプトン散乱　2. 電子対生成　3. 弾性散乱
4. 光電効果　5. 制動放射

[解答] 1, 4

2. 電子対生成は，1.02 MeV以上のγ線でなければ起きない．
3，5. β線と物質との相互作用．

[問題 1.38] ^{90}Yに関する記述のうち，正しいのはどれか．1つ選べ．

1. β^-線のみを放出する．

2. 半減期は約 1 週間である.
3. ^{90}Sr との間に放射平衡が成り立つ.
4. 神経組織に特異的効果を示す.
5. 光電効果やコンプトン散乱を引き起こす.

(第 101 回薬剤師国家試験　一部改変)

[解答]　3

1. ニュートリノ（中性微子）も放出する.
2. 半減期は 64.10 h.
3. 永続平衡の代表例.
4. 特異的な臓器集積性は認められない.
5. 電離・励起，弾性散乱，制動放射が起きる.

[問題 1.39]　照射線量の単位として正しいのはどれか. 1 つ選べ.

1. Bq　2. Gy　3. Sv　4. eV　5. C/kg

[解答]　5

1. 放射能の単位
2. 吸収線量の単位
3. 等価線量および実行線量の単位
4. 放射線のエネルギーの単位

[問題 1.40]　次の放射線のうち，放射線荷重係数が最も大きいのはどれか. 1 つ選べ.

1. α 線　2. β^- 線　3. β^+ 線　4. γ 線　5. X 線

[解答]　1

[問題 1.41]　次の検出器のうち，放射線による気体の電離作用に基づくものはどれか. 2 つ選べ.

1. ガイガー・ミュラー（GM）計数装置
2. NaI(Tl) シンチレーション検出器
3. イメージングプレート（保護膜付き）
4. 高純度ゲルマニウム半導体検出器
5. 電離箱

[解答]　1，5

2. 蛍光作用
3. 蛍光作用
4. 固体の電離作用

[問題 1.42]　^{3}H の β^- 線を測定するのに適している測定器はどれか. 1 つ選べ.

1. ガイガー・ミュラー（GM）計数装置

2. NaI(Tl)シンチレーション検出器
3. イメージングプレート（保護膜付き）
4. 液体シンチレーションカウンタ
5. 高純度ゲルマニウム半導体検出器

［解答］　4

1. 高エネルギー β^- 線
2. γ 線および X 線
3. 高エネルギー β^- 線，γ 線および X 線
5. γ 線および X 線

［問題 1.43］　液体シンチレータの発光を妨害する現象として正しいのはどれか．1つ選べ．

1. 化学発光（ケミルミネセンス）
2. クエンチング
3. 電子なだれ
4. 光電効果
5. 希釈効果

［解答］　2

1. 液体シンチレータの発光増強
3. 電子の増幅法
4. γ 線と物質の相互作用
5. 放射線の間接作用

［問題 1.44］　放射性同位元素に関する次の記述について，誤っているのはどれか．1つ選べ．

1. ^{123}I，^{125}I，^{131}I を比較すると，原子核を構成する陽子の数は同じであるが，原子核内の中性子の数が異なる．
2. ^{123}I は甲状腺の機能診断に用いられることがある．
3. ^{99m}Tc が ^{99}Tc に核異性体転移（IT）するとき，γ 線を放射する．
4. ^{99m}Tc のような短寿命核種を製造する方法にミルキングという方法がある．
5. 多量の ^{14}C 標識化合物を診断薬として人体に投与しても，直ちに体外へ排出されるので，放射線障害は無視できる．

（第84回薬剤師国家試験　一部改変）

［解答］　5

5. ^{14}C は診断用放射性医薬品には用いられていない．また，人体からは直ちには排出されない．生物学的半減期は約40日といわれている．

［問題 1.45］　PET に関する記述のうち，正しいのはどれか．1つ選べ．

1. ^{11}C，^{13}N，^{201}Tl はいずれも陽電子を放出する核種であり，PET に利用される．
2. PET で用いられる ^{18}F 核種は，^{18}O に X 線を照射することで製造される．

3. 放射性核種から放出された陽電子は，生体内の電子と結合して，ほぼ180度の方向に2本の2本の電磁波を放出して消滅する.
4. PETはX線CTと組み合わせることにより，安定同位体で標識した薬物の体内動態を画像表示することができる.
5. PETの核医学画像からは対象臓器の機能情報は得られない.

（第99回薬剤師国家試験　一部改変）

［解答］ 3

［問題1.46］ $^{223}RaCl_2$（ゾーフィゴ静注）から放出される荷電粒子に関する記述のうち，誤っているのはどれか．2つ選べ.

1. 放射線荷重係数は，20である.
2. 低LET（線エネルギー付与）放射線である.
3. 線スペクトルを示す.
4. 内部被曝による生体影響はない.
5. 薄い紙一枚で遮蔽できる.

［解答］ 2，4

α線に関する問題である.

2. 重粒子線のため，高LET放射線である.
4. 厳密にいえばどのような放射線でも内部被曝の影響はある．また，透過力の低い放射線ほど内部被曝の影響は大きくなる.

［問題1.47］ ^{60}Coから放出されるγ線に関する記述のうち，誤っているのはどれか．2つ選べ.

1. 電磁波の一種である.
2. 電離放射線の中で，放射線荷重係数が最も大きい.
3. 陽電子が発生する場合がある.
4. 医療用のプラスチック製品の滅菌に用いられる.
5. 厚さ1 cmのアクリル板で遮蔽できる.

［解答］ 2，5

2. 放射線荷重係数は1である.
5. β^-線の遮蔽に使用される.

第2章　物質のエネルギーと平衡

熱力学

系の状態を数式で表すことができる.

・ギブズ自由エネルギー（系の状態）

$G = H - TS$

・化学ポテンシャル（物質１モル当たりのエネルギー）

$$\mu = \frac{\partial G}{\partial n} = \mu_0 + RT\ln X$$

⇩ 熱力学をもとに

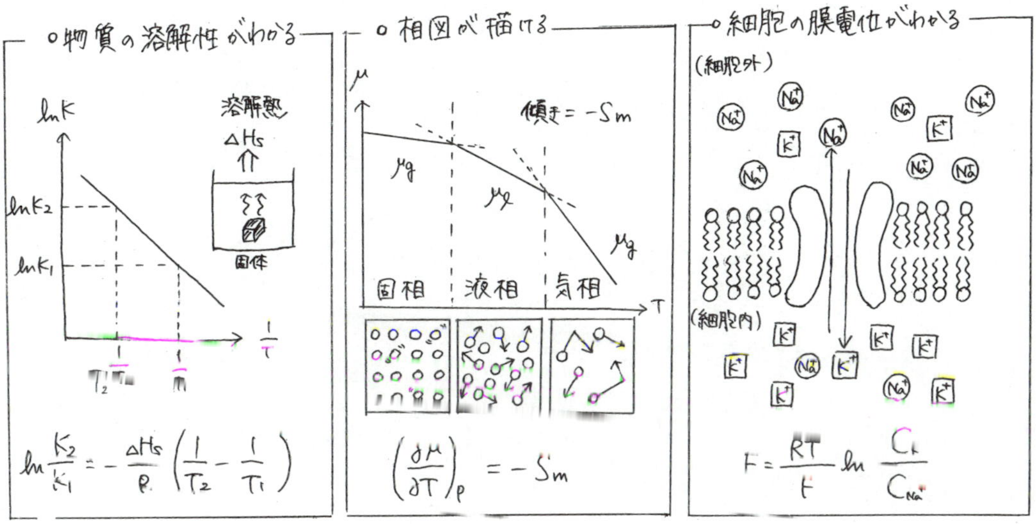

以上の考え方は薬学の分野において

✓ 錠剤や口腔内崩壊剤の薬物放出設計

✓ 製剤の安定性の予測

✓ 薬による生体への影響観察

などに応用できる.

2.1 エネルギー

本項では，熱力学におけるエネルギー保存則である，**熱力学の第一法則**に関係した内容を学ぶ．また，さまざまな過程で系が行う仕事や，2.2 項で学ぶ**エントロピー**の発見のもととなった**カルノーサイクル**を学習する．

2.1.1 熱力学における系，外界，境界

自然科学において，考察の対象として注目する部分を**系** system という．系以外の部分は**外界**と呼ばれる．また系と外界を隔てるものを**境界**という．容器の壁などが境界に相当する場合もあるが，仮想的に境界を設けて考える場合もある．

熱力学的な系は，外界との関係から，次の 3 つに分類される（図 2.1）．(1) 外界と系が，エネルギー・物質の両方を交換できる（出入りできる）とき，**開放系**（開いた系）open system と呼ぶ．また，(2) 物質の交換はできないが，エネルギーを交換できるとき，**閉鎖系**（閉じた系）closed system と呼ぶ．一方，(3) 外界から完全に孤立しており，物質もエネルギーも交換できないときは，**孤立系** isolated system と呼ぶ．生物は 1 つの開放系であり，宇宙全体は孤立系と見なせる．2.1 項で学習する内容は，すべて孤立系または閉鎖系を用いて説明する．

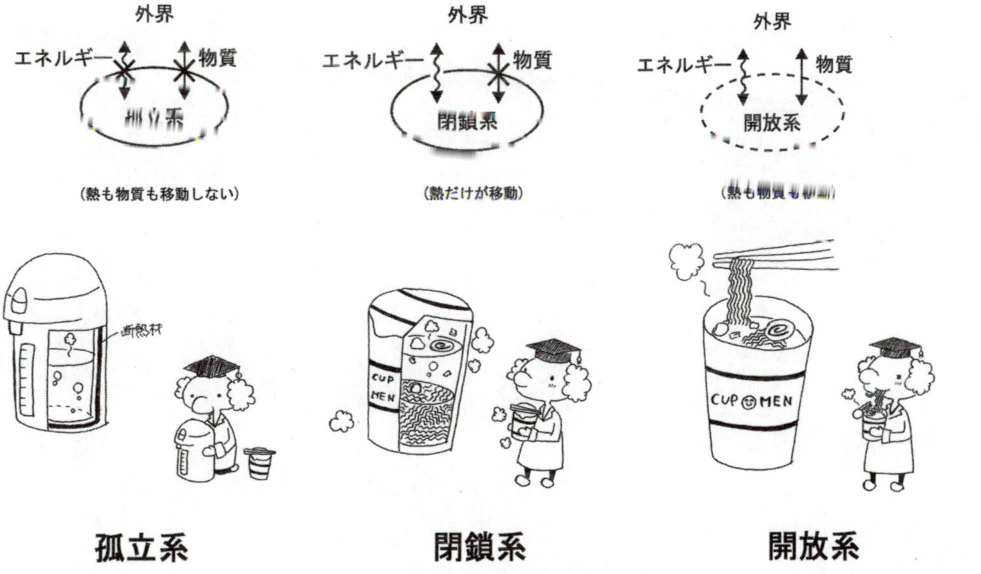

図 2.1　熱力学的体系の分類

[例題 2.1]　次のものは上記のどの系にあたるか．(a) 蓋をしない鍋を使って湯を沸かしているとき，その鍋の内部．(b) 熱を通す瓶に湯を注いで蓋をしたもの．(c) 湯を魔法瓶に充填したもの．

[解答]　(a) 熱エネルギーも水分子も外界に出てゆけるため，鍋の内部は開放系である．(b) 熱の形でエネルギのー出入りがあるので閉鎖系である．(c)(熱が出入りしない，十分短い時間内では) 孤立系と見なせる．

2.1.2　熱力学の第一法則

A　熱 heat

風邪で発熱した額を手で触ると，熱く感じる．このとき，額（高温の物体）から手（低温の物体）に熱い物質（熱）が流れてくるように感じられるかもしれない．実際，18 世紀の初めには，熱は「熱素」と呼ばれる物質であると考えられていた．しかし現在では，**熱とは，「エネルギーが移動する形態の 1 つである」**ことがわかっている．原子・分子は一般に運動（熱運動）しており，運動エネルギーをもっている．温度が高いほど，運動エネルギーも大きい．1.3 項で学んだように，気体分子は激しく熱運動しており，また固体中の原子・分子は，平衡点のまわりを振動している．高温の物体 1 と低温の物体 2 を接触させると，物体 1 の原子・分子のエネルギーが，物体 2 の原子・分子に徐々に移動し，物体 2 の原子・分子の振動が徐々に大きくなる．すなわち，物体 2 の温度が上昇していく．「熱が伝わる」とは，このようにエネルギーが移動（拡散）することである（図 2.2）．

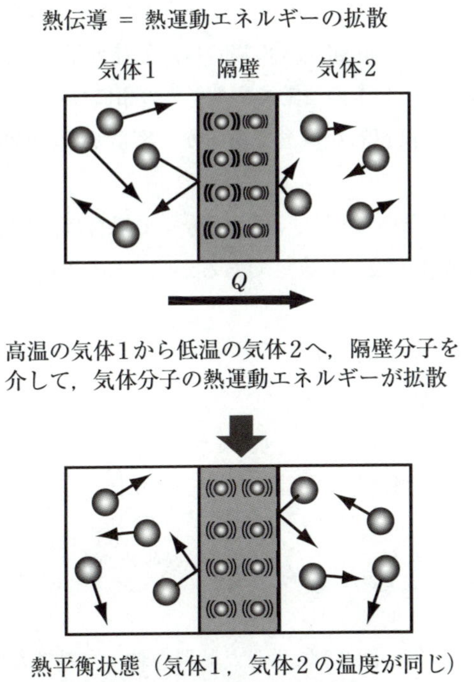
熱伝導 ＝ 熱運動エネルギーの拡散
気体1
隔壁
気体2
Q
高温の気体1から低温の気体2へ，隔壁分子を
介して，気体分子の熱運動エネルギーが拡散
熱平衡状態（気体1，気体2の温度が同じ）

図 2.2　熱伝導の模式図

エネルギーを伝える物質が存在しないと，熱は伝わらない．魔法瓶では，2重構造の容器間の空間を減圧して，気体分子の密度を非常に低くしてあるため，熱伝導が起こりにくくなっている．また発泡スチロールは気体を多く含むが，気体中の分子密度は，固体よりはるかに小さいため，やはり熱が伝わりにくい．発泡スチロールを触ると，金属などより温かく感じることがあるが，これは手から熱が逃散しにくいためである．なお熱を全く伝えない（仮想的な）壁を，**断熱壁**という．

B　内部エネルギー

Aで見たように，熱現象をミクロに考えることで，現象の理解が深まる．さまざまな熱現象を原子・分子レベルで解明する学問分野を，統計力学と呼ぶ．統計力学によると，原子や分子の熱運動のエネルギーは，1つの自由度について $(1/2)k_BT$ であることがわかっている．ただし，k_B は Boltzmann 定数；$k_B = 1.38 \times 10^{-23}$ (J/K)，T は絶対温度である．例えば，気体中の原子は x, y, z 方向に運動できるため，自由度は3であり，1原子分子の熱運動エネルギーは $(3/2)k_BT$ に等しい．2原子分子では，2つの軸のまわりの回転の自由度が加わるため，自由度は5で，熱運動エネルギーは $(5/2)k_BT$ である．

系を構成する原子・分子のエネルギーの総和を，系の**内部エネルギー** internal energy, U という．通常，U は原子・分子の熱運動のエネルギー E と，原子間・分子間の相互作用によるエネルギー U_p の和 $U = E + U_p$ である．系が全体として運動していると，それにより系の運動エネルギーは増し，また系は重力による位置エネルギーももつが，これらを引き去ったものが「内部」エネルギーである．**理想気体** ideal gas の場合は，気体分子間に相互作用がないため $U_p = 0$ であり，U は系のすべての原子・分子の運動エネルギーの和になる．（理想気体は，状態方程式 $pV = nRT$ に従う気体のことで，仮想的な概念であるが，密度が十分低い気体は理想気体と見なせる）．

理想気体の U は次のように求められる．一原子分子の場合は，原子のモル数を n とすると，原子の個数は nN_A（N_A は Avogadro 定数）であるから，$k_B \cdot N_A = R$（気体定数，8.31（J/(K·mol)）を用いて，

$$U = nN_A(3/2)k_BT = (3/2)nRT \tag{2.1}$$

となる．また，二原子分子の場合は

$$U = (5/2)nRT \tag{2.2}$$

である．以上のことから，**理想気体の内部エネルギー U** は，**温度 T のみで決まる**ことがわかる．

C　熱力学の第一法則

ジュール J. P. Joule は 1844 年，図 2.3 に示した装置を使って精密な実験を行い，水中で歯車を回転させると，水温が上昇することを明らかにした．これは，おもりの位置エネルギーを使って，羽車が系（容器内の水全体を考える）に仕事を行った結果，系の内部エネルギーが増加したことを示す．また，容器をバーナーなどで加熱しても，温度は上昇して U が増加する．

このように，仕事と熱はともに U を変化させる．そのミクロな機構を考えると，仕事と熱が同等の効果を示すことが理解しやすい．いま簡単のため，水分子の運動エネルギーにのみ着目する．プロペラを回転させたとき，水分子の平均速度は増加し，運動エネルギーが大きくなる．また容器を加熱すると，まず容器を構成する原子・分子の熱振動が激しくなり，次にそのエネルギーが水分子に移動し，運動エネルギーを増加させる．このように，**仕事 W と熱 Q は，ともに水分子の運動エネルギーを増加させる．** したがって，水分子のエネルギーの総和である，内部エネルギーも増加する．もちろん，仕事と熱の両方を与えたとき　も同様である．すなわち，内部エネルギーの増加分は，W と Q の合計で決まる．

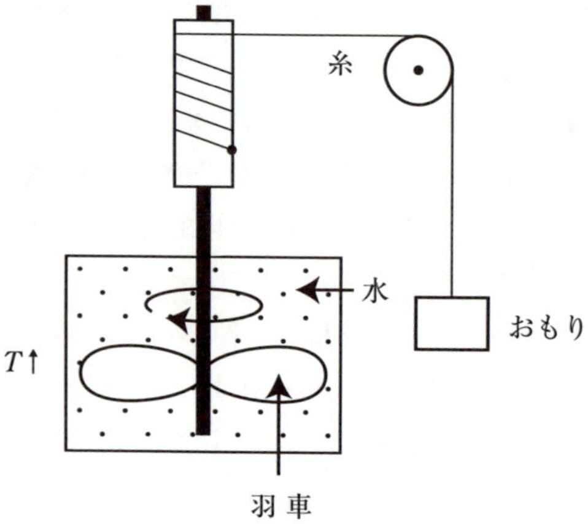

図 2.3　ジュールの実験装置の模式図

一般に，平衡状態 1（$U = U_1$）にある系に，仕事 W と，熱 Q を与えた（熱の形でエネルギーが移動した）結果，系が別の平衡状態 2（$U = U_2$）に変化する場合を考える．内部エネルギー変化を $U_2 - U_1 = \Delta U$ とすると，以上の考察から，

$$\Delta U = Q + W \tag{2.3}$$

であることがわかる．この関係を，**熱力学の第一法則** first law of thermodynamics という（図 2.4）．これは，外界から仕事および熱の形で得たエネルギーが，系の内部エネルギーの増分になることを示すものであり，熱力学的な**エネルギー保存則** law of energy conservation である．

なお，W は系が外界から**された**仕事であることに注意しよう．系が外界に行った仕事 W'（$= -W$）を用いるときは，第一法則は $\Delta U = Q - W'$ と書ける．この表現は系を熱機関と考える場合に便利であるが，ここではエネルギー保存の考え方に沿った式 (2.3) を用いる．

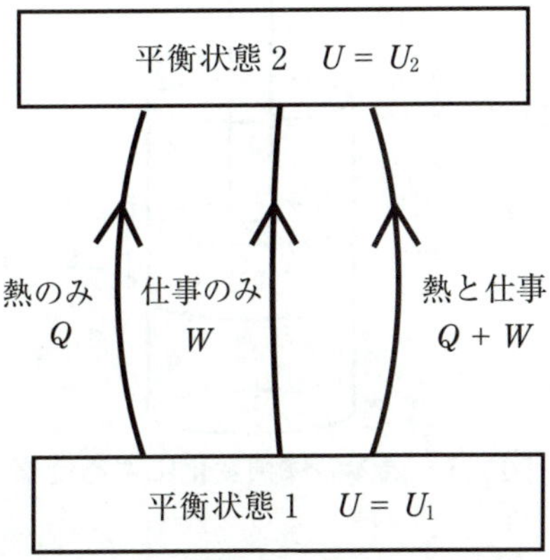

図 2.4　熱力学の第一法則の概念図

[例題 2.2]　理想気体でない気体の U は，温度のほかに何によって決まるだろうか．

[解答]　気体の種類によるが，実在の気体では，分子の大きさや，分子間の相互作用が無視できない．相互作用は気体の密度に依存するので，体積 V もパラメーターになる．

2.1.3 ◆ 状態量と経路関数

系が外界から仕事 W と熱 Q を与えられて，平衡状態 1（$U = U_1$）から平衡状態 2（$U = U_2$）へ変化するとき，変化の過程（W と Q の組合せ）は無数にある．しかし，U_2 の値は，変化の経路によらず，変化後の状態だけで決まる．例えば，2.1.2 項で学んだように，理想気体であれば，U_2 は状態 2 の温度だけで決まる．このような量を**状態量**という．

一方，状態 1，2 が与えられたとき，$Q + W$（$= \Delta U$）の合計を決めることはできるが，Q と W について，個々の値を決めることはできない．したがって，**Q，W はいずれも状態量ではない**．

体積変化による仕事（**pV 仕事**という）を例に，この事情をもう少し詳しく考えてみよう．図 2.5 に示すように，ピストンを備えたシリンダーに体積 V の気体が入っており，これに一定の力

F を加えて距離 ΔL だけ動かして，圧縮する場合を考える．体積が減少するため，$\Delta L < 0$ であり，外界から気体になされた仕事（正の値をとる）は，$W = F(-\Delta L)$ である．熱力学では，系の体積 V や圧力 p を変数として用いるので，W を p，V を使って次のように書き直す．気体の体積変化を ΔV（< 0），ピストンの断面積を S とすると，圧力 p の定義から，$p = F/S$ であり，

$$W = F(-\Delta L) = pS(-\Delta L) = -p\Delta V \qquad (2.4)$$

となる．$p > 0$，$\Delta V < 0$ であるので，外界からされた仕事 W（> 0）にはマイナスの符号がついていることに注意しよう．

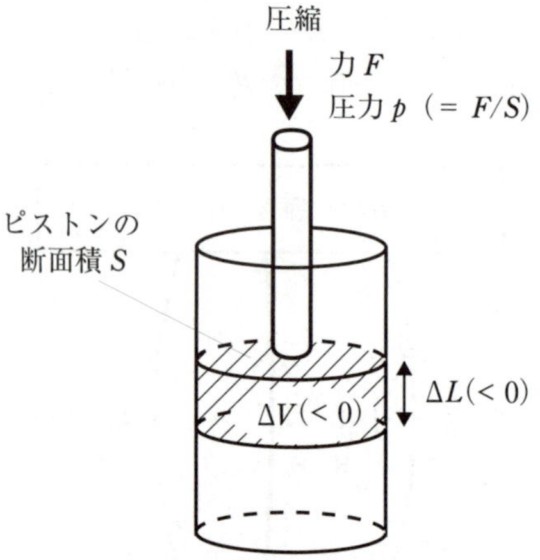

図 2.5　気体の体積変化による仕事

以上では p を一定と考えたが，一般に，p は V によって変化する．しかし，十分微小な変化では p = 一定と考えてよい．そのときの微小な仕事 $\mathrm{d}W$ は，体積の変化を $\mathrm{d}V$ とすると，$\mathrm{d}W = -p\mathrm{d}V$ である．全過程でなされた仕事は，

$$W = \int \mathrm{d}W = -\int p\mathrm{d}V \qquad (2.5)$$

と表せる．したがって，p が V の関数 $p(V)$ としてわかっていれば，W が計算できる．

W が状態量でないことは，気体の状態変化を p–V 平面上に描くとわかりやすい（図 2.6）．すなわち始点 $\mathrm{A}(p_1,\ V_1)$ と終点 $\mathrm{B}(p_2,\ V_2)$ を定めても，経路によって W の値は異なるので，W は状態量ではない．また，Q は $\Delta U - W$ に等しいので，やはり状態量ではない．これらの量が経路によって異なることを強調するために，**経路関数**と呼ぶこともある．

なお，$Q = 0$（**断熱過程** adiabatic process）のとき，$W = \Delta U$ であり，また $W = 0$（仕事をされない）のときは，$Q = \Delta U$ である．このような特別な場合には，Q や W が状態 1 と状態 2 だけで決まることもある．

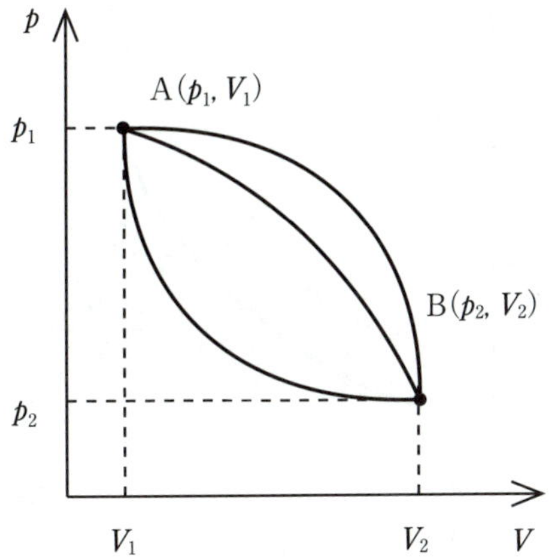

図 2.6　pV 図に描いた状態変化
始点と終点を定めても経路は無数にある.

［例題 2.3］　p と V の関係を p-V 平面に描いたとき，W は何に相当するか.

［解答］　体積が $V_1 \to V_2$ と変化するとき，曲線 $p = p(V)$ と 2 直線 $V = V_1$，$V = V_2$，および V 軸で囲まれた部分の面積に等しい.

2.1.4　定圧熱容量と定積熱容量

物質の温度は加熱により増加するが，増加の程度は物質の種類や質量により異なる．物質の温度を 1 ℃上昇させるのに必要な熱量は**熱容量** heat capacity, C と呼ばれ,

$$C = \mathrm{d}Q/\mathrm{d}T \tag{2.6}$$

で定義される．ある物質を加熱しながらその温度を測定し，Q-T のグラフを描いたとき，グラフの傾きが C である（図 2.7)．このグラフが直線であれば，C は T によらず一定であるが，実際の物質では必ずしも直線ではないため，式 (2.6) のように，微分を用いて定義する（C の値は T により異なる)．なお，物質 1 g の温度を 1 ℃上昇させるのに必要な熱量（1 g 当たりの熱容量）を**比熱**と呼ぶ．C は物質の質量に比例するが，比熱は物質固有の値である．

C の値は，同じ物質でも，加熱する条件（過程）によって異なる．最も簡単な場合は，体積が一定（**定積過程**または**等積過程**）か，または圧力が一定（**定圧過程**または**等圧過程**）の場合である．

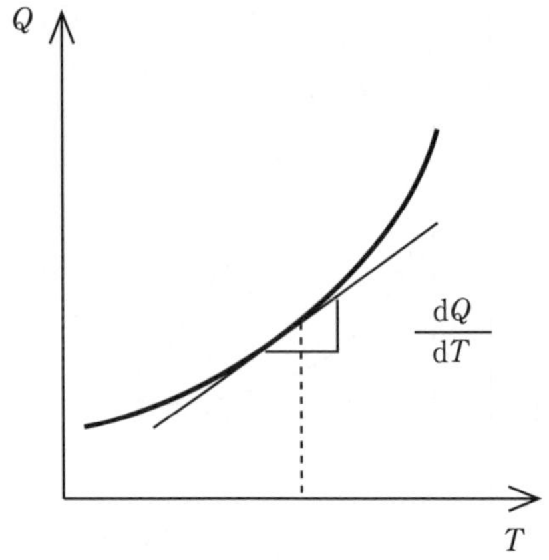

図 2.7　熱量 Q と温度 T のグラフ
グラフの傾きが熱容量である．

A　定積過程

定積過程は，気体を体積変形しない容器に閉じ込めて加熱するような場合に対応する（図 2.8）．熱力学の第一法則より，$U = Q + W$ であるが，系は体積変化しないので，$W = 0$，すなわち $U = Q$ である．$C = C_V$（定積熱容量）は，

$$C_V = \mathrm{d}Q/\mathrm{d}T \qquad (V = 一定)$$
$$= \mathrm{d}U/\mathrm{d}T \tag{2.7}$$

と表される．偏微分を用いると，

$$C_V = (\partial U/\partial T)_V \tag{2.8}$$

と書ける，ここで添字の V は，V = 一定を意味する．なお定積過程では，温度の上昇とともに圧力が増加している．

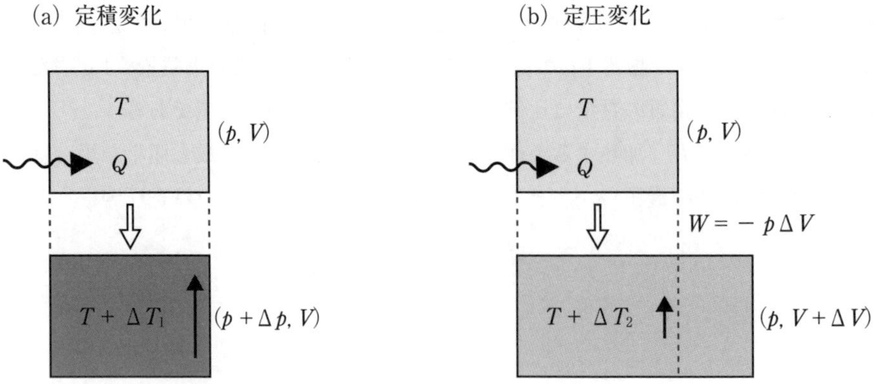

図 2.8　定積変化（a）と定圧変化（b）の模式図

B　定圧過程

大気圧下で，ピストンのついたシリンダーに気体を入れて加熱する場合に相当する．気体は加熱により膨張するが，気体の圧力 p が大気圧と同じになるまでピストンが移動するので，p は一定に保たれる（図 2.8）．$C = C_p$（定圧熱容量）とすると，

$$C_p = \mathrm{d}Q/\mathrm{d}T \qquad (p = 一定) \tag{2.9}$$

である．ここで，$H = U + pV$ という量を考えると便利である．H はエンタルピー enthalpy と呼ばれる．

$\mathrm{d}H = \mathrm{d}U + p\mathrm{d}V + V\mathrm{d}p$ であるが，p = 一定のとき $\mathrm{d}p = 0$ であるので，

$$\mathrm{d}H = \mathrm{d}U + p\mathrm{d}V$$

である．

一方，熱力学の第一法則より，$\mathrm{d}Q = \mathrm{d}U - \mathrm{d}W = \mathrm{d}U + p\mathrm{d}V$ であるので，p = 一定の場合，

$$\mathrm{d}H = \mathrm{d}Q$$

であることがわかる．したがって，

$$C_p = \mathrm{d}H/\mathrm{d}T \tag{2.10}$$

であり，偏微分記号を使うと

$$C_p = (\partial H/\partial T)_p \tag{2.11}$$

と書ける．

C　理想気体の定積熱容量と定圧熱容量

2.1.2 項で学んだように，1 原子分子の理想気体については $U = (3/2)nRT$ であった．このとき，

$$C_V = (3/2)nR \tag{2.12}$$

であり，また，

$H = U + pV = U + nRT = (5/2)nRT$ より，

$$C_p = (5/2)nR \tag{2.13}$$

である．

以上のことから，$C_p > C_V$ であることがわかる．定圧変化では，加熱により気体の体積が増加して外界に仕事をするため，加えた熱は気体の温度を上昇させるほか，仕事にも使われる．したがって，体積一定の場合と同じだけ温度を増加させるためには，より多くの熱を与える必要がある．このため，C_p は C_V より大きい．また与えた Q が同じであれば，体積一定のほうが圧力一定の場合より，温度の増加は大きい．

2.1.5 化学変化に伴うエンタルピー変化

化学反応（燃焼など）や物質の状態変化（溶解，融解，気化など）によっても，系と外界の間で熱の出入りを生じる．この場合も，2.1.4 項の熱容量と同様の考え方ができる．以下では燃焼反応を例に，定積・定圧過程を考える．このとき，熱（**燃焼熱**）が発生する．

A　定積過程の燃焼熱

一定容積の容器に物質と酸素を閉じ込めて燃焼させた場合，系の体積は変化しないため，$W = 0$ である．このとき発生する熱量（定容燃焼熱）Q_V は，熱力学の第一法則により

$$Q_V = \Delta U - W = \Delta U \tag{2.14}$$

B　定圧過程の燃焼熱

ピストンに物質＋酸素を閉じ込めて燃焼させた場合に相当する．系の体積は変化し，外界に仕事を行う．発生する熱量（定圧燃焼熱）を Q_p とすると，$Q_p = \Delta U - W$ である．

微小な変化について考えると，

$$\mathrm{d}Q_p = \mathrm{d}U + p\mathrm{d}V = \mathrm{d}H \tag{2.15}$$

であり，燃焼の前後ではこれを積分して，

$$Q_p = H_2 - H_1 = \Delta H \tag{2.16}$$

すなわち，体積一定の場合の燃焼熱は，系の内部エネルギー変化に等しく，圧力一定の場合の燃焼熱は系のエンタルピー変化に等しい．

2.1.6 理想気体の膨張・収縮による仕事

これまでに，系の体積変化による仕事を含む現象をいくつか学習した．系になされた仕事は $W = -\int p\mathrm{d}V$ と表すことができた．また，W は過程により異なることが示された．ここでは2つの過程，等温過程と断熱過程について，W と Q を具体的に求めてみよう．なお簡単のため，系として単分子原子の理想気体を考える．

等温過程は，温度 T ＝一定の過程であるが，理想気体の U は T だけの関数であるため，$\Delta U = 0$ である．したがってこの場合，熱力学の第一法則 $\Delta U = Q + W$ は，変数が1つ減って，$Q + W = 0$ と簡単になる．また**断熱過程**は熱の出入りのない（$Q = 0$）過程である．このとき第一法則は $\Delta U = W$ と，やはり簡単な形に書ける．このため，いずれの過程についても，W と Q

の計算が容易になる．本項の検討はまた，次項で述べるカルノーサイクルの学習の基礎となる．

A　等温過程

温度を一定 $T = T_0$ に保ちながら，気体を $V_1 \rightarrow V_2$ まで膨張させる場合を考える（収縮する場合も，同じ式が成り立つ）．理想気体の状態方程式 $pV = nRT$ において $T = T_0$ = 定数であるので，p は $1/V$ に比例して減少（$p_1 \rightarrow p_2$）する．また膨張により気体は外界に対して正の仕事を行う．本書では，外界からされた仕事を W（< 0）と定義しているため，気体がした仕事は $-W$（> 0）である．以上のことから，W は次のように計算できる．

$$
\begin{aligned}
W &= -\int p\mathrm{d}V = -\int (nRT/V)\mathrm{d}V = -nRT_0\int(1/V)\mathrm{d}V \\
&= -nRT_0(\ln V_2 - \ln V_1) = nRT_0(\ln V_1 - \ln V_2) \\
&= nRT_0 \ln(V_1/V_2) \qquad (2.17)
\end{aligned}
$$

W の大きさは，T_0 と，変化前後の体積比 V_1/V_2 を用いて表されることがわかる（$x \geqq 1$ で $\ln x \geqq 0$，$x < 1$ で $\ln x < 0$ より，気体の膨張・圧縮と，その際に行った仕事 $-W$ の正負の対応が理解できる）．また理想気体の U は温度だけの関数であるため，等温過程では $\Delta U = 0$ である．したがって，熱力学の第一法則より，

$$
Q = -W = -nRT_0 \ln(V_1/V_2) = nRT_0 \ln(V_2/V_1) \qquad (2.18)
$$

と計算できる．

以上の結果を次のように言い換えることもできる．気体は外界に仕事をすることで内部エネルギーを失うため，外界からのエネルギー供給がなければ，気体の温度は下がる．そこで，系を等温（内部エネルギーを一定）に保つためには，気体は**仕事に使ったエネルギーと同じだけの熱を外界からもらう**必要がある．

B　断熱過程

外界との熱の出入りがない過程を断熱過程という．例えば，気体を断熱壁でできたシリンダに入れ，ピストンを用いて体積変化させる場合などが，これに相当する．以下では，気体を $V_1 \rightarrow V_2$ まで膨張させる場合を考える．この過程では $Q = 0$ であるから，第一法則は，$\Delta U = W$ と書ける．気体が膨張するため，外界に対して正の仕事をする．言い換えれば，W（気体がされる仕事）は負（$W < 0$）である．したがって，ΔU も負になり，内部エネルギーは減少する．$U = (3/2)nRT$ より，T が減少することになる．温度変化を $T_1 \rightarrow T_2$ とすると，

$$
W = \Delta U = (3/2)nR(T_2 - T_1) \qquad (2.19)
$$

と計算できる．

断熱過程では外界からの熱の供給がないため，気体は自らの**内部エネルギーを使って外部に仕事をする**．この結果，U が減少して**気体の温度が下がる**ことになる．この現象は**断熱冷却**と呼ばれる．

系の状態の変化が，熱の出入りより十分早ければ，断熱過程と近似できる．特に気体は熱伝導が遅いため，さまざまな自然現象が断熱過程と見なせる．例えば入道雲は，水蒸気を含んだ空気

が地表付近で暖められて上昇し，気圧が下がることで断熱的に膨張して冷却されることでできる．また自転車などのタイヤに急激に空気を充塡すると，断熱的に圧縮されるため，空気の温度が上昇する．

コラム 断熱過程における p と V の関係（ポアソンの法則）

理想気体の等温過程では，pV = 一定であった．一方，理想気体の断熱過程では $pV^{5/3}$ = 一定となることが，次のように示せる．断熱過程では，

$$dU = dW = -p dV = -(nRT/V)dV$$

が成り立つが，

$dU = C_V dT$（C_V は定積熱容量）

とも書けるため，

$C_V dT = -(nRT/V)dV$ を得る．両辺を T で割ると，

$$(C_V/T)dT = -(nR/V)dV$$

となり，右辺と左辺が各々 V および T のみの関数となる（変数分離という）．このとき，両辺を状態1から2まで別々に積分でき，

$$C_V \ln(T_1/T_2) = nR \ln(V_2/V_1)$$

$C_p - C_V = nR$ を用い，また $\gamma = C_p/C_V$ とおくと，

$\ln(T_1/T_2) = (\gamma - 1)\ln(V_2/V_1) = 0$，すなわち

$$T_1/T_2 = (V_2/V_1)^{\gamma-1}$$

となる．

一方，$p_1V_1 = nRT_1$ および $p_2V_2 = nRT_2$ より

$$T_1/T_2 = p_1V_2/p_2V_2$$

であるから，

$$p_1V_1^{\gamma} = p_2V_2^{\gamma}$$

となる．すなわち，状態1と状態2で pV^{γ} は等しく，またその状態変化についても同様であるので，pV^{γ} = 一定が得られる．特に理想気体の場合，$\gamma = C_p/C_V = 5/3$ である．この関係は，**ポアソン Poisson の法則**と呼ばれる．

なお，導出の途中で得た関係式 $T_1/T_2 = (V_2/V_1)^{\gamma-1}$ から $T \cdot V^{\gamma-1}$ = 一定　が成り立つ．

2.1.7 カルノーサイクル

18世紀に，産業革命で需要の増えた石炭を大量に採掘するために「熱機関」と呼ばれる熱 Q を仕事 W に変換する装置が発明された．ニューコメンの熱機関（1712），ワットの熱機関（1765）などが代表的であるが，いずれも効率が悪かった．カルノー N. L. S. Carnot は，熱力学の第一法則が確立（ジュールの実験，1847）する前の1824年に，「最高効率の熱機関をつくる」ための概念を提唱した．カルノーの発想は，「高い所から低い所へ水が流れるとき，水が水車を回して仕事をするように，**熱が高温の所から低温の所へ流れるとき，何らかのサイクルによって**

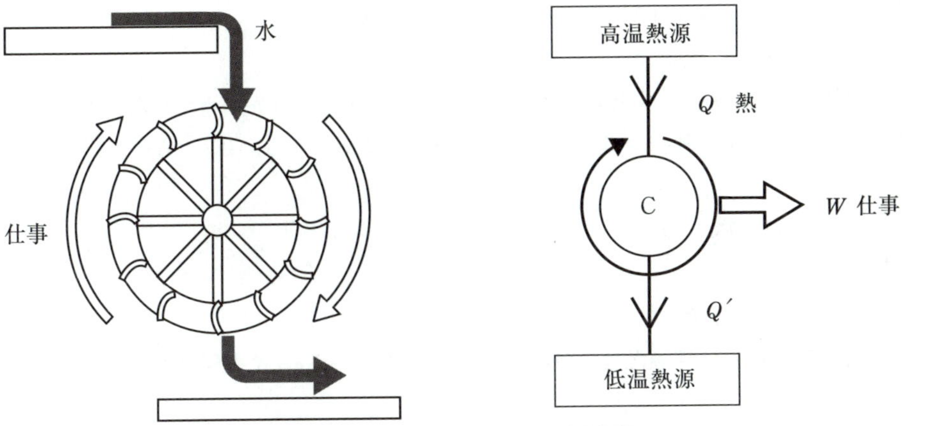

図 2.9　カルノーサイクルの概念図

仕事ができないか」という考え（図 2.9）によるものである．なおサイクルとは，ある機関や物質が変化の道をたどって，再び元と全く同じ状態に戻るものである．

カルノーのサイクルは，ピストンを備えたシリンダーに充填した理想気体を用い，高温・低温の 2 つの熱源を利用した，2 つの等温過程と，2 つの断熱過程からなる（図 2.9）．各々の過程と，そのときの T，p，V と W，Q の変化を次に示す．

過程 1　A → B（等温膨張）

高温の熱源（$T = T_H$）に接触させながら，気体を体積 $V_1 \rightarrow V_2$ まで膨張させる．

T：$T = T_H$ ＝一定．

p：$pV = nRT_H$ ＝一定より，p は $1/V$ に比例して減少（$p_1 \rightarrow p_2$）．

V：$V_1 \rightarrow V_2$ へ増加．

W：V が増加しているので，気体は外界に対して正の仕事をする．

外界からされた仕事を $W_1 (< 0)$ とすると，した仕事は $-W_1$（> 0）となる．等温過程であるから，$W_1 = nRT_H \ln(V_1/V_2)$ である．

Q：T ＝一定に保つために，気体は熱源から熱をもらう必要がある．$Q = Q_1$ とすると，$\Delta U = Q_1 + W_1$ において，$\Delta T = 0$ なので $\Delta U = (3/2)nR\Delta T = 0$ となる．

$Q_1 = -W_1 = -nRT_H \ln(V_1/V_2) = nRT_H \ln(V_2/V_1)$ である．

過程 2　B → C（断熱膨張）

B で高温の熱源から離して断熱壁に交換し，熱の出入りがないようにして，気体の温度を $T_H \rightarrow T_L$ まで減少させる（体積を $V_2 \rightarrow V_3$ まで膨張させる）．

T：$\Delta U = Q + W$ において $Q = 0$ より $\Delta U = W$．外界に正の仕事をする（$-W > 0$，$W < 0$）ので，$\Delta U < 0$（外界から熱が得られないため，内部エネルギーを使って仕事をしている）．

$U = (3/2)nRT$ より T は減少する．次の過程で低温の熱源に接触させながら圧縮するため，ここでは断熱冷却を利用して，気体の温度が T_L になるまで膨張させる（そのような気体の体積が，V_3 である）．

p：pV^{γ} = 一定より，p は $1/V^{\gamma}$ に比例して減少（$p_2 \rightarrow p_3$）.
V：$V_2 \rightarrow V_3$ へ増加.
W：V が増加しているので，気体は外界に対して仕事をする．外界からされた仕事を $W_2 (< 0)$ とすると，した仕事は $- W_2 (> 0)$ である．断熱過程であるから，$W_2 = \Delta U = (3/2)nR(T_L - T_H)$ となる.
Q：断熱過程であるので，$Q = 0$.

過程 3　C → D（等温圧縮）
低温の熱源（$T = T_L$）に接触させながら，気体を体積 $V_3 \rightarrow V_4$ まで収縮させる.
T：$T = T_L$ = 一定.
P：$pV = nRT_L$ = 一定より，p は $1/V$ に比例して増加（$p_3 \rightarrow p_4$）.
V：$V_3 \rightarrow V_4$ まで収縮.
W：V が減少しているので，気体は外界から仕事をされる．これを $W = W_3 (> 0)$ とおく．等温過程であるから，$W_3 = nRT_L \ln(V_3/V_4)$.
Q：T = 一定に保つために，気体は熱源に熱を捨てる必要がある．この Q を Q_3 とする．$\Delta U = Q_3 + W_3$ において $\Delta U = 0$（∵ T = 一定）なので，$Q_3 = - W_3 = - nRT_L \ln(V_3/V_4) = nRT_L \ln(V_4/V_3)$.

過程 4　D → A（断熱圧縮），サイクルの完成
D で低温の熱源をとりはずし，外界から熱の出入りがないようにして，気体の温度を $T_L \rightarrow T_H$ まで増加させて元に戻す（体積を $V_4 \rightarrow V_1$ まで圧縮して元に戻す）.
T：$\Delta U = Q + W$ において $Q = 0$ より $\Delta U = W$．外界から正の仕事をされる（$W > 0$）ので，$\Delta U > 0$．すなわち T は増加する（$T_L \rightarrow T_H$ まで上昇させて，元に戻す）.
p：pV^{γ} = 一定より，p は $1/V^{\gamma}$ に比例して増加（$p_4 \rightarrow p_1$）.
V：$V_4 \rightarrow V_1$ に収縮.
W：V が減少しているので，気体は外界から仕事をされる．これを $W = W_4$ とおく．断熱過程であるから，$W_4 = \Delta U = (3/2)nR(T_H - T_L)$.
Q：断熱過程のため，$Q = 0$.

図 2.10 に，p-V 平面における状態変化（pV 図という）を示す．等温過程では $p \propto 1/V$，断熱過程では $p \propto 1/V^{\gamma}$（コラム参照）であるが，理想気体については $\gamma = 5/3 (> 1)$ のため，V が増加したとき，断熱過程のほうが等温過程の場合より，p の減少分が大きいことに注意しよう.

以上のサイクルが行うすべての仕事と，出入りする熱量をまとめると，次のようになる.

仕事：過程 1 ～ 4 のすべてで，気体は外界に仕事を行うか，または外界から仕事をされる.

外部からされた全仕事 W_{total} は，

$$\begin{aligned} W_{total} &= W_1 + W_2 + W_3 + W_4 \\ &= nRT_H \ln(V_1/V_2) + C_V(T_L - T_H) + nRT_L \ln(V_3/V_4) + C_V(T_H - T_L) \\ &= nRT_H \ln(V_1/V_2) + nRT_L \ln(V_3/V_4) \qquad (2.20) \end{aligned}$$

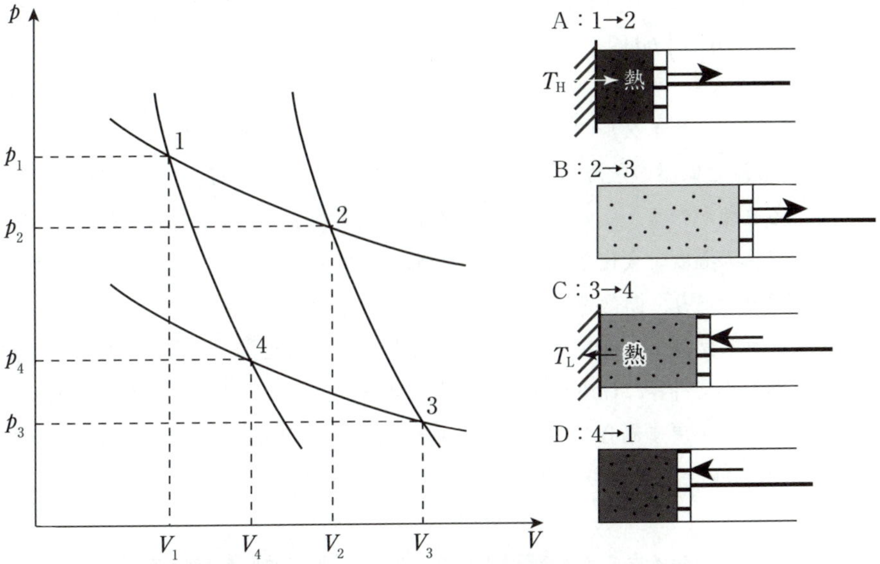

図 2.10　カルノーサイクルを構成する 4 つの過程

である．なお，カルノーサイクルでは，

$$V_1/V_2 = V_4/V_3 \tag{2.21}$$

が成り立つ．これは，断熱過程で成り立つ関係式 $TV^{\gamma-1}$ = 一定（コラム参照）を，B → C および D → A の過程に適用することで証明できる．式（2.21）を用いると式（2.20）は

$$W_{total} = nRT_H \ln(V_1/V_2) - nRT_L \ln(V_1/V_2)$$
$$= nR(T_H - T_L)\ln(V_1/V_2)$$

と，簡単になる．　(2.22)

また外部へした全仕事 $-W_{total}$ は，

$$-W_{total} = nR(T_H - T_L)\ln(V_2/V_1) \tag{2.23}$$

である．$T_H > T_L$，$V_2 > V_1$ より $-W_{total} > 0$，すなわちサイクルが一周すると，気体は外界に正の仕事を行う．

また，外部から得た熱量の合計 Q_{total} は，

$$Q_{total} = Q_1 + Q_3 = nR(T_H - T_L)\ln(V_2/V_1) \tag{2.24}$$

と計算できる．Q_{total} は $-W_{total}$ に等しい．サイクルを 1 回転させると，気体は最初の状態に戻る．もちろん T ももとの値（T_H）に戻っている．このため，サイクルの全行程での内部エネルギーの変化 ΔU_{total} は 0 である．したがって熱力学の第一法則からも $Q_{total} = -W_{total}$ が結論される．U に限らず，状態量はサイクルの前後で変化しない．Q, W は状態量でないため，上で見たように，サイクルが 1 回転したときに Q_{total}，W_{total} とも 0 ではない．

カルノーサイクルは，気体は高温の熱源から Q_1 を得て，低温の熱源に Q_3 を与え，外部に $-W_{total}$ の仕事を行う．これは図 2.9 に示した概念を具体的した機構である．

[例題 2.4]　　カルノーサイクルの全仕事は，pV 図の何に対応しているか．

[解答] 外部へした全仕事は，pV 図で曲線に囲まれた部分の面積に等しい．
$(\because -W = \int p\mathrm{d}V)$

[例題 2.5] カルノーサイクルの2つの断熱過程は，なぜ必要か．

[解答] 「高温と低温の熱源の間を流れる熱」を利用するためには，両方の熱源に接触する必要がある．このために，断熱膨張（過程2）と断熱圧縮（過程4）を使って，気体の温度を変化させている．なお，上で見たように，過程2と4の仕事の合計は0であり，断熱過程は全仕事には寄与しない．

もし熱源を1種類だけにして，過程1の等温変化で膨張させたとき，熱源から熱を得て外界に仕事をすることができるが，サイクルにするために最初の状態に戻すと，戻す過程は，過程1を逆にたどるものになる．このとき，pV 図で $-W = \int p\mathrm{d}V = 0$ となり，サイクルは正味の仕事をしない．

[例題 2.6] カルノーサイクルを，過程 4 → 3 → 2 → 1 と，逆回転させると，どのような装置になるか．

[解答] カルノーサイクルは「可逆過程」を組み合わせたもので，逆まわりに動かせる．このとき，逆サイクルは，外界から仕事をされ，低温の物体から高温の物体へ熱をくみ出す．このような装置を「ヒートポンプ」と呼ばれる．例えばルームエアコンは，電気的な仕事を用いて，熱を低温部分（室内）から高温部分（室外）に運ぶヒートポンプである．

カルノーサイクルの最も重要な科学的意義は，その原理に関する考察から，クラウジウスによって**エントロピー** entropy の概念が発見されたことにある．2.2 項で，カルノーサイクルから発展した議論を詳しく学習する．

最後に，カルノーサイクルに対する考察は，等温・断熱過程からなるサイクルだけでなく，**一般のサイクルについても適用できる**ことを説明する．その理由は，どのようなサイクルも，**微小なカルノーサイクルの和**と見なせるためである．図 2.11 のように，pV 図上で，等温変化（$pV = nRT =$ 一定）を示す曲線は，温度に応じて無数にある．これらを等温線という．また，断熱変化（$pV^{\gamma} =$ 一定）についても，同様な曲線群（断熱線）を描くことができる．任意の2つの等温線と2つの断熱線からなるサイクルが，1つのカルノーサイクルを構成する．これは平曲面の面積が，微小な面積要素の和として求まることと同様である．図 2.11 に示したように，サイクルと接触する熱源の温度を変えながら，微小な等温過程と断熱過程を繰り返すことで，閉曲線で示される任意のサイクルと同じ状態変化を行うことができる（変化を限りなく小さくした極限で，両者は一致する）．

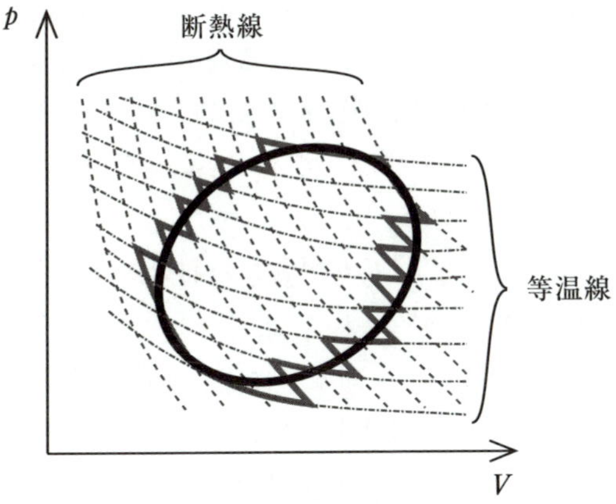

図 2.11　断熱線と等温線
任意のサイクルが，カルノーサイクルの和として表せることを示す．

2.2 自発的な変化

2.2.1 熱力学第二法則

前節で述べた熱力学第一法則は，熱，仕事，内部エネルギーが互いに変換できることを示している．例えば，ジュールの実験では，液体を断熱壁で囲み，外界からの仕事により中の液体をかき混ぜると液体の温度が上昇する．これは，仕事が熱に変換されたことを示している．仕事を熱に変換できるということは，物体をこすり合わせると，摩擦により熱くなることを想像すれば，直感的にも理解できよう．

仕事を熱に変換するのに比べ，熱を仕事に変換するのは難しそうである．熱機関の研究では，「いかに効率よく熱を仕事に変換するか」ということが中心的かつ現実的な問題であった．カルノーの考えた熱機関（カルノーサイクル）がそれに対する答えである．カルノーサイクルは最大の効率（＝系が行った仕事/系がもらった熱量）を与え，それは1より小さい．つまり，どんなに頑張っても効率100%の熱機関はつくれないのである．熱力学第一法則は，外界を含めた全系のエネルギーが保存することを保証するものであるが，熱と仕事の変換について制限を加えるものではない．カルノーサイクルによる考察からわかることは，それらの変換が自由に行えるわけではなく，制限が付くことである．このようなエネルギー形態の変換に関する“不自由さ”を表現したものが**熱力学第二法則** second law of thermodynamics である．

熱力学第二法則は，様々な経験的な事実を説明する最小限の「原理」としてまとめられたもので，いくつかの表現がある．次の 2 つはその代表的なものである．

クラウジウス（R. J. E. Clausius）の原理：熱を，他に何の変化も残さずに，低温の物体から高温の物体へ移動させることはできない．

ケルヴィン（Lord Kelvin）の原理：1 つの熱源から熱を受け取り，それを 1 つのサイクルで正の仕事に変換する熱機関は存在しない．

クラウジウスの原理は，低温の物体から高温の物体へと自然に熱が流れることを禁止している．高温の物体と低温の物体を接触させると高温の物体から低温の物体へと熱が流れるという経験的事実は，クラウジウスの原理に反するものではない．しかし，一見，この原理に反しているように見えるものもある．例えば，冷蔵庫は（冷却する）物体から熱を受け取り高温の外気に熱を吐き出すことにより物体を冷却しているので，熱は低温の物体から高温の外気へ移動している．これは一見するとクラウジウスの原理に反しているように見えるが，電力を消費しているので，「他に何の変化も残さずに」熱が移動したわけではない．つまり，クラウジウスの原理に反してはいない．

ケルヴィンの原理はクラウジウスの原理と等価であることを示すことができる．もし仮に，ケルヴィンの原理で否定されている熱機関が存在すると仮定する．ある熱源から正の熱を受け取ってそれを正の仕事に変換するサイクルを C としよう（図 2.12）．

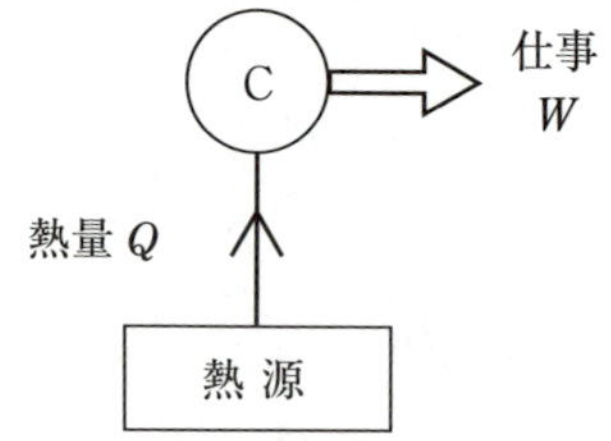

図 2.12　ケルヴィンの原理で否定されるサイクル

一方，上の冷蔵庫の例のように，同じ熱源から正の熱を受け取って，それより温度の高い熱源に正の熱を吐き出す逆カルノーサイクル（通常のカルノーサイクルの過程を逆に回すサイクル）C′ を考える（図 2.13）．

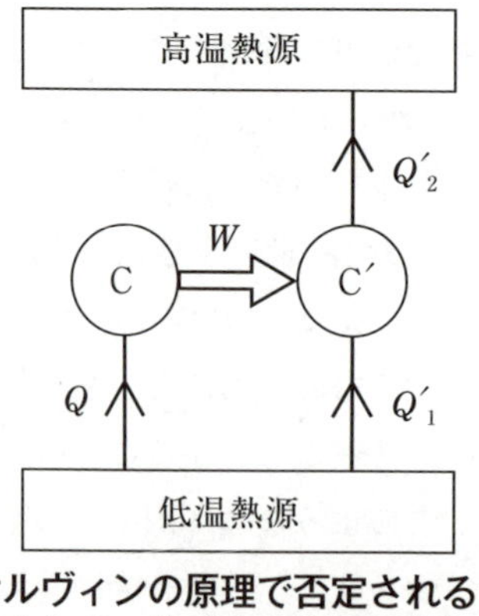

図 2.13　ケルヴィンの原理で否定されるサイクルと逆カルノーサイクルを組み合わせたサイクル

この逆カルノーサイクルは正の仕事を受け取る必要があるが，その仕事としてサイクルCが行った仕事を使う．つまり，Cによって得られた仕事をC′の「電源」として用いる．CとC′を合わせて1つのサイクルと見れば，このサイクルにより低温熱源から高温熱源に正の熱が移動したことになり，クラウジウスの原理に反する．これは最初に仮定した「1つの熱源から受け取った熱を正の仕事に変換する熱機関が存在すること」が誤っていたことを示している．したがって，クラウジウスの原理が正しいならばケルヴィンの原理も正しいことが示された．似たような考察からケルヴィンの原理からクラウジウスの原理を導くこともできる．よってこれら2つの原理は等価である．

ケルヴィンの原理で否定される熱機関，すなわち，1つの熱源から熱を受け取り，それを1つのサイクルで正の仕事に変換する熱機関のことを**第2種の永久機関** perpetual motion machine of the second kind という．これが実現されると，まわりから熱を吸収し，それを力学的な仕事に変える装置ができることになる．これを利用して，燃料の要らない自動車，燃料の要らない発電などが可能になり，現代のエネルギー問題は一気に解決してしまう．しかし，このようなことはケルヴィンの原理により否定される．ケルヴィンの原理は，次のように言い換えることができる．

オストワルド（W.Ostwald）の原理：第2種の永久機関は存在しない．

2.2.2　エントロピー

A　クラウジウスの不等式

再びカルノーサイクルを考えよう．系は高温の熱源（温度 T_1）から熱量 Q_1 を受け取り，外界に対して仕事 W を行い，低温の熱源（温度 T_2）へ熱量 Q_2 を捨てる．これらの過程はすべて準静的に行われる．つまり可逆である（コラム　熱力学的過程を参照）．カルノーによる重要な結論は，熱量の比 Q_1/Q_2 は系の具体的な性質によらず，熱源の温度のみに依存し，

$$\frac{Q_1}{Q_2}=\frac{T_1}{T_2} \qquad \text{つまり} \qquad \frac{Q_1}{T_1}=\frac{Q_2}{T_2} \tag{2.25}$$

が成り立つことである（**カルノーの定理** Carnot's theorem）．また，1回のサイクルで系は完全にもとの状態に戻る（状態量である内部エネルギーはサイクルの最初と最後で同じ値をとる）ので，$W = Q_1 - Q_2$ である．すなわち，系はもらった熱量の合計に相当する仕事を外界に対して行う．ただしこの場合，「熱を捨てる＝負の熱をもらう」として勘定する．

カルノーの定理からカルノーサイクルの効率 $\eta = W/Q_1$ を計算することができる．式（2.25）から，

$$\eta = \frac{Q_1 - Q_2}{Q_1} = 1 - \frac{T_2}{T_1} \tag{2.26}$$

である．カルノーサイクルは準静的な過程によって行われるので，この効率は無限の時間をかけて達成されるものである．一般のサイクルでは，必ずしも準静的ではなく，有限の時間でサイク

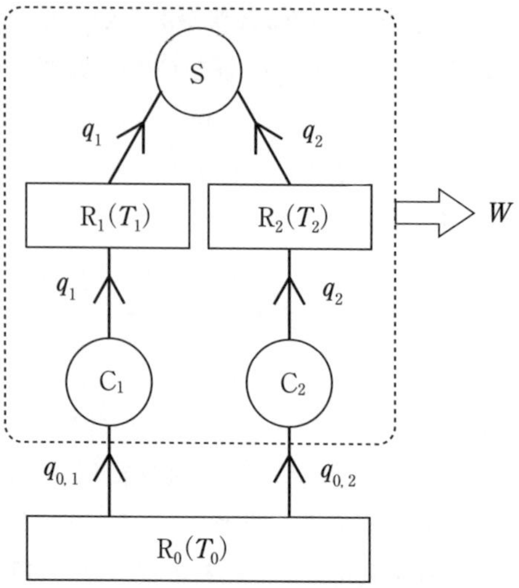

図 2.14 クラウジウスの不等式を示すための複合サイクル

ルの操作が行われるような場合には，物質の余分な運動などにより非平衡状態が生じ，それによる過剰な熱が発生するであろう．つまり，Q_2 の値が大きくなり，一般のサイクルの効率はカルノーサイクルの効率よりも小さくなることが予想される．このことと熱力学第二法則は何か関係があるのだろうか．実は式（2.25）に現れた Q_1/T_1（系が受け取った熱量を熱源の温度で割った量）は，後に導入するエントロピーと呼ばれる量の変化 ΔS に等しい．以下では，一般のサイクルについて熱と仕事の関係を考察し，エントロピー導入の準備をする．

一般のサイクルの場合に，熱力学第二法則（ケルヴィンの原理）が熱と仕事の関係においてどのような結果を導くか考察しよう．これを見るため，少し複雑な複合サイクルを考える（図 2.14）．1 つの一般のサイクル S が，2 つの熱源 R_1，R_2 と熱の交換を行う．R_1，R_2 の温度を T_1，T_2 とする．S は R_1，R_2 からそれぞれ熱量 q_1，q_2 を受け取る．S が R_1 または R_2 に熱を放出する（捨てる）場合には q_1 または q_2 は負の値をとることにする．温度 T_0 の熱源 R_0 を導入し，この R_0 と R_1 の間でカルノーサイクル C_1 を，R_0 と R_2 の間でカルノーサイクル C_2 を働かせる．このとき，C_1 が R_1 へ放出する熱量を，S が R_1 から受け取る熱量 q_1 と同じになるようにする．そのようにすると R_1 での熱の収支がゼロとなる．q_2 についても同様とする．一方，R_0 から C_1 が受け取る熱量 $q_{0,1}$ は，式（2.25）から，$q_{0,1} = q_1 T_0/T_1$ である．C_2 についても同様にして，$q_{0,2} = q_2 T_0/T_2$ の熱量を R_0 から受け取る．よって，R_0 は全部で

$$q_0 = q_{0,1} + q_{0,2} = T_0\left(\frac{q_1}{T_1}+\frac{q_2}{T_2}\right) \tag{2.27}$$

の熱量を放出する．R_1，R_2 では熱の収支がゼロであるから，S と C_1，C_2 を 1 つのサイクルと見れば，この複合サイクルは単一の熱源 R_0 から全熱量を受け取り，その値は q_0 である．したがって，熱力学第一法則から，複合サイクルの行った仕事 W は q_0 に等しい．一方，ケルヴィンの原理によれば，単一の熱源から正の熱を受け取って，それを正の仕事に変えることはできないのであるから，W が正になることはできない．したがって，$W = q_0 \leqq 0$ すなわち，

$$\frac{q_1}{T_1}+\frac{q_2}{T_2}\leqq 0 \tag{2.28}$$

であることがわかる．この式で等号が成り立つのはSが準静的過程からなる可逆サイクル（つまりカルノーサイクル）のときである．式（2.28）を**クラウジウスの不等式** Clausius' inequality という．

［例題 2.7］　上述のサイクルSの効率 η_S を計算し，カルノーサイクルの効率（式（2.26））と比較せよ．

［解答］　サイクルSは R_1，R_2 から熱量 q_1，q_2 をもらって仕事 $W_S = q_1 + q_2$ をする．正の仕事をするためには，q_1，q_2 のどちらかが正でなければならない．ここでは，$q_1 > 0$，$q_2 < 0$ としよう（どちらも正だと効率が1を超えてしまう）．式（2.28）より，$q_2 \leqq -T_2 q_1/T_1$ であるから，

$$\eta_S=\frac{W_S}{q_1}=1+\frac{q_2}{q_1}\leqq 1-\frac{T_2}{T_1}=\eta \tag{2.29}$$

となり，サイクルSの効率はカルノーサイクルの効率を超えることはできない．すなわち，カルノーサイクルは最大の効率を与える．

コラム　熱力学的過程 thermodynamic processes

熱力学では系の状態を変化させてエネルギーの変化を議論することが多い．このとき，状態を変化させる方法にいろいろある．等温，等積，等圧過程については既に見てきた通りである．また，系に熱が入ってくることも出ていくこともない断熱過程も登場した．これらは，系に何かの操作を行って状態を変化させるとき満たさなければならない条件を示している．これに対して，**可逆過程** reversible process と呼ばれるものは，それによって引き起こされる変化の性質を表す．ある平衡状態Aから別の平衡状態Bへの変化A→Bを行い，それをまたAに戻す変化B→Aが可能であればA→B（またはB→A）は可逆過程と呼ばれる．このとき，どのような条件で変化させるかは問わない．とにかく元の平衡状態に戻ればよい．元に戻すことができない場合，A→Bは**不可逆過程** irreversible process と呼ばれる．以上は，2つの平衡状態のみによって決まる過程で，途中の状態はブラックボックスである．これに対し，**準静的過程** quasistatic process とは，変化の途中の状態がすべて平衡であると見なすことができる過程という．これは，無限の時間をかけてゆっくりと変化させる場合に対応し，現実には実現不可能であるが，準静的であると見なせる過程は多い．この過程で系がたどる経路のすべての点が平衡状態であるので，同じ経路を逆向きにたどることが常に可能である．したがって，準静的過程は常に可逆過程である．狭義には「可逆過程」が「準静的過程」の意味で使われることが多い．

B　エントロピーの導入

上で考察した複合サイクルの中のサイクルSは2つの熱源と熱の交換をして働くものであった．

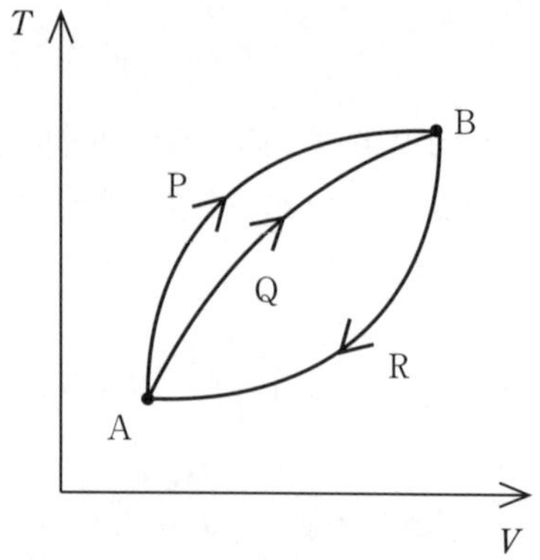

図 2.15　準静的な可逆サイクルに対する 2 つの異なる経路

これは一般に n 個の熱源との熱交換により働くサイクルとして容易に拡張できる．S は，温度 T_i の熱源 R_i からそれぞれ熱量 q_i を受け取る．ただし，$i = 1, 2, \cdots\cdots, n$ である．また，熱源 R_i と R_0 との間で働くカルノーサイクル C_i は以前と同様の条件を満たす．全く同じ議論によって，クラウジウスの不等式

$$\frac{q_1}{T_1}+\frac{q_2}{T_2}+\cdots+\frac{q_n}{T_n} \leqq 0 \tag{2.30}$$

が導かれる．系が接触する熱源の温度 T_1，T_2，$\cdots\cdots$，T_n が少しずつ変化し，$n \to \infty$ で連続的に変化すると見なせるとき，式（2.30）の左辺を積分の形で表現して，

$$\oint \frac{\mathrm{d}'q}{T} \leqq 0 \tag{2.31}$$

と書く．これもクラウジウスの不等式と呼ばれる．式（2.31）の積分は，1 回のサイクルで系が経る熱力学的状態の経路に沿って行われる．例えば，熱源の温度 T と系の体積 V を変化させて行われる過程であれば，(V, T) 平面上の曲線に沿った積分になる．今の場合，サイクルに対する積分であるので，その曲線は閉曲線となる（積分記号にある丸印がサイクルであることを表している）．また，$\mathrm{d}'q$ は，積分経路上の隣接する 2 点を結ぶ微小な区間で系が受け取った熱量である（d' は経路に依存する量の微分を表す）．T はそのときの熱源の温度（または系を取り囲む環境の温度）である．系の温度は一般には T と異なってもよいが，準静的な過程の場合（式（2.31）で等号が成り立つ場合）には，系は熱源（環境）と常に平衡にあるので，系の温度は T に一致する．

準静的な過程からなる可逆サイクルでは，式（2.31）の等号が成り立ち，

$$\oint \frac{\mathrm{d}'q}{T} = 0 \tag{2.32}$$

である．このような可逆サイクルの性質を調べよう．2 つの平衡状態 A，B があり，それらは準静的過程により移ることが可能であるとしよう．そのような過程は，状態を表す平面（例えば，(V, T) 平面）の上の対応する点 A と点 B を結ぶ曲線で表され，その曲線は無数にある．したがって，点 A を出発して点 B に至り，違う経路を辿って点 B から点 A に戻ってくることが可能

である．これは可逆サイクルをなす．このようなサイクルはいくつもつくることができる．そこで，点Aから点Bに至る2つの異なる経路をP，Qとし，点Bから点Aに戻ってくる経路をRとしよう（図2.15）．経路Pと経路Rからなる可逆サイクルについて式（2.32）を適用すると，

$$\int_{\mathrm{P}} \frac{\mathrm{d}'q}{T} + \int_{\mathrm{R}} \frac{\mathrm{d}'q}{T} = 0 \tag{2.33}$$

が成り立つ．同様に経路Qと経路Rからなる可逆サイクルについて，

$$\int_{\mathrm{Q}} \frac{\mathrm{d}'q}{T} + \int_{\mathrm{R}} \frac{\mathrm{d}'q}{T} = 0 \tag{2.34}$$

が成り立つ．式（2.33）と式（2.34）の辺々を引き算すれば，

$$\int_{\mathrm{P}} \frac{\mathrm{d}'q}{T} = \int_{\mathrm{Q}} \frac{\mathrm{d}'q}{T} \tag{2.35}$$

が得られる．経路P，Qは任意にとれるので，経路の端点A，Bを指定すれば，積分の値は経路によらず1つに決まる．また，式（2.33）で経路Rを経路Pと同じ経路を逆向きに点Bから点Aまで辿るものとすれば，点Bから点Aまでの積分の値は点Aから点Bまでの積分の値の符号を変えたものに等しいことがわかる．これらのことは，1つの平衡状態によって決まる量（これをSとする）があって，点Aから点Bまでの経路に沿った$\mathrm{d}'q/T$の積分が

$$S(\mathrm{B}) - S(\mathrm{A}) = \int_{\mathrm{A}}^{\mathrm{B}} \frac{\mathrm{d}'q}{T} \tag{2.36}$$

と書けることを示している．この，平衡状態によって決まる量Sは**エントロピー**entropyと呼ばれ，熱力学における最も重要な概念の1つである．エントロピーは状態関数であり，式（2.36）から，エントロピーの微分が

$$\mathrm{d}S = \frac{\mathrm{d}'q}{T} \tag{2.37}$$

であることがわかる．全微分ではない量$\mathrm{d}'q$をTで割ると全微分$\mathrm{d}S$となるのである．

エントロピーを定義した式（2.36）を見ると，$S(\mathrm{A})$と$S(\mathrm{B})$に同じ数を加えてもこの式は全く変わらないことに気づく．すなわち，Sには付加的な定数分だけの不定性が残っている．これはちょうど，不定積分に積分定数が伴うことに対応する．この不定性を解消するためには，ある基準となる平衡状態Oを定め，任意の平衡状態Aのエントロピー$S(\mathrm{A})$をOからAに至る経路に沿った$\mathrm{d}'q/T$の積分とすればよい．すなわち，

$$S(\mathrm{A}) = \int_{\mathrm{O}}^{\mathrm{A}} \frac{\mathrm{d}'q}{T} \tag{2.38}$$

と定義すれば，式（2.36）はそのまま成り立つ．実用上は，エントロピーの差や微分を扱うことが多く，その付加定数が問題となることは少ない．エントロピーの“ゼロ点”を決める問題は，熱力学第三法則の項で述べる．

ここで，エントロピーの一般的な性質について調べておこう．式（2.37）を用いると，系が準静的な過程で熱量$\mathrm{d}'q$を受け取り，仕事$-p\mathrm{d}V$をされると，内部エネルギーが$\mathrm{d}U$だけ増えるときの熱力学第一法則$\mathrm{d}U = \mathrm{d}'q - p\mathrm{d}V$は，

$$\mathrm{d}U = T\mathrm{d}S - p\mathrm{d}V \tag{2.39}$$

と表すことができる．この式は，連続的に変化する熱力学的量の微分の間の関係式を導く際の出発点となるものである．例えば，式（2.39）は，

$$\mathrm{d}S = \frac{1}{T}\mathrm{d}U + \frac{p}{T}\mathrm{d}V \tag{2.40}$$

と書き換えることもできる．dS は全微分であるから S を U と V の関数と見れば

$$\mathrm{d}S = \left(\frac{\partial S}{\partial U}\right)_V \mathrm{d}U + \left(\frac{\partial S}{\partial V}\right)_U \mathrm{d}V \tag{2.41}$$

と書ける．式（2.40）と式（2.41）を比較して

$$\left(\frac{\partial S}{\partial U}\right)_V = \frac{1}{T} \quad , \quad \left(\frac{\partial S}{\partial V}\right)_U = \frac{p}{T} \tag{2.42}$$

が得られる．

［例題 2.8］　内部エネルギー U を温度 T と体積 V の関数と見て，T，V の関数としてのエントロピー S の全微分の表式を求め，エントロピーが温度の増加関数であることを示せ．また，n モルの理想気体のエントロピーを T と V の関数として求めよ．ただし，理想気体の熱容量は温度に依存しないとする．

［解答］　内部エネルギー U を T と V の関数と見ると，式（2.40）は，

$$\mathrm{d}S = \frac{1}{T}\left(\frac{\partial U}{\partial T}\right)_V \mathrm{d}T + \frac{1}{T}\left[\left(\frac{\partial U}{\partial V}\right)_T + p\right]\mathrm{d}V \tag{2.43}$$

と書け，S は T と V の関数となっている．$(\partial U/\partial T)_V$ は系の定積熱容量 C_V であるから，

$$\left(\frac{\partial S}{\partial T}\right)_V = \frac{C_V}{T} \tag{2.44}$$

が得られる．$C_V > 0$ であるから，$(\partial S/\partial T)_V > 0$ すなわち**エントロピーは温度の増加関数である**ことがわかる．さらに，系が理想気体の場合，U は T のみの関数であり，$(\partial U/\partial V)_T = 0$ であるから，n モルの理想気体に対し，式（2.43）は，

$$\mathrm{d}S = \frac{C_V}{T}\mathrm{d}T + \frac{nR}{V}\mathrm{d}V \tag{2.45}$$

となる．ここで，理想気体の状態方程式 $pV = nRT$ を用いた．C_V が T に依存しない場合には，式（2.45）を積分して，

$$S = C_V \ln T + nR \ln V + S_0 \tag{2.46}$$

を得る．ここに，S_0 は温度と体積によらない積分定数である．

C　エントロピー増大の法則と不可逆性

上で導入されたエントロピーは準静的な可逆過程で定義された状態関数であることに注意しよう．式（2.36）において，平衡状態 A から平衡状態 B への過程が準静的な断熱過程の場合，

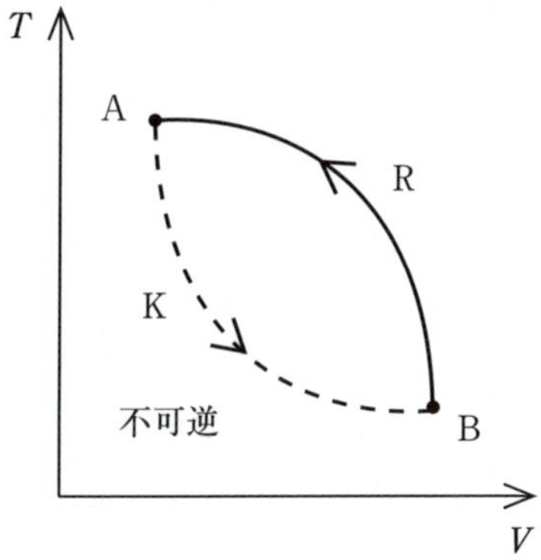

図 2.16　不可逆過程を含むサイクルの経路

$d'q = 0$ であるから，

$$S(\mathrm{A}) = S(\mathrm{B}) \tag{2.47}$$

となる．例えば，カルノーサイクルの断熱過程のように，平衡を保ちながらゆっくりと断熱膨張を行うと，温度と体積はともに変化するが，エントロピーは一定に保たれる．つまり，準静的な断熱過程は可逆であり，エントロピーの変化はない．

系が平衡状態 A から平衡状態 B へ（体積を激しく変化させて温度が変わるような）不可逆過程により変化し，その後，B から準静的過程により元の平衡状態 A に戻るサイクルを考えよう．この過程は必ずしも平衡状態を表す平面（例えば（V, T）平面）上の連続な曲線として表せないが，仮にこの経路を K とし，準静的過程により戻る経路を R とする（図 2.16）．一般のサイクルでは，クラウジウスの不等式（2.31）が成り立ち，今の場合，

$$\int_{\mathrm{K}} \frac{d'q}{T} + \int_{\mathrm{R}} \frac{d'q}{T} < 0 \tag{2.48}$$

と書ける．この式の第 2 項はエントロピーの定義式（2.36）により $S(\mathrm{A}) - S(\mathrm{B})$ に等しい．したがって，式（2.48）は，

$$S(\mathrm{B}) - S(\mathrm{A}) > \int_{\mathrm{K}} \frac{d'q}{T} \tag{2.49}$$

となる．特に A から B への変化が断熱変化であれば

$$S(\mathrm{B}) - S(\mathrm{A}) > 0 \tag{2.50}$$

である．これは，**断熱的な不可逆変化の過程では，エントロピーが増大する**ことを表している．これを**エントロピー増大の法則** principle of increase of entropy という．

ここで，エントロピー増大の原因となっている「断熱的な不可逆変化」について，もう少し詳しく考察してみよう．一般に系の体積を断熱的に変化させると温度も変化する．変化後の平衡状態の温度は体積に応じて決まる（温度を独立に決めることはできない）．A から B への断熱変化で体積と温度が（V_{A}，T_{A}）→（V_{B}，T_{B}）のように変化したとしよう．この変化には不可逆過程が含まれている．もし，この体積変化を準静的な断熱過程で行うとすれば，（V_{A}，T_{A}）→（V_{B}，T'_{B}）のように変化するであろう．ここに T'_{B} は T_{B} とは異なる温度である．この平衡状態（V_{B}，T'_{B}）を B′ と表せば，不可逆な断熱過程 A → B は 2 つの過程の組合せ A → B′ → B として

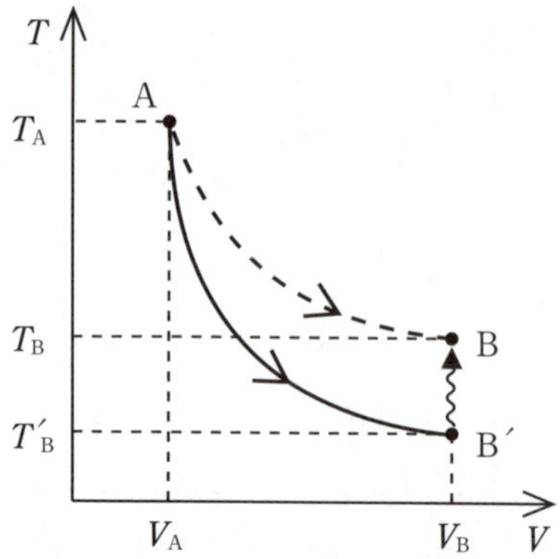

図 2.17　不可逆な断熱過程 A → B を，準静的な断熱過程 A → B′ と温度だけが変化する不可逆過程 B → B′ の組合せとして表した模式図

考えることができる（図 2.17）．A → B′ の過程は準静的断熱過程であるから，式（2.47）より $S(\mathrm{A}) = S(\mathrm{B}')$ である．したがって，式（2.50）より $S(\mathrm{B}) > S(\mathrm{B}')$ すなわち，エントロピーの増大は B′ → B の過程で起こっていることになる．また，エントロピーは温度の増加関数であるから，$T_\mathrm{B} > T'_\mathrm{B}$ である．したがって，この過程は，体積変化がなく，温度だけが上昇する断熱過程である．この過程は不可逆である．なぜなら，逆の断熱過程（$V_\mathrm{B}, T_\mathrm{B}$）→（$V_\mathrm{B}, T'_\mathrm{B}$）が可能だとすると（$V_\mathrm{B}, T'_\mathrm{B}$）を温度 T_B の熱源に接触させて元に戻すサイクル（$V_\mathrm{B}, T_\mathrm{B}$）→（$V_\mathrm{B}, T'_\mathrm{B}$）→（$V_\mathrm{B}, T_\mathrm{B}$）が可能である．2 番目の過程では仕事をしないから，このサイクルは $W = U(T_\mathrm{B}, V_\mathrm{B}) - U(T'_\mathrm{B}, V_\mathrm{B})$ の仕事を外界に対してしたことになる．$T_\mathrm{B} > T'_\mathrm{B}$ であり，U は温度の増加関数であるので，$W > 0$ となり，これはケルヴィンの原理に反する．以上のことから，**断熱過程でエントロピーが増加すれば，その過程は不可逆である**ことがわかる．エントロピーの増加は不可逆性の尺度ともいえる．

以上の考察は，断熱された系でのエントロピーの増大と状態の不可逆変化が等価であることを示している．ここで，「断熱された系」であることに注意して欲しい．断熱系でなければエントロピーが減少することもあり得る．例えば，カルノーサイクルの等温圧縮過程では正の熱を捨てるので，系のエントロピー変化は負となる．断熱された系では熱を捨てることができないので，外部から仕事をされると，その一部または全部が熱に変わってしまい，エントロピーは増加することになる（少なくとも減少はしない）．

D　孤立系における自発変化

しばしば，エントロピー増大の法則は孤立系に対して適用される．外部と一切遮断された孤立系は，もちろん断熱系でもあるので，エントロピー増大則はそのまま適用できる．孤立系の場合，外部からの仕事ができないので，何らかの原因により系の内部で不可逆な状態変化が起こり，やがて平衡状態となる．このように自然に起こる状態変化を**自発的な変化** spontaneous change と呼ぶ．したがって，エントロピー増大則は，次のように言い表すことができる．

「孤立系の自発的な変化の過程では，必ずエントロピーが増加する」

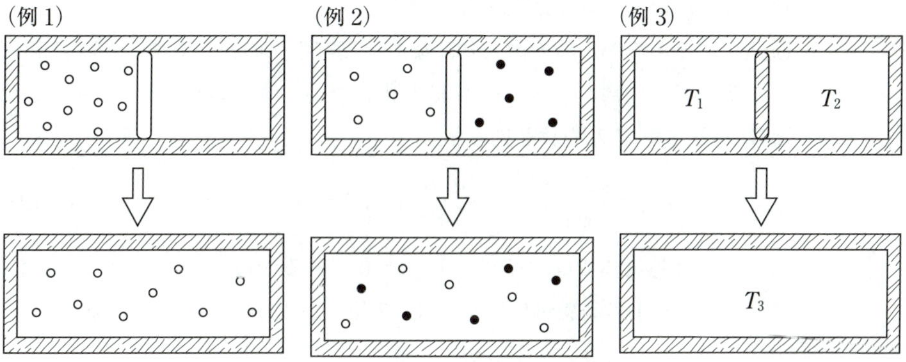

図 2.18　自発的な変化の例

エントロピー増大則は熱力学第二法則の別の表現としても使われることもある．クラウジウスは熱力学第一法則と第二法則をまとめて次のように表現した．

「宇宙のエネルギーは一定であり，宇宙のエントロピーは最大値に向かう」

ここでの「宇宙」とは孤立系のことを指していると考えるべきであろう．

孤立系の自発的な変化とはどういうものであるか，イメージをつかむため，いくつか例をあげよう（図 2.18）．

（例 1）断熱壁によって密閉された容器があり，その内部は仕切りにより 2 つの部分に分かれているとしよう．一方の部分は希薄な気体で満たされており，もう一方の部分は真空であるとする．あるとき，内部の仕切りを取り去ると，気体は速やかに容器全体に広がり，一様な平衡状態に達するであろう．そして二度と元の状態（仕切りを取り去った瞬間の，一方の部分だけに気体分子がある状態）に戻ることはないであろうことは容易に想像できる．ただし，分子の数が非常に少ない場合（数個程度）には，元と似たような状態になる瞬間があるかもしれない．しかし，熱力学では巨視的な系，すなわち非常に多数（アヴォガドロ数程度）の分子からなる系を考えているので，そのような場合は考えない．また，たとえそのようなまれな状態があったとしても，それが平均的に続くわけではなく，平衡状態として実現されることはない．

（例 2）やはり，内部に仕切りをもつ断熱壁でできた容器があり，一方の部分には気体 A が，もう一方の部分には気体 B が入っていて，これら 2 つの気体は混ぜても化学変化することはなく，どちらも理想気体として振る舞うとしよう．仕切りを取り去ると，2 つの気体は混ざり合い，やがて一様な混合気体となり，再び A と B が分離した状態に戻ることはないであろう．

（例 3）温度（T_1, T_2）が異なる 2 つの固体を断熱壁でできた容器に入れ，接触させる．やがて 2 つの固体は同じ一様な温度（T_3）になる．これらが，もとの状態に戻ることはない．

これらの例はどれも自発的に進行する不可逆変化である．断熱系における状態変化が自発的に進行するかどうかは，その変化の前と後でのエントロピーの変化 $\Delta S = S_{後} - S_{前}$ を計算すれば判定できる．$\Delta S > 0$ であれば自発的に変化する．

[例題 2.9]　体積 V_1，n モルの理想気体が真空中へ断熱的に膨張し，その体積が V_2 となった．このときのエントロピーの変化量を求めよ．また，この過程が不可逆であること

を示せ．ただし，気体定数を R とする．

[解答] 断熱変化であるから熱の出入りはなく，真空中への膨張であるから仕事もしない．したがって，内部エネルギー U は変化しない，すなわち，$\mathrm{d}U = 0$ である．U を温度 T と体積 V の関数と見ると，

$$\mathrm{d}U = \left(\frac{\partial U}{\partial T}\right)_V \mathrm{d}T + \left(\frac{\partial U}{\partial V}\right)_T \mathrm{d}V = 0 \tag{2.51}$$

である．理想気体では，$(\partial U/\partial V)_T = 0$ であるから，$\mathrm{d}T = 0$ となり，温度変化はない．n モルの理想気体では，式（2.45）が成り立つが，今の場合，

$$\mathrm{d}S = \frac{nR}{V}\,\mathrm{d}V \tag{2.52}$$

となるので，これを積分して，エントロピーの変化量 ΔS は，

$$\Delta S = \int_{V_1}^{V_2} \frac{nR}{V}\,\mathrm{d}V = nR \ln \frac{V_2}{V_1} \tag{2.53}$$

である．$V_1 < V_2$ であるから，$\Delta S > 0$ である．断熱過程でエントロピーが増加しているので，この過程は不可逆である．

2.2.3 熱力学第三法則

前項で導入したエントロピーには付加的な定数だけの不定性が残っていた．エントロピーの値に絶対的な意味をもたせるには，基準となる状態でのエントロピーの値を決める必要がある．ネルンスト（W. H. Nernst）は1906年に，「絶対零度では，すべての純粋な結晶状態の物質のエントロピーは，同じ一定の値をとる」という実験法則を見出した．これを**ネルンストの熱定理** Nernst heat theorem という．後にプランク（M. K. E. L. Planck）は，この一定値が0であることを量子論的な考察から示した．つまり，

$$\lim_{T \to 0} S(T) = 0 \tag{2.54}$$

である．これは，**熱力学第三法則** third law of thermodynamics と呼ばれている．これにより，エントロピーの絶対値が，例えば，定圧熱容量 $C_p(T)$ から

$$S(T, p) = \int_0^T \frac{C_p(T')}{T'}\,\mathrm{d}T' \tag{2.55}$$

として計算でき（これに付加定数は付かない），熱測定等による熱容量のデータを組み合わせれば温度 T におけるエントロピーの値を決定できる．ただし，積分の温度区間に相転移がある場合には，相転移に伴う不連続なエントロピー変化を考慮する必要がある（2.4節参照）．このようにして得られた，圧力1 bar での物質1 mol のエントロピーを**標準エントロピー** standard entropy という．

一方，ボルツマン（L. E. Boltzmann）は，エントロピーの統計力学的な表式

$$S = k_{\mathrm{B}} \ln W \tag{2.56}$$

を見出した．この有名な（ボルツマンの墓碑銘にもなっている）関係式は**ボルツマンの原理** Boltzmann principle と呼ばれる．ここで W（注意：ここでは W は仕事ではない）は，熱力学変数によって決まる状態に対して取り得るすべての微視的な（全分子の位置や運動量で指定される）状態の数である．また，k_{B} はボルツマン定数である．絶対零度では系の（量子的な）基底状態は一意に決まるので，式（2.56）で $W = 1$ とすると，$S = 0$ となり，式（2.54）と矛盾しない．

式（2.56）を用いると，**エントロピーは相加的である**ことが以下のように容易にわかる．2つの系が異なる平衡状態にあり，それぞれのエントロピーが S_1，S_2 であるとする．これらは，それぞれの状態数 W_1，W_2 を用いて，$S_1 = k_{\mathrm{B}} \ln W_1$，$S_2 = k_{\mathrm{B}} \ln W_2$ と表される．2つの系を合わせて1つの系としたとき，全系の状態数は $W = W_1 W_2$ であるから，そのエントロピーは $S = k_{\mathrm{B}} \ln W = k_{\mathrm{B}}(\ln W_1 + \ln W_2)$ すなわち，$S = S_1 + S_2$ であることがわかる．

2.2.4　ギブズエネルギー

A　最大仕事

「いかに効率の良い熱機関をつくるか」というのが，熱力学が成立した当時の実用的な研究の目的の1つだった．「ある熱機関（熱力学系）から最大どれだけの仕事を引き出すことができるか」ということは，最大の関心事であったに違いない．今日でも「車の燃費は最大いくらにできるか」といった問題は社会的な関心事である．

純粋に力学的な系，例えば，地表から測った高さ h の位置にある質量 m の静止した物体から引き出すことのできる仕事は，重力による仕事 mgh である（g は重力加速度）．つまり，引き出し得る仕事は，物体が高さ h の位置から地表（高さ0）に落ちる間に失うポテンシャルエネルギーに等しい．水力発電では，基本的にこの重力による仕事を利用している．では，熱力学的な系から引き出し得る仕事はどうしたら計算できるだろうか．ポテンシャルエネルギーに相当するものはあるのだろうか．

ある熱力学的な系が平衡状態Aから平衡状態Bへ変化したとき，この系が外界に対して行うことができる仕事 ΔW を求める問題を考えよう．状態AからBへの変化は2.2.2項Dで挙げた例のような不可逆な過程も含む．力学的な系では，上の例のように，ΔW に相当する量は唯一つ決まる．しかし，熱力学的な系では一般に状態変化の経路によって異なる．ただし，以下に見るように，その上限は決まる．それを決めるのが熱力学第二法則，あるいはエントロピー増大則である．

「熱力学的な系で状態の変化が生じたとき，系のエントロピーは増大するかまたは最大値にとどまる」というエントロピー増大則は孤立系または断熱された系での話である．現実的には，孤立系を実験室でつくることは難しく，注目する系は，ある大きな系の一部分であることがほとんどである．したがって，系を熱力学的に制御するために，しばしば，系を取り囲む環境となる巨大な「浴槽」を設定する．これは，**環境体**，**リザーバー** reservoir などと呼ばれ，系の状態変数を一定に保つ役割をする．熱力学でよく出てくる熱源あるいは熱浴は温度を一定に保つリザーバーである．注意すべきは，環境体と系を合わせて断熱壁で囲んだとすると，その全体は孤立系と見なすことができ，エントロピー増大則が適用できるということである．

さて，今の問題を考えるため，次のような設定をしよう．注目する系は一様な環境体の中に置かれ，環境体と熱および体積変化による仕事のやりとりができる．環境体は十分大きく，温度 T_e，圧力 p_e は一定値をとるものとする．さらに系は，環境体とは切り離された外界と力学的仕事のやりとりをする．系が外界に対して行う仕事（系から引き出し得る仕事）を ΔW としよう（図 2.19）．

熱力学第一法則によれば，この過程における系の内部エネルギーの変化 ΔU は，系が環境体から受け取った熱量 Δq，系が環境体からされた仕事 $\Delta w'$，および系が外界からされた仕事 Δw の和であるから，

$$\Delta U = \Delta q + \Delta w' + \Delta w \tag{2.57}$$

である．環境体と系が，それぞれ ΔV_e および ΔV の体積変化があったとすると，環境体が系に対してした仕事は $p_e \Delta V_e$ であるので，系が環境体からされた仕事は，$\Delta w' = p_e \Delta V_e$ である．環境体と系を合わせた全系の体積変化はないので，$\Delta V_e + \Delta V = 0$ である．よって，$\Delta w' = -p_e \Delta V$ となる．また，系が外界に対してした仕事は，系が外界からされた仕事の符号を変えたもの，つまり $\Delta W = -\Delta w$ であるから，式（2.57）より，

$$\Delta W = -\Delta U + \Delta q - p_e \Delta V \tag{2.58}$$

である．

ここでまず，注目する系は断熱されており，体積変化もない（すなわち環境体がない）場合を考えよう．このとき，$\Delta q = 0$，$\Delta V = 0$ であるから，

$$\Delta W = -\Delta U \tag{2.59}$$

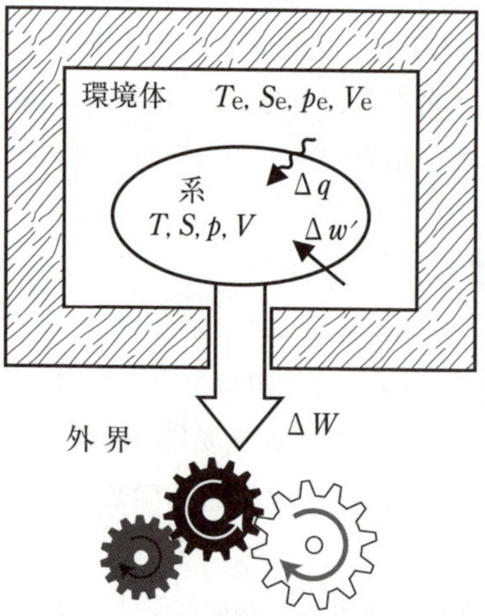

図 2.19 環境体の中に置かれた系と外界の概念図
環境体と系を合わせた全体の系は断熱されている．

となり，外界に対して$-\Delta U$の仕事をする．つまり，内部エネルギーが減った分だけの仕事を系から引き出すことができる．Uは力学的エネルギーあるいはポテンシャルと同じ働きをする．

次に，環境体との熱の授受がある場合を考えよう．系の状態変化$A \to B$における，系および環境体のエントロピー変化を，それぞれΔSおよびΔS_eとする．この過程で環境体から系が受け取った熱量はΔqであるから，この熱の授受に伴う系のエントロピー変化は$\Delta q/T_e$である．一般に$A \to B$の変化では不可逆過程も含んでいるので，このエントロピー変化はΔSそのものではない（系の内部で熱が発生するかもしれない）．しかし，環境体では系との熱の授受以外にエントロピー変化に寄与するものはないので，$\Delta S_e = -\Delta q/T_e$である．一方，環境体と系を合わせた全系は断熱系と考えることができるので，エントロピーの相加性およびエントロピー増大則より，$\Delta S + \Delta S_e \geqq 0$である．よって，

$$\Delta q \leqq T_e \Delta S \tag{2.60}$$

である．したがって，式（2.58）は，

$$\Delta W \leqq -\Delta U + T_e \Delta S - p_e \Delta V \tag{2.61}$$

となる．この式はΔWの上限を決める．この上限を**最大仕事** maximum work といい，系が状態Aから状態Bへ変化したときに外界へなし得る最大の仕事を表す．

系の温度が一定（$T = T_e$）で体積変化がない（$\Delta V = 0$）とき，式（2.61）は，

$$\Delta W \leqq -\Delta U + T\Delta S = -\Delta(U - TS) \tag{2.62}$$

となる．新しい状態関数Fを

$$F = U - TS \tag{2.63}$$

として導入すれば，式（2.62）から，

$$\Delta W \leqq -\Delta F \tag{2.64}$$

が得られる．これは，平衡状態Aと平衡状態Bで温度と体積がともに等しいとき，系から引き出せる仕事の上限が$-\Delta F$であることを示している．過程$A \to B$が準静的であるとき，式（2.64）の等号が成り立ち，ΔWは最大値$-\Delta F$をとる．状態関数Fは**ヘルムホルツの自由エネルギー** Helmholtz free energy または単に**自由エネルギー**と呼ばれる．

もし，外界との力学的仕事を遮断すれば，$\Delta W = 0$であるから，式（2.64）は，

$$\Delta F \leqq 0 \tag{2.65}$$

となる．ここで，$A \to B$が自発的な変化（不可逆変化）のとき$\Delta F < 0$となり，平衡状態（準静的過程）では$\Delta F = 0$である．言い換えれば，**温度と体積を一定に保った系では，Fが減少する方向に自発的な変化が進行し，Fが最小値をとったところで平衡状態に達する．**

ここで，次のような疑問が生じるかもしれない．「系は外界から遮断されているのに，ひとりでに状態変化$A \to B$が進行し，しかも温度と体積が変わらないということがあるのだろうか？」しかし，$\Delta W = 0$というのは，外界との仕事が遮断されているだけで，例えば2.2.2項Dで挙げた例のように容器の中の仕切りを取り外すような仕事を伴わない操作は可能である．仕切りを取り外す前の平衡状態Aと，取り外して十分時間が経った後での平衡状態Bとの自由エネルギーの差が$\Delta F = F(\mathrm{B}) - F(\mathrm{A})$である．状態変化$A \to B$の途中では非平衡な状態が生じているかもしれないが，そのような途中の状態は（T, V）のように少数の熱力学変数では表すことはできない．最初と最後の平衡状態だけを問題にしているのである．

実験的には，系の体積を一定に保つよりも圧力を一定に保つ方が簡単な場合が多い．温度と圧力を一定に保つ等温等圧過程では，$T = T_e$，$p = p_e$ であるので，式（2.61）は，

$$\Delta W \leqq -\Delta U + T\Delta S - p\Delta V = -\Delta(U - TS + pV) \tag{2.66}$$

となる．新しい状態関数 G を

$$G = U - TS + pV \tag{2.67}$$

として導入すれば，式（2.66）から，

$$\Delta W \leqq -\Delta G \tag{2.68}$$

が得られる．これは，温度と圧力を一定にしたときに系から引き出し得る仕事の上限を与える．状態関数 G は**ギブズの自由エネルギー** Gibbs free energy または**ギブズエネルギー**と呼ばれる．

外界との力学的仕事を遮断して，$\Delta W = 0$ とすれば，式（2.68）は，

$$\Delta G \leqq 0 \tag{2.69}$$

となる．これは，**温度と圧力を一定に保った系では，G が減少する方向に自発的な変化が進行し，G が最小値をとったところで平衡状態に達すること**を表している．

B　熱力学関数

自発的な変化の方向を決定する熱力学的な量は，エントロピー S，内部エネルギー U，エンタルピー H，ヘルムホルツの自由エネルギー F，ギブズエネルギー G である．これらは**熱力学関数** thermodynamic function または**熱力学ポテンシャル** thermodynamic potential と呼ばれ，力学的な系におけるポテンシャルに相当する．力学では，位置 x にある粒子に働く力 f が，位置の関数 $\psi(x)$ によって $f = -\mathrm{d}\psi/\mathrm{d}x$ のように表されるとき，$\psi(x)$ をポテンシャルという（$f\mathrm{d}x = -\mathrm{d}\psi$ と書き直せば，$f\mathrm{d}x$ は仕事を表すので意味が明確になる）．谷底に向かって斜面を転がっていく石ころをイメージすればよい．勾配がきついほど力は大きく，谷底（ψ が最小値をとる場所）では力は0となる．熱力学では，力学の「位置」に対応するものは「状態」である．したがって，熱力学関数は状態の関数，すなわち状態関数である．いろいろな熱力学関数の違いは，形式的には，状態を指定する熱力学変数の取り方の違いである．

平衡状態を指定する熱力学変数には，実験的に制御可能な変数として温度 T，圧力 p，体積 V がある（次章で扱う開いた系では，これに物質量が加わる）．さらに，エントロピー，内部エネルギーも状態を指定する変数として使われる．いくつの変数を指定すれば状態が決まるのだろうか．理想気体を考えてみよう．平衡状態では状態方程式 $pV = nRT$ がいつでも成り立つ．n は系に含まれる気体分子の物質量（単位は mol）であるが，ここでは閉じた系を考えているので n は定数である．状態方程式に現れる3つの変数（p, V, T）のうち，1つの変数（例えば p）の値を決めても，他の2つ（V, T）の値は状態方程式を満たすようにいくらでも選べるので，一通りに定まらない．ところが，2つの変数（例えば V, T）の値を決めると，残りの1つ（p）の値は決まってしまう（$p = nRT/V$）．よって，状態を指定するには，2つの変数で十分である．3つの変数の値を勝手に選ぶことはできない．したがって，独立に選ぶことができる変数の数は2である．

状態関数に対する変数の選び方は特に決まっていない．状態を決めるのに十分な独立変数の組

であればよく，異なる変数の取り方をしても，対応する状態は同じである．表示が違うだけである．そのため，変数を明示しないことも多い．ただし，熱力学関数に対しては自然な変数の選び方がある．それは，前項で熱力学関数を導いたときに一定とした変数である．ヘルムホルツの自由エネルギーでは（T, V），ギブズエネルギーでは（T, p）である．

熱力学関数は自発的な変化の方向を決定するだけでなく，平衡状態での様々な熱力学的な量を計算するのに便利な状態関数である．無限小の状態変化を微分で表せば，数学的な取り扱いが容易になる．様々な熱力学関数はルジャンドル変換という手法を使って形式的に導くことができる．出発点となるのは，微分の形で書いた熱力学第一法則（式（2.39））である．

$$\mathrm{d}U = T\mathrm{d}S - p\mathrm{d}V \tag{2.70}$$

ここで，Uは（S, V）の関数である（このことを以下 $U = U$（S, V）のように書く）．右辺の微分記号“d”がついたものが変数である．積 TS の微分は $\mathrm{d}(TS) = S\mathrm{d}T + T\mathrm{d}S$ であるから，式（2.70）の両辺からこれを引くと，

$$\mathrm{d}(U - TS) = -S\mathrm{d}T - p\mathrm{d}V \tag{2.71}$$

である．$F = U - TS$ とすれば，

$$\mathrm{d}F = -S\mathrm{d}T - p\mathrm{d}V \tag{2.72}$$

を得る．ここに，$F = F(T, V)$ である．さらに，Vの代わりにpを変数にするには，両辺に $\mathrm{d}(pV)$ を足して，$G = F + pV$ とすれば，

$$\mathrm{d}G = -S\mathrm{d}T + V\mathrm{d}p \tag{2.73}$$

が得られる．ここに，$G = G(T, p)$ である．このような変数変換をルジャンドル変換という．熱力学関数は互いにルジャンドル変換で結ばれている．

［例題 2.10］ 内部エネルギー $U = U(S, V)$ からルジャンドル変換によりエンタルピー $H = H(S, p)$ を定義せよ．また，$H = H(S, p)$ からルジャンドル変換によりギブズエネルギー $G = G(T, p)$ を定義し，上で定義したGと同じであることを確かめよ．

［解答］ 内部エネルギーの微分形式（2.70）を用いて変数を（S, V）から（S, p）に変換する．$\mathrm{d}(pV) = V\mathrm{d}p + p\mathrm{d}V$ であるから，式（2.70）にこれを加えると，

$$\mathrm{d}(U + pV) = T\mathrm{d}S + V\mathrm{d}p \tag{2.74}$$

である．$H = U + pV$ と定義すれば，

$$\mathrm{d}H = T\mathrm{d}S + V\mathrm{d}p \tag{2.75}$$

となり，$H = H(S, p)$ を得る．さらに，この式から（S, p）→（T, p）の変数変換をする．$\mathrm{d}(TS) = S\mathrm{d}T + T\mathrm{d}S$ を式（2.75）から引くと，

$$\mathrm{d}(H - TS) = -S\mathrm{d}T + V\mathrm{d}p \tag{2.76}$$

である．$G = H - TS$ を定義すれば，

$$\mathrm{d}G = -S\mathrm{d}T + V\mathrm{d}p \tag{2.77}$$

となり，$G = G(T, p)$ を得る．また，定義式 $F = U - TS$ と $H = U + pV$ から，

$$G = H - TS = U - TS + pV = F + pV \tag{2.78}$$

であることがわかる．

ギブズエネルギーの定義式は $G = H - TS$ の形で使われることが多い．特に等温等圧条件下での変化は，

$$\Delta G = \Delta H - T\Delta S \tag{2.79}$$

と書ける．これは，ギブズエネルギーの変化がエンタルピー変化による寄与とエントロピー変化による寄与からなることを示している．つまり，等温等圧条件下での自発的な変化は，エンタルピー変化とエントロピー変化によって決まる．例えば，$\Delta H < 0$ かつ $\Delta S > 0$ ならば $\Delta G < 0$ なので，この変化は自発的に進行し，$\Delta H > 0$ かつ $\Delta S < 0$ ならば $\Delta G > 0$ なので，この変化は自発的には進行しない．また，ΔH と ΔS が同符号ならば，両者のどちらが優勢かによって自発的変化の方向が決まる．

C 熱力学関数を使った関係式

熱力学関数の有用性は，その微分からいろいろな熱力学量を導き出すことができる点にある．例えば，F の全微分を

$$\mathrm{d}F = \left(\frac{\partial F}{\partial T}\right)_V \mathrm{d}T + \left(\frac{\partial F}{\partial V}\right)_T \mathrm{d}V \tag{2.80}$$

と書けば，式（2.72）と比較することにより，

$$S = -\left(\frac{\partial F}{\partial T}\right)_V \quad , \qquad p = -\left(\frac{\partial F}{\partial V}\right)_T \tag{2.81}$$

が得られる．ただし，これは式（2.72）が F の全微分になっていなければ成立しない．熱力学関数は状態関数であるから，これは当然成立する．また，G の全微分を

$$\mathrm{d}G = \left(\frac{\partial G}{\partial T}\right)_p \mathrm{d}T + \left(\frac{\partial G}{\partial p}\right)_T \mathrm{d}p \tag{2.82}$$

と書けば，式（2.73）と比較することにより，

$$S = -\left(\frac{\partial G}{\partial T}\right)_p \quad , \qquad V = \left(\frac{\partial G}{\partial p}\right)_T \tag{2.83}$$

が得られる．

自由エネルギーの定義式から $U = F + TS$ であるが，これに式（2.81）を用いると，

$$U = F - T\left(\frac{\partial F}{\partial T}\right)_V = -T^2\left[\frac{\partial}{\partial T}\left(\frac{F}{T}\right)\right]_V \tag{2.84}$$

が得られる．これは F から U を導く式である．同様にして $H = G + TS$ に式（2.83）を用いると，

$$H = G - T\left(\frac{\partial G}{\partial T}\right)_p = -T^2\left[\frac{\partial}{\partial T}\left(\frac{G}{T}\right)\right]_p \tag{2.85}$$

が得られる．式（2.84），（2.85）は**ギブズ-ヘルムホルツの式** Gibbs-Helmholtz equation と呼ばれ，平衡定数の温度依存性を導く際に利用される．

G の2階微分を利用した関係式もある．式（2.83）の第1式を p で微分し，第2式を T で微分すると，

$$\frac{\partial^2 G}{\partial p \partial T} = -\left(\frac{\partial S}{\partial p}\right)_T \quad , \qquad \frac{\partial^2 G}{\partial T \partial p} = \left(\frac{\partial V}{\partial T}\right)_p \tag{2.86}$$

式（2.86）の第 1 式の左辺と第 2 式の左辺は微分の順序を入れ替えたもので，それらは等しく，

$$-\left(\frac{\partial S}{\partial p}\right)_T = \left(\frac{\partial V}{\partial T}\right)_p \tag{2.87}$$

が得られる．同様の式は他の熱力学関数を使っても得られる．このようにして得られた関係式を**マックスウェルの関係式** Maxwell's relation という．

2.2.5 ◆ 熱力学関数を使って自発的な変化の方向と程度を予測

自発的な変化（不可逆変化）が進行するとき，孤立系（断熱系）ではエントロピーが増大し，平衡状態で最大値をとる．前節では，このことを原理として，温度と体積が一定の系ではヘルムホルツの自由エネルギーが，温度と圧力が一定の系ではギブスの自由エネルギーが，それぞれ最小化されることを見た．これらのことは，エントロピーや自由エネルギーの変化を計算すれば，考えている変化が自発的に進行するかどうかの予測ができることを示している．表 2.1 に熱力学関数と自発的な変化の方向についてまとめた．

表 2.1　熱力学関数と自発的な変化の方向

自然な変数	熱力学関数	自発的な変化の方向
U, V	S	$\Delta S > 0$
S, V	U	$\Delta U < 0$
S, p	H	$\Delta H < 0$
T, V	F	$\Delta F < 0$
T, p	G	$\Delta G < 0$

表の中の「自然な変数」というのは，自発的な変化の過程で一定にする独立な熱力学変数である．自然な変数で指定される状態が平衡状態となるとき，対応する熱力学関数は（エントロピーの場合）最大値または（その他の場合）最小値をとる．

実験的に有用な熱力学関数は，$F(T,\ V)$ と $G(T,\ p)$ である．特に化学系の実験は等温等圧下で行われることが多いので，$G(T,\ p)$ がよく使われる．例えば，ある化学反応が温度 T で進行するときのエンタルピー変化 ΔH とエントロピー変化 ΔS の値がわかると $\Delta G = \Delta H - T\Delta S$ から ΔG が計算できる．$\Delta G < 0$ ならば（右方向に）進行すると予想できる．ΔH や ΔS は文献値としてわかっている場合もあるので，化学反応の進行に関する予測に役立つ．他の自発的な変化の例としては，融解や蒸発などの相転移現象である．純粋な水は 1 気圧 100℃で，液体–気体の相転移が起こるが，そのときの蒸発のギブズエネルギー変化 $\Delta_{\mathrm{vap}}G$（1 モル当たりの気体状態のギブズエネルギーから液体状態のギブズエネルギーを引いたもの）を計算すると $\Delta_{\mathrm{vap}}G = 0$ となり，この温度で水と水蒸気が平衡にあることを示している．100℃より低い温度では $\Delta_{\mathrm{vap}}G > 0$ となり，水が水蒸気になる過程は自発的ではない．一方，100℃より高い温度では $\Delta_{\mathrm{vap}}G < 0$ となり水から自発的に水蒸気になる．

[例題 2.11]　体積 V_A, n_A モルの理想気体 A と，体積 V_B, n_B モルの理想気体 B を等温（温度 T），等圧（圧力 p）の下で混合したときのエントロピー変化 ΔS を n_A, n_B を用いて表せ．また，この過程でのギブズエネルギーの変化を求め，この過程が自発的に進行するかどうか判定せよ．ただし，混合後の全体積は $V = V_A + V_B$ とし，気体定数を R とする．

[解答]　理想気体 A が等温準静的に体積 V_A から V に膨張する過程を考え，熱力学第一法則 $\mathrm{d}U = T\mathrm{d}S - p\mathrm{d}V$ を適用する．等温過程では理想気体の内部エネルギーの変化はない（$\mathrm{d}U = 0$）ので，$\mathrm{d}S = (p/T)\mathrm{d}V$ である．理想気体の状態方程式 $pV' = n_A RT$（V' は任意の体積）を用いて，これを積分すれば，この過程でのエントロピー変化 ΔS_A は，

$$\Delta S_A = \int_{V_A}^{V} \frac{p}{T}\,\mathrm{d}V' = \int_{V_A}^{V} \frac{n_A R}{V'}\,\mathrm{d}V' = n_A R \ln \frac{V}{V_A} \tag{2.88}$$

と表される．理想気体 B についても，同様にすると，エントロピー変化 ΔS_B は，

$$\Delta S_B = \int_{V_B}^{V} \frac{p}{T}\,\mathrm{d}V' = \int_{V_B}^{V} \frac{n_B R}{V'}\,\mathrm{d}V' = n_B R \ln \frac{V}{V_B} \tag{2.89}$$

である．状態方程式から，$V/V_A = (n_A + n_B)/n_A$, $V/V_B = (n_A + n_B)/n_B$ であるから，全体のエントロピー変化 ΔS は，

$$\begin{aligned}\Delta S &= \Delta S_A + \Delta S_B \\ &= R\left(n_A \ln \frac{n_A + n_B}{n_A} + n_B \ln \frac{n_A + n_B}{n_B}\right)\end{aligned} \tag{2.90}$$

である．$(n_A + n_B)/n_A > 1$, $(n_A + n_B)/n_B > 1$ であるので，式（2.90）より，$\Delta S > 0$ である．系のギブズエネルギーの変化 ΔG は，

$$\Delta G = \Delta U - T\Delta S + p\Delta V \tag{2.91}$$

で与えられるが，理想気体の等温過程では $\Delta U = 0$ であり，今の場合，全体の体積変化もない（$\Delta V = 0$）ので，

$$\begin{aligned}\Delta G &= -T\Delta S \\ &= -RT\left(n_A \ln \frac{n_A + n_B}{n_A} + n_B \ln \frac{n_A + n_B}{n_B}\right)\end{aligned} \tag{2.92}$$

であるから，$\Delta G < 0$ であり，この過程は自発的に進行すると考えられる．

コラム

熱力学は，巨視的な（すなわち，十分多数の原子や分子を含む）系を対象に，熱に関わる系の性質を，巨視的な物理量（エネルギー，温度，エントロピー，圧力，体積，物質量または分子数，化学ポテンシャルなど）を用いて説明するものである．現象を原子や分子レベルで解明することは，熱力学の対象ではなく，**統計力学** statistical mechanics と呼ばれる学問で扱われる．第1章で学んだ気体の分子運動論は統計力学的な分野である．しかし，例えば，気体の内部エネルギーと分子の熱エネルギーの関係のように，熱力学的な量をミクロな描像で説明すると，たいへんわかりやすい場合が多々ある．

ただし，色々な考え方が，熱力学から導かれるものか，統計力学の助けによるものかを，よく整理して理解する必要がある．例えば，エントロピーが「乱雑さを表す量」である，というのは，統計力学的な理解であり，後に学ぶように，熱力学ではこれとは別の考え方で定義される．

2.3 化学平衡の原理

2.3.1 ギブズエネルギーと化学ポテンシャル

ここまで見てきたように，開いた系が等温定圧の条件下で自発的に変化するとき，系の自由エネルギーが減少する．しかし，例えば生命科学や医療において自発変化や平衡を分子レベルで考えるとき，化合物の濃度などの概念をこれらマクロな考察とどう結びつけたらよいのであろうか．

A　部分モル量

2成分以上の混合系の熱力学において考えねばならない『部分モル量』という重要な概念がある．

例えば，水1Lとエタノール1Lの混合物の体積は2Lではない．また，全体のモル数が同じでも混合のモル比が異なると体積が異なる．図2.20に示されるように，沢山の水に水1モルを加えると体積が約18 cm^3 増えるが，沢山のエタノールに水1モルを加えるときは体積の増加は約14 cm^3，モル当たりの体積の増加率が異なるのである．

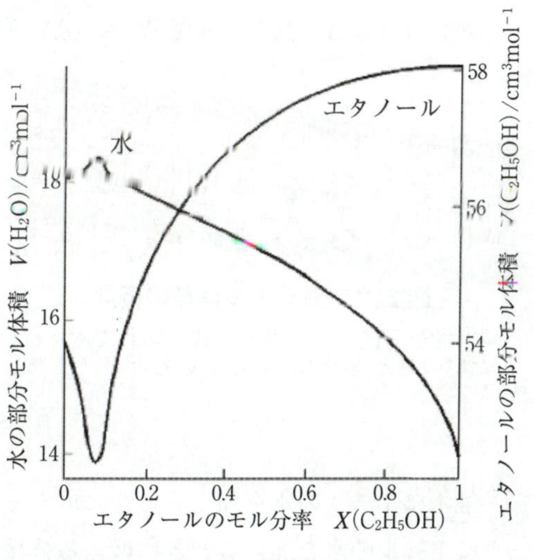

図2.20　水／エタノールにおける部分モル体積

25℃における水とエタノールの部分モル体積　左の縦軸が水の部分モル体積，右の縦軸がエタノールの部分モル体積を表す．

（アトキンス物理化学 第8版，p. 141，東京化学同人から引用）

2成分系（成分1，2）での体積は，一般にそのモル数（それぞれ n_1，n_2）に依存して $V = V(p, T, n_1, n_2)$ であり，圧力 p と温度 T が一定の場合（$dp = 0$，$dT = 0$）の体積変化 dV は，混合成分の物質量の変化 dn_1 と dn_2 に依存する．

$$\begin{aligned} dV &= \left(\frac{\partial V}{\partial p}\right)_{T,\, n_1,\, n_2} dp + \left(\frac{\partial V}{\partial T}\right)_{p,\, n_1,\, n_2} dT + \left(\frac{\partial V}{\partial n_1}\right)_{p,\, T,\, n_2} dn_1 + \left(\frac{\partial V}{\partial n_2}\right)_{p,\, T,\, n_1} dn_2 \\ &= \left(\frac{\partial V}{\partial n_1}\right)_{p,\, T,\, n_2} dn_1 + \left(\frac{\partial V}{\partial n_2}\right)_{p,\, T,\, n_1} dn_2 \end{aligned} \quad (2.93)$$

水（成分1）とエタノール（成分2）の例に当てはめれば，水を1モル加えた時の体積変化は次式で表される．

$$\left(\frac{\partial V}{\partial n_1}\right)_{p,\, T,\, n_2} = \bar{V}_1 \quad (2.94)$$

この値は，エタノール（成分2）の含量 n_2 により変化する（図2.21）．こうして表される $\bar{V}_1 = \bar{V}_1(p, T, n_2)$ のことを，成分1の**部分モル体積**という．

成分ごとの部分モル体積を用いて，全体の体積 V は次のように表される．積分の領域内で組成がずっと一定ならば，部分モル体積は 一定であり，

$$V = \int_0^{n_1} \bar{V}_1 dn_1 + \int_0^{n_2} \bar{V}_2 dn_2 = \bar{V}_1 \int_0^{n_1} dn_1 + \bar{V}_2 \int_0^{n_2} dn_2 \quad (2.95)$$

一方，この混合系のモル体積 $\bar{V}$ は，モル分率 $x_1 = n_1/(n_1 + n_2)$，$x_2 = n_2/(n_1 + n_2)$ を用いて表される．

$$\bar{V} = \frac{V}{n_1 + n_2} = \bar{V}_1 \frac{n_1}{n_1 + n_2} + \bar{V}_2 \frac{n_2}{n_1 + n_2} = \bar{V}_1 x_1 + \bar{V}_2 x_2 \quad (2.96)$$

「**部分モル量**」は，混合系における各成分の各物理量にその時々の混合比ごとに定義され，1モル当たりの物理量である「**モル量**」とは明確に区別される．体積に限らず，系を記述する他の示量性変数 X についても，一般に成分ごとに部分モル量 $\overline{X_i} = (\partial X/\partial n_i)_{p,\, T,\, n_{j(\neq i)}}$ が定義される．

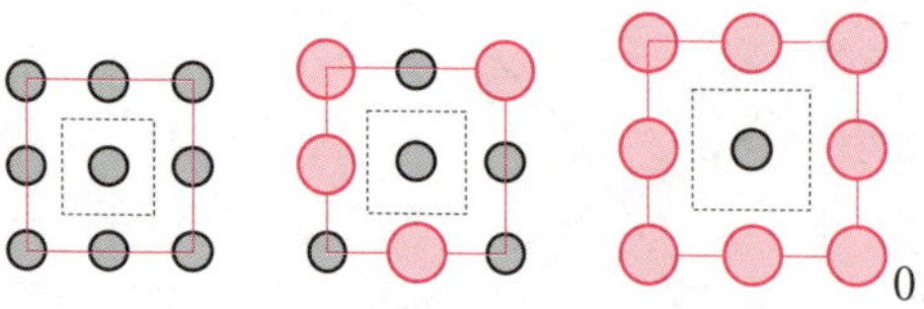

図 2.21　部分モル体積の概念

成分A（●）とB（●）の混合系では，全体のモル数が同じでも，混合比により全体積が異なる．このとき，周囲がAだけの時と適当に混じっているとき，またBだけのときで，中央の成分Aの占める体積が異なる．

［例題 2.12］　図2.20から，純水に1モルの水を加えるときに増える体積は $\bar{V}_{水} = 18\ \mathrm{cm^3\ mol^{-1}}$，純エタノールに1モルの水を加えるときに増える体積は $\bar{V}_{水} = 14\ \mathrm{cm^3\ mol^{-1}}$，また，エタノールのモル分率が0.2のときの水とエタノールの部分モル体積はそれぞれ，$\bar{V}_{水} = 17.5\ \mathrm{cm^3\ mol^{-1}}$，$\bar{V}_{エタノール} = 55.0\ \mathrm{cm^3\ mol^{-1}}$ であった．水とエタノールの分子量はそれぞれ18.0，46.1として，以下に答えよ．

1. 純エタノールに1モルのエタノールを加えるときに増える体積（cm^3）を計算から求めよ．ただし，25℃におけるエタノールの密度は 0.789 g cm^{-3} とする．
2. エタノール 46.1g と水 72.0 g の混合物の 25℃における全体積（cm^3）を計算から求めよ．

［解答］
1. 純エタノールは，分子量 46.1 で，密度が 0.789 g cm^{-3} であるから，
体積変化は 46.1g mol^{-1}/0.789 g cm^{-3} = 58.4(cm^3 mol^{-1})
2. エタノールのモル数は 46.1g/46.1g mol^{-1} = 1 mol,
水のモル数は 72.0 g/18.0 g mol^{-1} = 4 mol であるから，
エタノールのモル分率は 1 mol/(1 mol + 4 mol) = 0.2
エタノールのモル分率 0.2 のときのそれぞれの部分モル体積を使い，全体積は
$V = 4\,\mathrm{mol} \times 17.5\,\mathrm{cm^3\,mol^{-1}} + 1\,\mathrm{mol} \times 55.0\,\mathrm{cm^3\,mol^{-1}} = 12.5$（$cm^3$）

B 化学ポテンシャル

変化のミクロな描像をとらえようとするとき，ギブズ自由エネルギーの部分モル量が大きく意味をもつ．ここまで見たように，ギブズ自由エネルギーの全微分は $\mathrm{d}G = V\mathrm{d}p - S\mathrm{d}T$ (2.73) であり，2つの変数 p と T の関数 $G = G(p, T)$ であった．しかし，G は概念的には物質量（モル数 n）に応じて増減する示量的な状態関数であり，一般には p と T だけではなく，モル数 n も変数としてもつ関数である．

$$G = G(p, T, n) = n \times G(p, T, 1) \tag{2.97}$$

このことを踏まえると，その全微分は，1成分の場合，

$$\mathrm{d}G = \left(\frac{\partial G}{\partial p}\right)_{T,n}\mathrm{d}p + \left(\frac{\partial G}{\partial T}\right)_{p,n}\mathrm{d}T + \left(\frac{\partial G}{\partial n}\right)_{p,T}\mathrm{d}n$$

$$= V\mathrm{d}p - S\mathrm{d}T + \left(\frac{\partial G}{\partial n}\right)_{p,T}\mathrm{d}n \tag{2.98}$$

最右辺の第3項に含まれる『ギブズエネルギーのモル数による偏微分』は，その物質の**化学ポテンシャル** $\mu = \mu(p, T)$ と呼ばれる．

$$\mu \equiv \left(\frac{\partial G}{\partial n}\right)_{p,T} \tag{2.99}$$

$$\mathrm{d}G = \left(\frac{\partial G}{\partial p}\right)_{T,n}\mathrm{d}p + \left(\frac{\partial G}{\partial T}\right)_{p,n}\mathrm{d}T + \left(\frac{\partial G}{\partial n}\right)_{p,T}\mathrm{d}n = V\mathrm{d}p - S\mathrm{d}T + \mu\mathrm{d}n \tag{2.100}$$

式 (2.97) をモル数 n で偏微分すれば，1成分の場合，化学ポテンシャル μ は1モル当たりのギブズエネルギー G に相当する**モルギブズエネルギー**である．

$$\mu = \left(\frac{\partial G}{\partial n}\right)_{p,T} = G(p, T, 1) = \frac{G(p, T, n)}{n} \tag{2.101}$$

μがモルギブズエネルギーであることと，等温定圧の自発変化での$\Delta G < 0$を考え合わせると，等温定圧での自発変化においてはμが小さくなる方向に変化が進む，と考え及ぶであろう．その意味で，μは“ポテンシャル”と呼ぶにふさわしい．化学変化でも物理変化でも，互いに変化できる2状態のその時点の成分量で大きなμの状態から小さなμの状態の方に変化が進む意味をもつ．

例えば1成分での固相から液相への変化A→Bを考えてみる．2つの成分の化学ポテンシャルをそれぞれμ_A，μ_Bとし（Cを参照のこと），等温定圧でこの変化が自発的に進むとしよう．変化がどのくらい進行したかを表す座標，**反応進行度ξ（グザイ）**を用いると，変化が少し$d\xi$だけ進むときの物質量の変化は$-dn_A = dn_B$であるから，このときの自由エネルギー変化は式(2.100)より次のように表せる．

$$dG = \mu_A dn_A + \mu_B dn_B = -\mu_A d\xi + \mu_B d\xi = (\mu_B - \mu_A)\, d\xi \qquad (2.102)$$

このとき，**変化を駆動するギブズエネルギー変化$\Delta_r G$**を次のように定義する．

$$\Delta_r G = \left(\frac{\partial G}{\partial \xi}\right)_{p,\,T} \qquad (2.103)$$

ギブズエネルギーは，ξをパラメーターとして描けば図2.22のようになり，自発変化で減少する．変化を駆動するギブズエネルギー差$\Delta_r G$はこのグラフの傾き，変化を進める“力”を意味する．変化は，ギブズエネルギーが最小になる点まで進行し，$\Delta_r G$がゼロ（$\Delta_r G = 0$）になって平衡となる．自由エネルギーGは小さいほど安定であり，等温定圧での自発変化はGの極小値に向かって変化する．

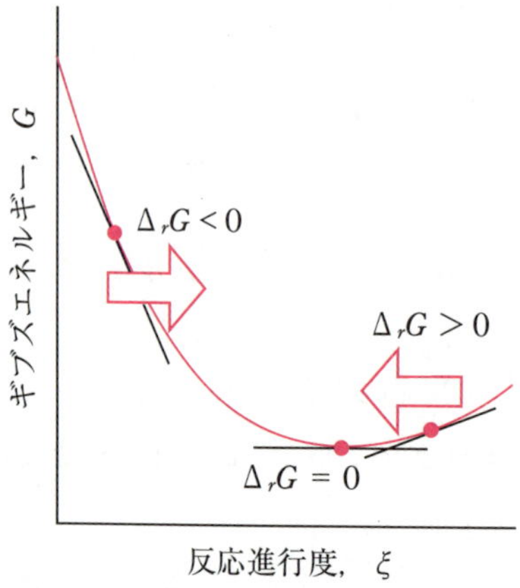

図2.22　反応ギブズエネルギーと反応進行度

反応が進む（横軸に沿って左から右への運動で表す）につれて，ギブスエネルギーの勾配が変化する．平衡は勾配が0のところ，つまり谷底に対応する．
（アトキンス物理化学 第8版，p. 207，東京化学同人から引用）

式(2.102)，式(2.103)を整理すれば，

$$\Delta_r G = \left(\frac{\partial G}{\partial \xi}\right)_{p,\,T} = \mu_B - \mu_A \qquad (2.104)$$

$\Delta_r G$はその時点の変化後成分と変化前成分の化学ポテンシャルの差と解釈される．変化A→B

が自発的に進行するなら$\Delta_r G < 0$，すなわち$\mu_A > \mu_B$であり，**その時の化学ポテンシャルが大きい状態から小さい状態に変化すること**を意味する．部分モル量である化学ポテンシャルは，その組成での自由エネルギーの強度的な性質をもつ．組成に依存して値は変化し，系内で想定される２つの状態の化学ポテンシャルのその時点での「力くらべ」で，変化の行く末が決まる．平衡では$\Delta_r G = 0$，２つの相の化学ポテンシャルは$\mu_A = \mu_B$であり，A $\rightleftarrows$ Bとつり合う．

ここで登場した$\Delta_r G$は，この先２成分以上の混合系における溶解や分配などの「物理変化」においても，また「化学変化」においても変化を駆動するギブズエネルギー差として用いられ，一般に**反応ギブズエネルギー**と呼ばれることになる（2.3.2で後述）．

１成分系のギブズエネルギーは，その化学ポテンシャルμとモル数nを用いて，式（2.101）から次のように表せる．

$$G = \mu n \tag{2.105}$$

Gやnが物質量に比例する**示量的な量（示量変数）**であるのに対し，μは量的なものは反映せず，成分の強度を表す性格ももつ**示強的な量（示強変数）**である．

式（2.105）の全微分は

$$\mathrm{d}G = \mathrm{d}(\mu n) = n\mathrm{d}\mu + \mu\mathrm{d}n \tag{2.106}$$

式（2.100）と式（2.106）が等しいことから，１成分での**ギブズ・デュエム Gibbs–Duhem の式**が導かれる．

$$V\mathrm{d}p - S\mathrm{d}T = n\mathrm{d}\mu \tag{2.107}$$

式（2.107）の両辺をモル数nで除すれば，化学ポテンシャルの全微分は，

$$\mathrm{d}\mu = \frac{V}{n}\mathrm{d}p - \frac{S}{n}\mathrm{d}T = \bar{V}\mathrm{d}p - \bar{S}\mathrm{d}T \tag{2.108}$$

１モル当たりの体積$\bar{V}$（モル体積）とエントロピー$\bar{S}$モルエントロピー）を使い，ギブズ自由エネルギーの変化$\mathrm{d}G = V\mathrm{d}p - S\mathrm{d}T$に似たモルギブズエネルギーらしい形で表される．

C　混合系における化学ポテンシャル

化学ポテンシャルの概念やギブズ・デュエムの式は，多成分系での変化を知る上でさらに重要になる．２成分系での扱いを示そう．成分１と２の物質量がそれぞれn_1モル，n_2モルである２成分系では，ギブズ自由エネルギーは一般に

$$G = G(p,\ T,\ \lambda n_1,\ \lambda n_2) = \lambda G(p,\ T,\ n_1,\ n_2) \tag{2.109}$$

合成関数の微分法を使って両辺をλで微分すると，

$$\frac{\mathrm{d}\lambda n_1}{\mathrm{d}\lambda}\left(\frac{\partial G\,(p,\ T,\ \lambda n_1,\ \lambda n_1)}{\partial\,\lambda n_1}\right)_{p,\ T,\ \lambda n_2} + \frac{\mathrm{d}\lambda n_2}{\mathrm{d}\lambda}\left(\frac{\partial G\,(p,\ T,\ \lambda n_1,\ \lambda n_2)}{\partial\,\lambda n_2}\right)_{p,\ T,\ \lambda n_1} = G(p,\ T,\ n_1,\ n_2) \tag{2.110}$$

ここで$\lambda = 1$と考え，また成分ごとの化学ポテンシャルを同様に定義すれば，

$$\mu_1 = \left(\frac{\partial G}{\partial n_1}\right)_{p,\ T,\ n_2},\quad \mu_2 = \left(\frac{\partial G}{\partial n_2}\right)_{p,\ T,\ n_1} \tag{2.111}$$

$$G = \mu_1 n_1 + \mu_2 n_2 \tag{2.112}$$

化学ポテンシャル μ_1，μ_2 は，成分1，2に割り当てられるギブズエネルギーを1モル当たりに換算した**部分モルギブズエネルギー**として定義される．純物質の場合とは異なり，混合のモル比によって成分ごとに変化する．また，系のギブズエネルギーは，各成分のモル数とその化学ポテンシャルの積の総和に等しい（**化学ポテンシャルの総和則**）．

一方，式（2.112）の両辺を全モル数 $n_1 + n_2 = n$ で除すると，

$$\frac{G}{n} = \mu_1 \frac{n_1}{n} + \mu_2 \frac{n_2}{n} = \mu_1 x_1 + \mu_2 x_2 \tag{2.113}$$

系全体の**モルギブズエネルギー**には，各成分のモル分率 $x_1 = n_1/(n_1 + n_2)$，$x_2 = n_2/(n_1 + n_2)$ に応じて μ_1 と μ_2 が寄与する．

D　混合系におけるギブズ・デュエムの式

ギブズエネルギーの変数が式（2.109）のように表されることから，2成分での全微分は

$$\mathrm{d}G = V\mathrm{d}p - S\mathrm{d}T + \mu_1 \mathrm{d}n_1 + \mu_2 \mathrm{d}n_2 \tag{2.114}$$

また式（2.112）の微分量から

$$\mathrm{d}G = \mu_1 \mathrm{d}n_1 + n_1 \mathrm{d}\mu_1 + \mu_2 \mathrm{d}n_2 + n_2 \mathrm{d}\mu_2 \tag{2.115}$$

式（2.114），式（2.115）が等しいことから，2成分での**ギブズ・デュエムの式**が導かれる．

$$V\mathrm{d}p - S\mathrm{d}T - (n_1 \mathrm{d}\mu_1 + n_2 \mathrm{d}\mu_2) = 0 \tag{2.116}$$

等温定圧の均一な条件下では $\mathrm{d}p = \mathrm{d}T = 0$ であることから，ギブズ・デュエムの式はもっと単純になり，

$$n_1 \mathrm{d}\mu_1 + n_2 \mathrm{d}\mu_2 = 0 \tag{2.117}$$

ギブズ・デュエムの式（2.117）は，『混合物の1つの成分の化学ポテンシャルは他の成分の化学ポテンシャルと独立には変化できない』ことを意味する．すなわち，

$$-n_1 \mathrm{d}\mu_1 = n_2 \mathrm{d}\mu_2 \tag{2.118}$$

一方が減るなら，他方では増えなければならない．2成分以上からなる系が**自然に変化する際に満たさねばならない関係**である．

同じ論旨はすべての部分モル量について成り立つ．例えば図2.20で，水の部分モル体積が増加するところでは常にエタノールのほうは減少する．この2成分間に，ギブズ・デュエムの関係が成り立つからである．

一般に，多成分のときは以下のように表される．

$\mu_i = \left(\dfrac{\partial G}{\partial n_i}\right)_{p,\ T,\ n_j}$	成分 i の化学ポテンシャル	(2.119)
$G = \sum_i \mu_i n_i$	系のギブズ自由エネルギー	(2.120)
$\mathrm{d}G = V\mathrm{d}p - S\mathrm{d}T + \sum_i \mu_i \mathrm{d}n_i$	G の全微分	(2.121)
$V\mathrm{d}p - S\mathrm{d}T = \sum_i n_i \mathrm{d}\mu_i$	ギブズ・デュエムの式	(2.122)
$0 = \sum_i n_i \mathrm{d}\mu_i$	等温定圧でのギブズ・デュエムの式	(2.123)

E　活量 a で表される化学ポテンシャル $\mu = \mu^\circ + RT \ln a$

化学ポテンシャルが分子のモル濃度やモル分率を用いてどう表されるかを示そう．n モルの理想気体が温度一定のもと圧力 $p_0 \to p_1$ と変化するときのギブズエネルギー変化 ΔG は，ギブズ自由エネルギーの全微分 $dG = Vdp - SdT$，また，$dT = 0$ の条件，および状態方程式 $pV = nRT$ を使って，式（2.124）と表される．

$$\Delta G = \int_{p_0}^{p_1} \mathrm{d}G = \int_{p_0}^{p_1} V\mathrm{d}p = \int_{p_0}^{p_1} \frac{nRT}{p}\mathrm{d}p = nRT\int_{p_0}^{p_1}\frac{1}{p}\mathrm{d}p = nRT\Big[\ln p\Big]_{p_0}^{p_1}$$
$$= nRT\ln\frac{p_1}{p_0} \tag{2.124}$$

変化の初めを圧力 $p_0 = 1$ 気圧（1 atm = 101325 Pa）とし，ここをギブズエネルギーの標準値（基準値）G° とすれば，任意の圧力 $p_1 = p$ 気圧でのギブズエネルギー G は，一般に次式のように表せる．

$$G = G^\circ + nRT\ln\frac{p}{p_0} = G^\circ + nRT\ln p \tag{2.125}$$

このときのギブズエネルギーの標準値（基準値）G° は，**標準ギブズエネルギー**と呼ばれ，成分ごとに決まる値である．また熱力学では，**1 気圧が標準状態**と呼ばれる．

圧力 p の理想気体の化学ポテンシャルは，式（2.101）より次のようになる．

$$\mu = \frac{G}{n} = \frac{G^\circ}{n} + RT\ln p$$
$$= \mu^\circ + RT\ln p \tag{2.126}$$

気相成分を構成する分子の化学ポテンシャルが一般に式（2.126）の形で表される．μ° は，**標準化学ポテンシャル**と呼ばれ，成分ごとに決まる標準状態（$p = 1$）での化学ポテンシャルの値である．実際に式（2.126）で，$p = 1$ のときに $\mu = \mu^\circ$ となる基準値である．気相成分が，2 成分以上の混合系である場合は，圧力として**成分ごとの蒸気圧** p_i を使えば**成分ごとの化学ポテンシャル**が表せる．

$$\mu_i = \mu_i^\circ + RT\ln p_i \tag{2.127}$$

再び，標準化学ポテンシャル μ_i° は，成分 i の蒸気圧が $p_i = 1$ のときの値である．

混合系としての液相，溶液中の溶質や溶媒の化学ポテンシャルは，次のように考えて表そう．フランスの生化学者**ラウール**によれば，『溶液中のある成分 A の**部分蒸気圧** p_A の純液体の蒸気圧 p_A^* に対する比 p_A/p_A^* は，混合液体中の A のモル分率 x_A におおよそ比例する』．**ラウールの法則**と呼ばれ，式（2.128）で表される関係である．

$$p_A = x_A p_A^* \tag{2.128}$$

図 2.23（a）には，成分 A と B の混合系における，混合のモル分率（液相）と成分ごとの蒸気圧（気相）の理想的な関係を示した．純粋な A から純粋な B まですべての組成領域で式（2.128）の比例関係が成立する化合物は，**理想溶液**と呼ばれる．物性が類似する 2 液体の混合系でも，理想溶液に近い関係が見られる（図 2.23（b））．一方，全域では比例関係がなくとも，微量の溶質

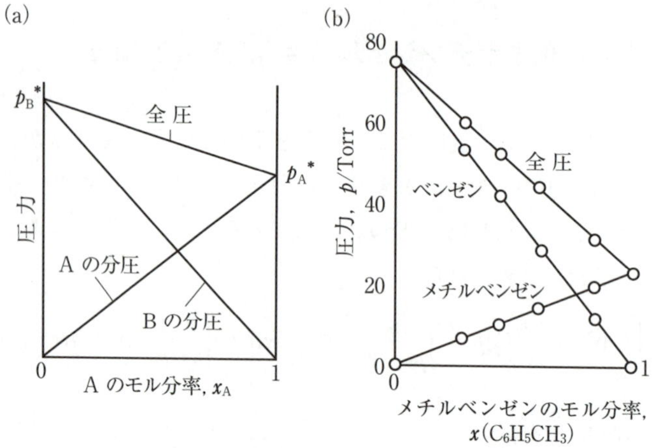

図 2.23　理想溶液のラウールの法則

(a) 理想2成分混合物の全蒸気圧および2つの蒸気分圧は成分のモル分率に比例する. (b) 類似の2液体, この例ではベンゼンとメチルベンゼン (トルエン) は, ほとんど理想的な挙動をする. その蒸気圧の組成変化は理想溶液の場合と似ている.
(アトキンス物理化学 第8版, p. 151, 東京化学同人)

の混和である**希薄溶液**においては式 (2.128) の比例関係が一般的に成立する (詳細は 2.5.2 を参照).

そこで, 希薄な混合液体中のモル分率 x_A である成分 A の化学ポテンシャルは, 式 (2.125) と式 (2.127) より, 次式のように表される.

$$\mu = \mu^\circ + RT\ln(x_A \times p_A{}^*) = (\mu^\circ + RT\ln p_A{}^*) + RT\ln x_A$$
$$= \mu_A{}^\circ + RT\ln x_A \qquad (2.129)$$

$\mu_A{}^\circ = \mu^\circ + RT\ln p_A{}^*$ はモル分率が $x_A = 1$, つまり純液体の化学ポテンシャルに等しく, ここを基準とする**標準化学ポテンシャル**である.

着目する成分の化学ポテンシャルは, 気体でも溶媒でも溶質でも, 分圧やモル分率, モル濃度, もっと一般的には**活量 a** など, モル分率と比例関係が成り立ついろいろな物理量を使って表せる.

$$\mu = \mu^\circ + RT\ln a \qquad (2.130)$$

その際, 使う物理量により標準化学ポテンシャルの値は異なるが, $a = 1$ のときがその標準状態であることに留意すれば特に混乱することはないので, 一般に μ° とのみ記される.

式 (2.130) は, その導出でラウールの法則の考え方を使うため, 一般に**希薄溶液**で成立する.

[例題 2.13]　1. 1気圧, 温度 27℃ (300 K) において, 0.1 mol L^{-1} ブドウ糖水溶液と 0.01 mol L^{-1} ブドウ糖水溶液中のブドウ糖の化学ポテンシャル (それぞれ μ_1, μ_2) はどちらが大きいか, 計算せよ.

2. 1気圧の定圧下で 0.1 mol L^{-1} ブドウ糖水溶液の温度が 27℃ (300 K) から 50 ℃上昇するとき, 溶質 (ブドウ糖) の化学ポテンシャル μ_3 はどう変化するか計算せよ.

[解答]　1. 水中でのブドウ糖の標準化学ポテンシャルを μ° と書けば, 溶質の化学ポテン

シャルは

$$\mu_1 = \mu^{\circ} + RT \ln C$$
$$= \mu^{\circ} + 8.31[\mathrm{J/Kmol}] \times 300[\mathrm{K}] \times \ln 0.1$$
$$\mu_1 = \mu^{\circ} + 8.31[\mathrm{J/Kmol}] \times 300[\mathrm{K}] \times \ln 0.01,\ \text{単位は}\ \mathrm{Jmol^{-1}}$$

その差は，

$$\mu_1 - \mu_2 = 8.31 \times 300 \times \ln 10 = 8.31 \times 300 \times 2.30 = 5.73\ \mathrm{kJ\ mol^{-1}}$$

つまり $\mu_1 > \mu_2$，濃度の高い 0.1 mol L^{-1} ブドウ糖液中の溶質のほうが，化学ポテンシャルが大きい．濃いほうから薄いほうに溶質が拡散する変化は，この差による．

2. 温度 350 K での化学ポテンシャルは，同様に

$$\mu_3 = \mu^{\circ} + RT \ln C$$
$$= \mu^{\circ} + 8.31[\mathrm{J/Kmol}] \times 350[\mathrm{K}] \times \ln 0.1$$

温度上昇による化学ポテンシャルの変化は

$$\Delta\mu = \mu_3 - \mu_1 = 50 \times \ln 0.1 = 50 \times (-2.30) = -115\ \mathrm{J\ mol^{-1}}$$

溶質の化学ポテンシャルは，温度が上昇すると一般に低下する．

温度上昇で μ の低下は，$d\mu = vdp - sdT$ であることからも明らかである．

[例題 2.14]　温度を 25℃に保ち，容器が同じ体積に仕切られている．一方には 1.0 mol の $H_2(g)$ が，他方には 3.0 mol の $N_2(g)$ が入っている．仕切りをとると，2 種の気体は混合して平衡に達した．このときのギブズエネルギーの変化量を算出せよ．

[解答]　仕切られた初めの状態での $N_2(g)$ の圧力を p とすれば，$N_2(g)$ の化学ポテンシャルは $\mu_{H_2} = \mu_{H_2}^{\circ} + RT \ln p$，また $N_2(g)$ の圧力は $3p$ であり，$N_2(g)$ の化学ポテンシャルは $\mu_{N_2} = \mu_{N_2}^{\circ} + RT \ln 3p$ と表せる．

全体のギブズエネルギーは，式（2.126）から

$$G_{\text{はじめ}} = 1.0 \times \mu_{H_2} + 3.0 \times \mu_{N_2}$$
$$= 1 \times (\mu_{H_2}^{\circ} + RT \ln p) + 3 \times (\mu_{N_2}^{\circ} + RT \ln 3p)$$

一方，混合後はそれぞれの気体が 2 倍の体積になるので $H_2(g)$ の分圧は $\frac{1}{2}p$ に，$N_2(g)$ の分圧は $\frac{3}{2}p$ となり，全圧が $2p$ である．このときの全ギブズエネルギーは，

$$G_{\text{おわり}} = 1.0 \times \mu_{H_2} + 3.0 \times \mu_{N_2}$$
$$= 1 \times \left(\mu_{H_2}^{\circ} + RT \ln \frac{p}{2}\right) + 3 \times \left(\mu_{N_2}^{\circ} + RT \ln \frac{3p}{2}\right)$$

混合によるギブズエネルギーの変化量 $\Delta G_{\text{混合}}$ は

$$\Delta G_{\text{混合}} = G_{\text{おわり}} - G_{\text{はじめ}} = -RT \ln 2 - 3 \times RT \ln 2 = -4 \times RT \ln 2$$
$$= -4 \times 8.31 \times 298 \times 0.693 = -6.7\ \mathrm{kJ}$$

$\Delta G_{\text{混合}}$ が負の値であるから，気体のこの混合は自発的に起こる．

[例題 2.15]　溶媒1（成分1）に溶質2（成分2）が溶けている2成分の理想希薄溶液では，溶媒1の蒸気圧 p_1 とモル分率 x_1 の間に，ラウールの法則 $p_1 = x_1 p_1^*$（p_1^* ＝純溶媒の蒸気圧）が成り立つ．一方，溶質2の蒸気圧 p_2 とモル分率 x_2 にはヘンリーの法則 $p_2 = k_2 x_2$（k_2= 定数）が成り立つ．成分1（溶媒1）と成分2（溶質2）の間にギブズ・デュエムの関係，式（2.123）が成り立つことを示せ．

[解答]　成分1（溶媒）の化学ポテンシャル μ_1 は

$$\mu_1 = \mu_1^\circ + RT \ln p_1 = \mu_1^\circ + RT \ln x_1 p_1^*$$
$$= (\mu_1^\circ + RT \ln p_1^*) + RT \ln x_1 \quad \cdots\cdots ①$$

同様に，成分2（溶質）の化学ポテンシャル μ_2 は

$$\mu_2 = \mu_2^\circ + RT \ln p_2 = \mu_2^\circ + RT \ln k_2 x_2$$
$$= (\mu_2^\circ + RT \ln k_2^*) + RT \ln x_2 \quad \cdots\cdots ②$$

また，成分1と2のモル分率には $x_1 + x_2 = 1$ の関係があることから，

$$\mathrm{d}x_1 = -\mathrm{d}x_2 \quad \cdots\cdots ③$$

ギブズ・デュエムの式は，式（2.123）$n_1 \mathrm{d}\mu_1 + n_2 \mathrm{d}\mu_2 = 0$ であるが，両辺を全モル数で除し，ここでは $x_1 \mathrm{d}\mu_1 + x_2 \mathrm{d}\mu_2 = 0$ となることを示そう．①，②式より

$$x_1 \mathrm{d}\mu_1 + x_2 \mathrm{d}\mu_2$$
$$= x_1 \mathrm{d}\left\{(\mu_1^\circ + RT \ln p_1^*) + RT \ln x_1\right\}$$
$$+ x_2 \mathrm{d}\left\{(\mu_2^\circ + RT \ln k_2^*) + RT \ln x_2\right\}$$
$$= x_1 RT \frac{\mathrm{d}x_1}{x_1} + x_2 RT \frac{\mathrm{d}x_2}{x_2} = 0 \quad (③\text{式より})$$

溶媒1のモル分率 x_1 が上がればその分圧 p_1 も増加するが，一方で溶質2のモル分率 x_2 は小さくなり，その分圧 p_2 は低下する．1と2は逆の変化である．両者はギブズ・デュエムの関係で繋がるので，理屈の上からも当然といえる．

2.3.2 ◆ ギブズエネルギーと平衡定数

前述のように，等温定圧下の自発変化ではその時点での μ が大きな状態から小さな状態に系は変化する．化学変化において μ がどう現れるかを示そう．

A　反応ギブズエネルギー

例えば $2H_2 + O_2 \longrightarrow 2H_2O$ のような化学変化を，一般に

$$a\mathrm{A} + b\mathrm{B} \longrightarrow c\mathrm{C} + d\mathrm{D} \quad (2.131)$$

と書こう．再び**反応進行度** ξ を用いれば，反応が少し $\mathrm{d}\xi$ だけ進むときの物質量の変化はそれぞれ次の関係にある．

$$\mathrm{d}n_\mathrm{A} = -a \cdot \mathrm{d}\xi, \quad \mathrm{d}n_\mathrm{B} = -b \cdot \mathrm{d}\xi, \quad \mathrm{d}n_\mathrm{C} = c \cdot \mathrm{d}\xi, \quad \mathrm{d}n_\mathrm{D} = d \cdot \mathrm{d}\xi \quad (2.132)$$

$\mathrm{d}G$ は式（2.120）から，等温定圧の下，次式で表され，

$$\mathrm{d}G = V\mathrm{d}p - S\mathrm{d}T + \sum_i \mu_i \mathrm{d}n_i$$
$$= -\mu_\mathrm{A}\cdot a\cdot \mathrm{d}\xi - \mu_\mathrm{B}\cdot b\cdot \mathrm{d}\xi + \mu_\mathrm{C}\cdot c\cdot \mathrm{d}\xi + \mu_\mathrm{D}\cdot d\cdot \mathrm{d}\xi$$
$$= [-(a\mu_\mathrm{A} + b\mu_\mathrm{B}) + (c\mu_\mathrm{C} + d\mu_\mathrm{D})]\,\mathrm{d}\xi \tag{2.133}$$

反応ギブズエネルギー $\Delta_r G$ は，反応混合物の今の組成での生成物と反応物のギブズエネルギーの差として表される．

$$\Delta_r G = \left(\frac{\partial G}{\partial \xi}\right)_{p,\,T} = -(a\mu_\mathrm{A} + b\mu_\mathrm{B}) + (c\mu_\mathrm{C} + d\mu_\mathrm{D}) = G_{\text{生成物}} - G_{\text{反応物}} \tag{2.134}$$

一方，**平衡**では $\Delta_r G = 0$ であり，生成物と反応物のギブズエネルギーが等しく，見かけ上，式（2.131）の左右の化学ポテンシャルが等しいとした式に一致する．

$$a\mu_\mathrm{A} + b\mu_\mathrm{B} = c\mu_\mathrm{C} + d\mu_\mathrm{D},\qquad G_{\text{生成物}} = G_{\text{反応物}} \tag{2.135}$$

化学変化でも，今の組成での反応物と生成物の全 μ を比べたとき，大きい μ の状態から小さい状態へと変化する．そして，両者の μ が等しくなると平衡になる．

系を構成する成分 A のモル濃度を［A］，成分 B のモル濃度を［B］などと書き，化学ポテンシャルをそれぞれ $\mu_\mathrm{A} = \mu_\mathrm{A}^\circ + RT\ln[\mathrm{A}]$，$\mu_\mathrm{B} = \mu_\mathrm{B}^\circ + RT\ln[\mathrm{B}]$ などと表せば，**反応ギブズエネルギー** $\Delta_r G$ がその時点での成分濃度と結びつく．

$$\Delta_r G = -(a\mu_\mathrm{A} + b\mu_\mathrm{B}) + (c\mu_\mathrm{C} + d\mu_\mathrm{D})$$
$$= -\left[a(\mu_\mathrm{A}^\circ + RT\ln[\mathrm{A}]) + b(\mu_\mathrm{B}^\circ + RT\ln[\mathrm{B}])\right]$$
$$+\left[c(\mu_\mathrm{C}^\circ + RT\ln[\mathrm{C}]) + \mathrm{d}(\mu_\mathrm{D}^\circ + RT\ln[\mathrm{D}])\right]$$
$$= [(c\mu_\mathrm{C}^\circ + d\mu_\mathrm{D}^\circ) - (a\mu_\mathrm{A}^\circ + b\mu_\mathrm{B}^\circ)] + RT\ln\frac{[\mathrm{C}]^c[\mathrm{D}]^d}{[\mathrm{A}]^a[\mathrm{B}]^b} \tag{2.136}$$

$[(c\mu_\mathrm{C}^\circ + d\mu_\mathrm{D}^\circ) - (a\mu_\mathrm{A}^\circ + b\mu_\mathrm{B}^\circ)]$ は，成分ごとに定数で表される標準化学ポテンシャルであり，**標準反応ギブズエネルギー** $\Delta_r G^\circ$ と呼ばれる．

$$\Delta_r G = \Delta_r G^\circ + RT\ln\frac{[\mathrm{C}]^c[\mathrm{D}]^d}{[\mathrm{A}]^a[\mathrm{B}]^b} \tag{2.137}$$

反応が等温定圧で自発的にどちらに進むのかは，そのときの成分濃度［A］，［B］などの値と $\Delta_r G^\circ$ の値から計算される反応ギブズエネルギー $\Delta_r G$ の値で判断される．

$\Delta_r G < 0$ ならば順方向の反応（正反応）が自発的に進む

$\Delta_r G > 0$ ならば逆反応が自発的に進む

$\Delta_r G = 0$ ならば反応は平衡状態にある

このとき標準反応ギブズエネルギー $\Delta_r G^\circ$ の値が $\Delta_r G$ の数値に大きく影響する．$\Delta_r G^\circ$ の値が，反応系の行く末，平衡を決める重要な値であることに留意しよう．

平衡では $\Delta_r G = 0$ より

$$\Delta_r G^\circ = -RT\ln\frac{[\mathrm{C}]^c[\mathrm{D}]^d}{[\mathrm{A}]^a[\mathrm{B}]^b} = -RT\ln K \tag{2.138}$$

反応はこれ以上進まず濃度変化は起こらないので，$[\mathrm{C}]^c[\mathrm{D}]^d/[\mathrm{A}]^a[\mathrm{B}]^b$ を定数 K で表した．

$$\frac{[\mathrm{C}]^c[\mathrm{D}]^d}{[\mathrm{A}]^a[\mathrm{B}]^b} = K \tag{2.139}$$

K は標準反応ギブズエネルギー $\Delta_r G^\circ$ と結びつき，一般に**平衡定数**と呼ばれる．式（2.139）から次のように表される．

$$K = e^{-\frac{\Delta_r G^\circ}{RT}} \tag{2.140}$$

平衡定数 K は反応系（2.131）の平衡を表す「定数」であるが，式（2.140）に表されるように温度に依存して変化する．また K は，成分から導かれる定数 $\Delta_r G^\circ$ により決まる．組成がわかれば，実際に反応をせずとも，どこで平衡になるかが $\Delta_r G^\circ$ からわかるのである．系の平衡定数が式（2.139）と表されることを，**質量作用の法則** law of mass action という．

［例題 2.16］　ATP の加水分解 ATP $\longrightarrow$ ADP + P_i では，$\Delta_r G^\circ = -30.5\ \mathrm{kJ \cdot mol^{-1}}$ である．37℃（310 K）で，この反応系の組成が[ATP] = 1 mmol/L，[ADP] = 1 mmol/L，[P_i] = 1 mmol/L の場合，反応が自発的に進むかどうかを考えてみよ．

［解答］　反応ギブズエネルギーは，式（2.137）より

$$\Delta_r G = -30.5 \times 10^3 + 8.31 \times 310 \times \ln \frac{(1 \times 10^{-3}) \times (1 \times 10^{-3})}{1 \times 10^{-3}}$$

$$= -48.3\ \mathrm{kJ \cdot mol^{-1}}$$

$\Delta_r G < 0$ より，この組成濃度では分解反応が自発的に進むとわかる．$\Delta_r G < 0$ の計算結果に $\Delta_r G^\circ$ の値が大きく寄与することを確認しよう．平衡定数は式（2.140）から，

$$K = \exp\left[-\frac{-30.5 \times 10^3}{8.31 \times 310}\right] = 1.39 \times 10^5$$

生成物側（右辺）に大きく寄った濃度で平衡となることがわかる．

［例題 2.17］　水中での酢酸は，HAc $\rightleftarrows$ H^+ + Ac^-……①　と解離する．

1. 25℃，1 気圧の平衡で，それぞれの分子種の濃度が $C_{\mathrm{HAc}} = 0.01\ \mathrm{mol \cdot L^{-1}}$，$C_{\mathrm{H^+}} = 4.2 \times 10^{-4}\ \mathrm{mol \cdot L^{-1}}$，$C_{\mathrm{Ac^-}} = 4.2 \times 10^{-4}\ \mathrm{mol \cdot L^{-1}}$ であった．酸解離定数 K_a とこの解離平衡の標準ギブズエネルギー ΔG° はいくらか，計算せよ．

2. 求めた K_a や ΔG° の値から，①の解離平衡がどんな平衡であるかを述べよ．

［解答］

1. $K_a = C_{\mathrm{H^+}} \cdot C_{\mathrm{Ac^-}}/C_{\mathrm{HAc}} = (4.2 \times 10^{-4})^2/0.01 = 1.76 \times 10^{-5}\ \mathrm{mol \cdot L^{-1}}$
   $\Delta G^\circ = -RT \ln K_a = -8.31 \times 298 \times \ln(1.76 \times 10^{-5}) = 27.1\ \mathrm{kJ \cdot mol^{-1}}$
2. $\Delta G^\circ > 0$ であるから，①の解離平衡は解離前の HAc 側に片寄った平衡であり，自発的に解離は進みづらい．酸解離定数 K_a が小さな値であることも，解離しづらいことを示している．

2.3.3 平衡定数に及ぼす圧力と温度の影響

A　ルシャトリエ-ブラウンの原理

平衡状態のある系に，温度や圧力，また成分の添加などの何らかの変動を与えると，それまでの平衡とは違う新たな平衡状態になる．**平衡にある系が外部因子によって乱されたとき，その影響を最小にするように系の組成は調節される**．加えた外的な変動を打ち消す方向に平衡の位置が移動するのである．この経験則を，**ルシャトリエ-ブラウンの原理**という．

B　平衡に及ぼす圧力の影響

例えば，アンモニアの合成を考える．

$$3H_2(g) + N_2(g) \longrightarrow 2NH_3(g) \tag{2.141}$$

ルシャトリエの原理によれば，系が圧縮されて全圧が上昇すると，その圧力増加をなくす方向に上記の化学反応が調節をはかり，化学平衡が移動する．圧力が減る方向とは，分子数が減る方向である．式（2.141）の関係では，反応物 4 分子（左辺）から生成物 2 分子（右辺）が生じる．反応が右に進むと系の分子数が減り，圧力は減ることになる．したがって，全圧の上昇という変化を与えると，反応は右に進む．

式で考えると次のようになる．$H_2(g)$，$N_2(g)$，$NH_3(g)$ の分圧をそれぞれ p_{H_2}，p_{N_2}，p_{NH_3}，全圧を $p_{H_2} + p_{N_2} + p_{NH_3} = p$，モル分率を $x_{H_2} = p_{H_2}/p$ などとし，それぞれの化学ポテンシャルを表す．

$$\begin{aligned}
\mu_{H_2} &= \mu_{H_2}^{\circ} + RT\ln p_{H_2} = \mu_{H_2}^{\circ} + RT\ln(x_{H_2}\cdot p) = \mu_{H_2}^{\circ} + RT\ln p + RT\ln x_{H_2}\\
\mu_{N_2} &= \mu_{N_2}^{\circ} + RT\ln p + RT\ln x_{N_2}\\
\mu_{NH_3} &= \mu_{NH_3}^{\circ} + RT\ln p + RT\ln x_{NH_3}
\end{aligned} \tag{2.142}$$

この反応ギブズエネルギー $\Delta_r G$ は，

$$\begin{aligned}
\Delta_r G &= 2\mu_{NH_3} - (3\mu_{H_2} + \mu_{N_2})\\
&= [2\mu_{NH_3}^{\circ} - (3\mu_{H_2}^{\circ} + \mu_{N_2}^{\circ})] - 2RT\ln p + RT\ln\frac{x_{NH_3}^{\ 2}}{x_{H_2}^{\ 3}\cdot x_{N_2}}\\
&= \Delta_r G^{\circ} - 2RT\ln p + RT\ln\frac{x_{NH_3}^{\ 2}}{x_{H_2}^{\ 3}\cdot x_{N_2}}
\end{aligned} \tag{2.143}$$

平衡では，$\Delta_r G = 0$ より

$$\begin{aligned}
-\Delta_r G^{\circ} &= -2RT\ln p + RT\ln K\\
&= RT\ln\frac{K}{p^2}
\end{aligned} \tag{2.144}$$

左辺（標準反応ギブズエネルギー$\Delta_r G^\circ$）は定数であるから，全圧pが大きくなると平衡定数$K = x_{NH_3}{}^2/(x_{H_2}{}^3 \cdot x_{N_2})$ は大きくなる*．つまり，反応は右に進む．

C　平衡に及ぼす温度の影響

再びアンモニアの合成において，今度は標準生成エンタルピーを意識して次のように書こう．

$$\frac{3}{2}H_2(g) + \frac{1}{2}N_2(g) \longrightarrow NH_3(g),\quad \Delta H^\circ = -46.1\ \mathrm{kJ \cdot mol^{-1}} \tag{2.145}$$

正反応は46.1 $\mathrm{kJ \cdot mol^{-1}}$の発熱であり，正反応が進むと系は熱くなる．ルシャトリエの原理によれば，この平衡状態にある気体を加熱して温度が上昇すると，その温度上昇をなくす方向に反応が調節をはかり，平衡が移動する．温度を下げる方向とは，左向きの反応（逆反応）である．したがって，温度上昇させると平衡は左にずれて新しい平衡をつくる．吸熱反応の場合はこの逆である．

式で考えると以下のようになるが，初めに，ギブズ・ヘルムホルツの式に触れよう．$\mathrm{d}G = V\mathrm{d}p - S\mathrm{d}T$から$(\partial G/\partial T)_p = -S$，またギブズエネルギーの定義$G = H - TS$から，次の関係がある．

$$\left(\frac{\partial G}{\partial T}\right)_p = -S = \frac{G-H}{T} = \frac{G}{T} - \frac{H}{T} \tag{2.146}$$

これを用いて，**ギブズ・ヘルムホルツの式**（2.147）が導かれる．

$$\begin{aligned}\left(\frac{\mathrm{d}}{\mathrm{d}T}\frac{G}{T}\right)_p &= \frac{1}{T}\left(\frac{\partial G}{\partial T}\right)_p + G\frac{\mathrm{d}}{\mathrm{d}T}\frac{1}{T} \\ &= \frac{1}{T}\left(\frac{\partial G}{\partial T}\right)_p - \frac{G}{T^2} \\ &= \frac{1}{T}\left\{\left(\frac{\partial G}{\partial T}\right)_p - \frac{G}{T}\right\} = \frac{1}{T}\left(-\frac{H}{T}\right) \\ &= -\frac{H}{T^2}\end{aligned} \tag{2.147}$$

これは，系のエンタルピーがわかれば，G/Tの温度依存性がわかることを意味する重要な式である．Gを標準反応ギブズエネルギー$\Delta_r G^\circ$で表せば，

$$\left(\frac{\mathrm{d}}{\mathrm{d}T}\frac{\Delta_r G^\circ}{T}\right)_p = \frac{\Delta_r H^\circ}{T^2} \tag{2.148}$$

$\Delta_r H^\circ$は**標準反応エンタルピー**である．系のエンタルピー変化がわかれば，対応するギブズエネルギー変化が温度でどう変わるかを知ることができる．

これを，平衡定数と結びつけよう．平衡での関係$\Delta_r G^\circ = -RT\ln K$を左辺に代入して整理すると，**ファントホッフの式**（2.148）が導かれる．

$$\left(\frac{\mathrm{d}\ln K}{\mathrm{d}T}\right)_p = \frac{\Delta_r H^\circ}{RT^2} \tag{2.149}$$

上式から，平衡定数の温度依存性が考察できる．例えば$\Delta H^\circ = -46.1\ \mathrm{kJ \cdot mol^{-1}}$のようにエ

---

* 圧力が2倍になると平衡定数は4倍になるところで新たな平衡状態となる．

ンタルピー変化が負の値ならば，右辺はマイナス値であり，温度上昇に対して左辺の平衡定数 K は低下，つまり平衡は左に変化することを意味する．

一般的には，$\Delta_r H^\circ$ が T によらないことを条件に，両辺を T で不定積分，あるいは条件 $1 \to 2$ と定積分して，次式が導かれる．

$$\ln K = -\frac{\Delta_r H^\circ}{RT} + (\text{積分定数}) \tag{2.150}$$

$$\ln \frac{K_2}{K_1} = -\frac{\Delta_r H^\circ}{RT}\left(\frac{1}{T_2} - \frac{1}{T_1}\right) \tag{2.151}$$

また $\Delta_r H^\circ$ が T に依存しない場合は，式（2.138）$\Delta_r G^\circ = -RT \ln K$ とギブズ自由エネルギー $\Delta_r G^\circ = \Delta_r H^\circ - T \cdot \Delta_r S^\circ$ から，次式も得られる．

$$\ln K = -\frac{\Delta_r H^\circ}{RT} + \frac{\Delta_r S^\circ}{R}, \quad \text{また} \ln K = -\frac{\Delta_r H^\circ}{R}\frac{1}{T} + \frac{\Delta_r S^\circ}{R} \tag{2.152}$$

縦軸に $\ln K$ を，横軸に $1/T$ をプロットすると直線関係が成り立つことを意味する．式（2.152）を $y = ax + b$ とみれば，傾きが $-\Delta_r H^\circ/R$ の直線であり，縦軸切片が $\Delta_r S^\circ/R$ である．縦軸 $\ln K$，横軸 $1/T$ で描いたこのグラフを**ファントホッフ・プロット**という．

実験的に種々の温度で反応の平衡定数を求めてファントホッフ・プロットを描くと，グラフから標準反応エンタルピー $\Delta_r H^\circ$ と標準反応エントロピー $\Delta_r S^\circ$ を求めることができる．ファントホッフ・プロットで右上がりの直線の場合は，その正反応は**発熱反応** $\Delta_r H^\circ < 0$ であり，右下がりの直線の場合は，正反応は**吸熱反応** $\Delta_r H^\circ > 0$ である．アンモニアの生成（2.145）のように正反応が発熱 $\Delta H^\circ = -46.1\ \mathrm{kJ \cdot mol^{-1}} < 0$ の場合，ファントホッフ・プロットは右上がりの直線関係であり，温度上昇のときに平衡定数 K は小さくなる，つまり平衡が左にずれることを意味する（図 2.24）．ルシャトリエの原理による考察と一致する．

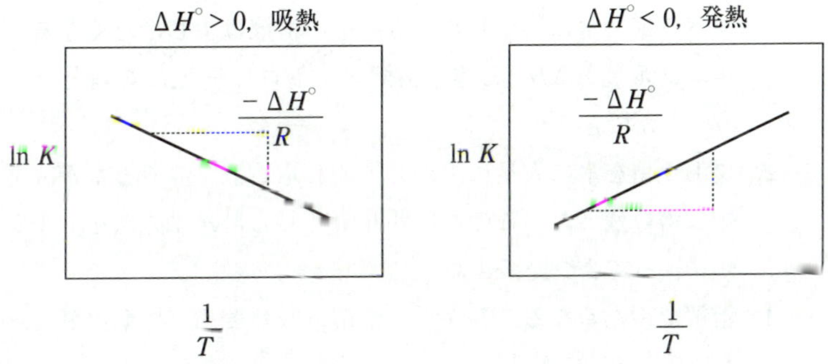

図 2.24 ファントホッフ・プロット

得られた $\Delta_r H^\circ$ と $\Delta_r S^\circ$ から，化学反応の機構を熱力学的に推察できる．圧力と温度が一定のときの標準反応ギブズエネルギー $\Delta_r G^\circ = \Delta_r H^\circ - T \cdot \Delta_r S^\circ$ は，反応が自発的に進む場合 $\Delta_r G^\circ = \Delta_r H^\circ - T \cdot \Delta_r S^\circ < 0$ である．このとき，

1） $\Delta_r H^\circ < 0$ が主となり $\Delta_r G^\circ < 0$ になる場合

2） $\Delta_r S^\circ > 0$ が主となり $\Delta_r G^\circ < 0$ になる場合

の2通りの場合がある．前者は発熱して**エンタルピー的に安定化**に向かう**エンタルピー駆動** enthalpy-driven の反応，後者は乱雑になって**エントロピー的に安定化**に向かう**エントロピー駆動** entropy-driven の反応と呼ばれる．一般に，エントロピー駆動型の変化は，ミセルの形成などに見られるような疎水的相互作用が関与する場合が多く，その場合は温度上昇で複合体の形成が促進される．疎水的相互作用の形成は吸熱的な変化である，ともいえる．一方，エンタルピー駆動型の変化は，酵素と基質の結合などに見られるような弱い分子間相互作用（ファンデルワールス力）の切断と強い分子間相互作用（イオン結合や水素結合など）の形成が関与する場合が多く，温度上昇により複合体は形成されにくくなる．この場合，イオン結合や水素結合の形成は発熱的な変化といえる．

［例題 2.18］　ある化学平衡において，温度 300 K での平衡定数は 0.10，温度 350 K に上昇すると 0.25 となった．この正反応の標準反応エンタルピーはいくらか．また，正反応は発熱変化か，吸熱変化か．

［解答］　$\ln\dfrac{K_2}{K_1}=-\dfrac{\Delta_r H^\circ}{R}\left(\dfrac{1}{T_2}-\dfrac{1}{T_1}\right)$ より，$\ln\dfrac{0.25}{0.10}=-\dfrac{\Delta_r H^\circ}{8.31}\left(\dfrac{1}{350}-\dfrac{1}{300}\right)$

$$\Delta_r H^\circ = -\ln 2.5 \times 8.31 \div \left(\frac{1}{350}-\frac{1}{300}\right)$$

$$= -0.916 \times 8.31 \div (-4.76 \times 10^{-4}) = 16.0\mathrm{k\,J \cdot mol^{-1}}$$

$\Delta_r H^\circ = 16.0\mathrm{k\,J \cdot mol^{-1}} > 0$ より，正反応は吸熱変化である．

ファントホッフ・プロットは負の傾きとなる．

熱の出入りは，ルシャトリエの原理からだけでもわかる．温度上昇で平衡が右に進むから，正反応は吸熱反応である．

［例題 2.19］

1. ブドウ糖を水に溶かしたとき，その溶液は少し冷たくなる．この標準溶解エンタルピーΔH°と標準溶解エントロピーΔS°の符号は，どのようにいうことができるか．
2. ブドウ糖を水に大量に溶かして飽和水溶液をつくったが，ブドウ糖が溶液中に溶け残った．この溶け残りをさらに溶かす方法を，ルシャトリエの原理に従って2つ提案せよ．

［解答］

1. 溶解で冷たくなることから，溶解は吸熱変化，標準溶解エンタルピーは正（$\Delta H^\circ > 0$）である．

　一方，ブドウ糖は水に自発的に溶解するので，$\Delta G^\circ = \Delta H^\circ - T\Delta S^\circ < 0$ である．$\Delta H^\circ > 0$ を満たしながら $\Delta G^\circ < 0$ となるには，$\Delta S^\circ > 0$ であることが必要である．標準溶解エントロピーは正の値でなければならない．ブドウ糖の水への溶解は，エントロピー駆動型の変化であるといえる．

2. 溶解の飽和状態は，変化

　ブドウ糖＋水 ⟶ ブドウ糖水溶液　　（吸熱，$\Delta H^\circ > 0$）……①

の平衡状態である．この平衡を右にずらす変化を与えれば，左辺のブドウ糖はさらに溶ける．ルシャトリエの原理によれば，次の 2 通りの方法がある．

（ｉ）系の温度を上げる．正反応が吸熱であるから，温度上昇で平衡 ① は正方向にずれてブドウ糖はさらに溶ける．すべての物質の溶解に当てはまることではないので，注意しよう．

（ii）温度一定でも，系に水を加えれば溶ける．ルシャトリエの原理によれば，加えた水をなくすように平衡がずれる．平衡 ① は右に進み，溶け残ったブドウ糖はさらに溶ける．

どちらも当たり前のことであるが，日常にあるルシャトリエの原理の一例である．なお，それぞれで平衡定数がどうなるかを考えることは有意義である．（ｉ）は溶解度が上がり，飽和濃度も上昇し，平衡定数は大きくなる．右下がりの直線となるファントホッフ・プロットからも，温度上昇で平衡定数が大きくなることがわかる．一方（ii）は，温度が一定であるから平衡定数は変わらず，溶解度および飽和濃度は変わらない．溶媒の添加（増加）により，溶ける溶質量が増えるだけである．

2.3.4 ◆ 共役反応の原理

A 発エルゴン反応，吸エルゴン反応

化合物の標準反応ギブズエネルギーの値は，平衡定数 K の計算に役立つと同時に，生成物の安定性の考察に役立つ．例えば $\Delta_r G^\circ < 0$ の場合は，生成物のほうが反応物より**熱力学的に安定**である，もしくは**発エルゴン的*** であるという（図 2.25（a））．こういった反応は，平衡定数 $K > 1$ であり，正反応が進んで平衡は右に片寄る．気体エタンはこの一例で，$\Delta_r G^\circ = -33$ kJ·mol^{-1} である（実際には，25℃で $K = 6.1 \times 10^5$）．

一方，$\Delta_r G^\circ > 0$ の場合は，生成物のほうが反応物より**熱力学的に不安定**である，もしくは**吸エルゴン的**** であるという（図 2.25（b））．例えばオゾンは $\Delta_r G^\circ = +163$ kJ·mol であり，熱力学的に不安定である．25℃の標準条件下では自発的に分解して酸素になる傾向にある（実際，$K = 2.7 \times 10^{-29}$ であり，1 よりかなり小さい）．

---

* ギリシャ語の“仕事をつくる”という意味の語．
** 仕事を消費するという意味．

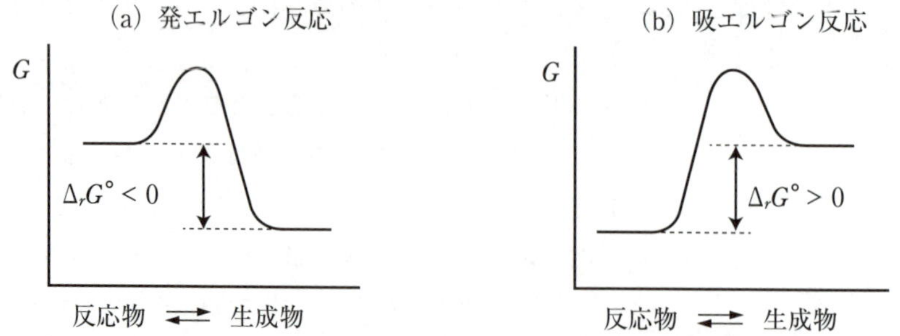

図 2.25　標準反応ギブズエネルギーの概念図

等温定圧での自発変化は$\Delta G < 0$，Gは大きいと不安定，Gは小さくなろうと変化することから，$\Delta_r G^\circ < 0$ならば平衡は生成物側（反応後）に片寄る（a）．平衡が右に寄ること，生成物の高い安定性，発エルゴン性であることなどが，このグラフから直感的に理解できる．

B　共役反応

1つの連続反応を単純化して A → B → C と書き，A → B は吸エルゴン反応，B → C は発エルゴン反応であるとしよう．それぞれの標準反応ギブズエネルギーや平衡定数は以下の通りとする．

$$\text{① 吸エルゴン：A} \rightarrow \text{B},\ \ \Delta_r G_1{}^\circ = +13.8\ \text{kJ·mol}^{-1},\ K_1 = \frac{[\text{B}]}{[\text{A}]} = e^{-\frac{\Delta_r G_1{}^\circ}{RT}} \quad (2.153)$$

$$\text{② 発エルゴン：B} \rightarrow \text{C},\ \ \Delta_r G_2{}^\circ = -30.5\ \text{kJ·mol}^{-1},\ K_2 = \frac{[\text{C}]}{[\text{B}]} = e^{-\frac{\Delta_r G_2{}^\circ}{RT}} \quad (2.154)$$

①の吸エルゴン反応は$\Delta_r G_1{}^\circ > 0$であり，単独ではこの反応は進まない．実際，37℃（310K）では平衡定数は$K_1 = \exp[-(13.8 \times 10^3)/(8.31 \times 310)] = 4.7 \times 10^{-3}$と1よりかなり小さく，平衡は左側（反応物A側）に寄っている．一方②の発エルゴン反応は反応が順方向に大きく進み，平衡は右側（生成物C側）に寄る．

この2つが連続した反応であるなら，ひとまとめにして次のようにも表せる．

$$\text{A} \rightarrow \text{C},\ K_{\text{total}} = \frac{[\text{C}]}{[\text{A}]} = \frac{[\text{B}]}{[\text{A}]}\frac{[\text{C}]}{[\text{B}]} = e^{-\frac{\Delta_r G_1{}^\circ}{RT}} \times e^{-\frac{\Delta_r G_2{}^\circ}{RT}}$$

$$= e^{-\frac{\Delta_r G_1{}^\circ + \Delta r G_2{}^\circ}{RT}} = e^{-\frac{\Delta_r G_{\text{total}}{}^\circ}{RT}} \quad (2.155)$$

連続反応の標準反応ギブズエネルギー$\Delta_r G_{\text{total}}{}^\circ$がどう表されるかで，この連続反応が進むかどうか判断できる．式（2.155）より，全反応の平衡定数は各反応の平衡定数の積，全反応の標準反応ギブズエネルギーは2つの標準反応ギブズエネルギーの和であることがわかる（**ギブズエネルギーの加成性**）．

$$\Delta_r G_{\text{total}}{}^\circ = \Delta_r G_1{}^\circ + \Delta_r G_2{}^\circ$$
$$= +13.8 - 30.5 = -16.7\ \text{kJ·mol}^{-1} \quad (2.156)$$

$\Delta_r G_{\text{total}}{}^\circ < 0$であるから，連続反応として順方向に反応が進む．このように，吸エルゴン反応①だけでは反応が進まないが，同時に発エルゴン反応②が進み，全体として標準反応ギブズエネルギーが負になって連続反応が進むとき，これら2つの反応は**共役**（きょうやく）* する，あるいは互いに**共**

* 英文では couple（カップル）．

役反応であるという．

生命活動はすべて，発エルゴン反応と吸エルゴン反応がカップルする結果である．例えば解糖の第1段階は，D-グルコースからD-グルコース6-リン酸への変換である．

$$\text{D-グルコース} + P_i \longrightarrow \text{D-グルコース 6-リン酸} \quad (2.157)$$

この反応は酵素ヘキソキナーゼにより触媒されて進むが，反応ギブズエネルギーは$\Delta_r G^\circ_{glc} = +13.8\ kJ\cdot mol^{-1} > 0$，吸エルゴン性であり反応は進行しにくい．

一方，発エルゴンの良い例はATPの加水分解である．

$$ATP \longrightarrow ADP + P_i \quad (2.158)$$

P_iは$H_2PO_4^-$のような無機のリン酸基を示す．37℃（310 K，体温）におけるATP加水分解の生物学的基準値（pH 7における値）は，$\Delta_r G_{ATP}^\circ = -30.5\ kJ\cdot mol^{-1}$，$\Delta_r H_{ATP}^\circ = -20.0\ kJ\cdot mol^{-1}$，$\Delta_r S_{ATP}^\circ = +34\ J\cdot K^{-1}\cdot mol^{-1}$．発エルゴン性$\Delta_r G_{ATP}^\circ < 0$であり，他の反応を駆動するのに$30.5\ kJ\cdot mol^{-1}$を使うことができる．ただし反応エントロピーが大きいため，反応ギブズエネルギーは温度に敏感である．

このD-グルコースからD-グルコース6-リン酸への変換において，ATPの加水分解が共役する．2反応が連続することにより，正味の反応は式（2.159）のようになり，まさに上記式（2.153）～（2.155）の共役の通りとなる．全体の反応ギブズエネルギーは$\Delta_r G^\circ = -16.7\ kJ\cdot mol^{-1} < 0$，発エルゴンとなり反応が進む．

$$\text{D-グルコース} + ATP \longrightarrow \text{D-グルコース 6-リン酸} + ADP \quad (2.159)$$

$$\Delta_r G^\circ = \Delta_r G_{glc}^\circ + \Delta_r G_{ATP}^\circ = +13.8 + (-30.5)\ kJ\cdot mol^{-1}$$
$$= -16.7\ kJ\cdot mol^{-1} \quad (2.160)$$

このATPの発エルゴン性のために，ADP-リン酸基結合はしばしば“高エネルギーリン酸結合”と呼ばれる．しかし，反応を起こすことを象徴的にいったまでで，決して“強い”結合ではない．生物学的な意味でもあまり“高エネルギー”ではない．生物にとっては，ATPの加水分解反応の反応ギブズエネルギー$\Delta_r G^\circ$が，中程度の大きさであることが重要である．すなわち，上記の例のようにリン酸基の供与体として働く一方，多くの生化学的な過程においてはもっと強力なリン酸基供与体によって再生，つまり，逆反応であるATPの合成が行われる．

C　解糖系

NAD^+によってグルコースが酸化されてピルビン酸を2分子生じる一連の反応全体では，標準反応ギブズエネルギーが$\Delta_r G^\circ = -147\ kJ\cdot mol^{-1}$である．その間，グルコース分子1個の酸化がADP分子2個からATP分子2個への変換（ATP合成，$\Delta_r G^\circ = 30.5\ kJ\cdot mol^{-1}$）と共役する．この解糖の正味の反応は以下の通りである．

$$C_6H_{12}O_6 + 2NAD^+ + 2ADP + 2P_i \longrightarrow 2CH_3COCO_2^- + 2NADH + 2ATP \quad (2.161)$$

この標準反応ギブズエネルギーは$\Delta_r G^\circ = (-147) + 2(30.5)\ kJ\cdot mol^{-1} = -86\ kJ\cdot mol^{-1}$，吸エルゴン的なATP合成を含むが，グルコースの酸化と共役することにより全体で発エルゴン的となり反応は自発的に進む．グルコース分子から遊離されうる$-147\ kJ\cdot mol^{-1}$のエネルギーは，ここまでの反応で2分子のATPに$61.0\ kJ\cdot mol^{-1}$が蓄えられる．ATPはその時々で，発エルゴン的にも吸エルゴン的にも使われる．

一方，グルコース分子が O_2 分子により CO_2 と H_2O に完全に酸化されるときの標準反応ギブズエネルギーは $-2870\ \mathrm{kJ \cdot mol^{-1}}$ と莫大である．グルコースがピルビン酸2分子になるときに遊離する $-147\ \mathrm{kJ \cdot mol^{-1}}$ 程度のエネルギーでは，グルコースの化学エネルギーはほとんど消費できていない．実際，ピルビン酸がさらに下流のクエン酸回路で生じるNADHなどが，ミトコンドリアでの電子伝達で水素源の1つとして使われ，さらに大きなエネルギーを生むことになる．

［例題 2.20］　2つの化学反応

$$\text{D-グルコース} + P_i \longrightarrow \text{D-グルコース 6-リン酸} \tag{2.157}$$

$$\text{ATP} \longrightarrow \text{ADP} + P_i \tag{2.158}$$

が共役し，またそれぞれの標準反応ギブズエネルギーが $\Delta_r G_{glc}{}^{\circ} = +13.8\ \mathrm{kJ \cdot mol^{-1}}$ および $\Delta_r G_{ATP}{}^{\circ} = +30.5\ \mathrm{kJ \cdot mol^{-1}}$ であるとき，この実質の反応

$$\text{D-グルコース} + \text{ATP} \longrightarrow \text{D-グルコース 6-リン酸} + \text{ADP} \tag{2.159}$$

の27℃（300 K）における平衡定数の値を求めよ．

［解答］　式（2.155）の考え方から，全反応の平衡定数 K_{total} を求めることができる．

$$K_{total} = \frac{[\mathrm{D \cdot Glc \cdot 6P}][\mathrm{ATP}]}{[\mathrm{D \cdot Glc}][\mathrm{ATP}]} = \frac{[\mathrm{D \cdot Glc \cdot 6P}]}{[\mathrm{D \cdot Glc}][\mathrm{P_i}]} \times \frac{[\mathrm{ADP}][\mathrm{P_i}]}{[\mathrm{ATP}]}$$

$$= K_{Glc} \times K_{ATP} = e^{-\frac{\Delta_r G^{\circ}{}_{Glc}}{RT}} \times e^{-\frac{\Delta_r G^{\circ}{}_{ATP}}{RT}} = e^{-\frac{\Delta_r G^{\circ}{}_{Glc} + \Delta_r G^{\circ}{}_{ATP}}{RT}}$$

$$= e^{-\frac{13.8k\ -\ 30.5k}{8.31 \times 300}} = e^{6.70} \cong 812$$

反応式（2.159）の生成物（右辺）の濃度が反応物（左辺）より28倍程度多くなるところまで反応が進み、平衡となる．

2.4 相　平　衡

2.4.1 相変化に伴う熱の移動

物質は，ある一様の温度，圧力のとき，気体，液体，固体のうちいずれかの状態をとる．これを物質の三態と呼ぶ．温度，圧力の選び方によって，この3つの状態のうち2つあるいは3つが

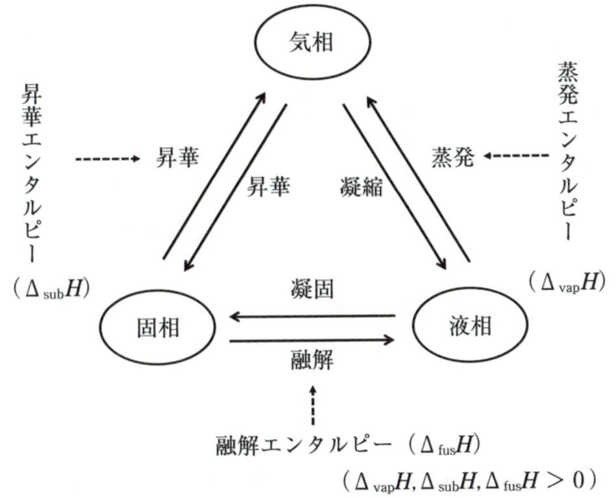

図 2.26　相転移

同時に共存する状態になることもある．

このような，気体，液体，固体のように，系全体にわたって物質の化学的・物理的性質が均一であり，他の部分とは明瞭な境界で区切られている部分を**相** phase という．さらに，気体，液体，固体を，**気相**，**液相**，**固相**といい，図 2.26 に示すように，1 つの相から別の相に状態が変化することを**相転移** phase transition という．相変化にはエネルギー（熱）の出入りが伴い，1 mol の固体が液体に変化する時に，系に与えられるエネルギーを**融解エンタルピー**という．また，1 mol の液体が気体に変化する時に与えられるエネルギー，あるいは，1 mol の固体が気体に変化する時に与えられるエネルギーをそれぞれ**蒸発エンタルピー**，**昇華エンタルピー**という．このように，相の状態を変えるために消費される熱は**潜熱**と呼ばれ，相転移が起こっている間は，系の温度は一定であり，相転移は等温過程となる．

例えば大気圧，25℃での 1 L の H_2O は液体であるが，100℃では沸騰して気体が現れ，系内に液体と気体が共存する状態になる．このように 2 つ以上の相が共存して平衡が保たれている状態を**相平衡** phase equilibrium という．

このような系の状態は，温度や圧力といった状態変数の変化に依存するため，ギブズエネルギー G が温度 T や圧力 p に対してどのように変化するかを知ることは有用である．

温度と圧力がそれぞれ $\mathrm{d}p$ および $\mathrm{d}T$ だけ変化したとき，モルギブズエネルギー変化 $\mathrm{d}\overline{G}$ は以下のように表される．

$$\mathrm{d}\overline{G} = \overline{V}\mathrm{d}p - \overline{S}\mathrm{d}T \tag{2.162}$$

なお，ここで，$\overline{G}, \overline{V}, \overline{S}$はそれぞれ**モルギブズエネルギー**（化学ポテンシャル），モル体積，モルエントロピーである．ここで，圧力一定（$\mathrm{d}p = 0$）とすると，

$$\mathrm{d}\overline{G} = -\overline{S}\mathrm{d}T$$

のように，単純化できる．熱力学第三法則より，絶対温度 0 K 以外の温度では純物質のエントロピーは正の値であるため，温度上昇（$\mathrm{d}T > 0$）に伴って化学ポテンシャルが減少することがわかる．また，固体，液体，気体のエントロピーの大小関係は，

$$S_{固} < S_{液} \ll S_{気}$$

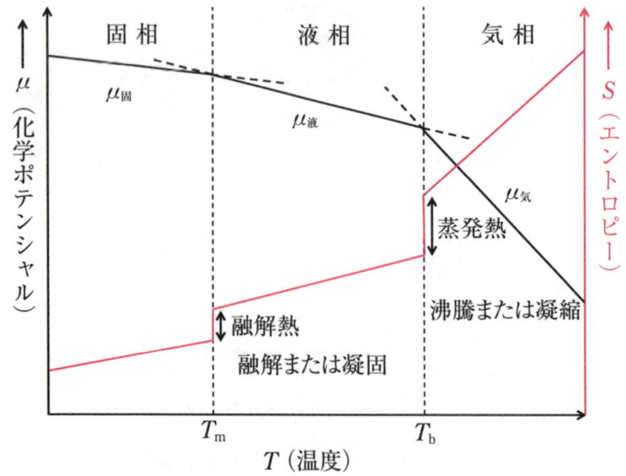

図 2.27　ある一定圧力におけるモルギブズエネルギーとエントロピーの温度依存性

であるため，温度上昇に伴う化学ポテンシャルの減少率もこの順番で大きくなる．この関係を図2.27にまとめた．

固相と液相の化学ポテンシャルの交点温度は融点 T_{m}（あるいは凝固点）であり，液相と気相の化学ポテンシャルの交点は沸点 T_{b}（あるいは凝縮点）である．T_{m} よりも低温では固相の化学ポテンシャルが最も小さく，T_{m} から T_{b} の間は液相の化学ポテンシャルが，T_{b} 以上では気相の化学ポテンシャルがそれぞれ最も小さくなる．このように，平衡状態では必ず化学ポテンシャルの低い相となるため，グラフが交差している温度において相転移が起こることになる．

一方，定温条件（$\mathrm{d}T = 0$）でのモルギブズエネルギー変化 $\mathrm{d}\overline{G}$ は，式（2.162）より

$$\mathrm{d}\overline{G} = \overline{V}\mathrm{d}p$$

となり，モル体積 $\overline{V}$ は正の値であるため，圧力の上昇（$\mathrm{d}p > 0$）に伴って，モルギブズエネルギーが増加（$\mathrm{d}\overline{G} > 0$）することを示している．

図2.28は，固相と液相の化学ポテンシャルと温度の関係のグラフにおいて圧力を高くした場合の変化を模式的に示したものである．

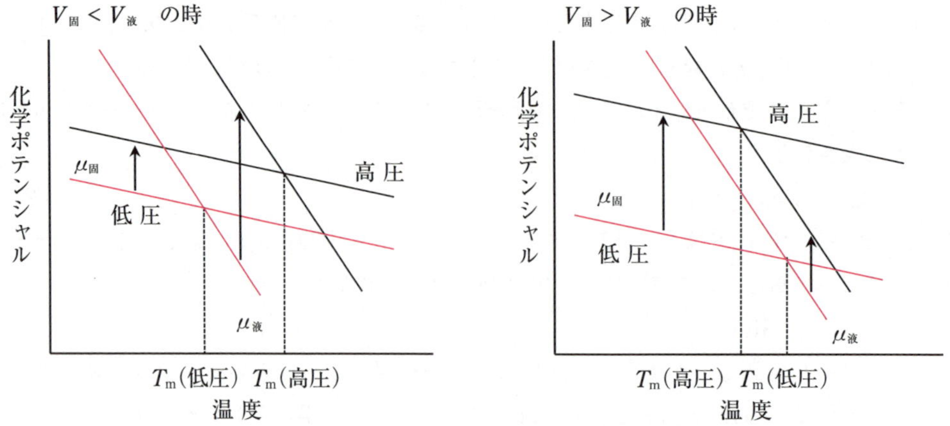

図 2.28　固相と液相の化学ポテンシャルの圧力依存性

多くの物質では液体のほうが固体よりもモル体積が大きいので，圧力が高くなると液相の化学ポテンシャルのほうが固相の化学ポテンシャルより増加量が大きい．その結果，圧力を高くすると融点がわずかに上昇することになる．一方，水では固体のモル体積が液体よりも大きいので，圧力を高くすると固相の化学ポテンシャルのほうが液相よりも増加量が大きくなる．したがって，水の場合は圧力を高くすると融点が少し低下することになる．沸点については，気体のモル体積が液体のモル体積よりも通常千倍大きいため，圧力上昇による沸点上昇は融点の場合より大きくなる．これらは，逆の場合も同様であり，すなわち，圧力を低くした場合，融点および沸点はともに降下する（ただし，水の融点は少し上昇する）．

A　水の相図

ある温度および圧力において，物質が最も安定に存在する相を示した状態図を**相図**という．図2.29 に水 H_2O の相図の一部を示す．

単一成分系での相は固体，液体，気体に限られるが，この時の相図は温度-圧力平面図上で，どの相が実際に存在するかを表している．また，この相の境界は曲線で表され，その曲線上では2つの相が共存する一成分二相系で相平衡となっている．

圧力 1 気圧（= 101.3×10^3 Pa）で室温から温度を下げていくと，液体の水は凝固点 A（0℃ = 273.15 K）で，固体の水（氷）へ変化する．一方，室温から温度を上げていくと，水は沸点 B（100℃ = 373.15 K）で沸騰して気体（水蒸気）へ変化する．このような相転移の起こる温度を**相転移温度**という．図の曲線 C–F は気相と液相の境界線で**蒸気圧曲線**（蒸発曲線），曲線 C–E は液相と固相の境界線で**融解曲線**，曲線 C–D は固相と気相の境界線で**昇華曲線**である．

図中の G 点→ H 点→ I 点をたどると，初めに圧力一定のまま冷却することにより凝固が起こり，次に温度一定のまま減圧することにより水分の昇華が起こる．このようにして水分を除去して『乾物』をつくるのがフリーズドライ製法であり，救急医療の分野で輸血用血液を遠隔地の病

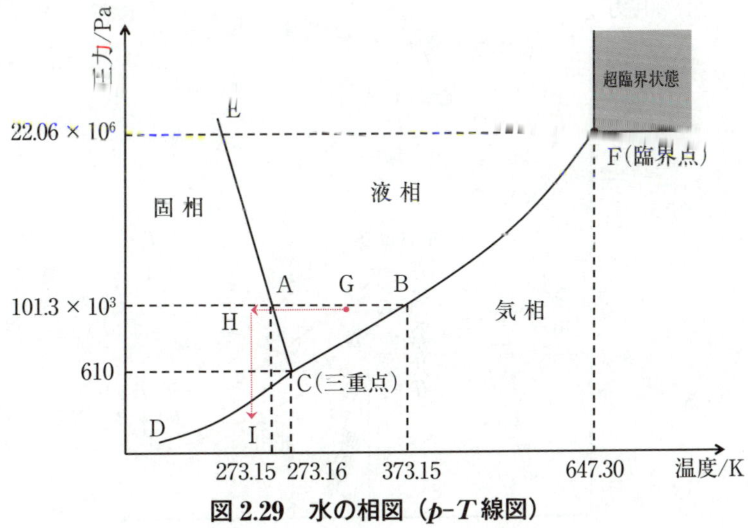

図 2.29　水の相図（p–T 線図）

院に運ぶために開発されて以来，インスタントコーヒーや即席麺から宇宙食の分野にまでその用途を拡大し，フリーズドライは我々の日常生活に浸透している．

また，固体，液体，気体の3種類の相が平衡で同時に存在できる点C（温度：273.16 K, 圧力：610 Pa）のことを三重点という．この三重点は，物質に依存し，温度・圧力を少しでも変更すると3種の相の平衡は成立しないため，温度や圧力の基準になる．実際に，水は皆の知る一般的な物質であるため，その三重点は国際的に認められた温度基準と定義され，他の温度が決められている．また，三重点からのびた気–液共存線C–Fはある温度，圧力の点Fで終わっている．この点よりも高温，高圧では気体と液体の区別がなくなり，この点を臨界点（温度：647.3 K, 圧力：22.06 MPa）と呼ぶ．これは無定形相である気体と液体の間でのみ起こり，臨界点以上の温度，圧力における流体のことを超臨界流体と呼ぶ．

図2.30は，温度一定（$T_1 > T_2 > T_c > T_3$）のもとで，縦軸に圧力，横軸に体積をとり，各温度における水の相の変化（圧力–体積相図）を示している．図中の点線は気液平衡の飽和曲線に相当し，この点線で区切られた下側は，気体と液体が共存する領域となる．また，点線の山の頂点が，臨界点に相当する．系の温度が非常に高い（T_1）時には，等温線は気液平衡線から遠く離れて，ボイル・シャルルの法則があてはまり，体積と圧力が反比例に近い関係になることから，等温線は双曲線に近い曲線となる．室温のように温度の低い状態（T_3）で，温度を保ちながら気体（圧力が低い）状態から徐々に体積を減少させていく（圧力を上げる）と，A点で飽和曲線と交わる．ここで飽和現象が起こり液化しはじめ，体積は変化するが，圧力p_3があまり変化しない領域になる．これは，圧縮によりV_Aで液化が始まりV_Bに至るまで，気相と液相が共存しV_Bに近づくほど液相の割合が増えるという現象に起因している．その後，飽和液線との交点Bに至り，気体が全部液化すると，この点以降は液体を圧縮することで圧力が急激に上昇する．温度がT_3よりも高くなると，飽和液線との交点間の距離がだんだんと小さくなり，最終的にC点に合わさる．このC点のことを「臨界点」，その温度T_cを臨界温度，その圧力p_cを臨界圧力といい，気体が液化する最高温度を指す．この温度を超えた状態は高い圧力をかけても液

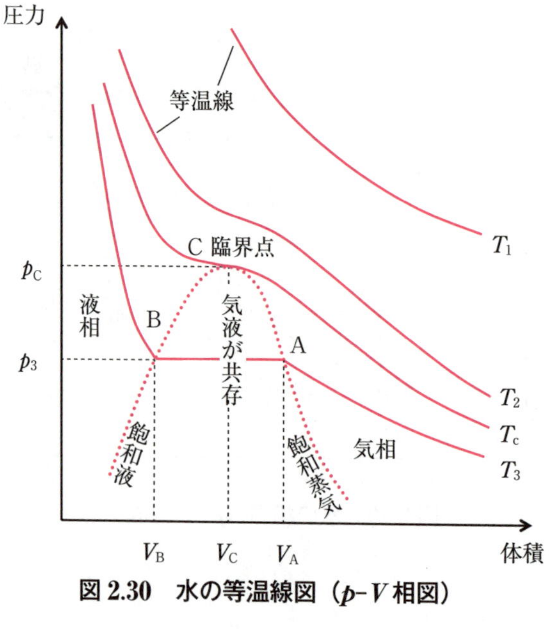

図2.30　水の等温線図（p–V相図）

化しない．臨界温度をわずかに上回る温度付近に注目すると，先にも記したいわゆる超臨界流体の状態であり，気液平衡線とは交わらずやや上側をかすめるように変化することになる．その際，体積変化に伴って 圧力はわずかずつ上昇し続けることになり，臨界点（臨界圧力）の近傍では，わずかな圧力変化によって，体積が非常に大きく変化する．すなわち，密度（体積の逆数）についても微小な圧力変化で大きく連続的に変わることになる．超臨界状態の水は，高温度であるため分子が大きな運動エネルギーを有し気体のようであり，また高圧力であるため分子同士が集まり安定化する力が働くという点では液体のようでもあるといえる．この超臨界水の領域は，多くの有機物の熱分解反応が起こる温度領域にあり，酸素を容易に溶解し均一相をつくるため，この酸化力を利用した有害物質や難分解性有機物の分解・無害化処理などに応用されるなど，環境にやさしい新たな分離・反応溶媒として今後の応用利用に期待されている．

B　二酸化炭素の相図

もう1つの例として，二酸化炭素 CO_2 の相図を図 2.31 に示すが，概略は水の相図と同じである．すなわち，図の曲線 C–F は蒸気圧曲線，曲線 C–E は融解曲線，曲線 C–D は昇華曲線である．

圧力1気圧（1.01×10^5 Pa）での定温点 A から定圧で温度を上げると，点 B になり融解せずに気体になることがわかる．これは，二酸化炭素の場合，三重点 C の圧力（5.1×10^5 Pa）が1気圧よりも高いことに起因する．大気圧下で二酸化炭素の固体（ドライアイス）を温めると，直接気体に変化（昇華）するのは，よく知られた現象であり，これ以上の温度では気体しか存在しない．ただし，三重点（216.6 K（− 56.6 ℃），5.1×10^5 Pa）以上の温度と圧力条件下では，二酸化炭素は液体化し，温度と圧力が臨界点 F（304.2 K（31.1℃），7.38×10^6 Pa）を超えると超臨界状態となる．二酸化炭素は臨界温度と臨界圧力が低いため比較的容易に超臨界流体がつくれ，工業的な利用が飛躍的に進んでおり，今後益々適用分野の拡大が期待されている．

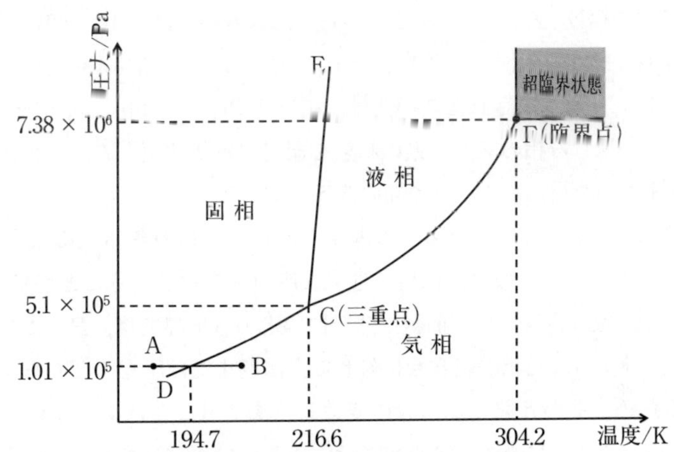

図 2.31　二酸化炭素の相図（p–T 線図）

2.4.2 相平衡と相律

系の状態を決定する際に，自由に決めることのできる示強性変数の数のことをその系の自由度 F という．この数は，系のすべての示強性変数の値を決定するのに必要な独立変数の最小限の数である．

成分の数を C，相の数が P である多成分多相系の自由度について考える．ここで，独立成分の数は系内の各相の組成を完全に記述するために必要な最小限の化学種の数であり，化学種の総数から化学平衡式の数と濃度関係式の数を差し引いたものである．濃度として各成分のモル分率を用いると，各相について，その組成は（$C-1$）個の成分のモル分率を決めると，残る1つの成分のモル分率は自動的に決まる．よって，決定しなければならないモル分率の数は，系全体では P（$C-1$）個である．さらに考慮すべき変数として温度と圧力の2つがあるため，この系の変数の総数は $\{P(C-1)+2\}$ 個になる．ただし，自由度 F を求めるためには，これだけの変数から相平衡の条件によって独立でない変数を除かなければならない．相平衡が成立しているため，すべての相に対して各成分の化学ポテンシャルは等しくなる．すなわち，以下の式が成立する．

成分1に関して：$\mu_1{}^{\alpha}=\mu_1{}^{\beta}=\mu_1{}^{\gamma}=\cdots\mu_1{}^{P}$

成分2に関して：$\mu_2{}^{\alpha}=\mu_2{}^{\beta}=\mu_2{}^{\gamma}=\cdots\mu_2{}^{P}$

成分3に関して：$\mu_3{}^{\alpha}=\mu_3{}^{\beta}=\mu_3{}^{\gamma}=\cdots\mu_3{}^{P}$

……………………………………

成分 C に関して：$\mu_C{}^{\alpha}=\mu_C{}^{\beta}=\mu_C{}^{\gamma}=\cdots\mu_C{}^{P}$

各成分に対する平衡条件の式は（$P-1$）個あるため，C 個の成分に対して共存する相間で各成分の化学ポテンシャルが互いに等しいという条件式が C（$P-1$）個成立する．したがって，系の自由度 F は変数の総数 $\{P(C-1)+2\}$ から条件式の数 $C(P-1)$ を差し引いて，

$$F=\{P(C-1)+2\}-C(P-1)=C-P+2$$

1870年にGibbsにより導き出されたこの式は，**ギブズの相律** Gibbs phase rule として知られている．平衡において生じる相の数と，系の状態を記述する状態図上の点を指定するために必要な状態変数の数（すなわち自由度 F）との間の関係式である．

例えば，図2.29の水（$C=1$）の相図中の固相，液相，気相の各領域のような単一相においては $P=1$ であるので $F=2$ となり，温度と独立に圧力を変化させることができる．すなわち，自由度 F は2となる．融解曲線，昇華曲線，蒸発曲線上の各境界では，$P=2$ であり，F は1となる．したがって，与えられた相の組合せに対して，温度または圧力のどちらか一方がわかればもう一方も決まるため，そのどちらか一方の変数しか決めることはできない．相の数が増えたために自由度が減少したことになる．三重点では，成分数は水のみであるので $C=1$，相の数 $P=3$ であるので，相律から自由度 F は

$$F=2+C-P=2+1-3=0$$

となる．自由度がゼロということは，この固相，液相，気相が同時に存在できる温度と圧力を勝手に選ぶことができないことを意味する．

ここで，融解曲線，蒸発曲線，昇華曲線上の平衡状態にある二相について考える．今，ある温度 T と圧力 p において，1つの相（α 相）と他方の相（β 相）の両相が平衡状態にあるとすると，各相の化学ポテンシャルは等しく，以下のように表される．

$$\mu^{\alpha} = \mu^{\beta}$$

二相の共存線上では相律で示されるように自由度は1であって T と p は独立でないので，温度を T から $T + \mathrm{d}T$ までわずかに変化させる時，二相が平衡を保つためには，圧力 p も新しい温度に対応する圧力 $p + \mathrm{d}p$ まで変化することになる．それに伴って，両相の化学ポテンシャルはそれぞれ $\mu^{\alpha} + \mathrm{d}\mu^{\alpha}$，$\mu^{\beta} + \mathrm{d}\mu^{\beta}$ になったとすると，温度 $T + \mathrm{d}T$，圧力 $p + \mathrm{d}p$ においても平衡状態であるため，

$$\mu^{\alpha} + \mathrm{d}\mu^{\alpha} = \mu^{\beta} + \mathrm{d}\mu^{\beta}$$

が成立する．よって，

$$\mathrm{d}\mu^{\alpha} = \mathrm{d}\mu^{\beta}$$

である．この式に次式を適用すると

$$\mathrm{d}\mu = -\bar{S}\,\mathrm{d}T + \bar{V}\,\mathrm{d}p$$

$$-\bar{S}^{\alpha}\mathrm{d}T + \bar{V}^{\alpha}\mathrm{d}p = -\bar{S}^{\beta}\mathrm{d}T + \bar{V}^{\beta}\mathrm{d}p$$

となり，式を整理すると，

$$\frac{\mathrm{d}p}{\mathrm{d}T} = \frac{\left(\bar{S}^{\beta} - \bar{S}^{\alpha}\right)}{\left(\bar{V}^{\beta} - \bar{V}^{\alpha}\right)} = \frac{\Delta_{\alpha\to\beta}\,\bar{S}}{\left(\bar{V}^{\beta} - \bar{V}^{\alpha}\right)}$$

となる．ここで，$\bar{S}^{\alpha}$ および $\bar{S}^{\beta}$ はそれぞれ α 相，β 相のモルエントロピーである．さらに，Δ は相転移に伴う変化量を表しており，すなわち，$\Delta_{\alpha\to\beta}\,\bar{S}$ は α 相から β 相への相変化に伴うモル当たりのエントロピー変化である．純物質の相変化に伴うモルエントロピー変化 $\Delta_{\alpha\to\beta}\,\bar{S}$ とモルエンタルピー変化 $\Delta_{\alpha\to\beta}\bar{H}$ の関係は，

$$\Delta_{\alpha\to\beta}\,\bar{S} = \frac{\Delta_{\alpha\to\beta}\,\bar{H}}{T}$$

と表されるので，次の関係式が得られる．

$$\frac{\mathrm{d}p}{\mathrm{d}T} = \frac{\Delta_{\alpha\to\beta}\,\bar{H}}{T\left(\bar{V}^{\beta} - \bar{V}^{\alpha}\right)} \tag{2.163}$$

この式は**クラペイロンの式**と呼ばれる．

固–液平衡の融解曲線について考えた時，式（2.163）の $\Delta_{\alpha\to\beta}\bar{H}$ はモル当たりの融解エンタルピーであり，正の値である．$\bar{V}^{\alpha}$ および $\bar{V}^{\beta}$ は固相と液相のモル体積であり，二酸化炭素をはじめ，たいていの物質の固体から液体への相変化に伴う体積変化 $\left(\bar{V}^{\beta} - \bar{V}^{\alpha}\right)$ は正の小さな値である．したがって，二酸化炭素の相図における融解曲線（固–液共存線）の傾き $\dfrac{\mathrm{d}p}{\mathrm{d}T}$ は他の大部分

の物質と同様に正の急勾配となる．しかし，水のように液体のモル体積が固体のモル体積よりも小さい場合には負の急勾配になる．これは加圧により氷が融解する（融点が上昇する）ことを意味し，融解による体積減少$\left(\overline{V}^{液} - \overline{V}^{固} < 0\right)$を表している．この，液体が固体に変化（凝固）する際に体積が増加するのは，水の他にケイ素，ゲルマニウム，ガリウム，ビスマスなど非常に限定された物質に見られる珍しい現象である．

また，蒸発曲線および昇華曲線については，蒸発や昇華に伴う体積変化も正の値であるので，正の勾配を示すが，体積変化が大きいので融解曲線よりずっと緩やかな勾配になる．

蒸発や昇華のように一方の相が気相である場合には，液相や固相のモル体積は気相のモル体積に比べてはるかに小さいので無視し，さらに気相が理想気体の状態方程式に従うと仮定するとクラペイロンの式は単純化できる．

例えば，蒸発曲線の場合，液相と気相のモル体積 $\overline{V}^{液}$および $\overline{V}^{気}$は，$\overline{V}^{液} \ll \overline{V}^{気}$であるため，$\overline{V}^{気} - \overline{V}^{液} \fallingdotseq \overline{V}^{気}$と近似して，さらに気相が理想気体の状態方程式（$pV = RT$）に従うと仮定すると，温度に対する勾配は，次のように表される．

$$\frac{\mathrm{d}p}{\mathrm{d}T} = \frac{\Delta_{\mathrm{vap}}\overline{H}}{T\overline{V}^{気}} = \frac{\Delta_{\mathrm{vap}}\overline{H}p}{RT^2} \tag{2.164}$$

なお，ここで$\Delta_{\mathrm{vap}}\overline{H}$は**モル蒸発エンタルピー**であり，正の値である．
式（2.164）は**クラウジウス–クラペイロン** Clausius–Clapeyron **の式**と呼ばれる．
$\Delta_{\mathrm{vap}}\overline{H}$が一定とみなせる狭い温度範囲（($p_1$, T_1）から（p_2, T_2））であれば，式（2.164）を積分して

$$\ln\frac{p_2}{p_1} = -\frac{\Delta_{\mathrm{vap}}\overline{H}}{R}\left(\frac{1}{T_2} - \frac{1}{T_1}\right) = \frac{\Delta_{\mathrm{vap}}\overline{H}}{R}\left(\frac{T_2 - T_1}{T_1 T_2}\right) \tag{2.165}$$

となる．この式(2.165)より，2種の温度での蒸気圧がわかれば$\Delta_{\mathrm{vap}}\overline{H}$がわかる．また，$\Delta_{\mathrm{vap}}\overline{H}$が既知であり，ある温度における蒸気圧がわかれば，他の温度における蒸気圧を計算することができる．逆に，ある圧力における沸点がわかれば，他の圧力における沸点を計算することができる．

また，式（2.164）の不定積分をとると，

$$\ln p = -\frac{\Delta_{\mathrm{vap}}\overline{H}}{RT} + \mathrm{const.} \tag{2.166}$$

が得られる．この式（2.166）より，蒸気圧の自然対数（$\ln p$）を絶対温度の逆数（$1/T$）に対してプロットすると負の勾配$\left(-\frac{\Delta_{\mathrm{vap}}\overline{H}}{R}\right)$の直線関係が得られることになる．図 2.32 に示したように状態1（p_1, T_1）と状態2（p_2, T_2）がわかれば，勾配より$\Delta_{\mathrm{vap}}\overline{H}$の値が求められることになる．

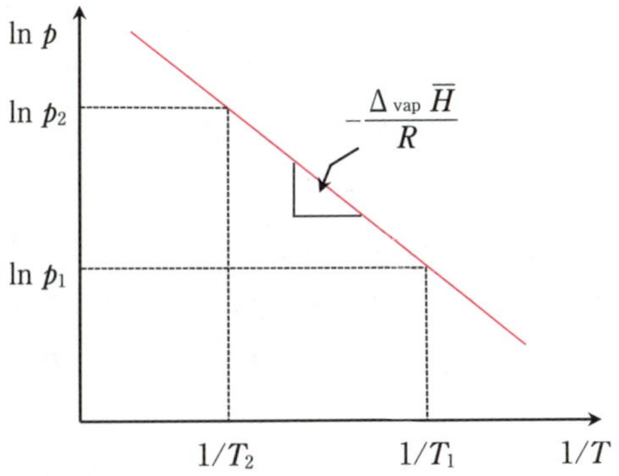

図 2.32　クラウジウス-クラペイロンの式のグラフ（ln p-1/T 線図）

なお，ここに記した蒸発に関することは，$\Delta_{vap}\overline{H}$をモル昇華エンタルピー$\Delta_{sub}\overline{H}$，$\overline{V}^{液}$を固体のモル体積 $\overline{V}^{固}$に置き換えると，昇華にもそのまま当てはまる．

［例題 2.21］　水は大気圧（1013 hPa）のもとでは 100℃で沸騰し，そのモル蒸発エンタルピー$\Delta_{vap}\overline{H}$は 40.7 kJ/mol である．富士山の山頂（気圧 630 hPa）で水が沸騰する温度を求めよ．

［解答］　クラウジウス-クラペイロンの式より，p_1 = 1013 hPa，T_1 = 373 K，p_2 = 630 hPa，$\Delta_{vap}H$ = 40.7 kJ/mol を代入して T_2 を求める．

$$\ln\frac{p_2}{p_1}=\frac{\Delta_{vap}H}{R}\left(\frac{T_2-T_1}{T_1T_2}\right)$$

$$\Leftrightarrow \ln\frac{630}{1013}=\frac{40.7\times10^3}{8.31}\left(\frac{T-373}{373T}\right)$$

$$\Leftrightarrow -0.475\times373T=4900\ (T-373)$$

$$\Leftrightarrow T=360\ \mathrm{K}=87℃$$

したがって，富士山の山頂では水は 87℃で沸騰する

2.4.3　状態図

1 成分系 one component system の平衡状態は，温度 T・圧力 p・体積 V などの熱力学的変数を定めれば 1 つに決まる．系の状態は，固相・液相・気相の 3 つに分類されるが，これらの相を与える熱力学変数の領域を図示したものを，状態図（または相図 phase diagram）という．すでに前節の図 2.29 ～ 2.31 に，純粋な水や二酸化炭素などの 1 成分系の状態図が示されている．

薬学の分野では，溶液や分散系などの多成分系 multicomponent system を扱うことが多い．実際，医薬品のほとんどは多成分系である．本節では，代表的な多成分系の相図として，2 成分

系の気相–液相平衡，液相–液相平衡，固相–液相平衡相図，および3成分系の相図を学習する．

前節で学習したギブズの相率 $F = C - P + 2$ より，1成分系（$C = 1$）で相の数 P が1のとき，自由度 F は2になる．このため，1成分系の状態図は2つの変数を使って表すことができた．一方，2成分系（$C = 2$）では $P = 1$ のとき $F = 3$ であり，状態を指定するためには3つの熱力学変数が必要である．通常，T および p に加えて，一方の成分の組成 x を変数に用いる．x はモル分率で表すことが多い（このときもう一方の成分のモル分率は $1 - x$ で与えられる）．同様に，3成分系（$C = 3$）の状態を指定するには4変数が必要であり，T および p に加えて，2つの成分の組成が用いられることが多い．

なお，2成分系の状態図を3変数を座標軸として描くと，立体的なグラフになり，直感的に理解しにくい場合がある．そこで，T または p のいずれかを一定として，残りの2変数を座標とした平面上に状態図を描くことが多い．これは，3次元的な状態図を切断して得られる断面図に相当する．また3成分系については，T および p の両方を一定とし，3つの成分の組成（うち2つが独立）を変数に用いると便利である．

A 2成分系の気体–液体の相図

はじめに，2種類の物質（A, B）からなる系の液体，気体の状態図を考える．このとき (1) T = 一定で，p と x を変数とした相図（圧力–組成図，**蒸気圧図**ともいう），および (2) p = 一定で，T と x を変数とした相図（温度–組成図，**沸点図**ともいう）がよく用いられる．まず，ラウールの法則が成り立つ理想溶液について考える．すなわち，2種類の物質（A, B）の混合系において，A–A 間，A–B 間および B–B 間の相互作用の大きさが等しく，液相および気相ともに，A, B は互いに任意の割合で混ざり合うものとする．

図 2.33 に，理想溶液の圧力–組成図を模式的に示す．低圧側に気相領域，高圧側には液相領域が，それぞれ存在する．横軸は成分 B のモル分率であり，これが0および1のときの気相–液相

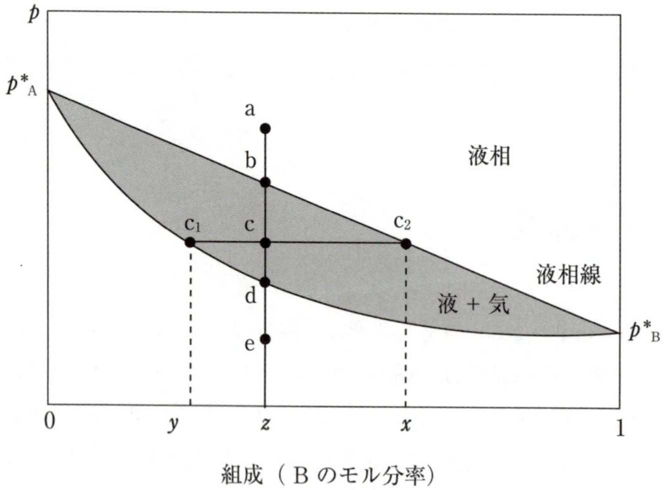

図 2.33 2成分系（理想溶液）の圧力–組成図

境界における圧力（p_A^*, p_B^*）は，それぞれ純物質 A, B の蒸気圧に対応する（図は $p_A^* > p_B^*$ の場合の一例である）．液相領域の圧力の下限を表す曲線は**液相線**，気相の上限の曲線は**気相線**と呼ばれる．これらの 2 曲線で囲まれた領域（灰色で表す）が気相–液相共存領域である．

相図上の点が実際にどのような状態に対応するか，考えてみよう．液相の点 a から，系全体の組成を $x = z$ に保ったまま圧力を下げると，液相線上（点 b）で液中に気泡が現れ始める．気液共存領域中の点 c では，この点を通る水平線と気相線・液相線との交点（点 c_1, c_2）が表す気相・液相が共存する．つまり共存領域では，系は液体と気体に分離しており，点 c で表される圧力と組成をもつ相は存在しない．点 c_1 と c_2 のように，共存する 2 状態を表す相図上の 2 点を結んだ線を**連結線** tie-line という．さらに圧力を下げていくと，液相は気相線上の点 d で消滅し，すべて気相になる．点 e は気相（1 相状態）である．

連結線で結ばれた 2 つの相での，物質の量比を計算してみよう．点 c_2, c_1 での組成をそれぞれ x, y とし，系全体の組成を z とする．液相（点 c_2）の物質量を n_l，気相（点 c_1）の物質量を n_g とすれば，液相中の成分 B の物質量は $n_l x$，気相中の成分 B の物質量は $n_g y$ であり，系全体の成分 B の物質量は $(n_l + n_g)z$ である．今考えている共存状態では，液相と気相以外の相はないので，

$$(n_l + n_g)z = n_l x + n_g y$$

が成り立つ．したがって，

$$n_g/n_l = (x - z)/(z - y)$$

を得る．この式は，点 c_1 の相の物質量と点 c_2 の相の物質量の比が，線分 $\overline{cc_2}$ の長さと線分 $\overline{cc_1}$ の長さの比に等しいことを示す．この関係は，天秤や「てこ」における力のモーメントの釣り合いと同じであるため，**てこの規則** lever rule と呼ばれる．

図 2.34 に，温度と組成を変数とした，2 成分系の相図を示す．$x = 0$ および 1 で，気相と液相が一致する点の温度（T_A^*, T_B^*）は，純物質 A, B の沸点である．図中の 2 曲線に囲まれた領域が，気相–液相共存領域で，その上側の曲線が気相線（**凝縮曲線**ともいう），また下側の曲線が

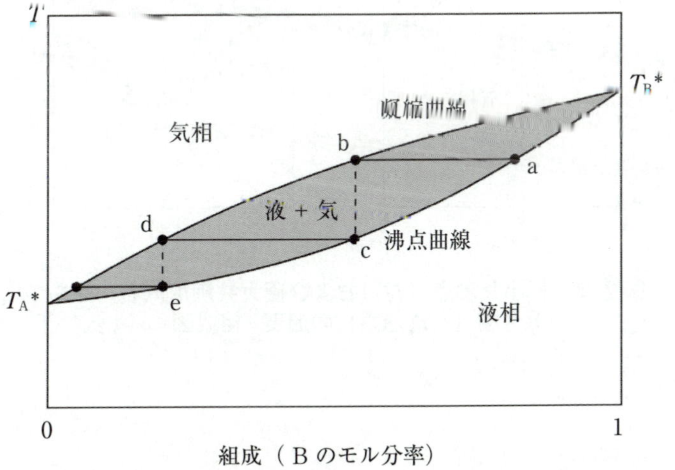

図 2.34　2 成分系（理想溶液）の温度–組成図

液相線（**沸点曲線**ともいう）である．液体の状態から，組成を変えずに温度 T を上昇させると，液相線に達したところで気相が現れる（沸騰する）．このときの温度が沸点である．先に述べた圧力-組成図の場合と同様に，共存領域中では，連結線で結ばれる2点に対応する状態が共存する．系の温度をさらに上昇させると，気相線に達したところで共存状態はなくなり，すべて気体になる．

図中の点aで沸騰したときの蒸気の組成は，点bに対応する．その蒸気を取り出して冷却し，凝縮させれば，点cの組成に対応する液体が得られる．この操作が**蒸留** distillation である．得られた液体を再度加熱して同じ操作を繰り返せば，より高純度の液体が得られ，理想的には成分Aが単離される．このような操作を**分留** fractional distillation または分別蒸留という．

なお図2.34より，組成が0に近づくと液相線は直線に近づくことがわかる．これは，Aを溶媒と見たとき，溶媒Aより沸点の高い（揮発性の低い）溶質Bを少量添加すると，Bのモル分率（x）に比例して溶液の沸点が上昇すること（沸点上昇）を表している．

以上では，溶液は理想溶液であると仮定したが，非理想溶液では，温度-組成図の相境界に極小や極大が現れ，ある組成で気相線と液相線の値が一致する点が生じることがある（図2.35 (a), (b)）．このような点では，平衡になる溶液と蒸気が，同一の組成をもつ．このときの温度を極小（極大）**共沸点**と呼び，その組成の混合物を**共沸混合物** azeotrope という．例えば，エタノール（沸点78.3℃）96%，水4%の混合物は共沸混合物で，極小共沸点を78.2℃にもつ．また，塩酸の沸点は，－85.1℃であるが，塩酸20%，水80%の混合物は，極大共沸点を109℃にもつ．

共沸点では，気相と液相の組成が同じであるため，蒸留しても組成は変化しない．すなわち，共沸点をもつ混合物を分留しても，共沸混合組成以上に成分の純度を高めることはできない．

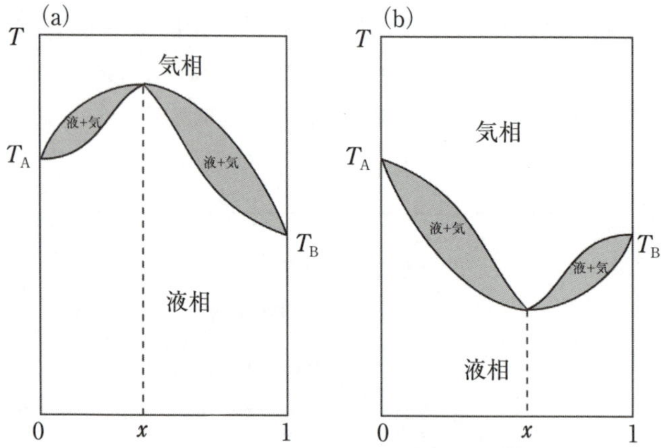

図2.35 極小共沸点（左）および極大共沸点（右）をもつ混合物（非理想系）の温度-組成図

B　2成分系の液体–液体の相図

Aでは，2種類の液体が常に混じり合う場合を考えた．一方，水と非極性溶媒のように，完全には混じり合わず，2つの液体に分離することもある．このような現象を**相分離** phase separation という．以下では，相分離する2成分液体系の温度–組成図を考える．

図2.36に，相分離する2成分系の状態図を模式的に示す．(a) では，相境界を示す曲線より上の領域が一様な1相状態で，曲線より下の領域（灰色で示す）は2つの液体に分離した，2相共存状態である．なお，共存する2つの相の物質量の比については，気液平衡の温度–組成図と同様に，てこの規則が成り立つ．すなわち，全体として $x = x_m$ をもつ液体は，温度 $T = T_m$ において $x = x_a$ と $x = x_b$ の2つの液相に相分離し，各相における物質の量比は，線分 mb：線分 ma の比に等しい．$T > T_c$ では共存領域がなくなり，1相状態のみとなる．一般に，相図上の相境界を表す曲線が極大あるいは極小をとるような点（図中の点c）を**臨界点** critical point という．特に (a) のように共存領域の上部にある臨界点の温度 T_c を**上限臨界相溶温度** upper critical solution temperature（UCST）という．(b) の温度–組成図のように，温度を下げると1相状態になるような混合物もある．この場合，臨界点は共存領域の下部に現れ，そのときの温度は**下限臨界相溶温度** lower critical solution temperature（LCST）と呼ばれる．2つの液体の組合せによっては，UCST と LCST の両方をもつ場合もある．このときは，(c) のように2相領域が閉じた曲線になる．成分 A が純水であるとき，成分 B としてフェノールを選ぶと (a)，トリエチルアミンであれば (b)，ニコチンであれば (c) のタイプの相図が，それぞれ得られる．

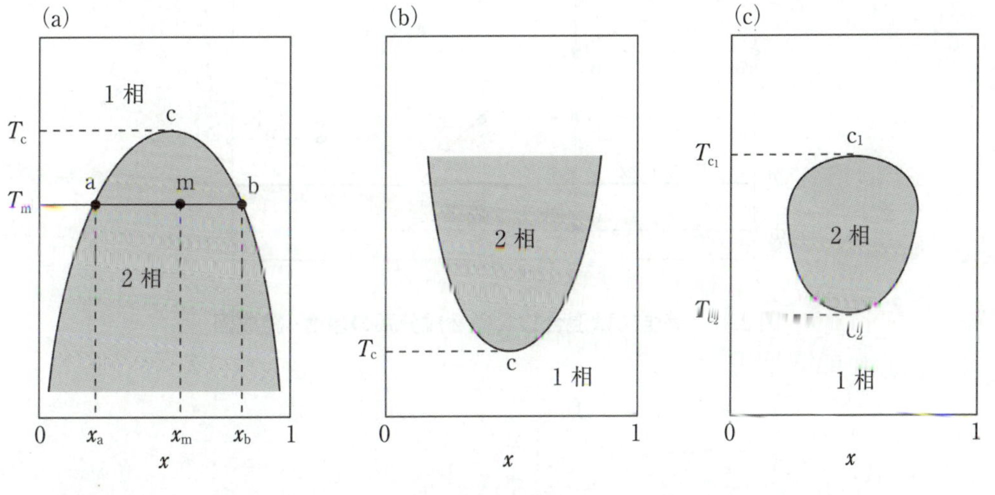

図2.36　UCST，LCST，および両者をもつ系の2成分液体系の温度–組成図

C　2成分系の固体-液体の相図

2成分が完全に混じり合うとき，固体-液体の相図は，液体-気体の相図と同様の形状になる．以下では，2成分が完全には混じり合わない場合を考える．ある温度で，固体（純物質）を液体（溶媒）に入れると，固体は溶媒中に溶け出し，やがて飽和濃度に達して固液平衡状態になる．様々な温度 T における飽和濃度 x を測定すれば，固液平衡に関する温度－組成図が描ける．この相図における温度と飽和濃度の関係を表す曲線を**溶解度曲線** solubility curve という．図 2.37 に，2成分（A, B）混合物の典型的な温度－組成図を示す．系は高温側では溶液の状態で，点 P が純物質 A の融点，点 Q が純物質 B の融点に対応する．また曲線 PE は物質 A の溶解度曲線であり，溶液の状態（点 a）から全体の組成を一定にして温度を下げると，溶解度曲線上の点 b で純物質 A の固体（点 b_1）1 が析出してくる．点 c では固体（点 c_1）と溶液（点 c_2）が共存する．同様に，曲線 QE は物質 B の溶解度曲線で，点 e では点 e_1 の溶液と点 e_2 の固体（純物質 B）が共存する．2つの溶解度曲線 PE と QE が交差する点 E の温度 T_e 以下では，2つの固体 A, B（$x = 0；1$）は分離した状態（点 d_1, d_2）で存在する．点 E は**共融点**または**共晶点** eutectic point と呼ばれ，その点の組成の固体混合物を昇温すると融解し，同じ組成の溶液になる．共融点と同じ組成の溶液を冷却すると，純物質 A と B の微少な結晶が混合した**共晶混合物**（または単に**共晶**という）ができる．

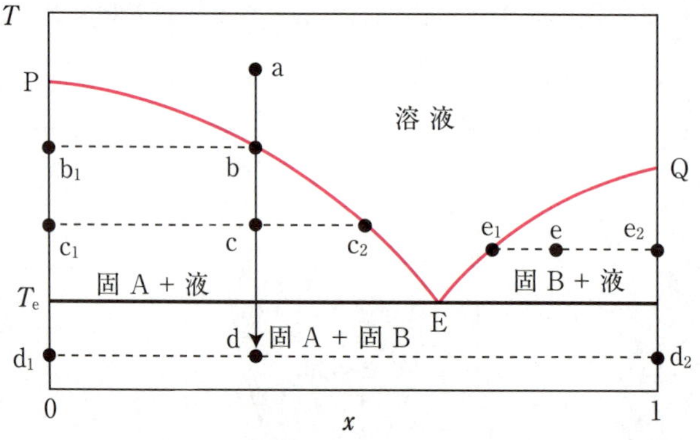

図 2.37　完全には混合しない 2 成分系の温度－組成図

D　3成分系の相図

温度，圧力がともに一定とすると，3成分系では，各成分（A, B, C）のモル分率 x_A, x_B, x_C によって系の状態が決まる．ただしモル分率については，関係式 $x_A + x_B + x_C = 1$ が常に成り立つので，2つの成分だけが独立である．x_A, x_B, x_C を座標軸にとると，上の関係式は，3点（1, 0, 0），（0, 1, 0），（0, 0, 1）を通る平面の式になる（図2.38（a））．したがって，3成分系のモル分率は正三角形を使って表すことができる（図2.38（b））．三角形の3つの頂点は，それぞれ対応する成分が100%（モル分率が1）の点である．それぞれの頂点の対辺に平行な線は，対応する成分の濃度が一定の線（等濃度線）となる．図2.38（c）は3成分系の相図の例を模式的に示したものである．共存線より下の領域では組成の異なる2つの液体の相に分かれ，連結線で結ばれた共存線上の2つの点によって表される組成の相が共存する．

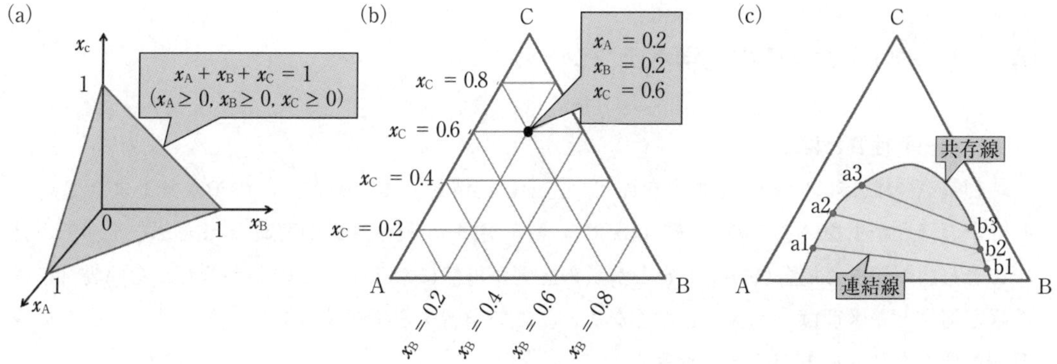

図2.38　3成分系の状態図

2.5 溶液の性質

2.5.1 希薄溶液の束一的性質

体液はさまざまな溶質が含まれた複雑な溶液である．疾患時においては体液組成が変化して，例えば体内の水分量がうまくコントロールできないなどの症状が起きる．ここでは溶液の束一的性質を学習し，そのような状況に適切に対処するために必要な基本的知識を身に付ける．

A 束一的性質と溶媒の化学ポテンシャル

（1）束一的性質とは

純物質Aの液体に少量の異物Bを加え，完全に溶解させる．通常，Aのモル分率よりBのモル分率のほうが少ない．このような状況ではAが**溶媒** solvent，Bが**溶質** solute となる．モル分率に著しい差がある場合には，溶媒と溶質の区別が可能になるが，その差が著しくない場合には，溶媒と溶質との区別ははっきりしなくなる．ここで学習する希薄溶液では，著しく量の少ない成分が溶質となり，他方が溶媒である．

「束一的」とはひとまとめになっている様子を指すが，化学でいう**溶液の束一的性質** colligative properties とは，その溶液の性質が溶質の種類にはよらず，溶質の「粒子としての」濃度に依存することを指す．薬学で重要となる溶液の束一的性質には，**沸点上昇**，**凝固点降下**，**浸透圧**がある．これらはすべて，溶質との混合に伴って溶媒の化学ポテンシャルが減少することによって生じる．混合による化学ポテンシャルの減少は，後の2.5.2で説明する．

なお，分子どうしの会合や電解質の電離が生じる場合に注意を要する．例えば，1 molの強電解質NaClが水に溶けて完全に電離すると，粒子としては2 mol生じることになる．この効果については，後ほど2.5.1 C で説明する．それまでは，溶質1分子＝1粒子を仮定して説明を進める．

（2）溶媒の蒸気圧降下による化学ポテンシャルの減少

束一的性質では，溶液の成分の蒸気圧を考える．圧力に着目するのは，ギブズエネルギーや化学ポテンシャルが，そもそも圧力から求められるパラメータだからである（2.3.4）．まず前提として，ここでは溶媒Aは蒸発するが溶質Bが蒸発しない，すなわち不揮発性とする（図2.39）．

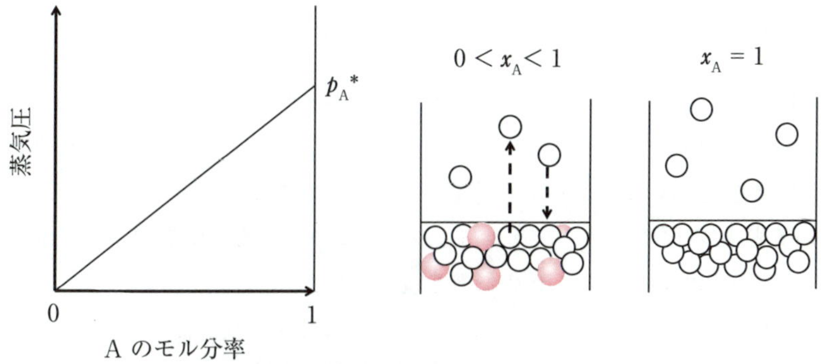

図 2.39　不揮発性溶質の存在による蒸気圧降下

図 2.40 と対比（ラウールの法則，2.5.2）．ここでは溶質が不揮発性であるので蒸気圧は溶媒だけに依存する．溶液表面に存在する溶媒 A の割合が減少するため，気化する A の数も減少する．

すなわち，A だけの蒸気圧を考えればよい．後に 2.5.2 で学習するが，蒸気中成分の分圧は，蒸気と平衡状態にある溶液中の成分のモル分率に依存する（ラウールの法則）．したがって，A を溶媒とする溶液中に不揮発性物質 B が存在すると，溶液中の A のモル分率 x_A が 1 より小さいため，溶媒 A の蒸気圧は純物質（$x_A = 1$）の時よりも低くなる．これを**蒸気圧降下**という．2.4.2 で述べたように，液体成分の化学ポテンシャルはそれと蒸気圧平衡状態にある同一成分の化学ポテンシャルに一致することから，溶媒の蒸気圧降下は，溶媒の化学ポテンシャルの減少を意味する．化学ポテンシャルの減少と沸点上昇，凝固点降下，浸透圧との関係を，次に順次説明する．

B　沸点上昇と凝固点降下

（1）沸点上昇

不揮発性溶質との混合によって溶媒 A の蒸気圧が降下し，A の化学ポテンシャルが減少する．それに伴って生じる現象に，沸点上昇と凝固点降下がある．これらが生じる理由は，化学ポテンシャルの温度依存性を示すグラフ（図 2.40）を用いて考えると理解しやすい．このグラフから次の 2 つのことが結論される．

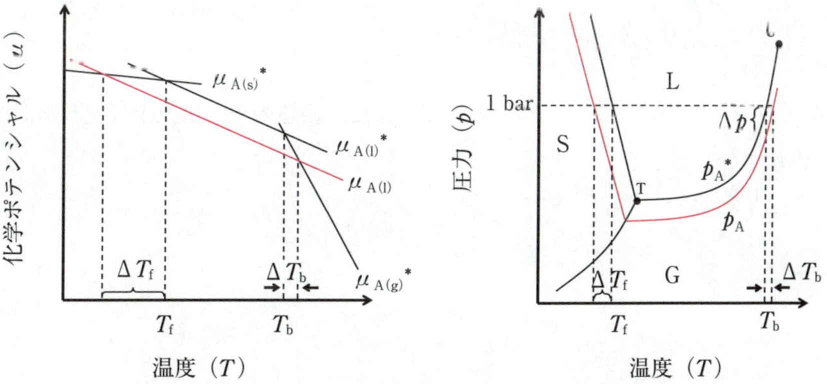

図 2.40　沸点上昇と凝固点降下を表す μ-T 図と p-T 図

・液相状態の溶媒Aの化学ポテンシャルを示すグラフに注目すると，純物質であるとき（$\mu_{A(l)}{}^*$）より溶液になっている場合（$\mu_{A(l)}$）のほうが，Aの化学ポテンシャルは低い．
・気相に含まれるのはAのみである（Bは不揮発性）．よって，気相中のAの化学ポテンシャルは，Bの影響を受けず溶媒Aのみの場合（$\mu_{A(g)}{}^*$）と変わらない．
・固相状態の溶媒Aの化学ポテンシャル（$\mu_{A(s)}{}^*$）についても，溶質Bを含む溶液から溶媒Aが純物質として析出するならば，Bの影響を受けない．

その結果，気相の化学ポテンシャルを示すグラフとの交点は高温側（右側）にシフトし，一方，固相の化学ポテンシャルを示すグラフとの交点が低温側（左側）にシフトすることになる．これらの交点の横軸の座標は，それぞれ，沸点および凝固点を指すため，溶質の存在により，溶媒の沸点は上昇し，凝固点は降下することを意味する．

溶液の沸点 $T_b{}'$ と純溶媒の沸点 T_b との差を，沸点上昇度 ΔT_b という．沸点上昇度は溶質のモル分率 x_s に依存し，ある定数（k_b）を用いて次式で表される．

$$\Delta T_b = k_b \times x_s \tag{2.167}$$

[式（2.167）の説明]

クラペイロンの式より

$$\frac{\Delta p}{\Delta T} = \frac{\Delta_{vap}H}{T_b\left(\bar{V}_{(g)} - \bar{V}_{(l)}\right)} \doteqdot \frac{\Delta_{vap}H}{T_b\bar{V}_{(g)}} = \frac{\Delta_{vap}H}{T_b\dfrac{RT}{p^*}} = \frac{\Delta_{vap}Hp^*}{RT_{b_2}}$$

逆数をとって

$$\Delta T = \frac{RT_b{}^2}{\Delta_{vap}H} \cdot \frac{\Delta p}{p^*}$$

ここで，$\Delta p/p^*$ は溶媒が純物質であるときの蒸気圧に対する蒸気圧降下の割合を示し，ラウールの法則に従うとき，溶質のモル分率 x_s に相当する．

$$\Delta T = \frac{RT_b{}^2}{\Delta_{vap}H} \cdot x_s$$

これと式（2.167）と比較すると，k_b がわかる．また，後述のモル沸点上昇定数 K_b については $K_b = k_b \times \dfrac{\text{溶媒の分子量}}{1000}$ となる．

ここで，質量モル濃度 M は，希薄溶液においてモル分率 x を反映する濃度表記法 * であることを考慮すると，上式（2.167）はモル沸点上昇定数（あるいは沸点上昇定数）K_b を用いて次の形に変形される．

$$\Delta T_b = K_b \times M \tag{2.168}$$

式（2.168）は，希薄溶液の沸点上昇度は溶質の質量モル濃度に依存することを明示しているが，一方で，この式には溶質の種類を記述する因子が含まれていない．これはつまり，沸点上昇は溶質の種類によらない束一的性質であることを意味する．

モル沸点上昇度は，溶質ではなく溶媒の種類によって決まる，モル沸点上昇定数 K_b に支配されている．いくつかの物質のモル沸点上昇定数を表 2.2 に示す．一般に，モル沸点上昇定数は次式で示され，純溶媒の分子量 m，沸点 T_b と蒸発エンタルピー $\Delta_{vap}H$ を用いて表現できる．

$$K_b = \frac{RT_b{}^2}{\Delta_{vap}H} \cdot \frac{m}{1000} \tag{2.169}$$

（2）凝固点降下

溶液の凝固点 T_f' と純溶媒の凝固点 T_f との差を，凝固点降下度 ΔT_f という．沸点上昇と同様に，凝固点降下度も質量モル濃度 M を用いて次式で表される．

$$\Delta T_f = K_f \times M \tag{2.170}$$

ここで K_f は，**モル凝固点降下定数**（あるいは**凝固点降下定数**）であり，モル沸点上昇定数の導出と同様の式変形を経て，溶媒の分子量 m，凝固点 T_f と融解エンタルピー $\Delta_{fus}H$ を用いて次式で表される．

$$K_f = \frac{RT_f{}^2}{\Delta_{fus}H} \cdot \frac{m}{1000} \tag{2.171}$$

いくつかの物質のモル凝固点降下定数 K_f を表 2.2 に示す．溶媒の K_f が明らかである場合，測定により得られた凝固点降下度 ΔT_f から質量モル濃度 M を求めることができる．また，後述するが，日本薬局方は浸透圧測定法として，凝固点降下度を用いて浸透圧を表す方法を採用している．

---

* 希薄溶液において

$$\text{モル分率 } x = \frac{\text{溶質の物質量}}{\text{溶質の物質量} + \text{溶媒の物質量}} \fallingdotseq \frac{\text{溶質の物質量}}{\text{溶媒の物質量}} = \frac{\text{溶質の物質量}}{\dfrac{\text{溶媒の質量（g）}}{\text{溶媒の分子量}}}$$

$$= \frac{\text{溶質の物質量}}{\text{溶媒の質量（kg）}} \times \frac{\text{溶媒の分子量}}{1000} = \text{質量モル濃度 } M \times \frac{\text{溶媒の分子量}}{1000}$$

表 2.2　モル凝固点降下定数とモル沸点上昇定数

	モル凝固点降下定数 ($K\ mol^{-1}\ kg^{-1}$)	モル沸点上昇定数 ($K\ mol^{-1}\ kg^{-1}$)
水	1.86	0.514
エタノール	2.0	1.07
ベンゼン	5.12	2.53
フェノール	7.27	3.04
酢酸	3.90	3.07

一般に，凝固点降下定数のほうが大きい．これは，化学ポテンシャルの温度依存性を示すグラフ（図 2.40）において，固相と気相の傾き（$-S_m$）が違うことによる．
（中村和郎編(2010)わかりやすい物理学 第2版，表 6-2，廣川書店）

コラム　凝固点降下度からの分子量の見積もり

溶媒のモル凝固点降下定数 K_b が明らかである場合，測定により得られた凝固点降下度 ΔT_f から溶質の分子量（モル質量）を求めることが可能である．溶質の分子量を m_s，質量を w_s とし，溶媒の質量を w_M とすると質量モル濃度 $M = w_s/(w_M \times m_s)$ となるので

$$\Delta T_f = K_f \times \frac{w_s}{w_M m_s}$$

より，溶質の分子量 m_s を求めることができる．ただし，この方法で留意すべき点として，モル凝固点降下定数が大きくないため，希薄溶液（得に高分子の溶液）では正確な測定が困難であることや，解離や会合の誤差が結果に影響すること，過冷却によって測定が不正確になり得ることなどがある．

C　浸透圧

(1) 浸透圧とは

溶質は通り抜けられないが，溶媒分子のみが通り抜けることができる膜を**半透膜** semipermeable membrane という．また，溶媒分子が半透膜を通り抜ける現象を，**浸透** osmosis という．例えば図 2.41 に示すように，濃度の異なる溶液が半透膜を介して存在するとき，浸透は自発的に生じ，低濃度溶液の溶媒が高濃度溶液に移動する．その結果，高濃度溶液の液面が低濃度溶液の液面より高くなる．この高さの差はそのまま水圧の差となり，この圧力差を**浸透圧** osmotic pressure と呼ぶ．浸透が自発的であるのは，両溶液に濃度差があることによって，溶媒の化学ポテンシャルが異なるからであり（溶質濃度が小さいほど溶媒の化学ポテンシャルは大きい．2.5.2 C），化学ポテンシャルの高い低濃度溶液の溶媒が，化学ポテンシャルの低い高濃度溶液にひとりでに移動する．その結果，両液の濃度差が減少する方向に変化し，平衡状態に至った時の両溶液の圧力差が浸透圧となる．

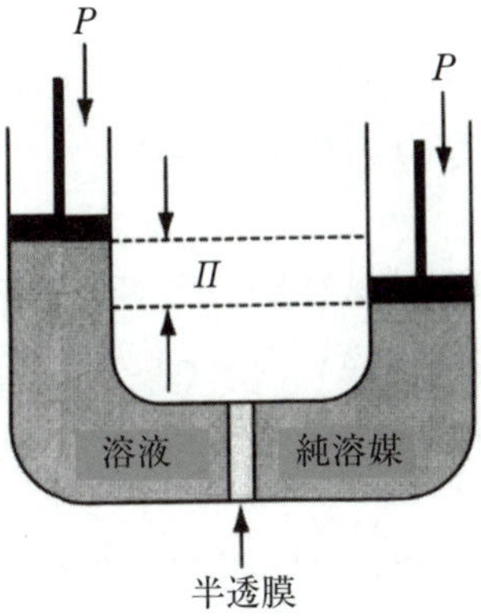

図 2.41　純溶媒と溶液との間に発生する浸透圧
（中村和郎編（2010）わかりやすい物理化学 第 2 版，p. 104，図 6-5，廣川書店）

浸透圧は，低濃度溶液側から高濃度溶液側への溶媒分子の流れによって発生するため，高濃度溶液側に外部から圧力を加えると，溶媒の流れを止めることができる．ちょうど力が釣り合うように加えられている圧力のことを，浸透圧として考えることもできる．外部から加える圧力をさらに増加させると，溶媒分子の流れる方向が逆転し，高濃度溶液側から低濃度溶液側に移動することになる．この過程を**逆浸透** reverse osmosis といい，水を浄化するための方法の 1 つとして利用されている．逆浸透は溶媒の化学ポテンシャルが増加するプロセスになるので，自発的には進まず，外部からの仕事が必要になる．

（2）ファントホッフの式

浸透圧 Π の大きさは溶液の質量モル濃度 M に比例し，**ファントホッフの式** van't Hoff equation と呼ばれる次式で表される．

$$\Pi = MRT \qquad (2.172)$$

（ただし，R，T はそれぞれ気体定数と熱力学的温度）

溶液が希薄溶液であるとき，質量モル濃度 M と（容量）モル濃度 c の値がほぼ等しいので，

$$\Pi = cRT \qquad (2.173)$$

と表すことができる．この式は理想気体の状態方程式 $\left(p = \frac{n}{V} RT\right)$ と似ているので覚えやすい．

国際単位（SI）系を用いると，Π と c はそれぞれ Pa，mol/m^3 で表される．

モル濃度 c を溶質の質量 w とモル質量（分子量）m および体積 V を用いて表すと，

$$\Pi = \frac{w/m}{V} RT \qquad (2.174)$$

となるので，溶質の質量 w と溶液の体積 V が既知であれば，浸透圧 Π の測定によって分子量 m を求めることができる．この方法は，タンパク質などの高分子の分子量を概算するときなどに利用される．高分子への適用例が多いのは，低分子より高分子のほうが半透膜を透過する可能性が小さいこと，高分子の場合では凝固点降下法に比べると変化が明瞭であることなどによる．

ファントホッフの導出

図2.41において，平衡時には純溶媒の化学ポテンシャルと溶液側の溶媒の化学ポテンシャルが等しい．両者の圧力が異なるので，圧力を付して表す．

$$\mu^*_p = \mu_{p+\Pi}$$

溶液側の溶媒の化学ポテンシャルは溶媒のモル分率に依存する．

$$\mu^*_p = \mu_{p+\Pi} = \mu^*_{p+\Pi} + RT \ln x_A$$

したがって，

$$\mu^*_p - \mu^*_{p+\Pi} = RT \ln x_A$$

となり，左辺は純溶媒の異なる圧力下における化学ポテンシャルの差を示している．化学ポテンシャルの圧力依存性（2.3.1）において述べたように，これはモル体積を圧力で積分したものに相当する．

$$-\int_p^{p+\Pi} \bar{V}\,dp = RT \ln x_A$$

希薄溶液では溶媒のモル分率の対数は溶質のモル分率に近似でき，またモル体積は一定と見なせるときでは，次のようになる．

$$RT \ln x_A = RT \ln(1 - x_B) \fallingdotseq -RTx_B$$

$$-\int_p^{p+\Pi} \bar{V}dp = -\bar{V}\int_p^{p+\Pi} dp = -\bar{V}\Pi$$

$$\bar{V}\Pi = RTx_B$$

希薄溶液のとき，溶質のモル分率は物質量の比として近似でき，溶媒の物質量とモル体積の積は溶媒の体積になる．

$$\bar{V}\Pi = RT\frac{n_B}{n_A}$$

$$\Pi = RT\frac{n_B}{\bar{V}n_A} = RT\frac{n_B}{V} = cRT$$

D　溶質の会合や電離が束一的性質に及ぼす影響

（1）ファントホッフの係数

溶液の束一的性質は，溶質の「粒子としての」濃度に依存する．これまでに説明したことは，すべて溶質1分子＝1粒子が成り立つ場合の話である．しかし，実際に溶質が溶液に含まれるとき，溶質の種類によっては，複数の分子が会合して1つの粒子を形成したり，電離によって1分子から複数の粒子（イオン）が生成したりすることがある．このような場合，溶液中の真の粒子濃度が溶質の濃度と異なる．この，真の粒子濃度と溶質の濃度の違いを補正するために，**ファントホッフの係数** van' t Hoff factor，i が用いられている．

ファントホッフの係数 i とは「電離または会合が起こる前の粒子数に対する，平衡時の実際の粒子数の比」である．例えば，1塩基性弱酸1モルの電離である場合，電離度 α を考慮すると

$$\begin{array}{ccc} \mathrm{HA} & \rightleftarrows & \mathrm{A^-} + \mathrm{H^+} \\ 1-\alpha & & \alpha \quad\ \alpha \end{array}$$

より，ファントホッフの係数 i は

$$i = \frac{\text{電離後の物質量}}{\text{電離前の物質量}} = \frac{(1-\alpha) + 2\alpha}{1} = 1 + \alpha$$

となる．この考え方から，1 分子から n 個（$n \geqq 2$）の粒子が生じるとき，一般に，

$$i = 1 + \alpha(n-1) \tag{2.175}$$

となる．

一方，会合などにより粒子数が減少する場合には，i は 1 より小さい値となる．例えば，2 分子の物質 A が会合し，会合する分子の割合を β とするとき，上と同様に

$$\begin{array}{ccc} 2\mathrm{A} & \rightleftarrows & \mathrm{A_2} \\ 1-\beta & & \dfrac{\beta}{2} \end{array}$$

より，

$$i = \frac{\text{会合後の物質量}}{\text{会合前の物質量}} = \frac{(1-\beta) + \dfrac{\beta}{2}}{1} = 1 - \frac{\beta}{2}$$

となる．$0 < \beta < 1$ であるため，この場合には i は 1 より小さい正数になることがわかる．

沸点上昇，凝固点降下，浸透圧に適用すると，それぞれ表 2.3 のようになる．

表 2.3　ファントホッフの係数 i を用いた束一的性質の関係式

束一的性質の種類	濃度表記法	関係式
沸点上昇	質量モル濃度	$\Delta T_b = K_b \times iM$（式(2.176)）
	モル濃度	$\Delta T_b = K_b \times ic$（式(2.177)）
凝固点降下	質量モル濃度	$\Delta T_f = K_f \times iM$（式(2.178)）
	モル濃度	$\Delta T_f = K_f \times ic$（式(2.179)）
浸透圧	質量モル濃度	$\Pi = iMRT$（式(2.180)）
	モル濃度	$\Pi = icRT$（式(2.181)）

強電解質では，ファントホッフの係数 i をあらかじめ予測できる．一方，電離や会合の程度が不明な場合には，凝固点降下や浸透圧の測定結果から逆にファントホッフの係数を求めて，電離や会合の程度を見積もれる．その際，次項で説明する，粒子間の相互作用影響を考慮する必要がある．

（2）粒子間の相互作用によるファントホッフの係数への影響

電解質溶液では，電離で生じたイオンの間には静電相互作用が強く働くので（デバイ–ヒュッケル理論，2.5.4），溶液中においてこれらのイオンは完全には自由に振る舞うことはできず，イオンの運動を束縛する効果が発生する．そのため，実際のイオンの濃度を，完全に自由に振る舞

う理想的条件下でのイオンの濃度に換算すると，実際のイオンの濃度と異なる値となる．この差異は，ファントホッフの係数に影響を及ぼしうる．

例えば，154 mmol/L の NaCl 水溶液（≒生理食塩水，0.9 % NaCl）の場合，粒子濃度は計算上 308 mmol/L となるが，浸透圧測定から求めた粒子濃度（$i \times c$）は 286 mmol/L しかない．このとき，式（2.181）の濃度 c に 154 mmol/L を代入すると，ファントホッフの係数の値は

$$i = \frac{0.286}{0.154} \fallingdotseq 1.86$$

となり，$i = 2$ にはならない．さらに，浸透圧測定から求めた粒子濃度である 286 mmol/L を用いて，NaCl の「みかけ」の電離度 α を求めると

$$\alpha = \frac{0.286 - 0.154}{0.154} \fallingdotseq 0.86$$

という値が得られ，NaCl 水溶液では $\alpha \fallingdotseq 1$ である，と教わったことと矛盾する．しかし，この程度の濃度の水溶液では，NaCl は水中でほぼ完全に電離（$\alpha \fallingdotseq 1$）していることが既に明らかにされている．このように，イオン間の相互作用を考慮するかしないかで，ファントホッフの係数 i や電離度 α の値にずれが生じてしまう．したがって，相互作用を考慮せずに求められたファントホッフの係数や電離度は，あくまで「みかけの値」として捉えるとよい．

非電解質の希薄溶液の場合，イオンに比べると分子間相互作用の影響が小さい．したがって，分子間の会合がなければファントホッフの係数の測定値は $i = 1$ とみなしてよい場合が多い．しかし，非電解質溶液でも濃度が高い場合には，i は 1 からずれてくる．例えば 2 mol/kg のショ糖水溶液では $i = 1.189$ にもなる．

（3）オスモル濃度

2つの溶液の間で浸透圧の等しいことを等張といい，浸透圧が高いこと，低いことはそれぞれ，高張，低張という．医療現場をはじめとするさまざまな場面において，溶質の異なる種々の溶液の間で浸透圧の大小を比較したい機会は多い．上述のように，浸透圧は，電離・会合や溶質どうしの相互作用の影響を受け，ファントホッフの係数 i で補正した濃度に比例する．このことから，実在する溶液の浸透圧の大小を，溶質の濃度でなく i で補正された濃度の大小として表す場合が多い．ファントホッフの係数 i で補正された濃度のことをオスモル濃度（浸透 osmosis と物質量の単位 mole からなる造語）という．オスモル濃度は原理上，浸透圧の測定値から決定される実効濃度であり，分子間相互作用や会合および電離を含めた濃度として表現される．オスモル濃度には質量オスモル濃度 osmolality（osm/kg^{-1}）と容量オスモル濃度 osmolarity（osm/L，Osm）とがあり，前者はファントホッフの係数で補正後の粒子 1 mol が溶媒 1 kg 中に溶解している状態を基準とし，後者は同様に補正後の粒子 1 mol が溶液 1 L 中に溶解している状態を基準とする．希薄溶液の場合には両者はほぼ等しく，実用的には容量オスモル濃度が用いられることが多い．補正がなければ（$i = 1$），質量オスモル濃度と容量オスモル濃度はそれぞれ溶質の質量モル濃度および（容量）モル濃度に対応する．

なお，日本薬局方は浸透圧測定法として凝固点降下法を採用している．これは，圧力差としての浸透圧を測定しているのではなく，浸透圧をオスモル濃度に換算した値として測定している．

2.5.2 ◆ 活量と活量係数

熱力学の理論は理想気体や理想溶液を出発点としているが，我々が扱う溶液は理想溶液ではないことがほとんどである．しかし，活量を用いれば，理想溶液でない場合でも熱力学的に理解することが可能になる．本項では活量を学習する．

A 理想溶液

① ラウールの法則

2.3.4 で学習したように，ギブズエネルギーは状態関数であり，着目している物質の状態が決まればその値は一意的に定まる．ある物質 A が仮に液体であるとしよう．いま，図 2.42 に示すように A が純物質であるとき，A の分子は同じ A という仲間の分子のみに囲まれており，A–A の間での分子間相互作用が働いている．一方，A が異物 B との混合物，つまり溶液になっている状態も考えてみよう．着目している中央の A の分子の周囲には，A のみならず B の分子も存在するので，A–A の間のほかに A–B の間の分子間相互作用も働いている．したがって，同じ A という 1 個の分子に着目しても，純物質の時と溶液の時ではその周囲の状態が異なっているため，1 分子当たりのギブズエネルギーが異なる，すなわち，化学ポテンシャルが異なることになる．

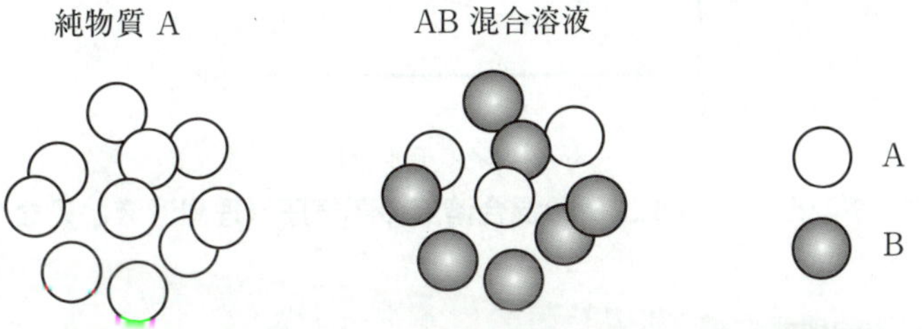

図 2.42　混合溶液のある着目分子における分子的環境

ギブズエネルギーは本来，圧力に依存するパラメータであるので，溶液 AB 中の A の化学ポテンシャルは，平衡蒸気中の A の分圧を用いて表すことができる．A のみならず B も揮発性であれば，蒸気中には A と B の両方が含まれる（B が不揮発性の場合は，2.5.1 A で述べたようになる）．蒸気中における A と B の各分圧は，ラウールによって示され，「理想的な」場合においては，A の分圧は溶液中の A のモル分率に比例し，B の分圧は溶液中の B のモル分率に比例することが明らかとなっている．この関係は，**ラウールの法則** Raoult's law として知られ，次式で表される．

$$p = p^* \times x \tag{2.182}$$

（ただし，p，p^*，x はそれぞれ，分圧，純物質のときの蒸気圧，モル分率）

モル分率 x を変数と見ると，定数 p^* は比例定数となる．この値は純物質の時の蒸気圧であるが，これは，モル分率 x が1であることは純物質を意味していることから理解できる．ラウールの法則は，実在するすべての溶液について必ずしも成立するわけではない．現在では，モル分率の全範囲（$0 \leqq x \leqq 1$）においてラウールの法則が成立することが，**理想溶液** ideal solution としての定義となっている．つまり，あらゆる混合比でラウールの法則が成立する溶液が理想溶液である．この定義を完全に満たす実在溶液は存在しないので，厳密には，実在溶液はすべて**非理想溶液**であるが，理想溶液に極めて近いふるまいを示す溶液は存在する．実在溶液のうち，

（ア）混合溶液中において同種分子間と異種分子間の相互作用がほぼ同等である

（イ）両分子の大きさがほぼ同等である

という2つの条件を満たすものは，理想溶液に近いふるまいを示す．その例の1つに，ベンゼンとトルエンがある（図2.43）．一方，非理想溶液となる例の1つとして，アセトンと二硫化炭素（CS_2）との混合溶液の蒸気圧を図2.44に示す．

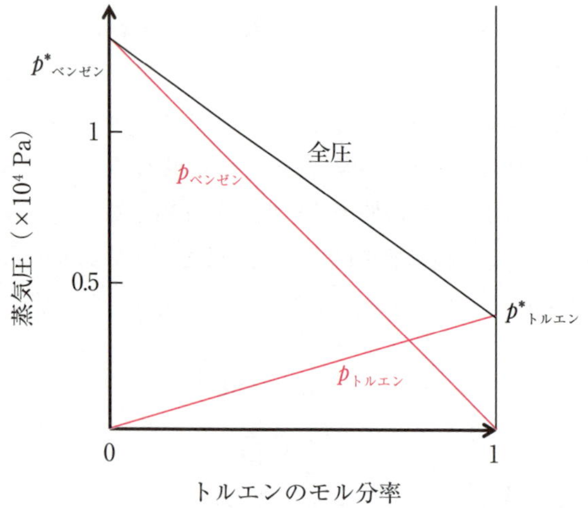

図2.43　ベンゼンとトルエンの混合溶液の蒸気圧（理想溶液と見なせる）

② 理想溶液の分子論的理解

上記の（ア）と（イ）の2つの条件をみたすとき，図2.42のように分子Aの周囲を分子Bが取り囲んでいたとしても，A–B間の分子間相互作用はA–A間の分子間相互作用と（数，強さともに）同等であるから，着目している分子Aの分子運動の程度は，Aが純物質であるときと同等である．また，溶液表面を占める分子Aの割合はAのモル分率に等しいと考えられる．したがって，ラウールの法則で示されるように，Aの蒸気分圧は，Aのモル分率と純物質の時の蒸気圧との積となる．

AにBを加えて混合していくとき，着目している分子Aの周囲において，もともと存在したA–A間の相互作用がA–B間の相互作用に置き換わっていく．結合エンタルピーの考え方は，混合時の相互作用の変化にも当てはめることができる．この場合には，A–A間相互作用の切断に要するエンタルピーの分だけ吸熱し，A–B間相互作用の形成で発生するエンタルピーの分だけ発熱する．単純な状況下では，これら両者の差が混合エンタルピーとなる．理想溶液では同種分子間と異種分子間の相互作用が同等であるため，混合によってA–A間相互作用がA–B間相互

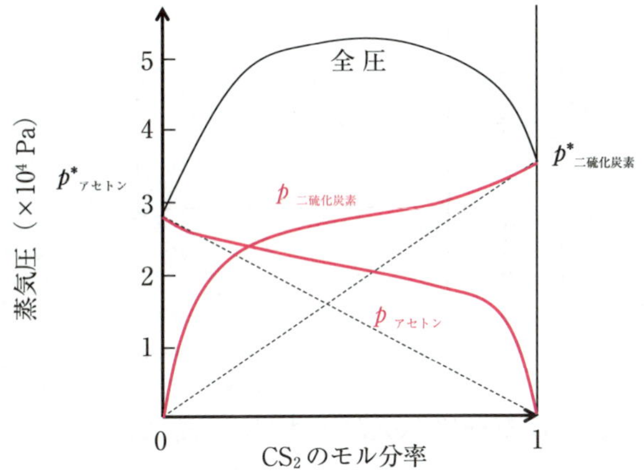

図 2.44　アセトンと二硫化炭素（CS_2）の混合溶液の蒸気圧（正のずれ）

作用にどれだけ置き換わっても，熱の出入りはないことになる．また，理想溶液において分子間相互作用が同等，かつ，分子の大きさが同等ということは，分子間の平均距離についても A–A と A–B との間において違いはない．したがって理想溶液では，混合の前後で液体の部分モル体積は変わらないことになる．実在する液体の混合時に熱の出入りがあることや，混合前後で体積和が変化することは，それが理想溶液でないことの現れである（例えば，水とメタノールの混合溶液）．

B　混合の熱力学

理想溶液における，モル分率に対する部分モルエンタルピー，部分モルエントロピー，化学ポテンシャルの変化（$\Delta\bar{H}$, $T\Delta\bar{S}$, $\Delta\mu$）を図 2.45 に示す．理想溶液では，上述のように，混合に伴う熱の出入りはない（$\Delta\bar{H} = 0$）．一方，混合によって乱雑さが増すためエントロピーは増加している（$\Delta\bar{S} > 0$）．したがって，化学ポテンシャルは式$\Delta\mu = \Delta\bar{H} - T\Delta\bar{S}$より，$\Delta\mu < 0$となり，混合は自発的に進行する．一方，混合過程における各成分の化学ポテンシャル変化は，式（2.184）より$\Delta\mu = RT\ln x$として表現される（2.5.2 C）．この場合，xは 1 より小さい正数であるので$\Delta\mu$は負となるが，図 2.45 はこれと合致する．

一方，理想溶液とは別の仮想的条件を満たす**正則溶液** regular solution なるものを考える場合もある．正則溶液とは，混合に伴うエントロピー変化（$T\Delta\bar{S}$）は理想溶液の場合と同等であり，かつ，混合に伴って熱の出入りが認められる（$\Delta\bar{H} \neq 0$）溶液である（図 2.46）．したがって，正則溶液において発熱的な混合は自発的に進行するが，吸熱的である場合にはエントロピー変化との兼ね合いによって自発性が異なる．正則溶液の条件に近い実在溶液としては，分子間相互作用がほぼロンドンの分散力（狭義のファンデルワールス力）のみとなっている溶液が該当する．正則溶液を仮定することによって，2 種類の液体相互の溶解性を考えやすくなり，詳細は他に譲るが，分子間相互作用が同程度の液体どうしは互いに混ざり合いやすいとの結論が導かれる．

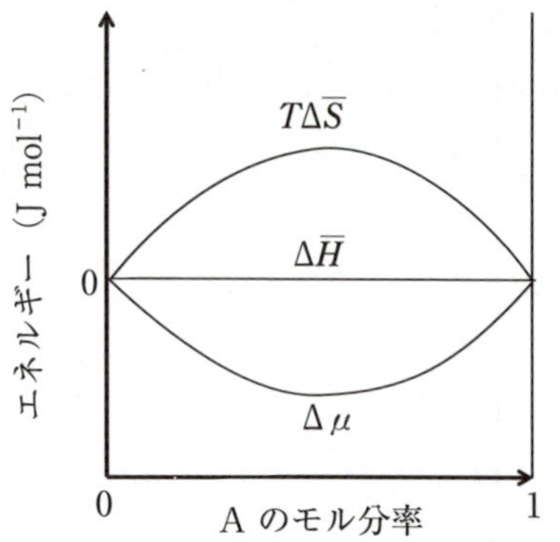

図 2.45　理想溶液の混合における $\Delta\bar{H}$，$T\Delta\bar{S}$，$\Delta\mu$

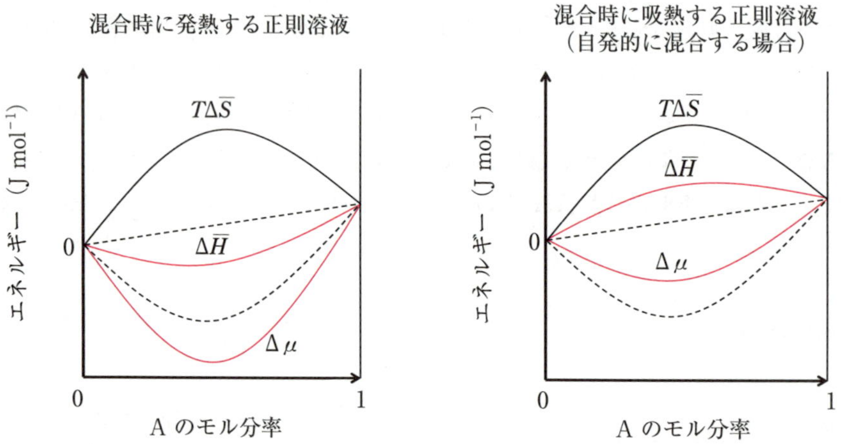

図 2.46　正則溶液の混合における $\Delta\bar{H}$，$T\Delta\bar{S}$，$\Delta\mu$ の単純な例

C　非理想溶液と活量

（1）分子間相互作用の影響による理想溶液からのずれ

液体の物質 A と液体の物質 B との混合液体が理想溶液であるとしよう．先に述べたように A–A 間相互作用と A–B 間相互作用とは同等であるから，この場合は分子の種類が A から B に置き換わるだけである．これに対し，物質 A を別の液体の物質 C と混合する場合を考える．AC 混合溶液は理想溶液でなく，ここでは A–C 間の引力は A–A 間および A–B 間の引力より大きいとする．A と C とを混合していく過程で，A–A 間相互作用は A–C 間の相互作用に置き換えられていく．AB 混合溶液と AC 混合溶液との間で比較すると，ある着目している A の分子は，周囲の分子が B から C に代わることによって，周囲の分子により強く引き付けられることになる（図 2.47）．その結果，AC 混合溶液における A の分子の運動は，理想溶液（AB 混合溶液）のときより抑制され，理想溶液のときより蒸気圧が低下する．ラウールの法則で示される理想溶液と比べて蒸気圧が大きい場合，もしくは小さい場合には，非理想溶液となる．上の例のような，同種分子間より異種分子間の引力が強い場合には，蒸気圧が理想溶液より減少し，これを負のずれ（図 2.48）という．反対に，同種分子間より異種分子間の引力が弱いか，異種分子間における反発力が大きい場合には，蒸気圧が理想溶液より増加する．これを正のずれという（図 2.44）．

実在溶液のモル分率–蒸気圧曲線をよく見ると，モル分率が 1 に近い領域（$x \to 1$）ではラウールの法則に近い挙動となる．この領域，つまり揮発性の物質 A が溶媒となり，そこに物質 C が少量混入している状態では，着目している A の分子の周囲に存在する C の分子は，確率的にわずかであり，ほぼ A の分子のみである．したがって A–A 間の同種分子間相互作用がほとんどとなり，ラウールの法則が成立する．一方，モル分率が 0 に近い領域（$x \to 0$）では，ラウールの法則とはまた別の直線関係（厳密には，直線に近似できる関係）が成立していることがわかる．この関係は，液体に対する気体の溶解を調べた科学者の名をとって，**ヘンリーの法則** Henry's law と呼ばれており，次式で表される．

$$p = K \times x \tag{2.183}$$

（ただし，K はヘンリーの定数）

モル分率 x を変数と見ると，ヘンリーの定数 K は比例定数となり，条件によって変わる値である（正のずれの時，$K > p^*$，負のずれの時，$K < p^*$）．ヘンリーの法則が当てはまる状態は，物質 C が溶媒となり，そこに揮発性の物質 A が少量混入している状態である．

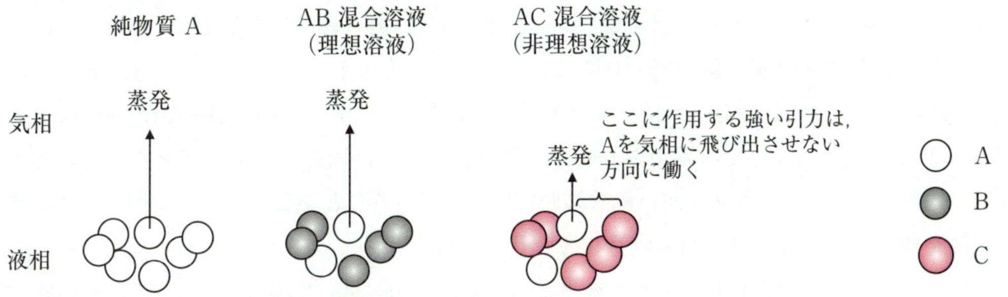

図 2.47 希薄溶液の溶質が存在している分子的環境

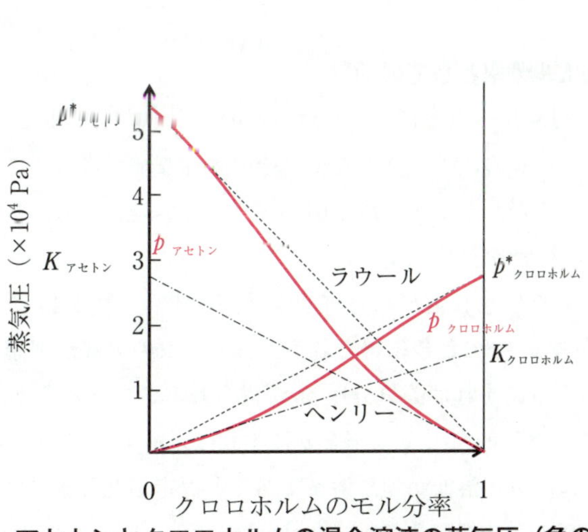

図 2.48 アセトンとクロロホルムの混合溶液の蒸気圧（負のずれ）

(2) モル分率による化学ポテンシャルの表記：ラウールの法則の利用

2.4 節で既に学習したように，化学ポテンシャルは，純物質においてはモルギブズエネルギーのことであり，混合物においては部分モルギブズエネルギーを指す．

$$\mu = \mu^{\circ} + RT \ln p \tag{2.126}$$

この式によると，蒸気分圧の値がわかれば化学ポテンシャルを求めることができる．しかし，実際の溶液において成分ごとに蒸気分圧を測定し，その値を得ることは容易ではない．そこで，蒸気分圧とは別のパラメータを用いて化学ポテンシャルを表現したいという必要が生じてくる．ラウールの法則によると，蒸気分圧と溶液中のモル分率との間には比例関係が成立するから，これを用いるとモル分率を用いて化学ポテンシャルを表すことができると考えられる．すなわち，式(2.182) を式 (2.126) に代入すると，

$$\begin{aligned}\mu &= \mu^{\circ} + RT \ln(p^* \times x) \\ &= \mu^{\circ} + RT \ln p^* + RT \ln x \\ &= \mu^* + RT \ln x \end{aligned} \tag{2.184}$$

となる．溶液の調製者にとっては，蒸気分圧よりもモル分率のほうが数値情報を入手しやすく，したがって式 (2.126) より式 (2.184) のほうが利用しやすい．しかも，蒸気分圧の代わりにモル分率を用いて化学ポテンシャルを表現することには，もう1つの大きな利点がある．それは，不揮発性物質の化学ポテンシャルをも表現することができるようになることである．

式 (2.126) と式 (2.184) とはよく似ている．ある物質の同一状態に着目しているときには，どちらの式でも左辺の μ の値は同一になるはずである．しかし，通常は，蒸気分圧 p とモル分率 x とは互いに異なる値である．つまり，式 (2.126) と式 (2.184) の対数項の値の違いは，μ° と μ^* の定数項の違いによって打ち消されて，右辺全体としては両式とも同じ値となっている．これは，定数項が表している状態が，両式の間で異なっていることを意味する．定数項が表している状態を知りたければ，対数項の真数に1を代入すればよい．式 (2.126) では，μ° は蒸気圧が 1×10^5 Pa のときの化学ポテンシャルを指している．一方，式 (2.184) では，μ^* はその物質のモル分率が1，つまり純物質であるのときの化学ポテンシャルを指している．

(3) 熱力学的な実効モル分率としての活量

式 (2.126) から式 (2.184) への変形は，ラウールの法則が成立することを前提としているが，多くの実在溶液ではラウールの法則に従わない．そのような場合には，この式変形ができないことになってしまう．ところが，ラウールの法則が成立しない場合でも，仮想的なモル分率を用いることによって，この式変形を可能にすることができる．

ラウールの法則に従わない実在溶液（非理想溶液）の場合，図 2.49 に示すように，ある蒸気分圧 $p_{実}$ は実際のモル分率が $x_{実}$ のときに得られる．一方，この溶液が理想溶液である場合を想定すると，モル分率をいくらにすれば蒸気分圧 $p_{実}$ が得られるのであろうか．図 2.49 中の補助線をたどると，理想溶液では仮想的にモル分率を a にすれば，$p_{実}$ の大きさの蒸気分圧が得られることがわかる．このように，実在溶液が理想溶液であると仮定したときに，蒸気分圧の値から換算して得られる仮想的なモル分率のことを**活量** activity，a という（活量はモル分率に相当するので，本来，無次元量である）．また，活量と実際のモル分率との比を**活量係数** activity

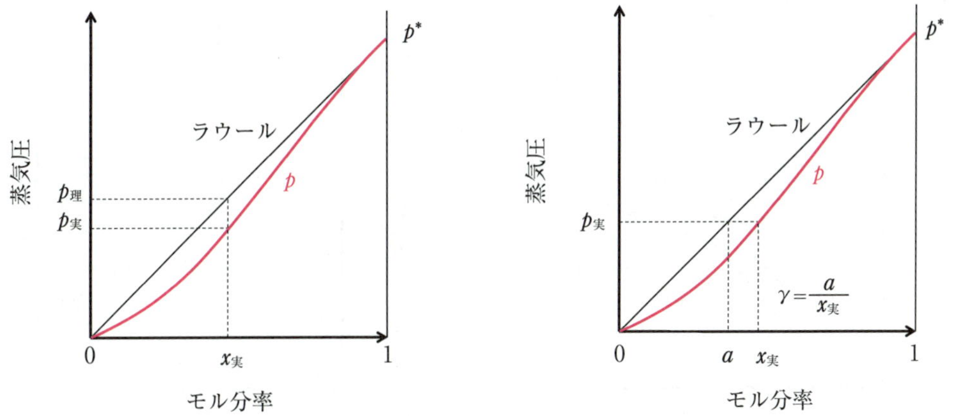

図 2.49　蒸気圧から見る活量とモル分率との関係

この溶液での化学ポテンシャルを $x_{実}$ の値から求めてしまうと，それは $p_{実}$ ではなく $p_{理}$ の圧力を用いて化学ポテンシャルを求めていることになり，正しくない．この溶液での化学ポテンシャルは，そもそも $p_{実}$ の値から求めなければならないので，モル分率としては $x_{実}$ ではなく a を用いるのが正しい．$p_{実}$ と a との換算は，ラウールの法則で定まる直線関係に従って行われる．

coeffcient, γ といい，γ が1に等しい時，その溶液はラウールの法則に従うことを意味する．$\gamma < 1$ のとき負のずれであり，分子間の引力が強まっている場合に相当する．逆に $\gamma > 1$ のとき正のずれであり，分子間の引力が弱まっているか，反発力が増している場合に当てはまる．

理想溶液の場合　$p = p^* \times x$　(2.182)

非理想溶液の場合　$p = p^* \times a$　(2.185)

$$a = \gamma \times x \tag{2.186}$$

モル分率に代わって活量を用いると，式（2.184）は次のように書ける．

$$\mu = \mu^* + RT \ln a \tag{2.187}$$

$$\mu = \mu^* + RT \ln(\gamma \times x) \tag{2.188}$$

式（2.126）で表されるように，化学ポテンシャルはそもそも圧力（蒸気分圧）から求められるパラメータであるため，実在溶液の蒸気分圧から得られる活量は，その成分の化学ポテンシャルに相当するモル分率であると考えることができる．そのため，活量は熱力学的な実効モル分率といわれる．

（4）希薄溶液の溶質の活量：ヘンリーの法則の利用

理想溶液では必ずラウールの法則に従うので，活量の考え方を溶質と溶媒との間で区別する必要はない．しかし，実在の非理想溶液では，ラウールの法則に従いやすい領域とヘンリーの法則に従いやすい領域とがあるので，これらを区別して活量を考える．

ラウールの法則が成立しやすい非理想溶液の溶媒については，上述のように，モル分率⇔蒸気分圧⇔化学ポテンシャル間の換算を，ラウールの法則（式(2.182)）に従って行う（もしラウールの法則からのずれがある場合には，式（2.185）に基づいて，活量⇔蒸気分圧⇔化学ポテンシャルのように換算する）．一方，実在溶液の溶媒についてはヘンリーの法則（式(2.183)）に従うことが多い．溶質の活量は，一般にヘンリーの法則をもとに，蒸気分圧から求められる（図2.50）．

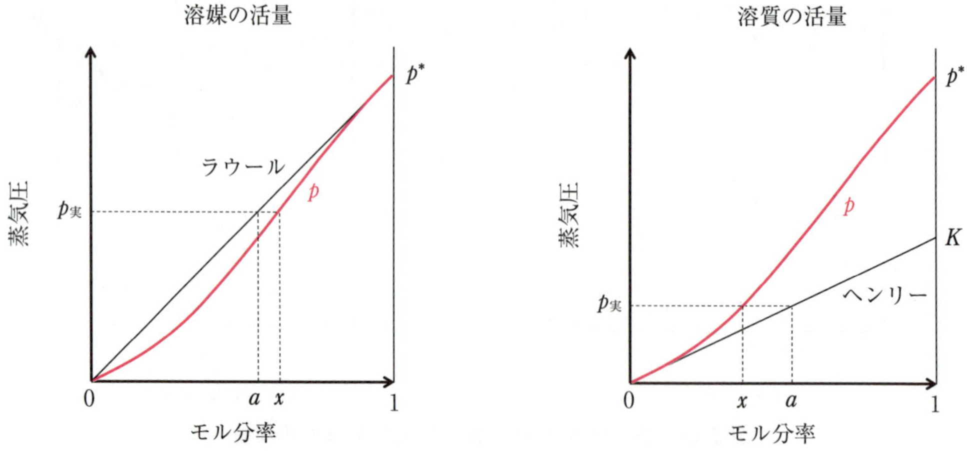

図 2.50 溶媒の活量と溶質の活量との考え方の違い

$$\begin{aligned}\mu &= \mu^{\circ} + RT\ln p \\ &= \mu^{\circ} + RT\ln(K \times x) \\ &= (\mu^{\circ} + RT\ln K) + RT\ln x \\ &= \mu_{h}^{\circ} + RT\ln x \qquad (2.189)\end{aligned}$$

この式変形は式(2.184)を得る過程と同じである．$x = 1$ を代入することにより，μ_{h}° の値は「ヘンリーの法則をモル分率が1になるまで延長したときの蒸気分圧（つまりヘンリーの定数 K）から求められる化学ポテンシャル」を意味していることがわかる．

一般に希薄溶液（$x \to 0$）ではヘンリーの法則が成立するが，溶質濃度の増加につれて，次第にヘンリーの法則からのずれが生じる．このとき，ヘンリーの法則に基づく活量を，ラウールの法則のときと同様に定義する．

$$p = K \times a \qquad (2.190)$$

$$a = \gamma \times x \qquad (2.186)$$

活量係数 γ が1に等しい時，その溶液はヘンリーの法則に従うことを意味する．$\gamma > 1$ のとき正のずれであるので，溶質分子間の引力が弱まるか，反発力が強まる場合に相当し，逆に $\gamma < 1$ のとき，負のずれであるので溶質分子間の引力が強まる場合に相当する．モル分率 $x \to 0$ となるにつれて，一般に，$\gamma \to 1$ となり，溶質分子間の相互作用の効果が小さくなる．

希薄溶液の場合，モル分率 x は質量モル濃度に近似的換算することが可能であり（p. 241 脚注参照），質量モル濃度はさらにモル濃度 c にも近似できるので，式(2.189)はモル濃度 c を用いて次のように書くことできる．

$$\mu = \mu^{\circ} + RT\ln c \qquad (2.191)$$

式(2.189)と式(2.191)において，同一の状態を指しているときは左辺の値は同一である．しかし，対数項は異なる値であり，定数項によってそれらの差が打ち消されている．つまり，式(2.191)の μ° は，式(2.126)の μ°，式(2.184)の μ^*，式(2.189)の μ_{h}° のいずれとも異なる値である．式(2.191)の μ° は，溶質がモル濃度 1mol/L であるときの化学ポテンシャルを意味していることがわかる（記号が同じであってもその意味が異なることは，この領域では少なからずある．はじめは戸惑うかもしれないが，対数項の真数に 1 を代入してみる習慣をつけると，意味の違いを容易に区別できるようになる．式（2.126）の μ° は，蒸気圧が 1×10^5 bar の時の化学ポテンシャルを，式（2.184）の μ^* はモル分率が 1（すなわち純物質）のときの化学ポテンシャルを，式（2.189）の μ_h° は先に述べたように，ヘンリーの法則をモル分率が 1 になるまで延長したときの蒸気分圧から求められる化学ポテンシャルである）．

モル濃度も溶液の調製者にとっては既知の場合が多く，また既知でなくても定量分析により入手可能な値である．また，モル濃度で化学ポテンシャルを表現できると，不揮発性の溶質でも化学ポテンシャルを考えることができるようになる．したがって，式（2.191）の利用価値は高い．

2.5.3 ◆ 電解質溶液の電気伝導率とモル伝導率の濃度による変化

電解質は水に溶解すると電離してイオンになる．イオンを含む溶液が電気を通す性質を利用して，溶液中におけるイオンの振る舞いを定量的に評価できる．ここでは電解質水溶液がもつ電気伝導性について学習する．

A 電気の通しやすさを表すパラメータ

既に学習しているように，一般に，電位差 E（V，J C^{-1}）は電流 I（A，C s^{-1}）と抵抗 R（Ω，J s C^{-2}）との積で表される *．これは**オームの法則** Ohm's law として有名である．

$$E = IR \tag{2.192}$$

抵抗は電気の流れにくさを示すパラメータであるので，この逆数をとると，電気の流れやすさを示すパラメータとなる．抵抗の逆数を**コンダクタンス G** といい，その単位を S（ジーメンスと読む）で表す **．抵抗は導体の長さに比例し断面積に反比例するので，導体の種類ごとの抵抗を比較するためには，抵抗の長さと断面積を揃える必要がある．抵抗を長さで割り断面積を掛けた値を**抵抗率 ρ** という．同様に，抵抗率の逆数をとると，導体の大きさを揃えたうえで，導体の種類ごとのコンダクタンスを比較できるようになる．抵抗率の逆数を**電気伝導率** conductivity, κ (Sm^{-1}) といい，日本薬局方では**導電率**という．したがって，電気伝導率はコンダクタンスを断面積で割り長さを掛けたものであり，導電体の断面積 1 m^2，長さ 1 m 当たりのコンダクタンスを意味する．図 2.51 にその概念を示す．現実の電気伝導率計を SI 単位そのままの大きさで作製すると使いにくいので，実際には操作しやすい大きさと形状になっており，得られるコンダクタンスの値に**セル定数**（長さ / 断面積）を掛けることにより電気伝導率に変換して表示するようになっている．

---

* これら 3 つの単位のうち国際単位（SI 単位）系で基本単位となっているのは A である．J と C を SI 基本単位で表すと，それぞれ $m^2 kg\, s^{-2}$，s A であるから，Ω を SI 基本単位で表すとどうなるかを考えよ．結果は，$m^2 kg\, s^{-3} A^{-2}$ である．

** コンダクタンスは抵抗の逆数であるから，その単位はかつて，Ω^{-1}，℧，Mho（Ohm の逆文字列，モーと読む）などのように表記されていた（1 S = 1 Ω^{-1}）．

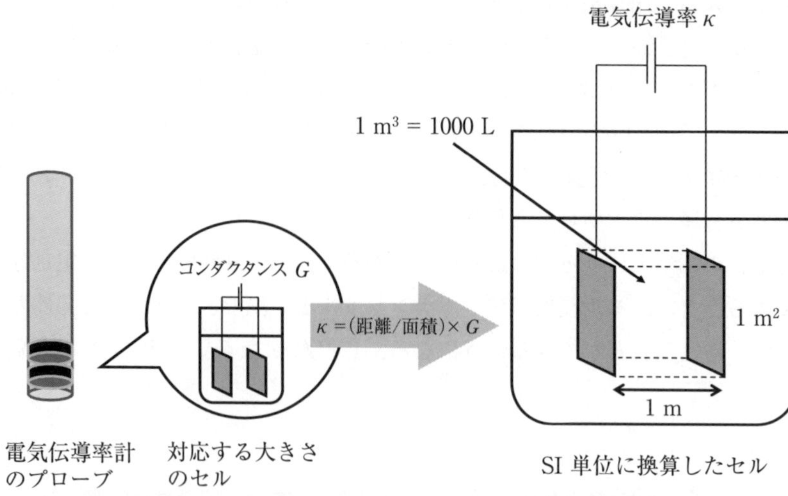

図 2.51 電気伝導率測定におけるセル定数の概念

B 電気伝導率の濃度依存性

① 電解質水溶液中における電荷の移動

金属内部には自由電子があるので，金属製の導線には導電性がある．一方，2 枚の金属板を隔てる電解質溶液の中では，自由電子が流れることはない．溶液中にはイオンが存在しており，ある程度自由に運動できる．イオンが陰陽の電極である金属板に到達すると，陽極では陰イオンから電子が奪われて，その電子が電源に向かって流れる．陰極では陽イオンが金属から電子を奪い，それを補う分だけの電子が電源から供給される．これらの反応の生成物はごく微量であるので，実際的には測定前後でイオンの濃度に変化はないとみなせる．電極で授受される電子の量が増すと電気伝導率は増すと考えられることから，同一条件であれば，イオンが低濃度より高濃度であるほうが，電気伝導率は大きい *.

② コールラウシュの法則

ある強解質水溶液の濃度が 1 mmol/L と 2 mmol/L の場合を比較しよう．単純に考えると，2 mmol/L の時のほうが電極に到達するイオンの物質量が 2 倍多く，電極での電子の授受も 2 倍となる．したがって，2 mmol/L のほうが電気伝導率の値は 2 倍大きくなり，濃度と電気伝導率との間には比例関係が成立すると予想される．この考え方は，イオン間の相互作用を考慮しない理想的な状態のときには正しい．しかし，実在の電解質溶液ではイオン間の相互作用が生じているため，電気伝導率を厳密に測定すると，図 2.52 のように，比例関係のときよりも電気伝導率が若干小さな値となる．

* 試料水溶液中には水分子がイオンよりも大過剰に存在する．水が電気分解されると測定誤差が生じる．水の分解電圧は約 1.2 V と低く，直流を用いれば乾電池程度の電圧でも電気分解が生じる恐れがある．電気伝導率の測定では高周波数の交流を用いて，電気分解が生じないようにしている．

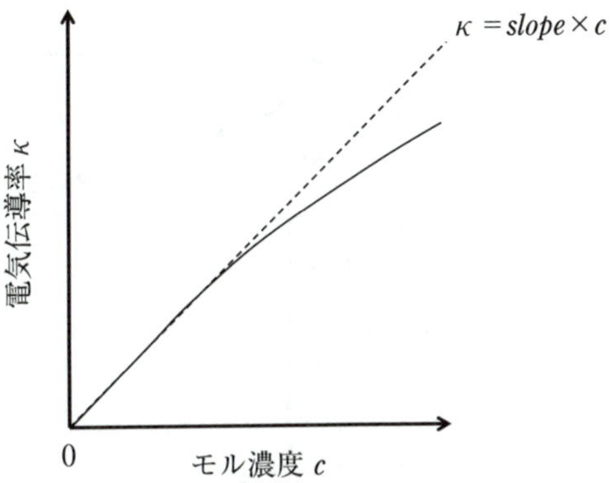

図 2.52　強電解質水溶液のモル濃度と電気伝導率との関係

イオン間の相互作用がない（＝電気伝導率と濃度との間に比例関係が成立する）理想的条件下では，電解質 1 モル当たりの電気伝導率を求めると，それは濃度によらない，一定の比例定数（図 2.52 の直線の傾き）を与える．ところが，実在電解質溶液では，定数ではなくなり，濃度の増加に伴って減少する．このため，電解質 1 モル当たりの電気伝導率，すなわち電解質の**モル伝導率** Λ の変化から，イオン間の相互作用の程度を知ることができる．なお，モル伝導率と電気伝導率との関係は，定義から

$$\Lambda = \frac{\kappa}{1000c} \tag{2.193}$$

である（分母に 1000 が掛かっているのは，図 2.52 での電極間の液体の体積が 1000 L であることに由来する）．図 2.53 はモル伝導率 Λ を濃度の平方根に対してプロットしたグラフである．低濃度領域では，強電解質溶液のモル伝導率と濃度の平方根と間に直線関係が成立する．これを，発見者の名をとって，**コールラウシュの法則** Kohlraucsh's law という．

$$\Lambda = \Lambda_0 - b\sqrt{c} \tag{2.194}$$

傾きを表す定数 b は，電解質の陰陽両イオンの構成（例えば 1 : 1 なのか，1 : 2 なのか）におよそ依存する定数である．一方，定数 Λ_0 は図 2.53 のグラフの切片の値であり，**極限モル伝導率**と呼ばれる．この値は，無限希釈（すなわち，イオン間に相互作用がない理想的条件）におけるモル伝導率を意味する．表 2.4 にいくつかの電解質の極限モル伝導率を示す．これによると，例えば KCl と NaCl との差は $2.4 \times 10^{-3}\,\mathrm{S\,m^2\,mol^{-1}}$ であり，KNO_3 と $NaNO_3$ との差もほぼ同じの値となっている．コールラウシュは，電解質の極限モル伝導率には加成性が成立し，極限モル伝導率 Λ_0 は構成イオンの極限イオン伝導率 λ_0 の和で表されることを見出した．

$$\Lambda_0 = \lambda_0{}^{+} + \lambda_0{}^{-} \tag{2.195}$$

これを，**コールラウシュのイオン独立移動の法則**という．この法則を使うと，表 2.5 に例示する極限イオン伝導率の値から，任意の強電解質の極限モル伝導率を予測できる．

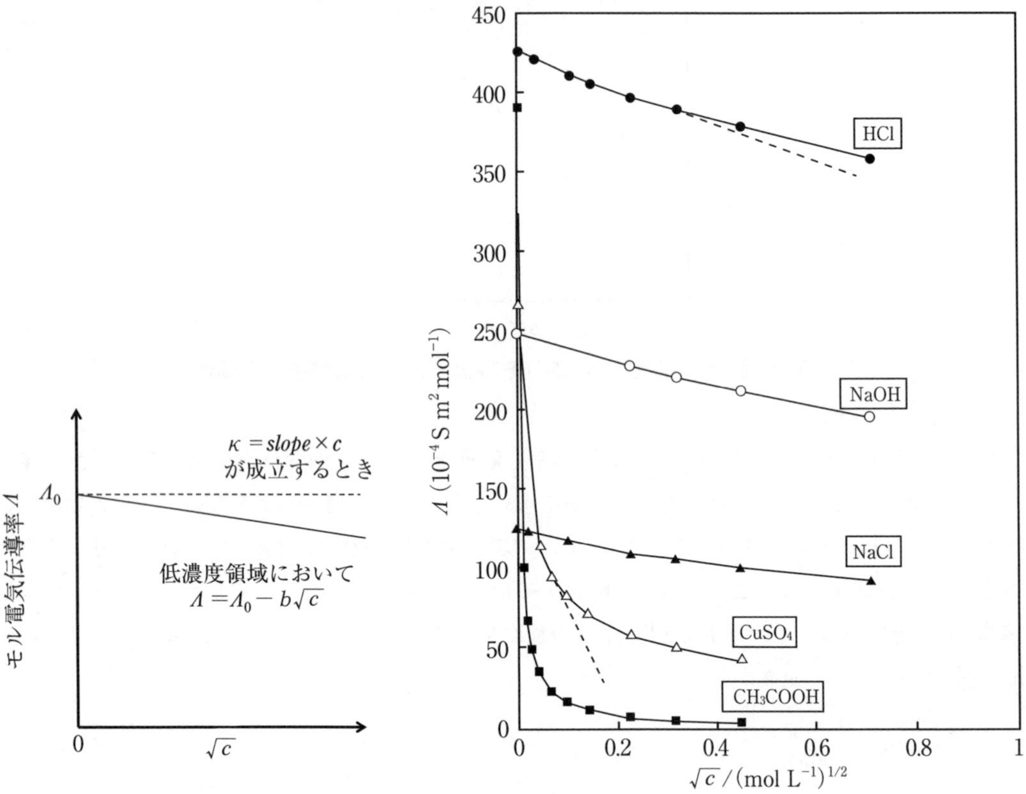

図 2.53　モル伝導率 Λ を濃度の平方根に対してプロットしたグラフ

表 2.4　電解質の極限モル伝導率

	$\Lambda_0 \times 10^4$ (S m^2 mol^{-1})
HCl	426
LiCl	115
NaCl	126
KCl	150
$LiNO_3$	110
$NaNO_3$	122
KNO_3	145

表 2.5　極限イオン伝導率

	$\lambda^+_0 \times 10^4$ $(\mathrm{S\,m^2\,mol^{-1}})$		$\lambda^-_0 \times 10^4$ $(\mathrm{S\,m^2\,mol^{-1}})$
H^+	349	OH^-	198
Li^+	38.7	F^-	55.4
Na^+	50.1	Cl^-	76.4
K^+	73.5	Br^-	78.1
$NH_4{}^+$	73.5	CH_3COO^-	40.9
Cu^{2+}	107	$NO_3{}^-$	71.5

③ 弱電解質の極限モル伝導率

モル伝導率と濃度の平方根と間の直線関係，すなわちコールラウシュの法則が成立するのは，強電解質の場合に限る．弱電解質の場合，図 2.53 に示すように，モル伝導率は濃度の平方根に対して急激に減少する．これは，酸解離平衡が濃度に依存することによる．例えば，一塩基性弱酸 HA の解離平衡において，酸解離定数 K_a はモル濃度 c と電離度 α を用いて次のように表せる．

$$\mathrm{HA} \rightleftarrows \mathrm{A^-} + \mathrm{H^+}$$

$$K_a = \frac{c\alpha^2}{1-\alpha}$$

電離度の値が 0 に近いとき分母を 1 に近似でき，

$$\alpha = \sqrt{\frac{K_a}{c}}$$

が得られる．これより，弱電解質が高濃度ほど電離度が小さくなることがわかる．水溶液の電気伝導性に寄与するのは分子形ではなくイオン形であるから，濃度の増加に伴う電離度の減少は，モル伝導率の減少として現れることになる．なお，弱電解質についてはイオン間の相互作用が働かないわけではなく，イオン形の弱電解質でも，強電解質の場合に説明したものと同様のイオン間の相互作用が働いている．

コラム　オストワルドの希釈律

アレニウスは，イオン間の相互作用が十分小さい希薄溶液において，電離度が電気伝導率を用いて次式で表されると考えた．

$$\alpha = \frac{\Lambda}{\Lambda_0}$$

オストワルドは，これを弱電解質の酸解離定数を表す式 $K_a = c\alpha^2/(1-\alpha)$ に代入して，

$$K_a = \frac{c\Lambda^2}{\Lambda_0(\Lambda_0 - \Lambda)}$$

とし，さらに変形して

$$\frac{1}{\Lambda} = \frac{1}{K_a\Lambda_0{}^2}\,c\Lambda + \frac{1}{\Lambda_0}$$

を得た．この式は，オストワルドの希釈律として知られている．縦軸と横軸にそれぞれ $1/\Lambda$ と

$c\Lambda$ をとってグラフを描くと直線が得られ，その傾き（$1/(K_a\Lambda_0^2)$）から K_a を，切片から Λ_0 をそれぞれ求めることができる（図2.54）．弱電解質の Λ_0 は，モル伝導率が急激に変化するために，強電解質の場合のように図2.53のグラフからは求めにくいが，オストワルドの希釈率を用いて求めることができる．弱電解質の Λ_0 を求めるための方法はもう1つあり，コールラウシュのイオン独立移動の法則を用いて，強電解質の組合せから計算により求められる．例えば酢酸の場合，Λ_0（酢酸ナトリウムの Λ_0）+（塩酸の Λ_0）−（水酸化ヒナトリウムの Λ_0）=（酢酸の Λ_0）から求めることができる．

なお，冒頭のアレニウスは，酸塩基の定義や，反応速度定数の温度依存性で名前が残っているアレニウス S. Arrhenius である．

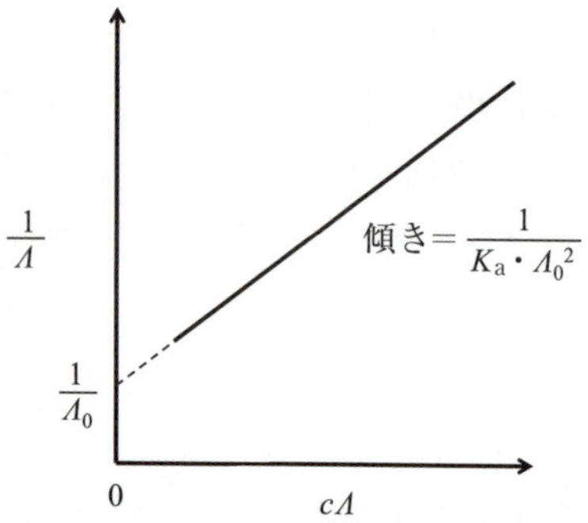

図2.54 オストワルドの希釈率から弱電解質の極限モル伝導率や酸解離定数を決定する方法

C 電気伝導率とイオン間の相互作用（電気泳動移動度）

同符号のイオン同士は反発により互いに斥け合うので，ある1個のイオンに着目すると，その周囲には同符号のイオンが存在する確率は小さい．逆に，異符号のイオン間の引力のために，着目したイオンの周囲には反対符号のイオンが存在する確率が大きい．このような，ある着目イオンの周囲におけるイオンの分布の状況を，**イオン雰囲気** ionic atmosphere という．電気伝導率測定の試料溶液においても，当然，イオン雰囲気が形成されている．イオン雰囲気の存在は，図2.55に示すように陰陽両電極間の電位勾配を減少させる方向に寄与する．したがって，イオン雰囲気における反対符号のイオンの量が多いほど（すなわち，電解質濃度が高いほど），電極に向かって動いている着目イオンを引きとどめるように作用する．この効果を緩和効果という．また，イオン雰囲気そのものは着目イオンと反対符号の電荷をもつため，イオン雰囲気それ自体が逆の電極に向かって移動する．これは着目イオンの移動にとっては抵抗として作用する．この効果を電気泳動効果という．緩和効果と電気泳動効果の両方が作用する結果，先に述べたように，高濃度になるほどイオンのモル伝導率は減少する．

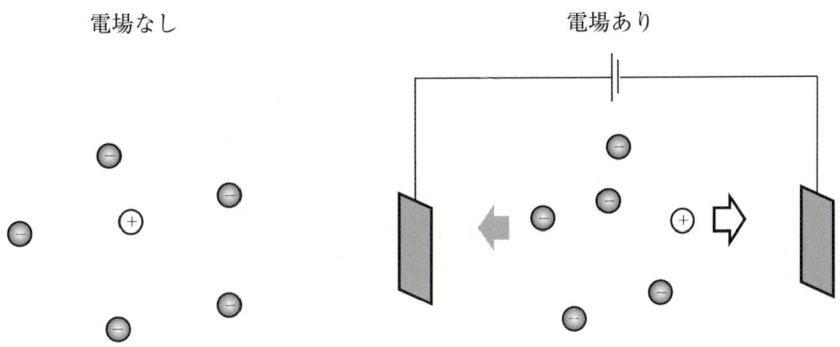

図 2.55　イオン雰囲気

個々のイオンは，平均的には反対符号のイオンが形成するイオン雰囲気に囲まれている．ここに電場をかけるとイオンは反対符号の電極方向に電気泳動するが，緩和効果（イオンの偏りが電場を弱める効果）と電気泳動効果（反対符号イオンの逆流による抵抗）の影響を受けるため，イオンが高濃度になるほうが，移動度が小さくなる．

水溶液中においてイオンが移動する速度は，電気伝導率と深い関係がある．これは，単位時間当たりに電極に到達できるイオンの数が，速度が大きいほど多いことから理解できる．電場におけるイオンの移動速度のことを**電気泳動速度** electrophoretic velocity, v（m/s）という．電気泳動速度は電場 E の電位勾配（V/m）に依存するので，実験環境の異なる測定結果どうしを比較するのであれば，電位勾配を単位電場に揃えた上で電気泳動速度を比較するほうが便利である．単位電場当たりの電気泳動速度を**移動度** electrophoretic mobility, μ（$m^2\,V^{-1}\,s^{-1}$）といい，$\mu = v/E$ の関係が成立する．

イオンのモル伝導率 λ を，移動度を用いて表すと，次式となる．

$$\lambda = z\mu F \tag{2.196}$$

z はイオンの価数の絶対値，F はファラデー定数である．この式からわかるように，一般に，価数の絶対値が大きくなるほど，また移動度が大きくなるほどモル伝導率が大きくなる．仮に球形イオンであれば，その移動度は

$$\mu = \frac{ze}{6\pi\eta r} \tag{2.197}$$

（ただし，ze はイオンの電荷，η は溶媒の粘度，r はイオン半径）

で表されるので，価数が等しいとき，イオン半径が小さいイオンほど移動度とモル伝導率は大きい．ただし，小さいイオンは水和しやすいので，水和水について考慮した実効半径（ストークス半径）としてイオン半径 r を考える必要がある．例えば，アルカリ金属イオンである Li^+，Na^+，K^+ を比較すると，イオンそのものの半径の大小関係は $Li^+ < Na^+ < K^+$ であるが，実際の極限モル伝導率の大小関係は $Li^+ > Na^+ > K^+$ である（表 2.5）．このように大小関係が逆転しているのは，大きい K^+ より小さい Li^+ のほうが水和の水の数が多いため，実効半径が大きくなっているためである．一方，H^+ と OH^- は他のイオンと比較して著しく大きな極限イオン伝導率を示す（表 2.5）．この理由は，水素結合の形成と切断が繰り返されることにより，実際にはイオンが移動しているわけではないが，結果的にはイオンが移動した場合と同じ状態（図 2.56）ができるためである．H^+ イオン（水中では H_2O 分子と結びついてオキソニウムイオン H_3O^+ となっている）

について，このような構造をプロトンブリッジという．

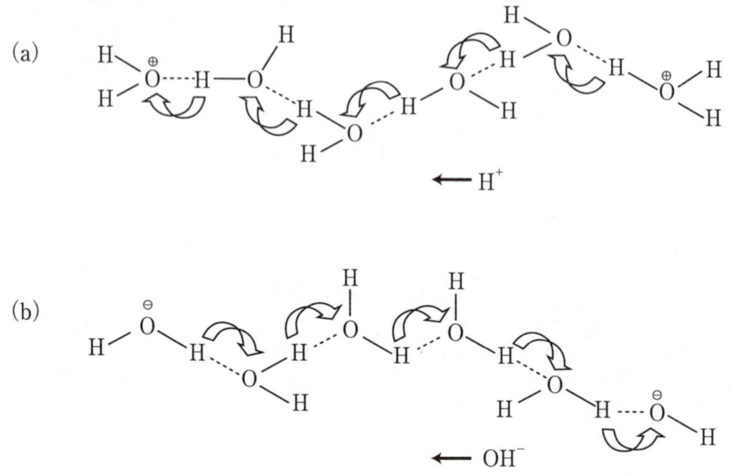

図 2.56　水中におけるプロトンとヒドロキシイオンの移動機構

（小野行雄編（2010）薬学物理化学 第5版，図5-3，廣川書店）

コラム　輪率

流れた全電流 I のうち，着目しているイオンによって流れた電流 $I_{\pm}$ の割合を**輪率** $t_{\pm}$ と呼ぶ．したがって，カチオンの輪率 t_{+} とアニオンの輪率 t_{-} との和は1である．

$$t_{+} = \frac{I_{+}}{I}$$

$$t_{-} = \frac{I_{-}}{I}$$

$$t_{+} + t_{-} = 1$$

イオン間の相互作用が無視できる場合，電解質の極限モル伝導率に対する構成イオンの極限モル伝導率の比が極限輪率 $t_{0\pm}$ に相当する．

$$t_{0+} = \frac{\lambda_{0+}}{\Lambda_0}$$

$$t_{0-} = \frac{\lambda_{0-}}{\Lambda_0}$$

したがって，極限輪率の測定結果から極限モル伝導率を求めることができる．

2.5.4 ◆ イオン強度

電解質溶液ではイオン間の相互作用が強いことを 2.5.3 で学んだ．ここでは，その相互作用を定量的に扱う方法を学ぶ．

A　電解質の平均活量係数

電解質水溶液中においてはイオン間の相互作用が強い場合が多いため，化学ポテンシャルを表すにあたっては，熱力学的な実効濃度としての活量を用いる．

$$\mu_{Na^+} = \mu^*_{Na^+} + RT \ln a_{Na^+} \tag{2.198}$$

$$\mu_{Cl^-} = \mu^*_{Cl^-} + RT \ln a_{Cl^-} \tag{2.199}$$

電解質は水中で電離し，カチオンとアニオンが必ず共存するため，カチオンとアニオンの活量や活量係数をまとめて考え，**平均活量** mean activity や**平均活量係数**として扱われる．NaCl 水溶液の場合，次のようになる．

$$\begin{aligned}\mu_{NaCl} &= \frac{\mu_{Na^+} + \mu_{Cl^-}}{2} \\ &= \mu^*_{NaCl} + \frac{RT \ln a_{Na^+} + RT \ln a_{Cl^-}}{2} \\ &= \mu^*_{NaCl} + RT \ln \sqrt{a_{Na^+} \cdot a_{Cl^-}} \\ &= \mu^*_{NaCl} + RT \ln a_{NaCl}\end{aligned} \tag{2.200}$$

希薄電解質溶液のとき，活量をモル濃度　　と活量係数との積で表すと，次式が得られる．

$$\begin{aligned}\mu_{NaCl} &= \mu^*_{NaCl} + RT \ln(\gamma_{NaCl} \times C_{NaCl}) \\ &= \mu^*_{NaCl} + RT \ln(\sqrt{\gamma_{Na^+} \cdot \gamma_{Cl^-}} \times C_{NaCl})\end{aligned} \tag{2.201}$$

1 価どうしや 2 価どうしの塩の場合，一般に，平均活量は

$$a_{\pm} = \sqrt{a_+ \cdot a_-} \tag{2.202}$$

平均活量係数 * は

$$\gamma_{\pm} = \sqrt{\gamma_+ \cdot \gamma_-} \tag{2.203}$$

と表される．これらの式から，電解質の活量および活量係数は，イオンの活量および活量係数の相乗平均となっていることがわかる．

---

* 一般に，電解質 M_xN_y の電離平衡式は，

$$M_xN_y \rightleftarrows xM^{p+} + yN^{q-}$$

ただし，$px = qy$

のように示される．このとき平均活量 $a_{\pm}$ および平均活量係数 $\gamma_{\pm}$ は，平衡反応式の係数を用いてそれぞれ次のように表せる．

$$a_{\pm} = (a_+^x \times a_-^y)^{\frac{1}{x+y}}$$

$$\gamma_{\pm} = (\gamma_+^x \times \gamma_-^y)^{\frac{1}{x+y}}$$

例えば，2 価のカチオンと 1 価のアニオンからなる塩の場合，係数がそれぞれ 1 と 2 であるから，$a_{\pm} = \sqrt[3]{a_+ \cdot a_-^2}$，$\gamma_{\pm} = \sqrt[3]{\gamma_+ \cdot \gamma_-^2}$，となる．

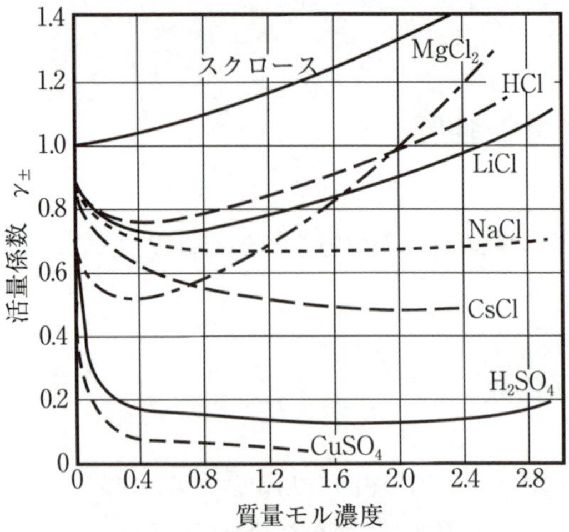

図 2.57 電解質の平均活量係数

（藤代亮一訳（1974）ムーア物理化学 第4版，p.452，東京化学同人）

B イオン間の相互作用の濃度依存性：デバイ-ヒュッケルの極限則

2.5.3 C で述べたように，電解質水溶液中において，ある着目イオンの周囲にはイオン雰囲気が形成されている．電解質濃度が高い場合，イオン雰囲気を構成する反対符号イオンの数が増えるため，イオン間の相互作用の効果が顕著になる．一方，2.5.2 において，分子間相互作用の寄与を活量係数で表現できることを学んだ．これらを踏まえると，電解質水溶液の平均活量係数は，イオンの濃度に関係するパラメータで表すことができると予想される．

イオン間に働くイオン性相互作用（クーロン力）は，ほかの種類の分子間相互作用に比べて著しく遠達的であることから，電解質水溶液では分子間相互作用としてクーロン力が支配的であると考えられる．

デバイとヒュッケルは，着目イオンのエネルギー（化学ポテンシャル）は反対符号のイオン雰囲気の中で安定化され，その安定化の程度が平均活量係数と関係していると考えることにより，希薄電解質溶液中の静電ポテンシャルエネルギーと平均活量係数との関係を導いた．この理論は**デバイ-ヒュッケル理論** Debye–Hückel theory と呼ばれている．詳細は省くが，この理論によって，平均活量係数の対数が**イオン強度** ionic strength，I と呼ばれるパラメータを用いて表されることが明らかになった．

$$\log_{10}\gamma_{\pm} = -A|z_{+}\cdot z_{-}|\sqrt{I} \qquad \text{（ただし，}A\text{ は温度に依存する定数）} \qquad (2.204)$$

特に，25℃のとき

$$\log_{10}\gamma_{\pm} = -0.509|z_{+}\cdot z_{-}|\sqrt{I} \qquad (2.205)$$

式（2.204）と式（2.205）で示されるように，平均活量係数の対数値はイオン強度の平方根に対して直線的に減少する．これを，**デバイ-ヒュッケルの極限則**という．この式に含まれるイオン強度 I はイオンの質量モル濃度（希薄溶液のときモル濃度）を用いて，次のように表される．

$$I = \frac{1}{2}\sum_{i}(z_i^2\cdot m_i) \fallingdotseq \frac{1}{2}\sum_{i}(z_i^2\cdot c_i) \qquad (2.206)$$

また，

$$I = \frac{1}{2}\sum_i \left(z_i^2 \cdot \frac{m_i}{m^\circ} \right) \doteqdot \frac{1}{2}\sum_i \left(z_i^2 \cdot \frac{c_i}{c^\circ} \right) \tag{2.207}$$

のように，単位濃度との比として無次元量で表されることが多い．デバイ–ヒュッケルの極限則を，いくつかの電解質について示したものが図 2.58 である．$\log \gamma_\pm$の値が負になっているのは，平均活量係数が 1 より小さいことを反映しており，イオン間の相互作用として引力が優勢であることを示している．イオン強度 I がおよそ 0.01 より小さいとき，$\log \gamma_\pm$の実験値と計算値がよく一致する．イオン強度が 0 になるまで直線を外挿すると，$\log \gamma_\pm$の値は 0 になり，平均活量係数は 1 になる．これは，無限希釈条件ではイオン間の相互作用が無視できることを示している．

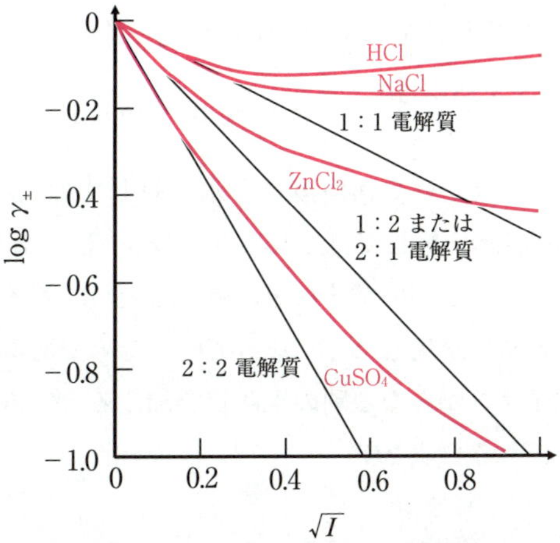

図 2.58　デバイ–ヒュッケルの極限則

黒線が式（2.205）に基づく直線を表す．イオン強度 I がおよそ 0.01 より小さい低濃度領域において実験値をほぼ予測できる．

C　難溶性塩の溶解度に及ぼす溶存イオンの影響：異種イオン効果と共通イオン効果

2.5.0 以降で学習したように，着目イオンとその周囲のイオン雰囲気との間に，相互作用が働く．とくに希薄な電解質溶液の場合にデバイ–ヒュッケルの極限則が成立するが，これを用いると，相互作用の効果を定量的に考えられる．一例として，電解質溶液における難溶性塩のみかけの溶解度の見積りを紹介しよう．

（1）異種イオン効果

塩化銀 I（AgCl）の水に対する溶解度が，1.28×10^{-5} mol/L であるとする．この AgCl 水溶液自身が電解質水溶液であるから，すでにイオン間の相互作用の効果が含まれている．AgCl の平均活量係数は，イオン強度の値とデバイ–ヒュッケルの極限則より，

$$\gamma_\pm = 10^{-0.509\sqrt{1.28\times10^{-5}}} = 0.996$$

である．したがって，活量を用いて表す AgCl の**真の溶解度積** K は

$$K = a_\pm{}^2 = (\gamma_\pm \times c)^2 \tag{2.208}$$

より，

$$K = (0.996 \times 1.28 \times 10^{-5})^2 = 1.62 \times 10^{-10}\ \mathrm{mol^2 L^{-2}}$$

となる．

では，AgCl 水溶液に硝酸銀（$NaNO_3$）を 0.001mol/L 加えたときの，AgCl の**みかけの溶解度**（活量でなく濃度で表す溶解度）はどうなるであろうか．全溶存イオン（Ag^+，Cl^-，Na^+，$NO_3{}^-$）の濃度からイオン強度を求めると，

$$I = \frac{1}{2}(1.28 \times 10^{-5} + 1.28 \times 10^{-5} + 0.001 + 0.001) = 1.0128 \times 10^{-3}$$

であるので，デバイ–ヒュッケルの極限則を用いて平均活量係数を求めると

$$\gamma_{\pm} = 10^{-0.509\sqrt{1.0128 \times 10^{-3}}} = -\ 0.963$$

となる．したがって，AgCl の平均活量と平均活量係数から濃度を逆算でき，

$$c = \frac{a_{\pm}}{\gamma_{\pm}} = \frac{0.996 \times 1.28 \times 10^{-5}}{0.963} = 1.32 \times 10^{-5}\ \mathrm{mol/L}$$

が得られる．つまり，AgCl のみかけの溶解度は，水に対しては 1.28×10^{-5}mol/L であるのに対し，0.001 mol/L 硝酸銀水溶液に対しては 1.32×10^{-5} mol/L であり，値が少し大きくなっていることがわかる．これは，Ag^+ と Cl^- がそれぞれ硝酸銀のつくるイオン雰囲気と相互作用することにより，Ag^+ と Cl^- との結合が生じにくくなっているためである．このように，電解質水溶液に，まったく異なる構成イオンからなる別の電解質を加えると，みかけの溶解度が増加する．これは**異種イオン効果**と呼ばれる（表 2.6）．

（2）共通イオン効果

上では AgCl 水溶液に $NaNO_3$ を加える場合を考えたが，次は，AgCl 水溶液に NaCl を加える場合を考える．ここでは Cl^- が両者に共通するイオンである．

AgCl 水溶液に NaCl を 0.001mol/L 加えたとき，真の溶解度積 K は上の計算から，

$$K = a_{\mathrm{Ag}} \times a_{\mathrm{Cl}} = 1.62 \times 10^{-10}\ \mathrm{mol^2 L^{-2}}$$

であり，

$$K = (\gamma_{\pm} \times c_{\mathrm{Ag}}) \times (\gamma_{\pm} \times c_{\mathrm{Cl}})$$
$$= \gamma_{\pm}{}^2 \times c_{\mathrm{Ag}} \cdot c_{\mathrm{Cl}}$$

c_{Cl} は AgCl 由来の Cl^- と NaCl 由来の Cl^- との濃度の和であるから，

$$K = \gamma_{\pm}{}^2 \times c_{\mathrm{Ag}}(c_{\mathrm{Ag}} + c_{\mathrm{NaCl}})$$
$$= \gamma_{\pm}{}^2 \times c_{\mathrm{Ag}}(c_{\mathrm{Ag}} + 0.001)$$

である．したがって，c_{Ag} を求めるには，二次方程式を解いて

表 2.6　他の電解質が共存するときの AgCl の水に対するみかけの溶解度（mol/L）

添加塩の濃度（mol/L）	0	0.001	0.005	0.01
添加塩：$NaNO_3$（異種イオン効果）	1.28×10^{-5}	1.32×10^{-5}	1.39×10^{-5}	1.43×10^{-5}
添加塩：NaCl（共通イオン効果）	1.28×10^{-5}	1.75×10^{-7}	3.84×10^{-8}	2.05×10^{-8}

$$c_{\mathrm{Ag}} = \frac{\sqrt{-0.001 + (0.0001)^2 \times 4 \times \dfrac{K}{{\gamma_{\pm}}^2}}}{2} = 1.75 \times 10^{-7}\,\mathrm{mol/L}$$

が得られる．もともとの水に対する AgCl のみかけの溶解度（1.28×10^{-5} mol/L）と比較すると，値が著しく小さくなっている．このように，電解質水溶液に，構成イオンが共通する別の電解質を加えると，みかけの溶解度が減少する．これは，**共通イオン効果**と呼ばれる（表 2.6）．なお，共通イオン効果は値の変化が大きいため，活量の代わりに濃度を用いて概算できることもある．しかし，異種イオン効果の値の変化はもっと小さく，まったく別の２つの電解質を同時に考慮しなければならないため，その見積りには活量を用いなければならない．

2.6 電気化学

自然界には生体系，非生体系を問わず電子移動を伴う反応，すなわち酸化還元反応（レドックス反応）が数多く存在する．電流を通じることにより電気分解が生じたり，化学変化を利用して電池がつくられたりすることも，物質の電気的な性質を利用した重要な意義の１つである．ここでは，高校の化学の“酸化還元反応”を基礎として，化学電池の原理，そこで起こる酸化還元反応の熱力学的な意味，そこから発展させられる膜電位などの生体系への応用について説明する．

2.6.1 電極電位（酸化還元電位）

A 化学電池

電子移動を伴う化学反応（酸化還元反応）のエネルギー（標準反応ギブズ自由エネルギー変化）を直接電気エネルギーに変換する装置を**化学電池**という．化学電池は，アノードが**陽極**（負極：－），カソードが**陰極**（正極：＋）である．このアノードは酸化反応が起こる電極で，負極とも呼ばれる．すなわち，電極から溶液へ正電荷が移動する，または溶液から電極へ負電荷が移動する（放たれた電子が導線を通って外へ流れ出る，すなわち電流が外から流れ込む）ほうの電極をいう（図 2.59 (a)）．一方，カソードは還元反応の起こる電極で，正極とも呼ばれる．すなわち，溶液から電極へ正電荷が移動する，または電極から溶液へ負電荷が移動する（導線を通って

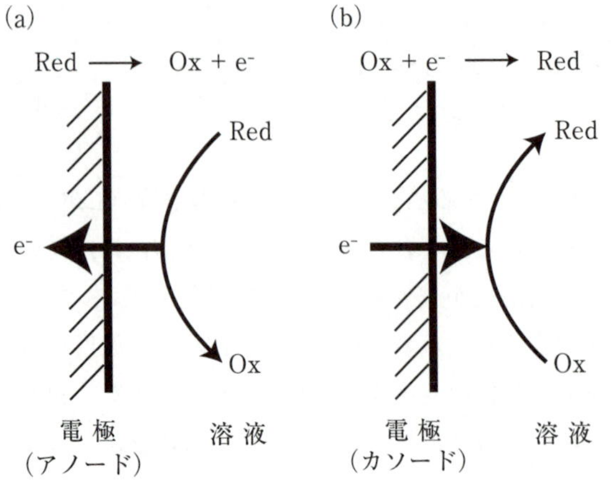

図 2.59 アノードとカソード

電子が流れ込む，すなわち電流が外へ流れ出す）ほうの電極をいう（図 2.59（b））．電子は，陽極（－）から外部回路（導線）を伝わり陰極（＋）へ移動する．外部から電流を流して電解槽内で電気分解を行う場合は，アノードが正に，カソードが負に帯電することに注意する必要がある．化学電池には，**一次電池**と**二次電池**がある．一次電池は，電池反応（充電反応と放電反応）が完全に可逆的でないため，充電して繰り返し使用することができない電池である．一次電池には，マンガン乾電池，水銀電池などがある．一方，二次電池は電池反応が完全に可逆的なため，充電すれば何回も繰り返し使用することができる電池である．二次電池には，鉛蓄電池（バッテリー），ニッケル－カドミウム電池がある．

コラム 燃料電池と生物電池

燃料電池は，化学反応の自由エネルギー変化を電気エネルギーに直接変換する装置である．負極の燃料と正極の燃料の酸化剤を供給しながら，発電することが化学電池と異なる．例えば，水素－酸素燃料電池は，H_2SO_4 などの電解質溶液と2つの電極からなり，負極に H_2 を，正極に O_2 を供給し（実際には空気中の酸素を利用），電池反応 $H_2(g) + 1/2\ O_2(g) = H_2O(l)$ を利用して発電する（水素燃料電池自動車の発電原理）．燃料によって，プロパン，メタノール，ヒドラジン燃料電池などがある．一方，**生物電池**は，酵素反応と電気化学反応を組み合わせた電池である．すなわち，酵素反応の生成物が電極反応を起こして発電させる．微生物を利用して，その代謝産物を燃料として用いる微生物電池もある．

［血液で発電？］

燃料電池と生物電池を組み合わせた**バイオ燃料電池**の研究が行われている．すなわち，燃料電池のアノード部分の電極として，酵素であるグルコースオキシダーゼを固定化した酵素固定化電極を使い，血液中のグルコースと酸素を反応させることにより発電することが可能となる．これらの原理を応用すれば，体内への埋め込み型医療機器の電源として利用が可能となる．

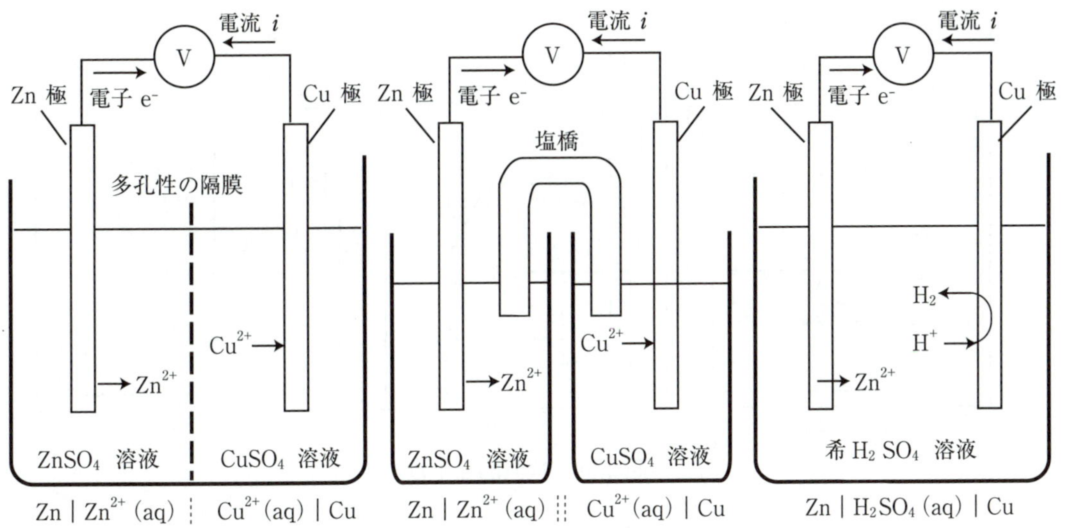

(a) 多孔性の隔膜を使用　　(b) 塩橋を使用

ダニエル電池　　ボルタ電池

図 2.60　ダニエル電池とボルタ電池

B 化学電池の構成

代表的な化学電池であるダニエル電池で，化学電池の構成を説明する．**ダニエル電池**は，イオン化傾向（イオン化列：Li > K > Ca > Na > Mg > Al > Zn > Fe > Ni > Sn > Pb > [H_2] > Cu > Hg > Ag > Pt > Au）がより大きい亜鉛の金属板を硫酸亜鉛の水溶液に浸した半電池（陽極）とイオン化傾向の小さい銅の金属板を硫酸銅の水溶液に浸した半電池（陰極）を，**多孔性の隔膜**で仕切る（図 2.60（a））か**塩橋** * で連結した電池（図 2.60（b））である．隔膜を用いた場合は液 - 液界面に液間電位差が生じるが，塩橋を用いた場合は液間電位差を無視できる．**ボルタ電池**は，金属亜鉛板と金属銅板を希硫酸水溶液に浸した一室で構成された化学電池である（図 2.60（c））．

（1）電池図

陽極，陰極と電解質溶液からなる電池の構造を表したものを**電池図**という．電子を出す陽極を左側に，電子を受け取る陰極を右側に置く．ダニエル電池の電池図は，

a）$Zn \mid Zn^{2+} \,\vdots\, Cu^{2+} \mid Cu$

b）$Zn \mid Zn^{2+} \,\vdots\vdots\, Cu^{2+} \mid Cu$

と表される．縦の破線は 2 つの液相が接していることを表し，一重破線で示した a は多孔性の隔膜を，二重破線で示した b は塩橋を表している．一方，電解質溶液を共有しているボルタ電池の電池図は，次のように記述する．

c）$Zn \mid H_2SO_4$（aq）$\mid Cu$

---

*塩橋：細いガラス管に正負のイオンの輸率がほぼ等しい電解質（KCl，KNO_3，NH_4NO_3 など）の濃厚な水溶液を充塡し，寒天などで固めたものである．

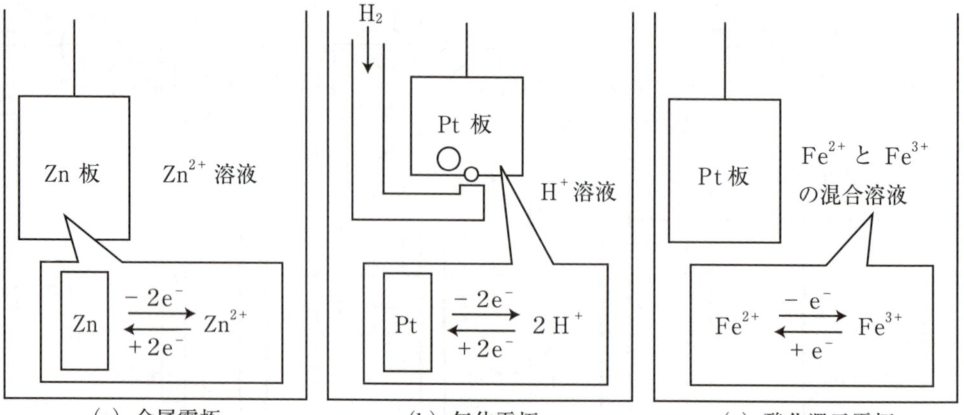

図 2.61　代表的な半電池

(2) 半電池

1本の電極とそれが浸っている電解質溶液を合わせて**半電池**という．ダニエル電池の場合，Zn｜Zn^{2+}が半電池で，酸化反応が起こっているアノード（陽極）となる．すなわちZn電極からZn^{2+}（Znが酸化されてZn^{2+}となる）が硫酸亜鉛溶液中に移動し，電子（e^-）が外部回路を伝わって外へ流れる．一方，Cu^{2+}｜Cuも半電池で，還元反応が起こっているカソード（陰極）となる．すなわち，陰極から出た電子（e^-）が硫酸銅溶液中に移動し，Cu^{2+}が還元されてCu電極に金属銅が析出してくる．これらの酸化還元反応を**電極反応**という．ダニエル電池の電極反応は次の式で表される．

アノード（陽極）反応：$Zn = Zn^{2+} + 2e^-$　　(2.209)

カソード（陰極）反応：$Cu^{2+} + 2e^- = Cu$　　(2.210)

これら2つの電極反応の総和を**電池反応**という．したがって，ダニエル電池の電池反応は次の式で表される．

$$Zn + Cu^{2+} = Zn^{2+} + Cu \tag{2.211}$$

(3) 電極の種類

電池の陽極または陰極として作用する半電池は**電極**とも呼ばれる．半電池，つまり電極の構成には以下のような型がある．

① **金属電極**（図 2.61 (a)）

金属Mをその金属由来のイオンを含む溶液に浸したもので，電池図と電極反応は次のように表される．

電池図：M^{n+}｜M　　電極反応：$M^{n+} + ne^- = M$

特に，水銀と他の金属電極を溶解させたものをアマルガム amalgam といい，アマルガムを電極としたものを**アマルガム電極** amalgam electrode という．例えばナトリウム–アマルガム電極は次のように表される．

電池図：Na^+｜Na(Hg)　　電極反応：$Na^+ + e^- = Na(Hg)$

② **気体電極**（図 2.61（b））

電極となる物質は必ずしも金属である必要はなく，気体であっても電極となることができる．ただ，気体だけでは電気伝導性がないため，Pt などの安定な不活性金属に，気体およびその化学種由来のイオンを含む溶液に接触させることにより電極とする．代表的なものに水素電極がある．

電池図：$H^+ | H_2 | Pt$　　電極反応：$2H^+ + 2e^- = H_2$

この電極は，気体の吸着能を増すために白金黒をメッキした白金板を H^+ を含む水溶液に半分ほど浸し，H_2 ガスを通じたものである．特に，水素の圧力が標準圧力（p°），水素イオンの活量が 1 であるものを**標準水素電極** standard hydrogen electrode（SHE）という．

③ **酸化還元電極**（図 2.61（c））

異なった酸化状態あるいは還元状態をもつ物質を，例えば Fe^{2+} と Fe^{3+}，キノンとヒドロキノンなどの組合せを含む水溶液に，Pt などの不活性金属を接触させることにより電極とする．

電池図：$Fe^{2+}, Fe^{3+} | Pt$　　電極反応：$Fe^{3+} + e^- = Fe^{2+}$

④ **金属–難溶性塩電極**

金属がその金属の難溶性塩（固体）と接触し，さらにその塩がその塩の陰イオンを含む水溶液を接触するという構造をもっている．代表的なものに飽和甘コウ電極（飽和カロメル電極 calomel electrode (SCE)）がある．これは水銀上に難溶性の塩化第 1 水銀と水銀を練り合わせたものを置き，その上にさらに塩化物イオンを含む溶液を置いたものである．

電池図：$Cl^- | Hg_2Cl_2 | Hg$　　電極反応：$Hg_2Cl_2 + 2e^- = 2Hg^+ + 2Cl^-$

この電極は中心に金属部分を有しているが，全体としては陰イオン（Cl^-）に対応する電極となっている．また，電位が安定していて使いやすいので参照電極として用いられる．

⑤ **金属–難溶性酸化物電極**

金属表面がその金属の酸化物の被膜で覆われ，それが電解質溶液に浸されている構造をとっている．代表的なものにアンチモン電極がある．

電池図：$H^+ | Sb_2O_3 | Sb$　　電極反応：$Sb_2O_3 + 6H^+ + 6e^- = 2Sb + 3H_2O$

C　標準電極電位

電池はアノード反応とカソード反応の組合せであるから，電池の**起電力 E** は，カソードとアノード（半電池）の電位の差で表される（図 2.62）．各電極（半電池）の電位を**単極電位 ϕ** という．例えば，ダニエル電池は 25℃で約 1.1 V の起電力を示し，今，アノード側の半電池 $Zn | ZnSO_4$ ($a = 1$) の電位を ϕ_{Zn}，カソード側の半電池 $Cu | CuSO_4$ ($a = 1$) の電位を ϕ_{Cu} とすると，その起電力は $E = \phi_{Cu} - \phi_{Zn} = 1.1$ V と表すことができる．したがって，さまざまな半電池の電位 ϕ を知ることができれば任意の半電池を組み合せた電池の起電力を式（2.212）が求められるはずである．

$$E = \phi_{カソード}(右側：カソード側半電池の電位) - \phi_{アノード}(左側：アノード側半電池の電位) \qquad (2.212)$$

しかし，半電池の電位 ϕ の絶対値を直接求めることはできないため，基準になる電極を用いて

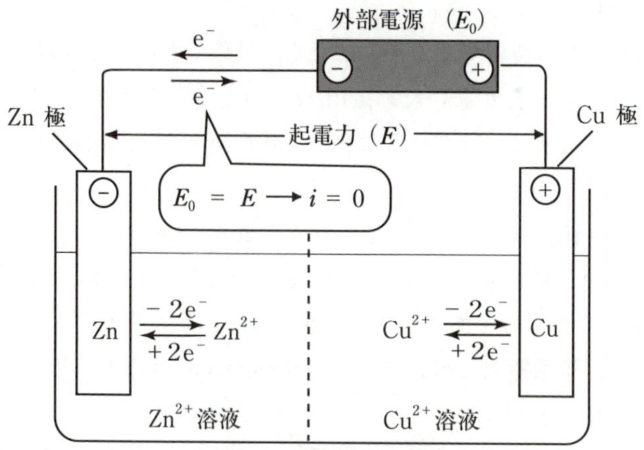

図 2.62　起電力の概念

すべての単極電位を相対値で表すことにしている（基準になる電極の電位を0とおけば，$E = \phi_{カソード} - 0 = \phi_{カソード}$となる）．白金板を水素イオンの活量が1である水溶液に浸し，水素ガスを通した電極を**標準水素電極**（図 2.63）という．基準電極には，この標準水素電極が用いられる．

電池図：Pt | H_2(g, 1 atm) | H^+(aq, a = 1)　　電極反応：$2H^+ + 2e^- = H_2$

また，標準水素電極をアノードとし，他の半電池を M | M^{n+} (a = 1) をカソードとして測定される電池

$$\mathrm{Pt} \mid \mathrm{H_2(g, 1\,atm)} \mid \mathrm{H^+(aq,}\ a = 1) \,\vdots\vdots\, \mathrm{M}^{n+}(a = 1) \mid \mathrm{M} \tag{2.213}$$

の起電力を**標準電極電位**（E°）または標準電位という．**標準状態**（25℃，10^5 Pa）における種々の半電池（電極）の標準電極電位を図 2.64 にまとめて示す．

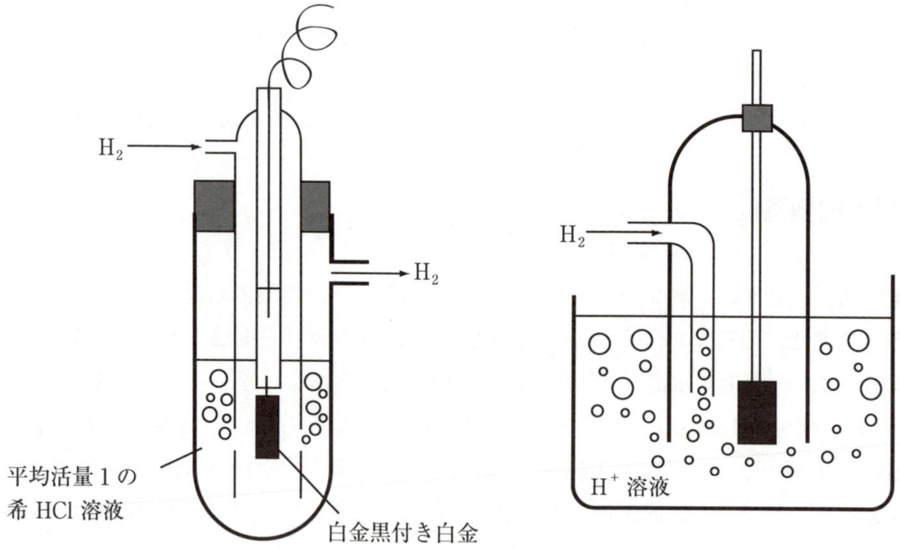

図 2.63　代表的な標準水素電極

電　極	電極反応	E° / V
$Li^+\|Li$	$Li^+ + e^- = Li$	−3.045
$K^+\|K$	$K^+ + e^- = K$	−2.925
$Ba^{2+}\|Ba$	$Ba^{2+} + 2e^- = Ba$	−2.906
$Ca^{2+}\|Ca$	$Ca^{2+} + 2e^- = Ca$	−2.866
$Na^{2+}\|Na$	$Na^{2+} + 2e^- = Na$	−2.714
$Mg^{2+}\|Mg$	$Mg^{2+} + 2e^- = Mg$	−2.363
$Al^{3+}\|Al$	$Al^{3+} + 3e^- = Al$	−1.662
$Zn^{2+}\|Zn$	$Zn^{2+} + 2e^- = Zn$	−0.763
$Fe^{2+}\|Fe$	$Fe^{2+} + 2e^- = Fe$	−0.440
$Cd^{2+}\|Cd$	$Cd^{2+} + 2e^- = Cd$	−0.403
$Ni^{2+}\|Ni$	$Ni^{2+} + 2e^- = Ni$	−0.250
$Sn^{2+}\|Sn$	$Sn^{2+} + 2e^- = Sn$	−0.136
$Pb^{2+}\|Pb$	$Pb^{2+} + 2e^- = Pb$	−0.126
$H^+\|H_2\|Pt$	$2H^+ + 2e^- = H_2$	0
$Sn^{4+}, Sn^{2+}\|Pt$	$Sn^{4+} + 2e^- = Sn^{2+}$	0.154
$Cl^-\|AgCl\|Ag$	$AgCl + e^- = Ag + Cl^-$	0.222
$Cl^-\|Hg_2Cl_2\|Hg$	$Hg_2Cl_2 + 2e^- = 2Hg^+ + 2Cl^-$	0.268
$Cu^{2+}\|Cu$	$Cu^{2+} + 2e^- = Cu$	0.337
$I^-\|I_2\|Pt$	$I_2 + 2e- = 2I^-$	0.536
$Fe^{3+}, Fe^{2+}\|Pt$	$Fe^{3+} + e^- = Fe^{2+}$	0.771
$Ag^+\|Ag$	$Ag^+ + e^- = Ag$	0.799
$Br^-\|Br_2\|Pt$	$Br_2 + 2e^- = 2Br^-$	1.065
$Tl^{3+}, Tl^+\|Pt$	$Tl^{3+} + 2e^- = Tl^+$	1.25
$Cl^-\|Cl_2\|Pt$	$Cl_2 + 2e^- = 2Cl^-$	1.360

イオン化傾向：大（上）→ 小（下）
還元力：大（上）→ 小（$Pb^{2+}\|Pb$ まで）
酸化力：小（$Sn^{4+}, Sn^{2+}\|Pt$ から）→ 大（下）

図 2.64　標準状態（25℃，10^5 Pa）における標準電極電位 E°（V）

例えば，銅電極の Cn^{2+} | Cu の標準電極電位は次の電池の電位差となる．

$$\mathrm{Pt} \mid \mathrm{H_2(g,\ 1\ atm)} \mid \mathrm{H^+(aq,}\ a = 1) \mathrel{\vdots\vdots} \mathrm{Cu^{2+}}(a = 1) \mid \mathrm{Cu}$$

各半電池の電極反応は次の通りである．

$$\text{アノード（陽極）反応：} H_2 = 2H^+ + 2e^- \tag{2.214}$$

$$\text{カソード（陰極）反応：} Cu^{2+} + 2e^- = Cu \tag{2.215}$$

また，この電池の起電力はカソードの標準電極電位とアノードの標準電極電位の差であるので，銅電極の Cu^{2+} | Cu の標準電極電位は，

$$E = E^\circ(Cu^{2+} \mid Cu) - E^\circ(H^+ \mid H_2) = E^\circ(Cu^{2+} \mid Cu) - 0$$

$$= E^\circ(Cu^{2+} \mid Cu) = 0.337\ \mathrm{V} \tag{2.216}$$

から求められる．

図2.64から，負の値の標準電極電位をもつ半電池が存在することに気付く．これは式(2.213)で示される電池を構成すると，水素よりもイオン化傾向が大きいため，実際にはカソードではなくアノードとして働く半電池の標準電極電位である．例えば，亜鉛電極の $Zn^{2+} \mid Zn$ の標準電極電位は次の電池の電位差となる．

$$E = E^\circ(Zn^{2+} \mid Zn) + E^\circ(H^+ \mid H_2) = E^\circ(Zn^{2+} \mid Zn) - 0$$
$$= E^\circ(Zn^{2+} \mid Zn) = -0.763\ \mathrm{V} \qquad (2.217)$$

から求められ，-0.763 V の標準電極電位をもち，標準水素電極と組み合わせるとカソードではなくアノードとして働く．また，イオン化傾向の大きいものほど還元力が高く，イオン化傾向の小さいものほど酸化力が高いことを考えれば，標準電極電位の値が負に大きい物質ほど還元力が高く，正の値が大きい物質ほど酸化力が高いことがわかる．

標準電極電位を用いれば，任意の半電池を組み合わせてつくった電池の**標準起電力** E° を求めることができる．すなわち，標準起電力 $E_{アノード}^\circ$ をもちアノードとして働く半電池 $M_{アノード} \mid M_{アノード}^{n+}$ と，標準起電力 $E_{カソード}^\circ$ をもちアノードとして働く半電池 $M_{カソード} \mid M_{カソード}^{n+}$ を組み合わせた電池 $M \mid M_{アノード}^{n+}(a=1) \,\vdots\vdots\, M_{カソード}^{n+}(a=1) \mid M_{カソード}$ の標準起電力 E° は式(2.218)のようにそれぞれの半電池の標準電極電位の差をとることによって簡単に求めることができる．

$$E = E_{カソード}^\circ - E_{アノード}^\circ \qquad (2.218)$$

例えば，半電池 $Al^{3+}(a=1) \mid Al$ と $Fe^{2+}(a=1) \mid Fe$ とを組合せた電池について考える．図2.64よりこの電池の半電池 $Al^{3+}(a=1) \mid Al$ と $Fe^{2+}(a=1) \mid Fe$ の標準電極電位はそれぞれ $E_{Al}^\circ = -1.662$ V，$E_{Fe}^\circ = -0.440$ V である．標準電極電位の値が負に大きい（イオン化傾向の大きい）半電池 $Al^{3+}(a=1) \mid Al$ がアノードとして働き，標準電極電位の値が負に小さい（イオン化傾向の小さい）半電池 $Fe^{2+}(a=1) \mid Fe$ がカソードとして働くので，それより全電池反応と標準起電力を求める．アノードでは酸化反応が，カソードでは還元反応が起こるので，半電池反応を書くと，

$$\text{アノード（陽極）反応：} Al = Al^{3+} + 3e^- \qquad (2.219)$$

$$\text{カソード（陰極）反応：} Fe^{2+} + 2e^- = Fe \qquad (2.220)$$

式(2.219) × 2 + 式(2.220) × 3 より電子（e^-）を消去することができ，全電池反応が得られる．

$$2Al + 3Fe^{2+} = 2Al^{3+} + 2Fe \qquad (2.221)$$

また，標準起電力は

$$E^\circ = E_{Fe}^\circ - E_{Al}^\circ = -0.440 - (-1.662) = 1.24\ \mathrm{V} \qquad (2.222)$$

より，$E^\circ = 1.24$ V となる．

標準水素電極は電極電位決定の基準電極であるが，測定に使用するにはあまり適していない．そこで，基準に用いる電極（半電池）として，使用が簡便で電位の安定している電極が用いられる．このような電極を**参照電極**（または**比較電極**）という．代表的な参照電極は**カロメル電極** * や**銀–塩化銀電極** **（図2.65）で，これらの参照電極の電位を表2.7に示す．実際の電極電位測定は，電位を測定する電極（目的の半電池）と参照電極を組み合わせた電池の起電力を求め，表2.7

* カロメル電極：水銀と KCl 溶液の間に甘こう（Hg_2Cl_2）と水銀（Hg）を練り合わせたペーストを挟んだ電極である．

** 銀–塩化銀電極：銀（Ag）線の表面を塩化銀（AgCl）の被膜で覆い，塩化物イオン（Cl^-）を含む溶液に浸した電極である．

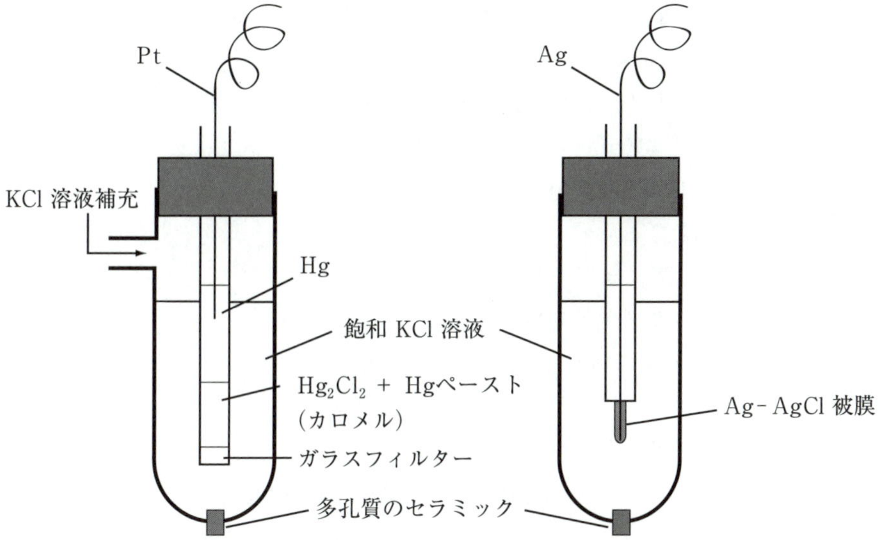

（a）カロメル電極　　（b）銀－塩化銀電極

図 2.65　代表的な参照電極

表 2.7　標準状態（25℃，10^5 Pa）における参照電極の電位

カロメル電極（SCE）	飽和　KCl	0.2410 V
	3.5 M KCl	0.2520 V
	0.1 M KCl	0.3335 V
銀-塩化銀電極（Ag/AgCl）	HCl（a = 1）	0.2222 V
	0.1 M HCl	0.289 V
	0.1 M KCl	0.290 V

の参照電極電位を加えて目的の電極電位を求める．標準水素電極に対する電位は V *vs.* SHE（または NHE），飽和カロメル電極（飽和 KCl 溶液を用いたカロメル電極）に対する電位は V *vs.* SCE のように表す．

［例題 2.22］　次の電池図で表される電池（半電池）について，電極反応を示せ．

1. Pt | Fe^{3+}, Fe^{2+}
2. Hg | Hg_2Cl_2 | Cl^-
3. Ag | AgCl | Cl^-
4. Ag | AgCl(s) | HCl(aq) ⁞⁞ HBr(aq) | (AgB(g) | Ag

［解答］　1. $Fe^{3+} + e^- = Fe^{2+}$

【注】半電池の電池図を表す場合，

Fe^{3+}, Fe^{2+} | Pt

でも構わないが，Stockholm 規約では半反応は還元反応で書く約束があるので，通例，電子を左辺に含めた半反応式を書く．これは，水素電極を左半電池，その他を右半電池とした電池を想定したからである．

2. 甘コウ電極で $Hg_2Cl_2 + 2e^- = 2Hg + 2Cl^-$ または $1/2Hg_2Cl_2 + e^- = Hg + Cl^-$ である．詳細は，

　　アノード：$2Hg + 2e^- = 2Hg$

　　カソード：$Hg_2Cl_2 = 2Hg^+ + 2Cl^-$

3. 銀–塩化銀電極で $AgCl + e^- = Ag + Cl^-$ である．
詳細は，

　　アノード：$Ag + e^- = Ag$

　　カソード：$AgCl = Ag^+ + Cl^-$

4. $AgBr + Cl^-(aq) = AgCl + Br^-(aq)$
詳細は，

　　アノード：$Ag + Cl^-(aq) = AgCl + e^-$

　　カソード：$AgBr + e^- = Ag + Br^-(aq)$

[例題 2.23]　図は塩橋を用いたダニエル電池を示す．この電池の酸化還元平衡は次式で表せる．

$$Cu^{2+} + Zn \rightleftharpoons Cu + Zn^{2+} \quad (1)$$

また，Zn 電極，Cu 電極の標準電極電位（25℃）E° はそれぞれ -0.763 V，0.337 V である．次の記述について，正しいものはどれか．1つ選べ．

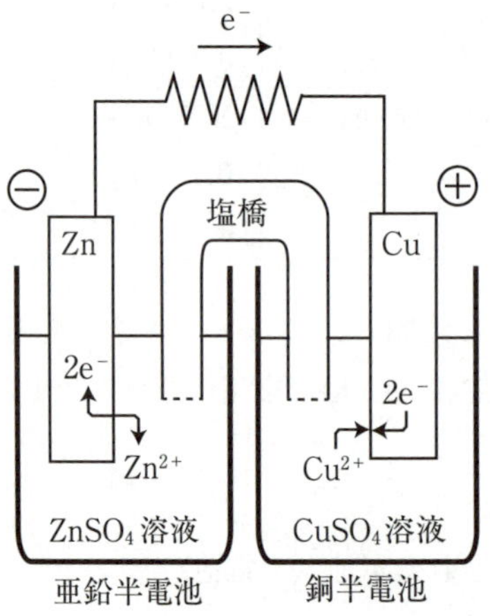

1. 図の左側の電極では還元反応が，右側の電極では酸化反応が起こり，全電池反応は（1）式となる．
2. 電池の起電力は，左側の電極を基準とし，還元電位とも呼ばれる．
3. 起電力は左側の半電池を基準とするので，ダニエル電池の標準起電力 E° は 1.10 V である．
4. 塩橋を用いているので，電極電位以外に液間電位差を考慮する必要がある．

（第 89 回薬剤師国家試験改変）

[解答]　1.（×）左側では，Zn が酸化され Zn^{2+} イオンとなり，右側では Cu^{2+} が還元され Cu となっている．

2. (×) 左側では酸化されているので，その電位は酸化電位となる．
3. (◯) 電位差＝還元される側の標準電極電位（0.337 V）－酸化される側の標準電極電位（－0.763 V）＝1.10 V
4. (×) 左右の半電池では酸化，還元反応が一方的に起こった結果，電気的な不均等が生じるため，電荷が自由に行き来できるように塩橋を設ける．このため液間の電位差を考慮する必要はなくなる．

[例題 2.24] 次の酸化還元平衡に関する記述について，<u>誤っている</u>のはどれか．1つ選べ．

$$Fe^{2+} + Ce^{4+} \rightleftarrows Fe^{3+} + Ce^{3+}$$

なお，この反応の酸化還元電位（E）は，

$$E = E^{\circ} + 0.059 \log \frac{[酸化体]}{[還元体]}$$

で示され，$Fe^{3+} + e^- \rightleftarrows Fe^{2+}$ および $Ce^{4+} + e^- \rightleftarrows Ce^{3+}$ の標準酸化還元電位（E°）は，それぞれ 0.78 V および 1.72 V である．

1. E° は，[酸化体]：[還元体]＝1：1 のときの電位である．
2. Fe^{2+} と Ce^{4+} の混合溶液では，反応は右に進む．
3. Fe^{2+} を Ce^{4+} で滴定すると，当量点における電位は 1.25 V である．
4. Fe^{2+} と Ce^{4+} の混合溶液では，Ce^{4+} が還元剤として働き，Fe^{2+} が酸化剤として働く．

（第 95 回薬剤師国家試験改変）

[解答]

1. (◯) 酸化体と還元体の比が 1：1 であるので，問題文中のネルンストの式の対数値が 0 となる．したがって，$E = E^{\circ}$ である．
2. (◯) Fe^{2+} は電子 1 個を放出して Fe^{3+} となり，Ce^{4+} はその電子を 1 個受け取って Ce^{3+} となる．したがって，Fe^{2+} と Ce^{4+} 混合すると反応は右へ進む．
3. (◯) 等量点では，Fe^{2+} と Ce^{4+} および Fe^{3+} と Ce^{3+} の濃度は等しいので，ネルンストの式の対数値は 0 となる．したがって，この酸化還元反応の電位は

$$E = \frac{E^{\circ}_{Fe} + E^{\circ}_{Ce}}{2} = \frac{(0.78 - 1.72)}{2} = 1.25 \text{ V}$$

となる．

4. (×) Fe^{2+} は電子 1 個を放出するので，還元剤であり，酸化体（自身は酸化されている）である．一方，Ce^{4+} はその電子を 1 個受け取るので，酸化剤であり，還元体（自身は還元されている）である．

2.6.2 起電力とギブズエネルギーの関係

電荷に対して電場（電界）が行う仕事は，電気量 q(C，クーロン）の点電荷が電位 ϕ_1 の位置から電位 ϕ_2 の位置に移動するとき，電場（電界）のする仕事 w は

$$w = q(\phi_1 - \phi_2) = q\Delta\phi \tag{2.223}$$

となる．$\Delta\phi$（V ボルト）は電位差であり，電池の起電力 E に等しい．

エネルギーの1つである仕事の単位は J であるから，電位差の単位 V との間には J = CV の関係が成り立つ．したがって，1 C の電荷を電位差 1 V の電極間を移動させるのに必要な仕事が 1J である．

A　起電力と標準自由エネルギー変化（ΔG°）

次の2つの電極反応式（2.224）と式（2.225）からなる可逆電池反応式（2.226）を考えてみる．

$$\text{アノード（陽極）反応：} a\mathrm{A} = c\mathrm{C} + n\mathrm{e}^- \tag{2.224}$$

$$\text{カソード（陰極）反応　} b\mathrm{B} + n\mathrm{e}^- = d\mathrm{D} \tag{2.225}$$

$$\text{電池反応：} a\mathrm{A} + b\mathrm{B} = c\mathrm{C} + d\mathrm{D} \tag{2.226}$$

電極反応が n 個の電子の授受を示しているので，電池反応式（2.226）はファラデーの法則*から nF の電荷の受け渡しを行っている．F はファラデー定数で，$F = \mathrm{e}N_\mathrm{A} = 96{,}485\ \mathrm{C\ mol^{-1}}$ であり，1価の陽イオン 1 mol を生じるのに必要な電気量に等しい．電池の起電力を E で表すと，この電池反応の**仕事**は nFE である．熱力学によれば，系の行う仕事は可逆過程において最大である．また，系のなし得る有効な仕事は定温・定圧において，反応の自由エネルギー（ギブズ自由エネルギー）の減少量（$-\Delta G$）と等しくなければならない．したがって，電池を可逆条件下に作動させるとき，電極反応も可逆的に進行するから，電池から最大の仕事（電気エネルギー）を得ることができる．仕事と自由エネルギー変化（ギブズ自由エネルギー変化）の間には，次の式（2.227）の関係式が成り立つ．

$$\Delta G = -nFE \tag{2.227}$$

標準状態では下式のようになる．

$$\Delta G^\circ = -nFE^\circ \tag{2.228}$$

ここで，適当な電池について起電力を測定すれば，その電池反応に対するギブズ自由エネルギー変化を知ることができる．起電力と自由エネルギー変化を結びつけて議論できるのは**可逆電池**の場合だけである．また，式（2.227）よりギブズ自由エネルギー変化 ΔG と電池の起電力 E の符号は反対である．したがって，式（2.226）の電池反応が左辺から右辺に向かって自発的に進行すれば $\Delta G < 0$ であり $E > 0$ である．一方，$E < 0$ であれば $\Delta G > 0$ となり，逆反応が自発的に進行する．また，平衡では，$\Delta G = 0$ なので $E = 0$ となる．

式（2.228）の関係と図 2.64 に示した半電池の標準電極電位 E° を用いて，化学電池の ΔG を計

---

* ファラデーの法則 Faraday's law：電気分解によって流れた電気量は反応（生成）する物質の量に比例し，その質量は物質量に比例する．

算できる．例えばダニエル電池（図 2.60（a），式（2.211））の場合，標準状態において $E^\circ(Cu^{2+}|Cu) = +0.337$ V および $E^\circ(Zn^{2+}|Zn) = -0.763$ V であるので，標準起電力は $E^\circ = +0.337$ V $-(-0.763$ V$) = +1.100$ V となる．ダニエル電池は 2 電子の移動を伴う酸化還元反応なので，ΔG° は 1 mol 当たり $-2 \times 96{,}485 \times 1.100 = -212.3$ kJ mol^{-1} となる．ここで，$E^\circ > 0$，つまり $\Delta G^\circ < 0$ となり，式（2.211）の全電池反応は左辺から右辺に向かって自発的に進行し，図 2.60 に矢印で示した方向に電子が流れる．

B　ネルンストの式

式（2.226）の電池反応に伴う自由エネルギー変化（ΔG：ギブズ自由エネルギー変化）は各化学種の活量 a を用いて化学種 i の化学ポテンシャルを $\mu_i = \mu_i^\circ + RT \ln a_i$ とすると，式（2.229）で表される．

$$\begin{aligned}\Delta G &= (c\mu_c + d\mu_d) - (a\mu_a + b\mu_b)\\ &= \{(c\mu_c^\circ + d\mu_d^\circ) - (a\mu_a^\circ + b\mu_b^\circ)\} + RT\ln\left(\frac{a_C{}^c a_D{}^d}{a_A{}^a a_B{}^b}\right)\\ &= \Delta G^\circ + RT\ln Q\end{aligned} \tag{2.229}$$

標準状態では，すべての化学種の活量は 1 である．ここで，$\left(\frac{a_C{}^c a_D{}^d}{a_A{}^a a_B{}^b}\right)$ は反応商または反応比（Q）と呼ばれる．式（2.229）に（式 2.227），式（2.228）より ΔG および ΔG° を代入して，整理すると起電力 E は，

$$E = E^\circ - \frac{RT}{nF}\ln Q \tag{2.230}$$

で表される．式（2.230）を常用対数で表すと，式（2.231）となる．

$$E = E^\circ - \frac{2.303\,RT}{nF}\log Q = E^\circ - \frac{0.05916}{n}\log Q \tag{2.231}$$

式（2.230）と式（2.231）が**ネルンストの式**である．この式は，電池の起電力が標準電極電位および，反応に関与する電子数と活量によって決まることを示している．

ネルンストの式を使って，例えば Zn^{2+} と Cu^{2+} の濃度が，それぞれ 0.1 mol L^{-1} と 1×10^{-9} mol L^{-1} であるダニエル電池の起電力は次のように求められる．標準状態において $E^\circ(Cu^{2+}|Cu) = +0.337$ V および $E^\circ(Zn^{2+}|Zn) = -0.763$ V であるので，標準起電力は $E^\circ = +0.337$ V $-(-0.763$ V$) = +1.100$ V となる．また，活量係数 $\gamma = 1$ とすると，式（2.230）は

$$E = +1.10 - \frac{RT}{2F}\ln\frac{[Cu][Zn^{2+}]}{[Cu^{2+}][Zn]}$$

のようになる．ここで，$[Zn^{2+}] = 0.1$ mol L^{-1}，$[Cu^{2+}] = 1 \times 10^{-9}$ mol L^{-1} であり，Cu，Zn は固体であることを考慮すると，

$$E = +1.10 - \frac{RT}{2F}\ln\frac{0.1}{1 \times 10^{-9}} = +1.10 - \frac{8.314 \times 298}{2 \times 96485}\ln 10^8 = +0.86\ \mathrm{V}$$

となり，この電池の起電力は $E = +0.86$ V が求まる．また，起電力 $E > 0$，つまり $\Delta G < 0$ な

ので電池反応式（2.226）は左辺から右辺に自発的に進行する．

C 標準電極電位と平衡定数の関係

式（2.226）の可逆電池の反応が平衡状態になると，$\Delta G = 0$である．系の平衡に達したとき，Qは平衡定数Kに等しい．すなわち，電池の起電力Eが0となる．式（2.230）から，標準電極電位E°は式（2.332）で表される．

$$E^\circ = \frac{RT}{nF}\ln K \tag{2.232}$$

平衡定数Kと標準電極電位E°には，次の関係が成り立つ．

$$\ln K = \frac{nFE^\circ}{RT} \tag{2.233}$$

式（2.233）は，平衡定数Kが標準電極電位E°から求められることを示している．

D 起電力と熱力学パラメーターの関係

反応に伴う反応エンタルピー変化（ΔH）と反応エントロピー変化（ΔS）は自由エネルギー変化（ΔG）と次の関係が成り立つ．

$$\Delta G = \Delta H - T\Delta S \tag{2.234}$$

式（2.234）の反応エントロピーSは，定圧下での自由エネルギーの温度依存性を示すギブズ・ヘルムホルツの式，$S = -(\partial\Delta G/\partial T)_p$で与えられるので，2つの状態間の反応エントロピーの差ΔSは，$\Delta S = -(\partial G/\partial T)_p$となる．そこで，$\Delta S$は，$\Delta G$に式（2.227）を代入した式（2.235）で表される．すなわち，ΔSは起電力Eの測定から求められる．

$$\Delta S = -\left(\frac{\partial\Delta G}{\partial T}\right)_p = nF\left(\frac{\partial E}{\partial T}\right)_p \tag{2.235}$$

一方，式（2234）に式（2.227）と式（2.235）を代入すると，

$$-nFE = \Delta H - nFT\left(\frac{\partial E}{\partial T}\right)_p$$

$$\therefore \Delta H = -nF\left\{E - T\left(\frac{\partial E}{\partial T}\right)_p\right\} \tag{2.236}$$

となり，反応エンタルピー変化ΔHもまた起電力Eの測定から求められる．

E 濃淡電池

構成成分が同じ2つの半電池の組合せの電池で，活量が異なる半電池からなる電池は起電力を生じる．このような電池を**濃淡電池**といい，膜を介して起こる神経細胞（ニューロン）の電気化学的過程や生体膜における輸送現象を理解する上で重要なモデルである．濃淡電池には，① 同

じ電極間で活量が異なる場合（**電極濃淡電池**）と，② 電解質の活量が異なる場合（**イオン濃淡電池**）の 2 種類がある．

（1）電極濃淡電池

同じ電極であるが，電極の活量が異なり，液-液界面を含まない電池である（図 2.66 (a)）．電極濃淡電池には，気体の水素電極やアマルガム電極がある．例えば，次の亜鉛アマルガム電極を考えてみよう．亜鉛アマルガム濃淡電池の電池図は，

$$\mathrm{Zn-Hg}(a = 1)\,|\,\mathrm{ZnSO^4}\,|\,\mathrm{Zn-Hg}(a = 0.1)$$

であり，各電極における電極反応は，

$$\text{左の電極の反応：}\mathrm{Zn}(a = 1) = \mathrm{Zn}^{2+} + 2\mathrm{e}^- \qquad (2.237)$$
$$E^\circ(\mathrm{Zn}^{2+}\,|\,\mathrm{Zn}) = -\ 0.763\ \mathrm{V}$$

$$\text{右の電極の反応：}\mathrm{Zn}^{2+} + 2\mathrm{e}^- = \mathrm{Zn}(a = 0.1) \qquad (2.238)$$
$$E^\circ(\mathrm{Zn}^{2+}\,|\,\mathrm{Zn}) = -\ 0.763\ \mathrm{V}$$

であるので，電池反応は式（2.239）で表される．

$$\text{電池反応：}\mathrm{Zn}(a = 1) = \mathrm{Zn}(a = 0.1) \qquad (2.239)$$
$$E^\circ = 0\ \mathrm{V}$$

この濃淡電池の電位は式（2.230）により表現できる．この半電池の標準電極電位は同じである．したがって，2 つの半電池の標準電位差である電池の標準起電力 E° は 0 である．また，電極の固体亜鉛の活量は 1 として取り扱う．よって，この亜鉛アマルガム濃淡電池の 25℃における起電力 E は，以下のようになる．

$$E = 0 - \frac{0.05916}{n}\log\left(\frac{a_1}{a_2}\right) = -\frac{0.05916}{2}\log\left(\frac{0.1}{1.0}\right) = 0.02958\ \mathrm{V} \fallingdotseq 29.6\ \mathrm{mV}$$

起電力 $E > 0$，つまり $\Delta G < 0$ なので電池反応式（2.239）は左辺から右辺に向かって自発的に進行する．したがって，右の電極で還元が，左の電極で酸化が起こるので，左側の半電池がアノード，右側の半電池がカソードとして働く．

このように見かけ上，濃度の高い右側から低い左側へ亜鉛イオンが移動することにより，電池電位が発生する．

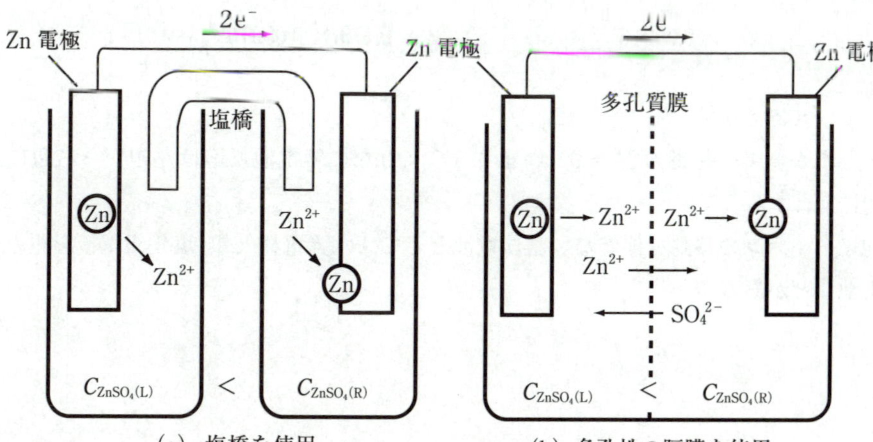

(a)　塩橋を使用　　　(b)　多孔性の隔膜を使用

図 2.66　濃淡電池

(2) イオン濃淡電池

同じ電極，同じ電解質溶液であるが，電解質イオン濃度（活量）が異なる（イオンの移動を伴う）電池である．この電池の電池図は

$$\mathrm{Pt} \mid \mathrm{H_2(1\,atm)} \mid \mathrm{HCl}(a)_1 \mid \mathrm{HCl}(a)_2 \mid \mathrm{H_2(1\,atm)} \mid \mathrm{Pt}$$

であり，各電極における電極反応は，

$$\text{左の電極の反応：}(1/2)\mathrm{H_2(1\,atm)} = \mathrm{H^+}(a)_1 + \mathrm{e^-} \tag{2.240}$$

$$\text{右の電極の反応：}\mathrm{H^+}(a)_2 + \mathrm{e^-} = (1/2)\mathrm{H_2(1\,atm)} \tag{2.241}$$

である．HCl 溶液界面における陽イオンと陰イオンの移動は輸率（t_+，t_-）を用いて次のように表される．

$$\mathrm{H^+}\text{の移動：}t_+\mathrm{H^+}(a)_1 = t_+\mathrm{H^+}(a)_2 \tag{2.242}$$

$$\mathrm{Cl^-}\text{の移動：}t_-\mathrm{Cl^-}(a)_2 = t_-\mathrm{Cl^-}(a)_1 \tag{2.243}$$

2つの HCl 溶液界面におけるイオンの移動は，

$$t_+\mathrm{H^+}(a)_1 + t_-\mathrm{Cl^-}(a)_2 = t_+\mathrm{H^+}(a)_2 + t_-\mathrm{Cl^-}(a)_1 \tag{2.244}$$

であるから，全体の反応は式（2.240），式（2.241）と式（2.244）を加えて合わせると，

$$t_+\mathrm{H^+}(a)_1 + t_-\mathrm{Cl^-}(a)_2 + \mathrm{H^+}(a)_2 = t_+\mathrm{H^+}(a)_2 + t_-\mathrm{Cl^-}(a)_1 + \mathrm{H^+}(a)_1 \tag{2.245}$$

となる．陽イオンと陰イオンの輸率は，$t_+ + t_- = 1$ であるので，陰イオンの輸率は $t_- = 1 - t_+$ で表される．この関係式を式（2.245）に代入して整理すると，全電池反応は式（2.246）となる．

$$t_-[\mathrm{H^+}(a)_2 + \mathrm{Cl^-}(a)_2] = t^-[\mathrm{H^+}(a)_1 + \mathrm{Cl^-}(a)_1] \tag{2.246}$$

標準電極電位 $E^\circ = 0$，25℃における $\mathrm{Cl^-}$ イオンの輸率 t_- は，$\mathrm{H^+}$ と $\mathrm{Cl^-}$ のイオン移動度（u）から，

$$t_- = \frac{u_-}{u_+ + u_-} = \frac{36.2 \times 10^{-4}}{36.2 \times 10^{-4} + 7.91 \times 10^{-4}} = 0.179$$

である．また平均活量 $a_\pm$ が，

$$(a_\pm)_1 = [\mathrm{H^+}(a = 0.1)_1\,\mathrm{Cl^-}(a = 0.1)_1]^{1/2} = 0.1$$

$$(a_\pm)_2 = [\mathrm{H^+}(a = 0.01)_2\,\mathrm{Cl^-}(a = 0.01)_2]^{1/2} = 0.01$$

であるとすると，このイオン濃淡電池の起電力 E は，式（2.231）より，

$$E = -\frac{0.05916}{n}\ln\frac{[\mathrm{H^+}(a)_1\,\mathrm{Cl^-}(a)_1]^{t-}}{[\mathrm{H^+}(a)_2\mathrm{Cl^-}(a)_2]^{t-}} = -\frac{t_- \times 0.05916}{n}\ln\frac{(a_\pm)_1^2}{(a_\pm)_2^2}$$

$$= -\frac{2t_- \times 0.05916}{n}\ln\frac{(a_\pm)_1^2}{(a_\pm)_2^2} = -\frac{2 \times 0.179 \times 0.05916}{1}\ln\frac{0.01}{0.1}$$

$$= 20.8\ \mathrm{mV}$$

となる．したがって，起電力 $E > 0$，つまり $\Delta G < 0$ なので電池反応は左辺から右辺に向かって自発的に進行する．

その他に，イオンの移動を伴わない濃淡電池として，水素電極と銀-塩化銀電極を組み合わせた濃淡電池などがある．

F　イオン選択性電極

溶液中の特定のイオンに選択的に応答する電極を**イオン選択性電極**という．イオン選択性電極と参照電極を組み合わせて電池を構成し，その起電力を測定する．通常用いられる参照電極はカロメル電極や銀–塩化銀電極が用いられる．イオン選択膜には固体膜（ガラス膜や難溶性塩膜など）と液体膜（イオン交換液膜）があり，この膜の両端の活量の違いによって膜電位が生じる．

イオン選択性電極の1つである**ガラス電極**は，水素イオンの活量に反応することから pH の測定に用いられる．参照電極に標準水素電極を組み合わせた電池図は，

$$\mathrm{Pt}\mid \mathrm{H_2}\mid \mathrm{H^+}(a_{\mathrm{H^+}})\ ||\ \mathrm{H^+}(a_{\mathrm{H^+}}=1)\mid \mathrm{H_2}\mid \mathrm{Pt}$$

である．各電極における電極反応は，

$$\text{左の電極の反応：} 1/2\,\mathrm{H_2} = \mathrm{H^+}(a_{\mathrm{H^+}}) + \mathrm{e^-} \tag{2.247}$$

$$\text{右の電極の反応：} \mathrm{H^+}(a_{\mathrm{H^+}}=1) + \mathrm{e^-} = 1/2\,\mathrm{H_2} \tag{2.248}$$

であるので，電池反応は式（2.6.40）で表される．

$$\text{電池反応：} \mathrm{H^+}(a_{\mathrm{H^+}}=1) = \mathrm{H^+}(a_{\mathrm{H^+}}) \tag{2.249}$$

したがって，式（2.230）より

$$E = -\frac{RT}{F}\ln\frac{a_{\mathrm{H^+}}}{1} = -\frac{2.303RT}{F}\log a_{\mathrm{H^+}} \tag{2.250}$$

を得る．ここで，$\mathrm{pH} = -\log a_{\mathrm{H^+}}$ と定義すれば，25℃において

$$\mathrm{pH} = \frac{E}{2.303\,RT/F} = \frac{E}{0.05916} \tag{2.251}$$

となり，理論的には起電力の測定によって pH が求めることができる．しかし，特定のイオンの活量を対イオンの活量で無関係に決める手段はない．測定値から求められる pH は平均活量（$a_\pm$）に基づく pH であって，水素イオン単独の活量 $a_{\mathrm{H^+}}$ によって定義される pH ではない．実用的な pH 測定には，ガラス電極と銀–塩化銀電極を組み合わせた電池が用いられる．その電池図は，

$$\mathrm{Ag}\mid \mathrm{AgCl}\mid \mathrm{KCl}\,\text{溶液}\ \vdots\vdots\ \mathrm{H^+}(\text{試料溶液})\mid \text{ガラス膜}\mid \mathrm{HCl}\,\text{溶液}\mid \mathrm{AgCl}\mid \mathrm{Ag}$$

である．電池図の $\mathrm{H^+}$ の部分が pH を測定したい試料溶液で，その左側の KCl 溶液が参照電極，右側の HCl 溶液がガラス電極である．実際の pH 測定では，ある標準溶液 S の pH(S) を基準として相対的に決定している．電池の起電力を E_{X}，標準溶液の起電力を E_{S}，標準溶液の pH を pH(S) とすると，目的の試料溶液 X の pH(X) は

$$\mathrm{pH(X)} = \mathrm{pH(S)} + \frac{(E_{\mathrm{S}} - E_{\mathrm{X}})F}{2.303\,RT} \tag{2.252}$$

で与えられる．

［例題 2.25］　$\mathrm{NAD^+}$ および $\mathrm{CH_3CHO}$ の還元反応及び標準電位を以下に示した．

$\mathrm{NAD^+ + H^+ + 2e^- \longrightarrow NADH}$　　標準電位，− 0.320 V（pH 7，25℃）

$\mathrm{CH_3CHO + 2H^+ + 2e^- \longrightarrow CH_3CH_2OH}$　　標準電位，− 0.197 V（pH 7，25℃）

pH 7，25℃における，$\mathrm{NAD^+/NADH}$ および $\mathrm{CH_3CHO/CH_3CH_2OH}$ からなる化

学電池が放電するときの標準ギブズエネルギー変化（kJ·mol^{-1}）の値に最も近いのはどれか．1つ選べ．ただし，ファラデー定数$F = 9.65 \times 10^4$ C·mol^{-1}とする．

1. －49.9
2. －23.7
3. －11.9
4. 11.9
5. 23.7

［解答］ NAD$^+$/NADH と CH_3CHO/CH_3CH_2OH の2つの半電池からなる電池の標準起電力（E°）は後者（右側）の半電池から前者（左側）の半電池の標準電極電位の差であるので，$E^\circ = -0.197 - (-0.320) = 0.123$ V で与えられる．一方，この電池の化学反応の標準ギブズエネルギー変化ΔG°は反応に関与する電子数n，ファラデー定数Fを用いて，$\Delta G^\circ = -nFE^\circ$で表すことができる．したがって，標準ギブズエネルギー変化ΔG°は，$\Delta G^\circ = -nFE^\circ = -2 \times 9.65 \times 10^4$ C/mol $\times 0.123$ V（J/C）$= -23.7$ kJ/mol となる．

2.6.3 ◆ 生体膜輸送

イオン濃淡電池では，見かけ上，濃度の高い右側から左側へイオンが移動して電位を形成することを見た．またイオン選択膜を介してイオンに濃度差があるとき，濃淡電池となって電位形成をすることを知った．同様の電位差形成が，生体膜でも起きている．

生体膜は，細胞内外を仕切る機能だけでなく，それを介した物質輸送の機能を担っている．細胞が外界から栄養物を取り込むのは，生命を維持する本質的な作業といえる．この物質の移動には，細胞膜内外の濃度差の他，細胞膜内外の電位差が重要な役割りを果たしている．

A 化学ポテンシャルと膜電位

物質を細胞内に取り込むのには，物理的に2つの力が関わる．1つは，細胞内外の物質の**濃度差**による**駆動力**である．細胞外濃度が高いとき，細胞外から細胞内への物質の移動を，

$$\text{外 (out)} \longrightarrow \text{内 (in)} \tag{2.253}$$

と書けば，物理平衡で変化を考えられる．細胞外と細胞内の濃度（活量）がC_{out}とC_{in}であるとき，細胞外と内のこの成分の化学ポテンシャルは，それぞれ

$$\mu_{out} = \mu_{out}^\circ + RT \ln C_{out} = \mu_{out}^\circ + RT \ln C_{out} \tag{2.254}$$

$$\mu_{in} = \mu_{in}^\circ + RT \ln C_{in} = \mu_{in}^\circ + RT \ln C_{in} \tag{2.255}$$

細胞内外の同一成分について考えているので，その標準化学ポテンシャルは$\mu_{out}^\circ = \mu_{in}^\circ = \mu^\circ$と同一にした．細胞外から細胞内への移動という物理変化を駆動する**移動のギブズエネルギー差**

（反応ギブズエネルギー）は，

$$\Delta_r G = \mu_{\text{in}} - \mu_{\text{out}} = RT \ln \frac{C_{\text{in}}}{C_{\text{out}}} \ [\text{J mol}^{-1}] \qquad (2.256)$$

$C_{\text{out}} > C_{\text{in}}$ であるなら $\Delta_r G < 0$，細胞外→細胞内への移動は自発的に進む．輸送が進み濃度差がなくなると，$C_{\text{out}} = C_{\text{in}}$ より $\Delta_r G = 0$，平衡となり輸送は止まる．濃い成分が薄いところに広がる**拡散**による輸送である．

もう1つは，**電気的な駆動力**である．神経細胞（ニューロン）の細胞膜には，静止状態で実際に約 77 mV の内向きの電位勾配がある．この電位差は，**膜電位**と呼ばれる．細胞外側と内側の電位をそれぞれ ϕ_{out}，ϕ_{in} と書けば（ただし $\phi_{\text{out}} > \phi_{\text{in}}$），細胞膜の外から内に向かう**電位差** $\Delta\phi = \phi_{\text{in}} - \phi_{\text{out}}$［V］と表現される．この電位差 $\Delta\phi$ により，例えば電気量 e［C］をもつ Na^+ イオンは，**静電ポテンシャル** $e\Delta\phi$［J］をもち，細胞膜（厚さ d［m］）の法線方向内向き（x 方向）に

$$f = -e\frac{\mathrm{d}\Delta\phi}{\mathrm{d}x} = -e\frac{\Delta\phi}{d} [\text{N}] \qquad (2.257)$$

の**電気力** f が働き，細胞外側から内側に輸送される．一般に z 価のカチオン 1 mol が膜電位 $\Delta\phi$［V］の影響下にあるなら，その静電ポテンシャルは，これにアボガドロ数 N_{A}［mol^{-1}］と価数 z を乗じて，

$$e\Delta\phi \times N_{\text{A}} \times z = zeN_{\text{A}}\Delta\phi = zF\Delta\phi \ [\text{J mol}^{-1}] \qquad (2.258)$$

1 mol 電子の電気量に相当する $F = e \cdot N_{\text{A}} [\text{C mol}^{-1}]$ は，**ファラデー定数**である．

これら2つの力の働きは，それぞれ独立である．細胞内外に濃度差がなくても電気的ポテンシャル差があればイオンは流れ，逆に電気的ポテンシャル差がなくても濃度差があればその成分は拡散する．そこで細胞膜を介して移動する成分には，一般に，化学ポテンシャルのほかに静電ポテンシャルを加えた，**電気化学ポテンシャル** $\tilde{\mu}$ で議論する．

$$\tilde{\mu} = (\mu^\circ + RT\ln C) + zF\phi \ [\text{J mol}^{-1}] \qquad (2.259)$$

電気化学ポテンシャル $\tilde{\mu}$ がわかれば，式（2.256）と同じ考え方で「物理的な」移動はわかることになる．

ここで，膜電位の正体に少しふれよう．例えば図 2.67 のように細胞内に多量の K^+ イオンがあり，$[K^+]_{\text{in}} = 100$ mmol L^{-1}，$[K^+]_{\text{out}} = 0.1$ mmol L^{-1}，温度 25℃（298 K），またこの時点では細胞内外の静電ポテンシャルは等しく $\phi_{\text{out}} = \phi_{\text{in}}$，つまり $\Delta\phi = 0$ である場合を考えよう（図 2.67（a））．細胞外 K^+ と細胞内 K^+ の電気化学ポテンシャルは，式（2.259）にならい

$$\tilde{\mu}_{K^+\text{out}} = \mu_{K^+}{}^\circ + RT\ln[K^+]_{\text{out}} + zF\phi_{\text{out}}$$
$$\tilde{\mu}_{K^+\text{in}} = \mu_{K^+}{}^\circ + RT\ln[K^+]_{\text{in}} + zF\phi_{\text{in}} \qquad (2.260)$$

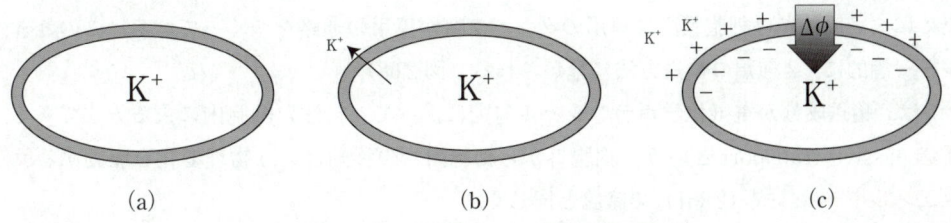

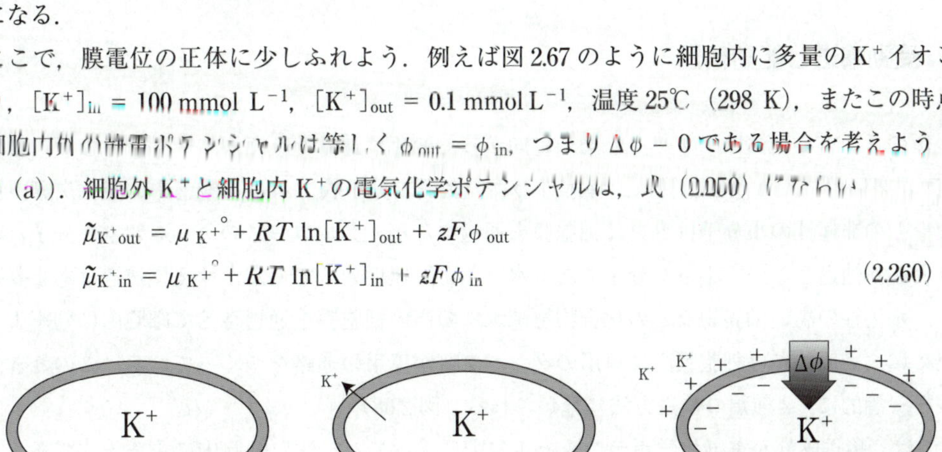

図 2.67　K^+ の漏洩による膜電位の形成

細胞の内から外への K^+ 移動の反応ギブズエネルギーは，式（2.261）で表される．

$$\Delta_r G = \tilde{\mu}_{K^+ \mathrm{out}} - \tilde{\mu}_{K^+ \mathrm{in}}$$
$$= RT \ln \frac{[K^+]_{out}}{[K^+]_{in}} + zF(\phi_{out} - \phi_{in}) = RT \ln \frac{[K^+]_{out}}{[K^+]_{in}} + zF\Delta\phi \qquad (2.261)$$

第二項の $zF\Delta\phi$ は，初めゼロであり，この時点で電位差による駆動力はない．一方，第一項は $RT \ln([K^+]_{out}/[K^+]_{in}) = 8.31 \times 298 \times \ln 10^{-3} = -17.1\ \mathrm{kJ \cdot mol^{-1}}$，負に大きな値である．熱力学の議論から，（$K^+$ の流出経路があれば*）内から外への K^+ の流れが自発的に生じ，細胞からしみ出すことがわかる（図 2.67（b））．このとき細胞内から＋電荷が減り，細胞外には＋電荷が増え，細胞外が正，細胞内は負の電位をもつようになる（図 2.67（c））．K^+ は濃度差により動かされる仕事をされるため，化学ポテンシャルを消費する代わりに内向きの静電ポテンシャルを生むと言うことも出来る．平衡では，濃度差による外向きの拡散力と，生じた電位差による内向きの電気力がつり合う．この電位差は，式（2.261）と平衡の条件 から，式（2.263）と表される．

$$0 = RT \ln \frac{[K^+]_{out}}{[K^+]_{in}} + zF\Delta\phi \qquad (2.262)$$

$$\Delta\phi = \frac{RT}{zF} \ln \frac{[K^+]_{in}}{[K^+]_{out}} \qquad (2.263)$$

実際の神経細胞では，温度 298 K の静止状態で $[K^+]_{out}/[K^+]_{in} = 1/20$ の濃度差がある．これと平衡な電位差を式（2,263）から計算すると，

$$\Delta\phi = (\phi_{out} - \phi_{in}) = \frac{RT}{zF} \ln \frac{[K^+]_{in}}{[K^+]_{out}} = \frac{8.31 \times 298}{1 \times 96485} \ln 20 = 76.9[\mathrm{mV}] \qquad (2.264)$$

外側が高く，内側が低い，内向きの電位差がつり合うとわかる（外側の電位を基準 $\phi_{out} = 0$ とし，内側の電位が $\phi_{in} = -76.9$［mV］と表現される）．　この値は驚くことに，約 77 mV という実測値とよく一致する．神経細胞の約 77 mV の**静止膜電位**は，主に細胞内 K^+ イオンが細胞膜からもれ出して生じると考えられている．

B 受動輸送と能動輸送

平衡の考え方に則れば，すべてが均一に向かって変化は進みそうだが，そもそもなぜ，細胞内に K^+ が多いのだろう．細胞膜は，疎水性の高い脂質二分子膜である．酸素や二酸化炭素，炭化水素などの非極性の小分子は容易に細胞膜を通過するが，グルコースのような親水性分子はゆっくりとしか通過しない．小さな分子である水でさえ，極性分子であるがゆえに透過はあまり速くない．水溶性の高い栄養物などの化合物を疎水性の高い細胞膜を通過させて細胞内に効率よく運ぶために，一般的には細胞膜上に専用のタンパク質が専用の通路をつくっている．このとき，エネルギー論的に，2 種類の輸送方法に分類される（図 2.68）．

1つは，輸送成分が電気化学ポテンシャル勾配に従って，自然に細胞内に入る方法である．**受動輸送** passive transport という．細胞外から細胞内への移動という物理変化を駆動する**反応ギブズエネルギー**は，式（2.261）の議論と同じく，

---

* イオンは親水的であり疎水性の高い細胞膜を一般的には通過できないが，細胞膜には K^+ をわずかに通す K^+ 漏洩チャネルが存在する．

$$\Delta_r G = \tilde{\mu}_{\mathrm{in}} - \tilde{\mu}_{\mathrm{out}} = RT \ln \frac{C_{\mathrm{in}}}{C_{\mathrm{out}}} + zF(\phi_{\mathrm{in}} - \phi_{\mathrm{out}}) \tag{2.265}$$

$\Delta_r G < 0$である限り発エルゴン的であり，細胞外から内への移動が自然に起こる．
O_2やCO_2などの小さな疎水性分子は細胞膜に溶け込んで，細胞膜をそのまま通過する**単純拡散**をする．他方，多くの親水性成分は，輸送タンパク質による専用の通路を通ることから輸送速度に上限があり，**促進拡散** facilitated diffusion と呼ばれる（図 2.68）．イオンや水は開閉ゲートのある**チャネル** channel により，また糖やアミノ酸のいくつかは基質の結合を経る**輸送担体** transporter で運ばれる．十分な時間をかければ，いずれも$\Delta_r G = 0$となるまで輸送が続き，平衡に至る．

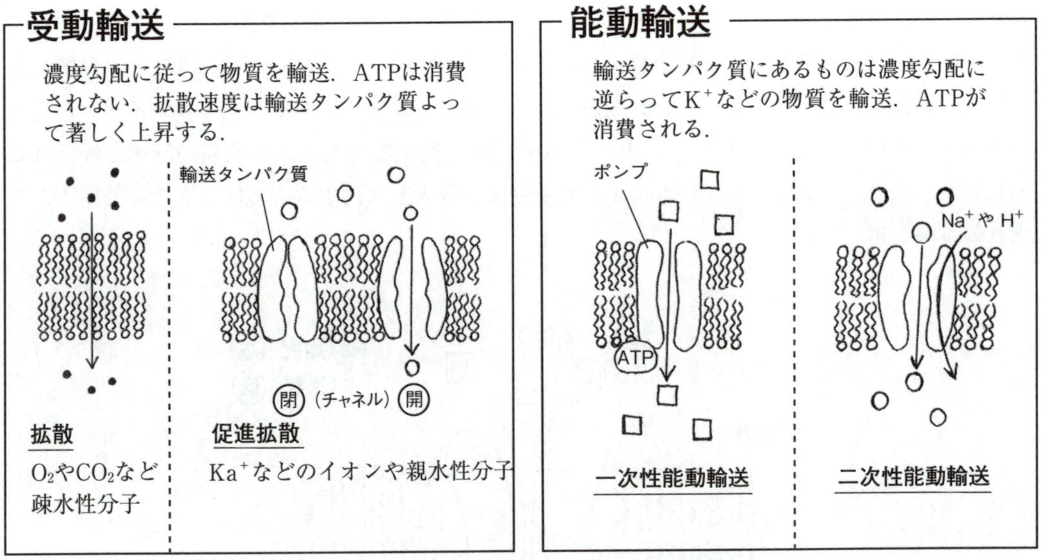
受動輸送
濃度勾配に従って物質を輸送．ATPは消費されない．拡散速度は輸送タンパク質よって著しく上昇する．
輸送タンパク質
閉
(チャネル)
開
拡散
O₂やCO₂など疎水性分子
促進拡散
Ka⁺などのイオンや親水性分子
能動輸送
輸送タンパク質にあるものは濃度勾配に逆らってK⁺などの物質を輸送．ATPが消費される．
ポンプ
ATP
Na⁺ や H⁺
一次性能動輸送
二次性能動輸送

図 2.68　細胞膜を横切るような様々な分子移動

一方，もっと細胞内に高濃度に取り込む方が栄養物として有益であったり，生物学的には濃度差を保った状態になることが必要な成分もある．例えば細胞内に多くなければならないK^+イオンと細胞外に多くなければならないNa^+イオンはこの典型である．簡単のために，細胞外に多いNa^+イオンの振る舞いだけを示そう．細胞外濃度$[Na^+]_{\mathrm{out}}$，細胞内濃度$[Na^+]_{\mathrm{in}}$とすれば，細胞内外のNa^+イオンの**電気化学ポテンシャル**は，それぞれ

$$\tilde{\mu}_{\mathrm{Na^+out}} = \mu_{\mathrm{Na}}^{\circ} + RT \ln[\mathrm{Na^+}]_{\mathrm{out}} + zF\phi_{\mathrm{out}}$$
$$\tilde{\mu}_{\mathrm{Na^+in}} = \mu_{\mathrm{Na}}^{\circ} + RT \ln[\mathrm{Na^+}]_{\mathrm{in}} + zF\phi_{\mathrm{in}} \tag{2.266}$$

細胞外Na^+イオンの蓄積を知るために，細胞内から細胞外への移動を駆動する**反応ギブズエネルギー**を示せば，

$$\Delta_r G = \tilde{\mu}_{\mathrm{Na^+out}} - \tilde{\mu}_{\mathrm{Na^+in}} = RT \ln \frac{[\mathrm{Na^+}]_{\mathrm{out}}}{[\mathrm{Na^+}]_{\mathrm{in}}} + zF(\phi_{\mathrm{out}} - \phi_{\mathrm{in}}) \tag{2.267}$$

前出の静止膜電位$\phi_{\mathrm{out}} - \phi_{\mathrm{in}} = +77$ mV，およびヒト細胞での実測値$[\mathrm{Na^+}]_{\mathrm{out}} = 145\ \mathrm{mmol\,L^{-1}}$，$[\mathrm{Na^+}]_{\mathrm{in}} = 15\ \mathrm{mmol \cdot L^{-1}}$を代入し，25℃（298 K）での値を計算すると，

$$\Delta_r G = 8.31 \times 298 \times \ln \frac{145}{15} + (+1) \times 96485 \times (+0.077) = 13.0\ \mathrm{kJ \cdot mol^{-1}} \quad (2.268)$$

$\Delta_r G > 0$ であり吸エルゴン的，内向き膜電位に逆らって細胞外にこれほど多量の Na^+ イオンを蓄積することは，自発的には絶対に起こらない．熱力学的にはむしろ，この状態から逆向きに外から内への Na^+ の流入が起こる*．それにもかかわらず，細胞外へ高濃度の Na^+ イオン蓄積が実際に起こるのは，ATP の加水分解（$\Delta_r G_{\mathrm{ATP}}^{\circ} = -30.5\ \mathrm{kJ \cdot mol^{-1}}$）が**共役**するからである．$Na^+/K^+$-ATPase と呼ばれる ATP 分解酵素がこれを行い，1 分子 ATP の加水分解で 3 つの Na^+ イオンを細胞外に，2 つの K^+ イオンを細胞内に輸送する（図 2.69）．K^+ の細胞内への蓄積も，こうして起こる．発エルゴン変化のエネルギーと共役し，単純拡散での輸送以上に成分を高濃度に濃縮するので，**能動輸送** active transport と呼ばれる**．濃度勾配や電位勾配に逆らってまで輸送するため，輸送担体は**ポンプ** pump とも呼ばれる．小胞体に Ca^{2+} イオンを濃縮する Ca^{2+}-ATPase や，細胞から構造の異なる化合物を盛んに排出する P-糖タンパク質なども，ATP 加水分解と共役した能動輸送系である．なお，能動輸送にはこの他に，水素イオンやナトリウムイオンの受動的な流入と共役するものもある．ATP の加水分解と共役するものは**一次性能動輸送**と呼ばれるのに対し，水素イオンやナトリウムイオンの受動的な流入と共役するものは**二次性能動輸送**と呼ばれる（図 2.68）．

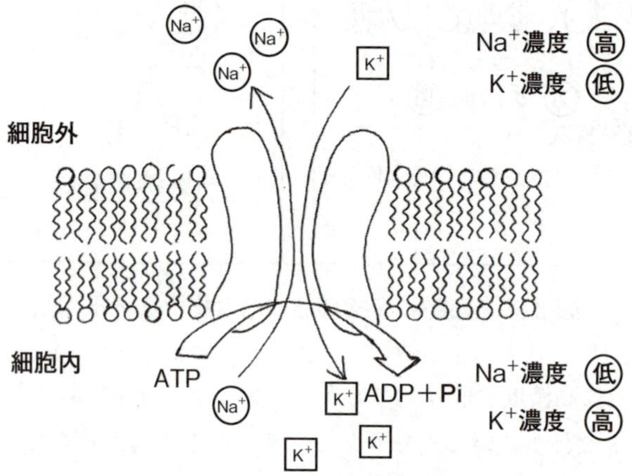

図 2.69　Na^+/K^+-ATPase

---

* Na^+ の流路がなければ，通常は流入しない．しかし例えば神経細胞に見られるように，Na^+ チャネルが一旦開けば Na^+ は受動的に流入する．

** 片寄った濃度分布を生み出すあたり，「生物的な」輸送と捉えることもできるが，エネルギー論的にはもちろん何の破綻もない．細胞内への全輸送ギブズエネルギーを共役まで含めて $\Delta_r \tilde{G} = RT \ln \frac{[C]_{\mathrm{in}}}{[C]_{\mathrm{out}}} + zF\Delta\phi + \Delta_r G_{\mathrm{ATP}}$ と表せば，一次性能動輸送も見通しよく記述できる．

［例題 2.26］　次の記述の正誤を答えよ．

1. 単純拡散による輸送速度は薬物濃度差に比例するが，促進拡散及び能動輸送では飽和性が見られる．（　）
2. 単純拡散による輸送は生体エネルギーを必要としないが，促進拡散及び能動輸送では生体エネルギーを必要とする．（　）
3. 単純拡散及び促進拡散の場合，薬物の濃度勾配に従って輸送されるが，能動輸送では濃度勾配に逆らって輸送される場合がある．（　）
4. 能動輸送はトランスポーターを介して起こるが，単純拡散及び促進拡散にはトランスポーターは関与しない．（　）
5. 単純拡散及び促進拡散の場合，構造類似体の共存による影響は受けないが，能動輸送では影響を受ける場合がある．（　）

（第 99 回薬剤師国家試験）

［解答］　選択肢 1，3 は正しい．

2. 能動輸送は生体エネルギー（ATP など）を必要とするが，促進拡散では必要としない．
4. 促進拡散もトランスポーターを介する．
5. トランスポーターを介する促進拡散と能動輸送において，構造類似体の影響を受ける．

［例題 2.27］　次式は，膵臓ランゲルハンス島 β 細胞における平衡膜電位 ϕ_m(mV) の近似式である．

$$\phi_m = 61 \cdot \log_{10} \frac{P_{K^+}[K^+]_{out} + P_{Na^+}[Na^+]_{out}}{P_{K^+}[K^+]_{in} + P_{Na^+}[Na^+]_{in}}$$

P_{K^+} は K^+ の膜透過係数，P_{Na^+} は Na^+ の膜透過係数を表し，静止状態で P_{K^+} は P_{Na^+} の 25 倍の値を示す．ただし，細胞内外のイオン組成は $[K^+]_{in} = 150$ mmol·L^{-1}，$[Na^+]_{in} = 10$ mmol·L^{-1}，$[K^+]_{out} = 5$ mmol·L^{-1}，$[Na^+]_{out} = 150$ mmol·L^{-1} であり，一定に保たれるとする．

1. 静止状態の膜電位を求めよ．
2. グリベンクラミド存在下では，P_{K^+} が P_{Na^+} の 4 倍にまで阻害される．膜電位の変化を求めよ．

（第 98 回薬剤師国家試験改変）

［解答］

1. $P_{K^+} = 25P_{Na^+}$ であることより，

$$\phi_{m^1} = 61 \cdot \log_{10} \frac{25P_{Na^+}[K^+]_{out} + P_{Na^+}[Na^+]_{out}}{25P_{Na^+}[K^+]_{in} + P_{Na^+}[Na^+]_{in}} = 61 \cdot \log_{10} \frac{25 \times 5 + 150}{25 \times 150 + 10}$$

$$= 61 \cdot \log_{10} \frac{275}{3760} = -\ 69.29 \text{ mV}$$，細胞内の電位が約 69 mV 低い．

2. $P_{K^+} = 4P_{Na^+}$ となることから，

$$\phi_{m^2} = 61 \cdot \log_{10}\frac{4 \times 5 + 150}{4 \times 150 + 10} = 61 \cdot \log_{10}\frac{170}{610} = -\ 33.84\ \mathrm{mV}$$

この変化分は

$\Delta\phi_{m} = \Delta\phi_{m^2} - \phi_{m^1} = 35.45\ \mathrm{mV}$,

グリベンクラミドにより膜電位が約 35.5 mV 上昇する.

章末問題

[問題 2.1]　圧力 p が一定で，系が状態1から状態2に変化するとき，変化の過程で系が得た熱 Q は，変化の過程によらず，状態1と状態2のエンタルピー H の差に等しいことを示せ．ただし，仕事として pV 仕事だけを考える．

[解答]　熱力学の第一法則より，$\mathrm{d}U = \mathrm{d}Q + \mathrm{d}W = \mathrm{d}Q - p\mathrm{d}V$，$\therefore \mathrm{d}Q = \mathrm{d}U + p\mathrm{d}V$

一方，$\mathrm{d}H = \mathrm{d}(U + pV) = \mathrm{d}U + p\mathrm{d}V + V\mathrm{d}p = \mathrm{d}U + p\mathrm{d}V$ であるので，圧力一定のときは $\mathrm{d}Q = \mathrm{d}H$ であり，状態1から2まで積分すると，$\int \mathrm{d}Q = Q = H_2 - H_1$ となる．すなわち系が得た熱は途中の過程によらず，状態1と状態2のエンタルピーの差に等しい．このように，出入りする熱の量が最初と最後の状態だけで決まるため，熱を仮に物質のように考えてもよいことになる．このことが拡大解釈されて，18世紀には熱が物質だと思われていた．

[問題 2.2]　1モルの理想気体について，次の問いに答えよ．ただし，圧力，体積，温度をそれぞれ p, V, T とし，pV 仕事だけを考える．

1. $p\mathrm{d}V + V\mathrm{d}p = R\mathrm{d}T$ であることを示せ．R は気体定数である．
2. 断熱変化では $C_V\mathrm{d}T + p\mathrm{d}V = 0$ が成り立つことを示せ．ここで C_V は定積モル比熱（1モル当たりの定積熱容量）である．
3. $C_p - C_V = R$ を示せ．ただし C_p は定圧モル比熱である．
4. $(C_p/C_V)(\mathrm{d}V/V) + (\mathrm{d}p/p) = 0$ が成り立つことを示せ．

[解答]
1. 1モルについての状態方程式 $pV = RT$ の両辺を微分することで得られる．
2. $\mathrm{d}U = \mathrm{d}Q + \mathrm{d}W = \mathrm{d}Q - p\mathrm{d}V$ において，$\mathrm{d}Q = 0$（断熱変化），$\mathrm{d}U = C_V\mathrm{d}T$ より得られる．
3. $C_V = \mathrm{d}Q/\mathrm{d}T\,(V = 一定) = \mathrm{d}U/\mathrm{d}T$，$C_p = \mathrm{d}Q/\mathrm{d}T\ (p = 一定) = \mathrm{d}H/\mathrm{d}T$ より，$C_p - C_V = \mathrm{d}(pV)/\mathrm{d}T = \mathrm{d}(RT)/T = R$（状態方程式 $pV = RT$ を用いた）．
4. (1)と(2)より $p\mathrm{d}V + V\mathrm{d}p = R(-p\mathrm{d}V)/C_V$, $p(1 + R/C_V)\mathrm{d}V + V\mathrm{d}p = 0$，これと (3) から題意が示せる．この式を積分すると，関係式 $pV^{\gamma} =$ 一定が得られる（$\gamma = C_p/C_V$）．

[問題 2.3]　理想気体を用いたカルノーサイクルについて，以下の問いに答えよ．高温・低温の熱源の温度をそれぞれ T_{H}，T_{L} とする．

1. サイクルを構成する4つの過程（状態1→状態2→状態3→状態4→状態

1）はどのような過程か，説明せよ

2. サイクルを行ったとき圧力 p と体積 V の変化をグラフに描け．ただし，状態1〜4での p および V を，それぞれ p_1〜p_4 および V_1〜V_4 とする．
3. 断熱過程では $TV^{\gamma-1}=$一定（γ は定数）が成り立つことを示せ．ただし，断熱過程で $pV^{\gamma}=$一定であることを用いてよい．
4. $V_1/V_2 = V_4/V_3$ であることを証明せよ．
5. サイクルが1回転したとき，気体が得た熱量の合計 Q_{total} を求めよ．

［解答］

1. 順に，等温膨張，断熱膨張，等温収縮，および断熱収縮．
2. 図2.10を参照．
3. $pV^{\gamma}=$一定および $pV = nRT$（n は気体のモル数）から，$TV^{\gamma-1}=$一定が得られる．
4. 2つの断熱過程（状態2→状態3と，状態4→状態1）について，$TV^{\gamma-1}=$一定および，状態1と2で $T = T_{\mathrm{H}}$，状態3と4で $T_{\mathrm{H}} = T_{\mathrm{L}}$ であることから，$V_1/V_2 = V_4/V_3$ を得る．
5. 各過程で得た熱量はそれぞれ

$$Q_1 = -W_1 = -nRT_{\mathrm{H}}\ln(V_1/V_2) = nRT_{\mathrm{H}}\ln(V_2/V_1)$$
$$Q_2 = 0$$
$$Q_3 = -W_3 = -nRT_{\mathrm{L}}\ln(V_3/V_4) = nRT_{\mathrm{L}}\ln(V_4/V_3)$$
$$Q_4 = 0$$

である．$V_1/V_2 = V_4/V_3$ を用いると，

$$Q_{\mathrm{total}} = Q_1 + Q_2 + Q_3 + Q_4 = nR(T_{\mathrm{H}} - T_{\mathrm{L}})\ln(V_2/V_1)$$

$T_{\mathrm{H}} > T_{\mathrm{L}}$ であり，また $V_2 > V_1$（膨張）のため，Q_{total} は常に正の値をとる．すなわち，サイクルが1回転したとき，気体は熱を得る（高温の熱源からエネルギーが移動する）．

［問題2.4］　クラウジウスの原理から「高温の熱源から正の熱を受け取り，低温の熱源にその熱を放出し，それ以外に何の変化も残さないサイクルは，不可逆である」ことを示せ．

［解答］　もし，このサイクルが可逆であると仮定すると，問題文に示された逆の過程，すなわち，低温の熱源から正の熱を受け取り，高温の熱源にそれを放出して，何の変化も残さずに元の状態に戻すことが可能になる．これは明らかにクラウジウスの原理に反する．したがって，問題文の主張は正しい．

［問題2.5］　温度 T，圧力 p_0 でのギブズエネルギー G の値 G_0 がわかっているとき，同じ温度で圧力が p のときの G の値 $G(p)$ を与える式を，体積変化のない体積 V_0 の固体，および理想気体のそれぞれについて求めよ．

［解答］　等温過程を考えれば $\mathrm{d}T=0$ であるから，式（2.73）より，$\mathrm{d}G = V\mathrm{d}p$ である（V は体積）．これを積分すると，

$$\int_{G_0}^{G(p)} \mathrm{d}G = \int_{p_0}^{p} V\mathrm{d}p' \quad \text{つまり} \quad G(p) = G_0 + \int_{p_0}^{p} V\mathrm{d}p'$$

を得る．体積変化のない固体では，上式で $V = V_0$ は一定であるので，

$$G(p) = G_0 + (p - p_0)V_0$$

となる．理想気体では，状態方程式より，$V = nRT/p$（n は物質量，R は気体定数）であるから，

$$G(p) = G_0 + nRT \ln \frac{p}{p_0}$$

である．

[問題 2.6] 熱力学第一法則 $\mathrm{d}U = T\mathrm{d}S - p\mathrm{d}V$ から，関係式

$$\left(\frac{\partial U}{\partial V}\right)_T = T\left(\frac{\partial S}{\partial V}\right)_T - p$$

を導け．また，ヘルムホルツの自由エネルギー F に関するマックスウェルの関係式を用いて，上の関係式が

$$\left(\frac{\partial U}{\partial V}\right)_T = T\left(\frac{\partial p}{\partial T}\right)_V - p$$

と書けることを示せ．この式を理想気体に適用するとどのような結果が得られるか答えよ．ただし，T, p, U, S, V はそれぞれ系の温度，圧力，内部エネルギー，エントロピー，体積である．

[解答] エントロピー S を（T, V）の関数とすると，

$$\mathrm{d}S = \left(\frac{\partial S}{\partial T}\right)_V \mathrm{d}T + \left(\frac{\partial S}{\partial V}\right)_T \mathrm{d}V$$

であり，これを第一法則の式に代入すると，

$$\mathrm{d}U = T\left(\frac{\partial S}{\partial T}\right)_V \mathrm{d}T + \left[T\left(\frac{\partial S}{\partial V}\right)_T - p\right]\mathrm{d}V$$

となるので，

$$\left(\frac{\partial U}{\partial V}\right)_T = T\left(\frac{\partial S}{\partial V}\right)_T - p$$

が得られる．また，$\mathrm{d}F = -S\mathrm{d}T - p\mathrm{d}V$ なので，

$$S = -\left(\frac{\partial F}{\partial T}\right)_V \quad , \quad p = -\left(\frac{\partial F}{\partial V}\right)_T$$

であり，これらからマックスウェルの関係式

$$\left(\frac{\partial S}{\partial V}\right)_T = -\frac{\partial^2 F}{\partial V\,\partial T} = -\frac{\partial^2 F}{\partial T\,\partial V} = \left(\frac{\partial p}{\partial T}\right)_V$$

が得られる．これを先に得られた式に代入すると，

$$\left(\frac{\partial U}{\partial V}\right)_T = T\left(\frac{\partial p}{\partial T}\right)_V - p$$

が得られる．この式を n モルの理想気体に適用すると，状態方程式 $p = nRT/V$（R は気体定数）を考慮して，

$$\left(\frac{\partial U}{\partial V}\right)_T = T\left(\frac{nR}{V}\right) - \frac{nRT}{V} = 0$$

を得る．これは理想気体の内部エネルギーは体積によらないというジュールの法則に他ならない．

［問題 2.7］　100℃において理想気体の圧力を 1 atm から 5 atm に上げた．化学ポテンシャルの変化を求めよ．

［解答］　圧力 p の理想気体の化学ポテンシャルは式（2.126）から $\mu = \mu^\circ + RT\ \ln p$，$p_1 \rightarrow p_2$ のときの化学ポテンシャル変化を考え，

$$\Delta\mu = RT\ \ln\frac{p_2}{p_1} = 8.31 \times 373 \times \ln\frac{5}{1} = 4989\ \mathrm{J \cdot mol^{-1}}$$

圧力上昇で，一般に化学ポテンシャルは上昇する．

$\mathrm{d}\mu = v\mathrm{d}p - s\mathrm{d}T$，$\mathrm{d}T = 0$ の変化であることからも，圧力上昇で μ の上昇は明らかである．

［問題 2.8］　アンモニアの合成 $3H_2(g) + N_2(g) \longrightarrow 2NH_3(g)$ の平衡において，各成分の分圧をそれぞれ p_{H_2}，p_{N_2}，p_{H_3}，モル分率をそれぞれ x_{H_2}，x_{N_2}，x_{H_3}，

圧平衡定数　$K_p = p_{H_3}{}^2/p_{H_2}{}^3 \cdot p_{N_2}$

モル分率平衡定数　$K_x = x_{H_3}{}^2/x_{H_2}{}^3 \cdot x_{H_2}$

と表す．濃度による普通の平衡定数は濃度平衡定数 $K_C = [NH_3]^2/[H_2]^3 \cdot [N_2]$ と呼び，各気体が理想気体として扱えるとする．このとき，

$$K_p = K_C(RT)^{-2} = K_x(p)^{-2}$$

であることを示せ．

［解答］　系の体積を V とすると，$H_2(g)$ は理想気体として扱えるから $p_{H_2}V = n_{H_2}RT$…①，体積で除して $p_{H_2} = (n_{H_2}/V)RT$，n_{H_2}/V は濃度であるので $p_{H_2} = [H_2]RT$，同様に $p_{N_2} = [N_2]RT$，$p_{H_3} = [NH_3]RT$，

したがって，$$K_p = \frac{([NH_3]RT)^2}{([H_2]RT)^3([N_2]RT)} = \frac{[NH_3]^2}{[H_2]^3[N_2](RT)^2} = K_C(RT)^{-2}$$

各気体の状態方程式 $p_{H_2}V = n_{H_2}RT$…①を辺々加えて，

$$(p_{H_2} + p_{N_2} + p_{H_3})V = (n_{H_2} + n_{N_2} + {}_{NH_3})RT,$$

全圧 p で表せば $V = (n_{H_2} + n_{N_2} + {}_{NH_3})RT/p$，

式①の体積 V を消去し，整理すると，$p_{H_2} = \dfrac{n_{H_2}}{n_{H_2} + n_{N_2} + n_{NH_3}}p = x_{H_2}p$，

同様に $p_{N_2} = x_{N_2}p$，また，$p_{NH_3} = x_{NH_3}p$，

したがって，$K_p = \frac{(x_{NH_3}p)^2}{(x_{H_2}p)^3+(x_{N_2}p)} = \frac{{x_{NH_3}}^2}{{x_{H_2}}^3+x_{N_2}(p)^2} = K_x(p)^{-2}$

一般に，気体の反応系が$\nu_A A + \nu_B B + \cdots \longrightarrow \nu_C C + \nu_D D + \cdots$であるとき，生成物と反応物の化学量論係数の差$\Delta\nu = (\nu_C + \nu_D + \cdots) - (\nu_A + \nu_B + \cdots)$を用いて

$K_p = K_C(RT)^{\Delta\nu} = K_x p^{\Delta\nu}$

と表せる．$\Delta\nu = 0$ならば，$K_p = K_C = K$である．

［問題 2.9］ 水のイオン解離定数（自己解離定数，K_w）は25℃（298 K）で$1.00 \times 10^{-14}\,\mathrm{mol \cdot L^{-1}}$，37℃（310 K）で$2.39 \times 10^{-14}\,\mathrm{mol \cdot L^{-1}}$である．標準解離エンタルピー$\Delta_r H^\circ$は温度に依存しないとして，以下に答えよ．計算には関数電卓を用いよ．

1. 25℃（298 K）と37℃（310 K）における水の標準解離ギブズエネルギー$\Delta_r G^\circ$を求めよ．
2. 水の標準解離エンタルピー$\Delta_r H^\circ$を求め，温度が上昇するとこの解離平衡はどうなるかを述べよ．
3. 水の標準解離エントロピー$\Delta_r S^\circ$を求めよ．
4. 50℃における水の自己解離定数とpHを推定せよ．

［解答］

1. 298 K では，$\Delta_r G^\circ = RT\ln K_w = -8.31 \times 298 \times \ln(1 \times 10^{-14}) = 79.8 \times 10^3\,\mathrm{J \cdot mol^{-1}} = 79.8\,\mathrm{kJ \cdot mol^{-1}}$

   310 K では$\Delta_r G^\circ = -8.31 \times 310 \times \ln(2.39 \times 10^{-14}) = 80.8\,\mathrm{kJ \cdot mol^{-1}}$

2. $\ln\frac{K_2}{K_1} = -\frac{\Delta_r H^\circ}{R}\left(\frac{1}{T_2} - \frac{1}{T_1}\right)$より，$\ln\frac{2.39 \times 10^{-14}}{1.00 \times 10^{-14}} = \frac{\Delta_r H^\circ}{8.31}\left(\frac{1}{310} - \frac{1}{298}\right)$

   $$\Delta_r H^\circ = -\ln 2.39 \times 8.31 \div \left(\frac{1}{310} - \frac{1}{298}\right) = -0.871 \times 8.31 \div (-1.299 \times 10^{-14})$$

   $$= 55.7\,\mathrm{kJ \cdot mol^{-1}}$$

   $\Delta_r H^\circ = 55.7\,\mathrm{kJ \cdot mol^{-1}} > 0$より，解離は吸熱変化．解離により系は冷たくなる．温度上昇するとき，ルシャトリエ・ブラウンの原理より，温度の上昇を打ち消すように（温度を下げる方向に）平衡がずれる．つまり，解離が進む．実際，25℃より37℃の解離定数のほうが大きな値となり，高温で解離が進むことを示す．

3. 298 K で計算すると，$\Delta_r S^\circ = \frac{\Delta_r H^\circ - \Delta_r G^\circ}{T} = \frac{55700 - 79800}{298}$

   $$= -80.9\,\mathrm{J \cdot K^{-1} \cdot mol^{-1}}$$

   310 K の値で計算しても，同じ結果である．

   吸熱で乱雑さも減少するこの解離は，自発的にはほとんど進まないといえる．

4. 50℃（$T_3 = 323$ K）での解離定数K_3は，$\ln\frac{K_3}{K_1} = -\frac{\Delta_r H^\circ}{R}\left(\frac{1}{T_3} - \frac{1}{T_1}\right)$を満た

すから，

$$\ln\frac{K_3}{1.00\times10^{-14}} = -\frac{55.7\times10^3}{8.31}\left(\frac{1}{323}-\frac{1}{298}\right) = 1.74$$

$\dfrac{K_3}{1.00\times10^{-14}} = e^{1.74}$，したがって $K_3 = 1.00\times10^{-14}\times e^{1.74} = 5.70\times10^{-14}$ mol·L^{-1}

$[H^+][OH^-] = 5.70\times10^{-14}$ より $[H^+] = \sqrt{5.70\times10^{-14}} = 2.388\times10^{-7}$ mol·L^{-1}

$pH = -\log[H^+] = 7 - \log 2.388 = 7 - 0.378 = 6.62$

［問題 2.10］　以下の水の状態図に関する次の文の正誤を判定し答えよ．

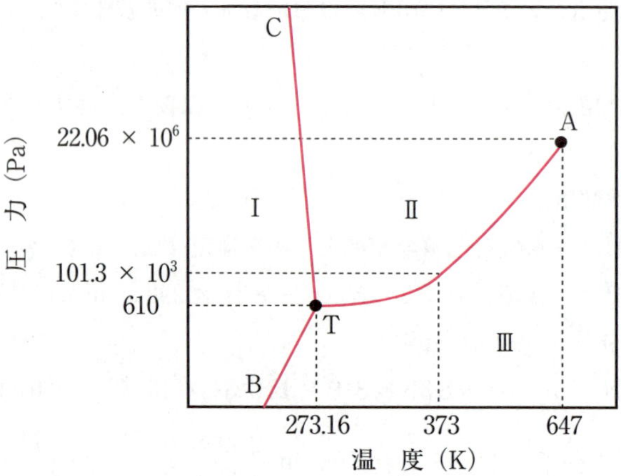

1. TA，TB および TC 曲線は，それぞれ蒸発曲線，昇華曲線，融解曲線を示す．
2. Ⅰ，Ⅱ およびⅢ相は，それぞれ固相，液相，気相を示す．
3. A 点は三重点と呼ばれ，ギブズの相律の自由度は 1 である．
4. 101.3 kPa（大気圧）のもとでも，温度調節すれば水を昇華させることができる．
5. 平衡状態にある系における相の数を P とすると，この系の自由度 F は"$F = 4 - P$"と表される．
6. 純水は，圧力が高くなると沸点が下降する．（98 回）
7. 蒸発曲線上で，液相と気相の化学ポテンシャルは等しい．
8. 凍結乾燥は，T 点以上の圧力下で行われる．
9. 蒸気圧曲線および昇華曲線における圧力 p と温度 T の関係は，$\log p = a - b/T$（a, b は定数）で近似できる．（90 回）
10. 臨界点以上の圧力および温度の状態では，物質は超臨界流体として存在する．（92 回）
11. 氷と水が共存する状態で，氷に圧力をかけると融解する．（95 回）
12. 氷が水に浮く現象は，TC 曲線が負の勾配であることと関係がある．

［解答］　1. 正　2. 正　3. 誤　4. 誤　5. 誤　6. 誤　7. 正　8. 正　9. 正　10. 正　11. 正　12. 正

[問題 2.11] 以下の式は，相転移温度と圧力の関係を表したクラペイロンの式である．以下の記述の正誤を判定して答えよ．

$$\frac{\mathrm{d}p}{\mathrm{d}T} = -\frac{\Delta_{\mathrm{trs}} H}{T\Delta_{\mathrm{trs}} V}$$

p：圧力，T：温度，$\Delta_{\mathrm{trs}} H$：相転移に伴うエンタルピー変化

$\Delta_{\mathrm{trs}} V$：相転移に伴う体積変化

1. 純物質は圧力が高くなると沸点が上昇する．
2. 純物質の状態図における昇華曲線の傾きは負になる．
3. 相転移に伴うエンタルピー変化と相転移温度から，相転移に伴うエントロピー変化を求めることができる．
4. **蒸発や融解が起こる際，一般に吸熱反応（$\Delta H > 0$）でありエントロピー変化は負（$\Delta S < 0$）となる．**
5. 蒸発現象の転移エンタルピーは，x 軸と y 軸をそれぞれ $1/T$，$\ln p$ のプロットの傾きから求めることができる．（第 98，100 回薬剤師国家試験改変）

[解答] 1. 正　2. 誤　3. 正　4. 誤　5. 正

[問題 2.12] 腎臓のヘンレ係蹄上行脚における Na^+，Cl^- の再吸収により，髄質間質に高浸透圧が形成される．生理的状態における髄質間質の塩化ナトリウム（式量：58.4）濃度は 29.2 g/L，尿素（分子量：60.1）濃度は 12.02 g/L である．これら溶質が形成する浸透圧 Π (Pa) はおよそいくらか．ただし，間質の体液は理想状態にあり，気体定数は 8.31 (J mol^{-1}K^{-1})，体温は 37℃とし，塩化ナトリウムは完全に解離状態にあるとする．（第 98 回薬剤師国家試験改変）

[解答] 溶質全体の質量モル濃度（ic）

$$= \frac{12.02/60.1\ \mathrm{mol}}{1\mathrm{L}} + \frac{29.2/58.4\ \mathrm{mol}}{1\mathrm{L}} \times 2$$

$$= \left(\frac{1}{5} + 1\right)\mathrm{mol/L} = \frac{6}{5}\ \mathrm{mol/L}$$

式（2.180）に代入して，

$$\Pi = \left(\frac{6}{5} \times 1000\right)\frac{\mathrm{mol}}{\mathrm{m^3}} \times 8.31\ \mathrm{J\,mol^{-1}K^{-1}} \times 310\ \mathrm{K}$$

$$= 309 \times 10^3\ \mathrm{J/m^3} = 309 \times 10^3\ \mathrm{N/m^2}$$

$\Pi = 309$ kPa ……（答）

[問題 2.13] 1 価の弱電解質である薬物 A の 6.0％水溶液がある．A の電離度は 0.032 と仮定でき，また，この溶液の密度は 1.092 g/cm^3，凝固点が − 0.0558℃である．このとき，A の式量 fw はいくらか．

[解答] A の質量モル濃度 $= \dfrac{60/fw\ \mathrm{mol}}{1.092 - 0.060\ \mathrm{kg}} = \dfrac{60/fw\ \mathrm{mol}}{1.032\ \mathrm{kg}}$

電離後の粒子濃度（iM）$= \dfrac{60/fw \text{ mol}}{1.032 \text{ kg}} \times 1.032$

式（2.178）に代入し，水のモル凝固点降下定数を利用して，

$$0.558 \text{ K} = \frac{60/fw \text{ mol}}{1.032 \text{ kg}} \times 1.032 \times 1.86 \text{Kkgmol}^{-1}$$

$$60/fw \text{ mol} = \frac{0.558 \text{ K} \times 1.032 \text{ kg}}{1.032 - 1.86 \text{ Kkgmol}^{-1}} = \frac{0.558}{1.86} \text{ mol} = \frac{3}{10} \text{ mol}$$

$fw = 200$ ……（答）

［問題 2.14］　ヒト血漿のオスモル濃度が 286 mOsm であるとき，次の値を求めよ．

1. 37℃における浸透圧（Pa）
2. 凝固点(℃)

［解答］

1. 題意より，$\Pi = icRT$（式（2.181））において，$ic = 0.286$ mol/L であるから，
   $\Pi = 0.286 \times 8.31 \times (37 + 273) = 736.7 = 737$ Pa ……（答）
2. 題意より，$\Delta T_f = K_f \times ic$（式（2.179））において，$ic = 0.286$ mol/L であるから，

$$\Delta T_f = 1.86 \times 0.286 = 0.5319 = 0.532 \text{ K}$$

したがって，凝固点は，-0.532℃である．……（答）

［問題 2.15］　次の文章の（　①　），（　②　），（　④　）に入る数値はいくらか．また，（　③　）に入る記号はA～Cのどれか（ln 2 = 0.693，ln 10 = 2.303）．

成分XとYから成る溶液について考える．ただし，$T = 300\ K$，$R = 8.31$ J K^{-1} mol^{-1}，純物質XとYの蒸気圧をそれぞれ 400 hPa，800 hPa とする．

純物質YにXのモル分率が 0.6 となるまでXを加える．溶液が理想溶液とみなせるとき，混合前後のYの化学ポテンシャル変化は（　①　）である．また，溶液と平衡にある蒸気中の，Xのモル分率は（　②　）である．

次に，溶液が理想溶液とみなせない場合，XとYの分子間の引力が同種分子間の引力よりも強いとすると，蒸気圧は（　③　）のようなグラフになる．また，この条件において，Xのモル分率 0.6，かつ，Xの活量係数が 0.5 であるとすれば，Xの活量は（　④　）である．

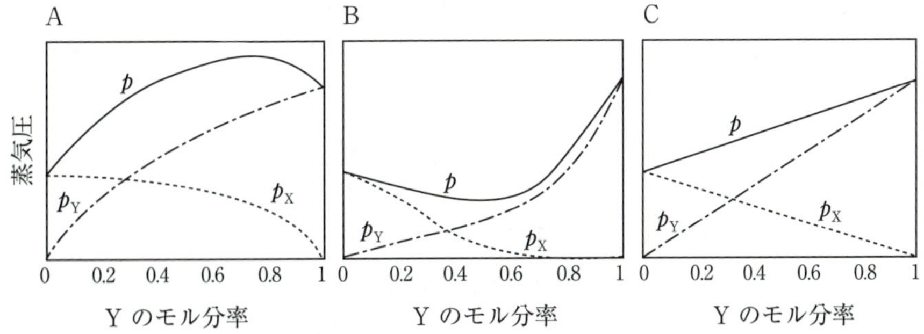

p：全蒸気圧，p_X：成分 X の蒸気圧，p_Y：成分 Y の蒸気圧

（第 100 回薬剤師国家試験改変）

［解答］ 理想溶液とみなせ，Y のモル分率は 1 から 0.4 に減少しているので，式（2.184）より，

$$\Delta \mu_Y = \mu_Y - \mu_Y^* = RT \ln x_Y$$

$$= 8.31 \times 300 \times \ln \frac{4}{10}$$

$$= 8.31 \times 300 \times (2 \times 0.693 - 2.303)$$

$$= -2286$$

$$\Delta \mu_Y \fallingdotseq -2.3\ \mathrm{kJ\ mol^{-1}} \cdots\cdots（答）$$

ラウールの法則が成立するので，$p = p^* \times x$（式（2.182））より，

$$p_X = p_X^* \times x_X = 400\ \mathrm{hPa} \times 0.6 = 240\ \mathrm{hPa}$$

$$p_Y = p_Y^* \times x_Y = 800\ \mathrm{hPa} \times 0.4 = 320\ \mathrm{hPa}$$

ドルトンの分圧の法則より，気相中のXのモル分率は気相の組成に依存するので，

$$x_{気X} = \frac{240\ \mathrm{hPa}}{240\ \mathrm{hPa} + 320\ \mathrm{hPa}}$$

$$x_{気X} \fallingdotseq 0.43 \cdots\cdots（答）$$

理想溶液とみなせず，同種の分子間の引力が同種分子間の引力よりも強い場合，負のずれになるので，該当するグラフはBである．……（答）

活量は，モル分率と活量係数を用いて $a = \gamma \times x$（式（2.186））と表せる．したがって，

$$a_X = \gamma_X \times x_X = 0.5 \times 0.6$$

$$a_X = 0.3 \cdots\cdots（答）$$

［問題 2.16］ 通常の大気には少量（0.032 % とする）の二酸化炭素が含まれているため，室内に放置された水は，空気と溶解平衡に達し，二酸化炭素を含んでいる．これに関し，標準状態における次の値を求めよ．ただし，二酸化炭素のヘンリーの定数を 1.65×10^8 Pa，水のモル体積を 18 mL mol^{-1}，炭酸の酸解離定数の対数値（pK_a）を 6.3，10.3 とする．

1．放置された水に含まれる二酸化炭素のモル分率

2. 放置された水のpH（ただし，炭酸以外の酸は溶けていないものとする）

[解答] 1. 標準状態での大気圧が 1.01×10^5 Pa であるから，二酸化炭素分圧はその 0.032 % であるため，

$$p_{CO_2} = 1.01 \times 10^5 \times \frac{0.032}{100} = 32.3 = 32\ \mathrm{Pa}$$

$p = K \times x$（式（2.183））に代入して，

$$32.3\ \mathrm{Pa} = 1.65 \times 10^8\ \mathrm{Pa} \times x$$
$$x = 1.95 \times 10^{-7} = 2.0 \times 10^{-7} \cdots\cdots \text{（答）}$$

2. 1. より，それぞれの物質量は次のとおりとなる．

	物質量	体積
二酸化炭素	1.95×10^7mol	
水	1.0 mol	0.018 L

したがって，二酸化炭素のモル濃度 C は次のように求まる．

$$C = \frac{1.95 \times 10^{-7}}{0.018} = 1.08 \times 10^{-5} = 1.1 \times 10^{-5}\ \mathrm{mol/L}$$

二酸化炭素が水に溶解すると炭酸となり，pHはもとの値である7から減少する．したがって，炭酸の解離平衡は，第一解離反応に着目する．

$$\begin{array}{llll} H_2CO_3 & \rightleftarrows & HCO_3^- + H^+ & (\mathrm{p}K_a = 6.3) \\ C(1-\alpha) & & C\alpha \quad C\alpha & \text{（ただし，}\alpha\text{は電離度）} \end{array}$$

$$K_a = \frac{C^2\alpha^2}{C(1-\alpha)} = \frac{C\alpha^2}{1-\alpha}$$

これより，α の二次方程式

$$C\alpha^2 + K_a\alpha - K_a = 0$$

が得られる．第一酸解離定数（$K_a = 10^{-6.3}$）とモル濃度（$C = 1.08 \times 10^{-5}$ mol/L）を代入し，関数電卓を用いて解くと，正の値の解として，α の値が求まる．

$$\alpha = \frac{-K_a + \sqrt{K_a^2 - 4 \times C \times (-K_a)}}{2C} = 0.9638 = 0.96$$

したがって，水素イオン濃度 $[H^+]$ と pH が次のように求められる．

$$[H^+] = C\alpha = 1.08 \times 10^{-5} \times 0.96 = 1.03 \times 10^{-5} = 1.0 \times 10^{-5}$$
$$\mathrm{pH} = -\log[H^+] = 5.0 \cdots\cdots \text{（答）}$$

[問題 2.17] 次の記述の正誤を判定せよ．

1. コンダクタンスとセル定数との積が電気伝導率であり，その単位はS m である．
2. 水素イオンのモル伝導率が著しく大きいのは，イオン半径が小さいためである．
3. 強電解質のモル伝導率はモル濃度に対して直線的に減少する．これをコールラウシュの法則という．
4. 酢酸のモル伝導率が濃度の増加に伴い急激に減少するのは，分子形酢酸の割合が減少するためである．

[解答] 1. 誤：電気伝導率の単位は Sm^{-1} である.
2. 誤：水素イオンのモル伝導率が著しく大きいのは，水素結合の切断と形成を繰り返すことにより，見かけ上イオンが移動したことになるためである.
3. 誤：強電解質のモル伝導率はモル濃度の平方根に対して直線的に減少する.
4. 誤：酢酸のモル伝導率が濃度の増加に伴い急激に減少するのは，イオン形酢酸の割合が減少するためである.

[問題 2.18] 酢酸の極限モル伝導率を求めよ．ただし，酢酸ナトリウム，塩化ナトリウム，塩酸の極限モル伝導率をそれぞれ，0.091，0.126，0.426（$S\,m^2\,mol^{-1}$）とする.

[解答] コールラウシュのイオン独立移動の法則を用い，各電解質の極限イオン伝導率の和差を考えることにより，（酢酸ナトリウム）＋（塩酸）－（塩化ナトリウム）の演算で酢酸ナトリウムの極限モル伝導率の値が得られることがわかる.

$$\Lambda_0 = 0.091 + 0.426 - 0.126 = 0.391 \cdots\cdots \text{（答）}$$

[問題 2.19] 298 K における酢酸水溶液（0.10 mol/L）のモル伝導率 Λ は $5.2 \times 10^{-4}\,S\,m^2\,mol^{-1}$ である．表 2.5 の値を用いて，酢酸の酸解離定数を求めよ.

[解答] 表 2.5 から，コールラウシュのイオン独立移動の法則を用いて，酢酸の極限モル伝導率 Λ_0 を求めることができる.

$$\Lambda_0 = (349 + 40.9) \times 10^{-4} = 389.9 \times 10^{-4}\,S\,m^2\,mol^{-1}$$

オストワルドの希釈律より，

$$K_a = \frac{c\Lambda^2}{\Lambda_0(\Lambda_0 - \Lambda)} = \frac{0.10 \times (5.2 \times 10^{-4})^2}{389.9 \times 10^{-4}(389.9 \times 10^{-4} - 5.2 \times 10)^{-4})}$$

$$= 1.80 \times 10^{-5}$$

$$K_a = 1.8 \times 10^{-5}\ \text{mol/L} \cdots\cdots \text{（答）}$$

[問題 2.20] 次の記述の正誤を判定せよ.
1. 電解質の平均活量係数は，構成イオンの活量係数の算術平均である.
2. 電解質の平均活量係数は常に 1 より小さい.
3. 濃度が 0.001 mol/L であるとき，$CuSO_4$ のイオン強度は NaCl の値よりも 2 倍大きい.
4. 水中における電解質のイオン間相互作用は，構成イオンが完全に異なる電解質を添加すると強くなる.
5. 塩化銀水溶液に塩化ナトリウムを少量加えると，塩化銀水溶液の溶解度は増加するが，硝酸ナトリウムを少量加えると溶解度は逆に減少する.

（第 95，101 回薬剤師国家試験改変）

[解答] 1. 誤：平均活量係数は，構成イオンの活量係数の相乗平均である（算術平均＝相加平均，幾何平均＝相乗平均）.
2. 誤：電解質の平均活量係数は高濃度領域では，1 より大きくなることもある

(図 2.57).

3. 誤：正負両イオンとも電荷を2乗するため，全体で4倍大きい（式 (2.206)).
4. 誤：水中における電解質のイオン間相互作用は，構成イオンが完全に異なる電解質を添加すると弱くなる（異種イオン効果）．これは，もとの電解質から生じたイオンが，それぞれのイオン雰囲気と相互作用するためである．
5. 誤：塩化銀水溶液に硝酸ナトリウムを少量加えると，塩化銀水溶液の溶解度は増加する（異種イオン効果）が，塩化ナトリウムを少量加えると溶解度は逆に減少する（共通イオン効果）．

[問題 2.21] X線写真撮影用の造影剤として用いられる硫酸バリウム $BaSO_4$ の，水に対する溶解度（みかけの溶解度）が 1.14×10^{-5} mol/L であるとき，硫酸バリウムの飽和水溶液について，関数電卓を用いて次の値を求めよ．

1. 平均活量係数
2. （活量を用いて表される）真の溶解度積

[解答] 1. $$BaSO_4 \rightleftharpoons Ba^{2+} + SO_4{}^{2-}$$

1.14×10^{-5} mol/L の $BaSO_4$ 溶液のイオン強度の値は，

$$I = \frac{1}{2}\left\{2^2 \times 1.14 \times 10^{-5} + (-2)^2 \times 1.14 \times 10^{-5}\right\} = 4.56 \times 10^{-5}$$

である．この溶液は希薄溶液であるため，平均活量係数は，デバイ-ヒュッケルの極限則から求められる．

$$\gamma_{\pm} = 10^{-0.509 \times 4 \times \sqrt{4.56 \times 10^{-5}}} = -\ 0.9688 \cdots\cdots \text{（答）}$$

2. 活量を用いて表す真の溶解度積 K は

$$K = a_{Ba} \cdot a_{SO_4} = a_{\pm}{}^2 = (\gamma_{\pm} \times c)^2$$

より，

$$K = (0.9688 \times 1.14 \times 10^{-5})^2 = 1.22 \times 10^{-10}\ \text{mol}^2\,\text{L}^{-2} \cdots\cdots \text{（答）}$$

[問題 2.22] 次の電池図で表される電池（半電池）について，電極反応，電池反応，25℃における標準起電力を示せ．

1. $Cd \mid CdCl_2(aq) \mid Cl_2(g) \mid Pt$
2. $Pt \mid H_2 \mid HCl(aq) \mid AgCl(s) \mid Ag$
3. $Pt \mid Cl_2(g) \mid NaCl(aq) \vdots\vdots NaBr(aq) \mid Br_2(g) \mid Pt$
4. $Hg \mid Hg_2Cl_2(s) \mid FeCl_2(aq), FeCl_3(aq) \mid Pt$

[解答] 1. アノード：$Cd = Cd^{2+} + 2e^- \cdots\cdots$①

カソード：$Cl_2 + 2e^- = 2Cl^- \cdots\cdots$②

①+②より電池反応が得られる．

$$Cd + Cl_2 = Cd^{2+} + 2Cl^-$$

$$E^\circ = 1.360\ \text{V} - (-\ 0.403\ \text{V}) = 1.763\ \text{V}$$

2. アノード：$H_2 = 2H^+ + 2e^- \cdots\cdots$①

カソード：$2AgCl(s) + 2e^- = 2Ag + 2Cl^-$……②

①＋②より電池反応が得られる．

$H_2 + 2AgCl(s) = 2H^+ + 2Ag + 2Cl^-$

$E^\circ = 0.222\ V - 0\ V = 0.222\ V$

3. アノード：$2Cl^- = Cl_2(g) + 2e^-$……①

カソード：$Br_2(g) + 2e^- = 2Br^-$……②

①＋②より電池反応が得られる．

$2Cl^- + Br_2(g) = Cl_2(g) + 2Br^-$

$E^\circ = 1.065\ V - 1.360\ V = -0.295\ V$

4. アノード：$2Hg + 2Cl^- = Hg_2Cl_2(s) + 2e^-$……①

カソード：$Fe^{3+} + 2e^- = 2Fe^{2+}$……②

①＋②より電池反応が得られる．

$2Hg + 2Cl^- + 2Fe^{3+} = Hg_2Cl_2(s) + 2Fe^{2+}$

$E^\circ = 0.771\ V - 0.268\ V = 0.503\ V$

[問題 2.23] 次の反応の 25℃における平衡定数（K）と標準ギブズエネルギー（ΔG°）を求めよ．

1. $Fe^{2+} + Ni = Fe + Ni^{2+}$
2. $Zn + 2Fe^{3+} = Zn^{2+} + 2Fe^{2+}$
3. $Hg_2Cl(s) + Sn^{2+} = 2Hg + Sn^{4+} + 2Cl$

[解答] $\ln K = \dfrac{nFE^\circ}{RT}$，また 25℃では $\log K = \dfrac{nE^\circ}{0.05916\ V}$

1. 電池図：$Fe \mid Fe^{2+} ⁞⁞ Ni^{2+} \mid Ni$，$E^\circ = -0.25\ V - (-0.44\ V) = 0.19\ V$, $n = 2$

$\log K = \dfrac{2 \times (0.19\ V)}{0.05916\ V} = 6.423$, $K = 2.65 \times 10^6$

$\Delta G^\circ = -nFE^\circ - 2 \times\ (96485\ C\ mol^{-1} \times (0.19\ V) = -3.666 \times 10^4\ J\ mol^{-1}$

2. 電池図：$Zn \mid Zn^{2+} ⁞⁞ Fe^{2+}, Fe^{3+} \mid Pt$, $E^\circ = 0.771\ V - (-0.763\ V) = 1.534\ V$, $n = 2$

$\log K = \dfrac{2 \times (1.534\ V)}{0.05916\ V} = 51.859$,　$K = 7.23 \times 10^{51}$

$\Delta G^\circ = -nFE^\circ - 2 \times (96485\ C\ mol^{-1} \times (1.534\ V)) = -2.96 \times 10^5\ J\ mol^{-1}$

3. 電池図：$Pt \mid Sn^{2+}, Sn^{4+} \mid Cl^- \mid Hg_2Cl_2(s) \mid Ni$, $E^\circ = 0.268\ V - 0.154\ V = 0.114\ V$, $n = 2$

$\log K = \dfrac{2 \times (0.114\ V)}{0.05916\ V} = 3.854$,　$K = 7.14 \times 10^3$

$\Delta G^\circ = -nFE^\circ - 2 \times (96485\ C\ mol^{-1} \times (0.114\ V)) = -2.20 \times 10^4\ J\ mol^{-1}$

[問題 2.24] 膜を介して2つのカリウムイオン（K^+）を含む水溶液が接している．連記法

を活用して，$K^+(L) \mid K^+(R)$ と表す．それぞれの水溶液におけるK^+の濃度を$c_{K^+(L)}$および$c_{K^+(R)}$ならびに静電ポテンシャルをϕ_Lおよびϕ_Rとするとき，いま25℃において次の条件において膜電位が発生するか記せ．また膜電位が発生する場合はその向きと大きさを答えよ．

(1) $c_{K^+(L)} = c_{K^+(R)} = 10^{-4}\ \mathrm{mol\ L^{-1}}$

(2) $c_{K^+(L)} = 2\times10^{-4}\ \mathrm{mol\ L^{-1}}$ および $c_{K^+(R)} = 10^{-5}\ \mathrm{mol\ L^{-1}}$

[解答] (1) 膜の両側の水溶液間においてK^+についての濃度勾配がないため，膜電位は発生しない．

(2) $c_{K^+(L)} > c_{K^+(R)}$の濃度勾配に従い$K^+(L)$が右側の水溶液に移動するため，それを妨げるように右側が正，つまり，$\Delta\phi = \phi_L - \phi_R > 0$となる膜電位が発生する．$\Delta\phi$は次式で表される．

$$\Delta\phi = \frac{RT}{z_iF}\ln\frac{c_{K^+(L)}}{c_{K^+(R)}} = \frac{2.303RT}{z_iF}\log\frac{c_{K^+(L)}}{c_{K^+(R)}}$$

この式に$c_{K+(L)} = 2\times10^{-4}\mathrm{molL^{-1}}$，$c_{K+(R)} = 10^{-5}\mathrm{molL^{-1}}$，$z_i = 1$および定数項を代入して計算すると，

$$\Delta\phi = \frac{2.303\times8.3145\times298}{96485}\log\frac{2\times10^{-4}}{10^{-5}} = 0.077\ \mathrm{V}$$

となる．

[問題 2.25] Na^+/K^+-ATPaseによる能動輸送は

$$3Na^+_{in} + 2K^+_{out} + ATP \longrightarrow 2K^+_{in} + 3Na^+_{out} + ADP + P_i$$

と表される．この変化を構成する次の3つの過程

① $3Na^+_{in} \longrightarrow 3Na^+_{out}$

② $2K^+_{out} \rightarrow 2K^+_{in}$

③ $ATP \rightarrow ADP + P_i$

細胞内	$[Na^+_{in}] = 10\ \mathrm{mmol\ L^{-1}}$ $[K^+_{in}] = 100\ \mathrm{mmol\ L^{-1}}$ $\phi_{in} = -70\ \mathrm{mV}$
細胞外	$[Na^+_{out}] = 140\ \mathrm{mmol\ L^{-1}}$ $[K^+_{out}] = 5\ \mathrm{mmol\ L^{-1}}$ $\phi_{out} = 0\ \mathrm{mV}$

において，それぞれのΔ_rGの算出から全過程のΔ_rGのを求め，この条件でのNa^+/K^+-ATPaseのイオン輸送の可否を述べよ．ただし，温度は37℃（310 K），内外のイオン組成および電位は表の通りであり，細胞内は[ATP]=1 mmol $\mathrm{L^{-1}}$，[ADP]=40 μmol $\mathrm{L^{-1}}$，[P_i]=25 μmol $\mathrm{L^{-1}}$，またATP加水分解は$\Delta_rG^\circ = -30.5\ \mathrm{kJ\cdot mol^{-1}}$であるとする．

[解答] ① $3Na^+_{in} \longrightarrow 3Na^+_{out}$

$$\Delta_r G_{3\mathrm{Na}^+} = 3 \times \left\{ RT \ln \frac{[\mathrm{Na^+}_{\mathrm{out}}]}{[\mathrm{Na^+}_{\mathrm{in}}]} + zF(\phi_{\mathrm{out}} - \phi_{\mathrm{in}}) \right\}$$

$$= 3 \times \left\{ 8.31 \times 310 \times \ln \frac{140}{10} + 1 \times 96485 \times (0.070) \right\}$$

$$= 3 \times 13552\ \mathrm{J \cdot mol^{-1}}$$

② $2\mathrm{K^+}_{\mathrm{out}} \longrightarrow 2\mathrm{K^+}_{\mathrm{in}}$

$$\Delta_r G_{2\mathrm{K}^+} = 2 \times \left\{ RT \ln \frac{[\mathrm{K^+}_{\mathrm{in}}]}{[\mathrm{K^+}_{\mathrm{out}}]} + zF(\phi_{\mathrm{in}} - \phi_{\mathrm{out}}) \right\}$$

$$= 2 \times \left\{ 8.31 \times 310 \times \ln \frac{100}{5} + 1 \times 96485 \times (-0.070) \right\}$$

$$= 2 \times 963\ \mathrm{J \cdot mol^{-1}}$$

③ $\mathrm{ATP} \longrightarrow \mathrm{ADP} + \mathrm{P_i}$

$$\Delta_r G_{\mathrm{ATP}} = \Delta_r G^\circ + RT \ln \frac{[\mathrm{ADP}][\mathrm{P_i}]}{[\mathrm{ATP}]}$$

$$= -30500 + 8.31 \times 310 \times \ln \frac{0.04 \times 0.025}{1}$$

$$= -48295\ \mathrm{J \cdot mol^{-1}}$$

したがって全体の反応ギブズ自由エネルギーは，

$$\Delta_r G_{\mathrm{total}} = \Delta_r G_{3\mathrm{Na}^+} + \Delta_r G_{2\mathrm{K}^+} + \Delta_r G_{\mathrm{ATP}} = -5713 = -5.7\ \mathrm{kJ \cdot mol^{-1}}$$

$\Delta_r G_{\mathrm{total}} > 0$ であるので，ATP 1 個の加水分解で，$\mathrm{Na^+}$3 個を細胞外に，$\mathrm{K^+}$2 個を細胞内にさらに運ぶことができそうである．しかしながら，ATP 加水分解の化学的なエネルギーが，イオン輸送という力学的な仕事にいかに変わるのか，実際の分子機構には未解明な部分が多い．

第２章　付録　熱力学的諸量

無機化合物

物質名	分子式	状態	$\Delta_f H^\ominega$ (kJ mol^{-1})	$\Delta_f G^\ominus$ (kJ mol^{-1})	$S^\ominus$ (kJ mol^{-1})	$C_{p,m}{}^\ominus$ (kJ mol^{-1})
水素	H_2	気体	0.0	0.0	130.59	28.84
		水溶液	− 4.2	17.6	57.7	
水素イオン	H^+	水溶液	0.0	0.0	0.0	0.0
水酸イオン	OH^-	水溶液	− 229.94	− 157.30	− 10.54	− 133.89
水	H_2O	液体	− 285.84	− 237.19	69.94	75.30
		気体	− 241.83	− 228.60	188.72	33.58
リチウム	Li	結晶	0.0	0.0	28.03	23.64
リチウムイオン	Li^+	水溶液	− 278.46	− 293.80	14.2	
ナトリウム	Na	結晶	0.0	0.0	51.0	28.41
ナトリウムイオン	Na^+	水溶液	− 239.66	− 261.87	60.2	
塩化ナトリウム	NaCl	結晶	− 411.00	− 384.03	72.4	49.71
カルシウム	Ca	結晶	0.0	0.0	41.63	26.28
カルシウムイオン	Ca^{2+}	水溶液	− 542.96	− 553.04	− 55.2	
炭酸カルシウム	$CaCO_3^-$	結晶	− 1206.88	− 1128.76	92.89	81.88
アルミニウム	Al	結晶	0.0	0.0	28.32	28.34
アルミニウムイオン	Al^{3+}	水溶液	− 524.6	− 481.16	− 313.38	
炭素	C	ダイヤモンド	1.90	2.87	2.44	6.06
		グラファイト	0.0	0.0	5.69	8.64
一酸化炭素	CO	気体	− 110.52	− 137.27	197.91	29.14
二酸化炭素	CO_2	気体	− 393.51	− 394.38	213.64	37.13
炭酸	H_2CO_3	水溶液	− 669.65	− 623.16	187.4	
炭酸水素イオン	HCO_3^-	水溶液	− 691.11	− 587.06	94.98	
炭酸イオン	CO_3^{2-}	水溶液	− 676.26	− 528.10	− 53.14	
窒素	N_2	気体	0.0	0.0	191.49	29.12
アンモニア	NH_3	気体	− 46.19	− 16.64	192.51	35.66
		水溶液	− 80.29	− 26.57	111.29	

無機化合物　つづき

物質名	分子式	状態	$\Delta_f H^\ominus$ (kJ mol^{-1})	$\Delta_f G^\ominus$ (kJ mol^{-1})	$S^\ominus$ (kJ mol^{-1})	$C_{p,m}{}^\ominus$ (kJ mol^{-1})
アンモニウムイオン	NH_4^+	水溶液	− 132.80	− 79.50	112.84	
硝酸	HNO_3	液体	− 173.22	− 79.91	155.60	109.87
		水溶液	− 206.56	− 110.58	146.44	
リン酸	H_3PO_4	結晶	− 1281.14			
		水溶液	− 1288.25	− 1142.65	158.15	
リン酸二水素イオン	$H_2PO_4^-$	水溶液	− 1302.48	− 1135.12	89.12	
リン酸水素イオン	HPO_4^{2-}	水溶液	− 1298.71	− 1094.12	− 35.98	
リン酸イオン	PO_4^{3-}	水溶液	− 1284.07	− 1025.59	− 217.57	
酸素	O_2	気体	0.0	0.0	205.03	29.36
		水溶液	− 12.09	16.32	110.88	167.36
水	H_2O	液体	− 285.84	− 237.19	69.94	75.30
		気体	− 241.83	− 228.60	188.72	33.58
水酸イオン	OH^-	水溶液	− 229.94	− 157.30	− 10.54	− 133.89
硫黄	S	斜方晶系	0.0	0.0	31.88	22.59
		単斜晶系	0.30	0.10	32.55	23.64
二酸化硫黄	SO_2	気体	− 296.06	− 300.37	248.52	39.79
亜硫酸	H_2SO_3	水溶液	− 608.77	− 538.02	234.0	
硫酸	H_2SO_4	水溶液	− 817.32	− 742.00	17.1	16.7
硫酸水素イオン	HSO_4^-	水溶液	− 885.75	− 752.87	126.86	
硫酸イオン	SO_4^{2-}	水溶液	− 907.51	− 742.00	17.15	
フッ素	F_2	気体	0.0	0.0	203.34	31.46
フッ素イオン	F^-	水溶液	− 329.11	− 276.48	− 9.62	− 123.43
塩素	Cl_2	気体	0.0	0.0	222.95	33.93
塩素イオン	Cl^-	水溶液	− 167.44	− 131.17	55.23	− 125.52
塩酸	HCl	気体	− 92.31	− 95.27	186.68	29.12
		水溶液	− 167.44	− 131.17	55.23	− 125.52
臭素	Br_2	気体	30.71	3.14	245.35	35.98
		液体	0.0	0.0	152.3	
臭素イオン	Br^-	水溶液	− 220.92	102.82	80.71	− 128.45
ヨウ素	I_2	気体	62.26	19.37	260.58	36.86
		結晶	0.0	0.0	116.73	54.98
ヨウ化水素	HI	気体	25.94	1.70	206.33	29.16
ヨウ素イオン	I^-	水溶液	55.94	51.67	109.37	− 129.20

有機化合物

物質名	分子式	状態	$\Delta_f H^\ominus$ (kJ mol^{-1})	$\Delta_f G^\ominus$ (kJ mol^{-1})	$S^\ominus$ (kJ mol^{-1})	$C_{p,m}{}^\ominus$ (kJ mol^{-1})
メタン	CH_4	気体	− 74.85	− 50.79	186.19	35.73
アセチレン	C_2H_2	気体	226.73	209.2	200.83	43.93
エチレン	C_2H_4	気体	52.3	68.12	219.45	43.56
エタン	C_2H_6	気体	− 84.68	− 32.89	229.49	52.66
ベンゼン	C_6H_6	気体	82.93	129.66	269.20	81.67
		液体	49.04	172.80	124.52	
メタノール	CH_3OH	気体	− 201.17	− 146.55	186.19	35.73
		液体	− 238.66	− 166.31	126.78	81.59
		水溶液	− 245.89	− 175.23	132.34	
エタノール	C_2H_5OH	液体	− 276.98	− 174.18	161.04	111.96
		水溶液	− 287.02	− 180.96		
2-プロパノール	C_3H_7OH	液体	− 317.86	− 180.29	180.58	154.22
		水溶液	− 330.83	− 185.23	153.55	
グリセリン	$C_3H_8O_3$	液体	− 670.70	− 479.49	204.60	216.73
		水溶液	− 676.55	− 497.48	246.02	238.49
アセトアルデヒド	C_2H_4O	気体	− 246.81	− 139.08	264.22	56.07
アセトン	C_3H_6O	液体	− 246.81	− 153.55	198.74	126.77
ギ酸	$HCOOH$	気体	− 362.63	− 335.72	251.04	
		液体	− 409.20	− 346.02	128.95	99.04
ギ酸イオン	$HCOO^-$	水溶液	− 410.03	− 334.72	91.63	
酢酸	CH_3COOH	液体	− 484.21	− 389.45	159.83	123.43
		水溶液	− 485.26	− 404.09	205.43	154.81
酢酸イオン	CH_3COO^-	水溶液	− 485.60	− 376.89	112.97	
α-D-グルコース	$C_6H_{12}O_6$	結晶	− 1274.43	− 910.56	212.13	218.16
		水溶液	− 1263.06	− 914.54	264.01	
β-D-グルコース	$C_6H_{12}O_6$	結晶	− 1268.05	− 908.89	228.03	
		水溶液	− 1264.24	− 915.79	264.01	
α,β-D-グルコース	$C_6H_{12}O_6$	水溶液	− 1263.78	− 916.97	269.45	305.43
α-ラクトース	$C_{12}H_{22}O_{11}$	結晶	− 2221.70			
		水溶液	− 2232.37	− 1564.90	394.13	

有機化合物　つづき

物質名	分子式	状態	$\Delta_f H^\ominus$ (kJ mol^{-1})	$\Delta_f G^\ominus$ (kJ mol^{-1})	$S^\ominus$ (kJ mol^{-1})	$C_{p,m}{}^\ominus$ (kJ mol^{-1})
β-ラクトース	$C_{12}H_{22}O_{11}$	結晶	− 2236.79	− 1566.91	386.18	410.45
		水溶液	− 2233.50	− 1566.15	394.55	
α,β-ラクトース	$C_{12}H_{22}O_{11}$	水溶液	− 2233.09	− 1567.33	399.57	
α-マルトース	$C_{12}H_{22}O_{11}$	水溶液	− 2238.27	− 1573.60	403.34	
β-マルトース	$C_{12}H_{22}O_{11}$	水溶液	− 2237.73	− 1572.18	400.41	
α,β-マルトース	$C_{12}H_{22}O_{11}$	水溶液	− 2238.06	− 1574.69	407.94	
スクロース	$C_{12}H_{22}O_{11}$	結晶	− 2221.70	− 1544.31	360.24	425.51
		水溶液	− 2215.85	− 1551.43	403.76	633.04
グリシン	$C_2H_5O_2N$	結晶	− 537.23	− 377.69	103.51	99.20
グリシン陽イオン	$C_2H_6O_2N^+$	水溶液	− 527.18	− 393.30	189.54	171.54
グリシン双性イオン	$C_2H_5O_2N^{+,-}$	水溶液	− 734.25	− 492.08	231.38	158.99
グリシン陰イオン	$C_2H_4O_2N^-$	水溶液	− 478.65	− 324.09	120.50	54.81
DL-アラニン	$C_3H_7O_2N$	結晶	− 563.59	− 371.96	132.21	121.75
L-アラニン	$C_3H_7O_2N$	結晶	− 562.75	− 370.20	129.20	122.26

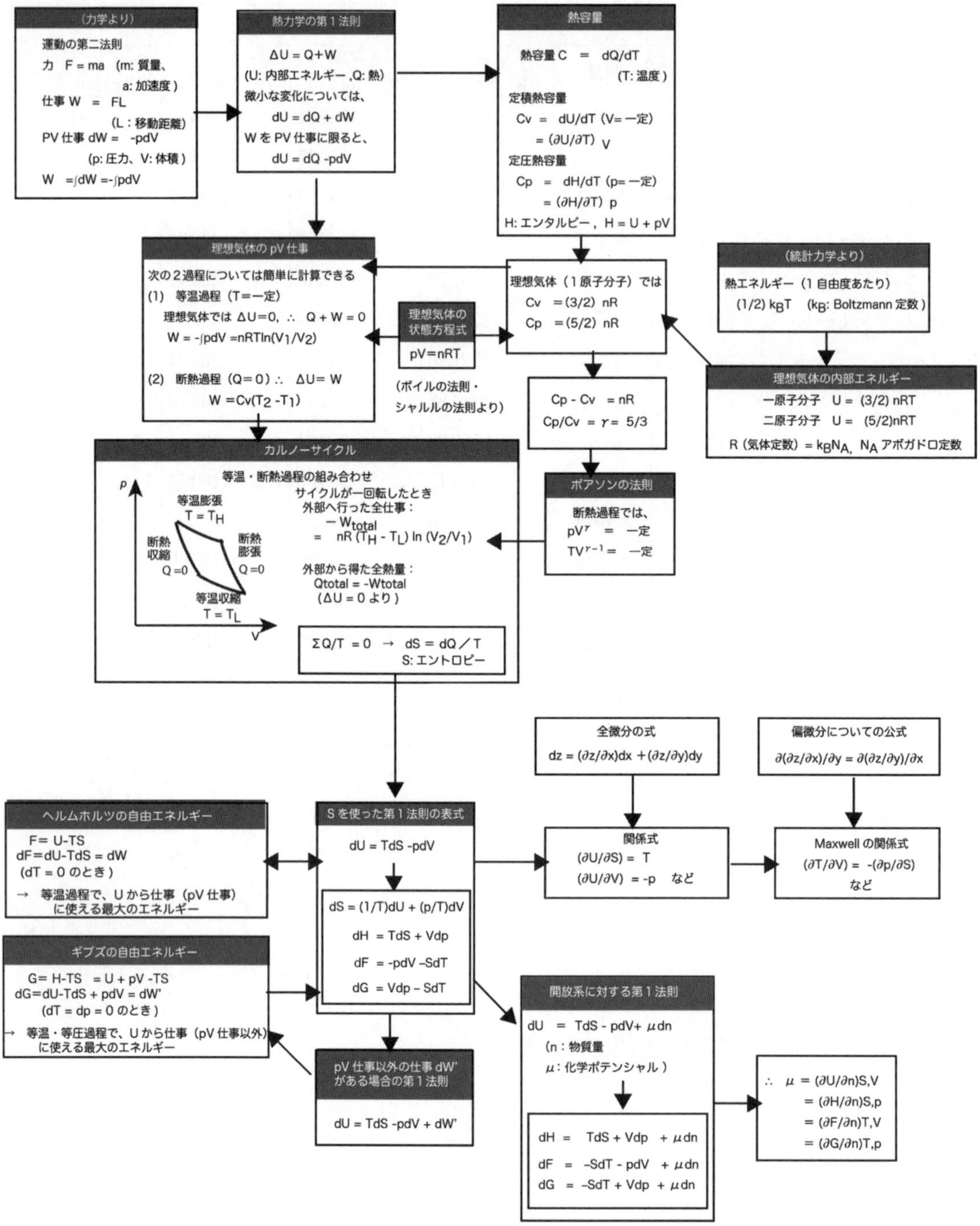
(力学より)
運動の第二法則
力　F = ma　(m: 質量、
a: 加速度)
仕事 W　=　FL
(L : 移動距離)
PV 仕事 dW =　-pdV
(p: 圧力、V: 体積)
W　=∫dW =-∫pdV
熱力学の第１法則
ΔU = Q+W
(U: 内部エネルギー ,Q: 熱)
微小な変化については、
dU = dQ + dW
W を PV 仕事に限ると、
dU = dQ -pdV
熱容量
熱容量 C　=　dQ/dT
(T: 温度)
定積熱容量
Cv　=　dU/dT (V= 一定)
= (∂U/∂T) V
定圧熱容量
Cp　=　dH/dT (p= 一定)
= (∂H/∂T) p
H: エンタルピー，H = U + pV
理想気体の pV 仕事
次の２過程については簡単に計算できる
(1)　等温過程（T=一定)
理想気体では ΔU=0, ∴　Q + W = 0
W = -∫pdV =nRTln(V1/V2)
(2)　断熱過程（Q=0）∴　ΔU= W
W =Cv(T2 -T1)
理想気体の状態方程式
pV=nRT
(ボイルの法則・
シャルルの法則より)
理想気体（１原子分子）では
Cv　=(3/2) nR
Cp　=(5/2) nR
(統計力学より)
熱エネルギー（１自由度あたり)
(1/2) kBT　(kB: Boltzmann 定数)
理想気体の内部エネルギー
一原子分子　U = (3/2) nRT
二原子分子　U = (5/2)nRT
R（気体定数）= kBNA, NA アボガドロ定数
Cp - Cv　= nR
Cp/Cv = γ = 5/3
ポアソンの法則
断熱過程では、
pVγ　=　一定
TVγ-1 =　一定
カルノーサイクル
等温・断熱過程の組み合わせ
p
等温膨張
T = TH
断熱
収縮
Q =0
断熱
膨張
Q =0
等温収縮
T = TL
V
サイクルが一回転したとき
外部へ行った全仕事：
− Wtotal
=　nR (TH - TL) ln (V2/V1)
外部から得た全熱量：
Qtotal = -Wtotal
(ΔU = 0 より)
ΣQ/T = 0 → dS = dQ／T
S: エントロピー
全微分の式
dz = (∂z/∂x)dx +(∂z/∂y)dy
偏微分についての公式
∂(∂z/∂x)/∂y = ∂(∂z/∂y)/∂x
ヘルムホルツの自由エネルギー
F= U-TS
dF=dU-TdS = dW
(dT = 0 のとき)
→　等温過程で、U から仕事（pV 仕事）
に使える最大のエネルギー
S を使った第１法則の表式
dU = TdS -pdV
dS = (1/T)dU + (p/T)dV
dH = TdS + Vdp
dF = -pdV –SdT
dG = Vdp – SdT
関係式
(∂U/∂S) = T
(∂U/∂V) = -p　など
Maxwell の関係式
(∂T/∂V) = -(∂p/∂S)
など
ギブズの自由エネルギー
G= H-TS　= U + pV -TS
dG=dU-TdS + pdV = dW'
(dT = dp = 0 のとき)
→　等温・等圧過程で、U から仕事（pV 仕事以外)
に使える最大のエネルギー
開放系に対する第１法則
dU　=　TdS - pdV+ μdn
(n : 物質量
μ: 化学ポテンシャル)
dH =　TdS + Vdp　+ μdn
dF　=　–SdT - pdV　+ μdn
dG　=　–SdT + Vdp　+ μdn
pV 仕事以外の仕事 dW'
がある場合の第１法則
dU = TdS -pdV + dW'
∴　μ = (∂U/∂n)S,V
= (∂H/∂n)S,p
= (∂F/∂n)T,V
= (∂G/∂n)T,p

熱力学マップ

第3章　物質の変化

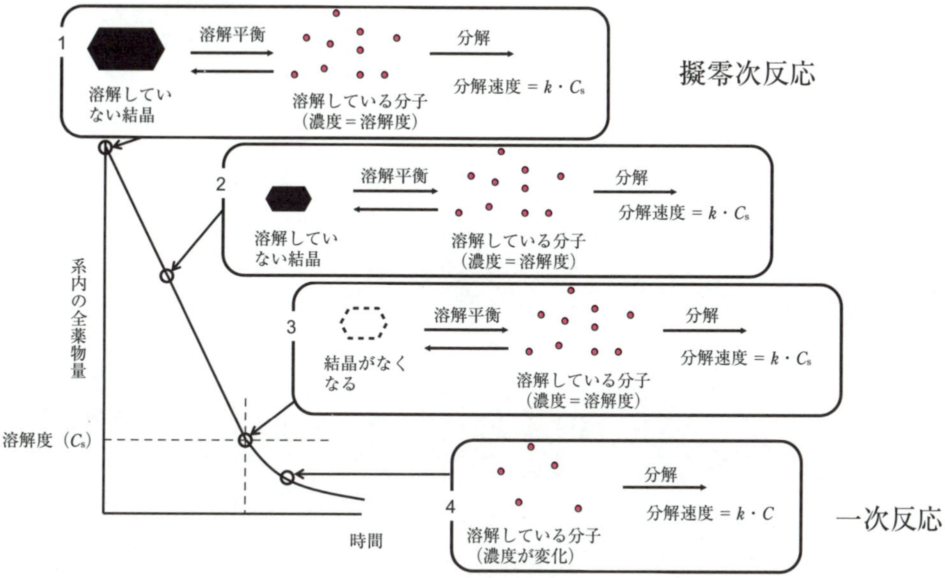
1
溶解平衡
分解
溶解していない結晶
溶解している分子（濃度＝溶解度）
分解速度＝k・Cs
擬零次反応
2
溶解平衡
分解
溶解していない結晶
溶解している分子（濃度＝溶解度）
分解速度＝k・Cs
系内の全薬物量
3
溶解平衡
分解
結晶がなくなる
溶解している分子（濃度＝溶解度）
分解速度＝k・Cs
溶解度（Cs）
4
分解
溶解している分子（濃度が変化）
分解速度＝k・C
一次反応
時間

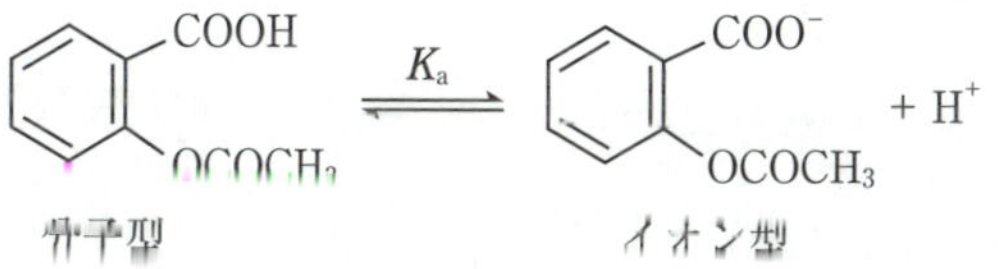
COOH
OCOCH3
Ka
COO⁻
OCOCH3
＋H⁺
分子型
イオン型

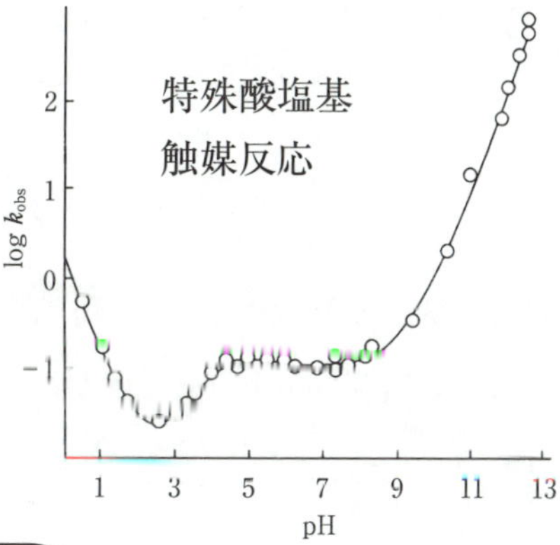
特殊酸塩基
触媒反応
log kobs
pH

アスピリンの分解は，
✓溶液での一次反応，
✓懸濁液での擬零次反応，
✓特殊酸塩基触媒反応
がある．
それぞれの分解メカニズムを
きちんと理解しよう．

3.1 反応速度

ここでは，反応速度と反応に関わる反応物の数との関連性，反応次数と反応速度との関係を理解し，反応速度論全般を理解するための基礎を学ぶ．
SBO　反応次数と速度定数について説明できる．

3.1.1 反応次数と速度定数

A 反応速度とは

医薬品の使用期限がどのくらいかについて検討することを考える．例としてアスピリンの水溶液中での安定性について調べてみる．経時的に溶液中のアスピリンの量を調べ，グラフを書いたのが図 3.1 である．

$$C_6H_4(COOH)OCOCH_3 \quad + \quad H_2O \longrightarrow C_6H_4(COOH)OH \quad + \quad CH_3COOH$$

グラフより，アスピリンの分解する割合は，時間の経過とともにだんだんと減っている．これは，溶液中のアスピリンの濃度が，だんだん減ってきていることと関係している．これは，当たりくじを考えると理解しやすい．

図 3.2 の左右を比べてみると，9 人がくじを引いた場合は 3 人が当選し，6 人が引いた場合の当選者は 2 人であることがわかる．つまり，箱の中の当たりくじの割合が同じなら，当選者の数は参加人数に比例する．アスピリンの分解の場合も同様である．あるわずかな時間後の濃度の変

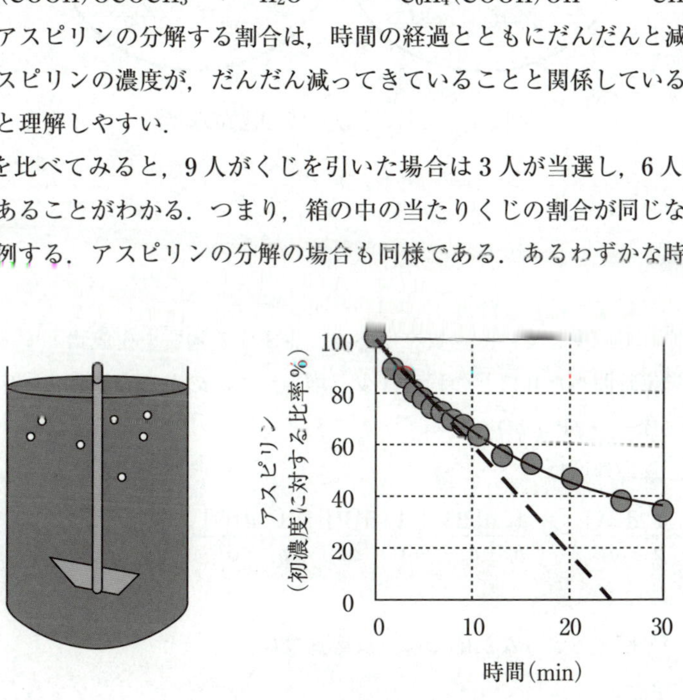

図 3.1　アスピリンの加水分解

化は，反応が起こる確率（速度定数）k と濃度 C の掛け算で求まることがわかる．すなわち，反応速度は，反応物（アスピリン）の濃度が単位時間当たりにどの程度減少するのかで表され，その次元は［濃度］/［時間］である．図3.1のアスピリンの分解曲線の接線の傾きが，分解初期の反応速度を表している．すなわち，アスピリンの加水分解の速さは，

$$\text{加水分解の速さ} = -\frac{\mathrm{d}C}{\mathrm{d}t} = kC \tag{3.1}$$

と書ける．この式では，反応速度が正の値となるように，$\frac{\mathrm{d}C}{\mathrm{d}t}$ には負号を付ける．SI単位系では，反応速度 v は，反応の進行度の時間微分として定義される．

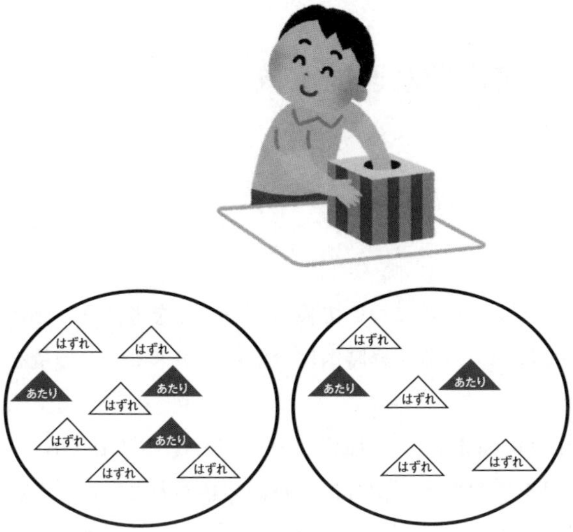

図3.2　くじの当たりの人数の割合

B　反応速度式

反応の進行に伴って減少していく物質を反応物，生成する物質を生成物とすると，反応速度は，反応物の濃度が単位時間当たりにどの程度減少（増加）するのかで表される．例えば

$$a\mathrm{A} + b\mathrm{B} \longrightarrow p\mathrm{P} + q\mathrm{Q} \tag{3.2}$$

の反応において，反応速度は，

$$v = -\frac{1}{a}\frac{\mathrm{d}[\mathrm{A}]}{\mathrm{d}t} = -\frac{1}{b}\frac{\mathrm{d}[\mathrm{B}]}{\mathrm{d}t} = \frac{1}{p}\frac{\mathrm{d}[\mathrm{P}]}{\mathrm{d}t} = \frac{1}{q}\frac{\mathrm{d}[\mathrm{Q}]}{\mathrm{d}t} \tag{3.3}$$

と表される．

一般に，薬物が分解するような反応では，反応速度は，

$$v = -\frac{\mathrm{d}C}{\mathrm{d}t} = kC^n \tag{3.4}$$

のように表される．ここで，k は反応が起こっている系の圧力や温度などや反応物の反応のしやすさで決まる定数（反応速度定数）で濃度に依存しない．また，C は反応物の濃度，t は経過時間，n は実験により求められる定数（反応次数）である．$n = 0, 1, 2$ のときの反応は，それぞれ，零次反応，一次反応，二次反応と呼ばれる．前述のアスピリンの分解反応は，一次反応に該当する．

式（3.2）に示すような複数の成分 A,B が関係する反応では，反応速度式は，

$$v = k[\mathrm{A}]^m[\mathrm{B}]^n \tag{3.5}$$

と表される．反応次数は $m + n$ で，実験により求められる．

［例題 3.1］　以下の反応の反応速度式を書きなさい．ただし，この反応は素反応であり，反応速度定数を k とする．

$$\mathrm{H_2(g)} + \mathrm{I_2} \longrightarrow \mathrm{2HI(g)}$$

［解答］　化学反応が単純に 2 つの分子の衝突により進むような場合，反応速度は 2 つの分子の濃度に比例する．また，ただ 1 つの段階だけで完結する反応を素反応といい，問題の例では反応全体が 1 つの素反応でできているので，化学反応の量論係数が反応速度式の次数に一致する．

$$v = k[\mathrm{H_2}][\mathrm{I_2}]$$

3.1.2 ◆ 微分型速度式を積分型速度式に変換できる

3.1.1 において，反応に関わる成分の数は反応ごとに異なり，反応する速度もそれに伴って変化することを学んだ．ある温度における反応速度と物質濃度との関係は，反応物濃度（式（3.6）では成分 A の濃度［A］として表す）の累乗の関数となり，以下のように表される．

$$\text{反応速度}(v) = -\frac{\mathrm{d}[\mathrm{A}]}{\mathrm{d}t} = k[\mathrm{A}]^n \tag{3.6}$$

この式を反応速度式と呼び，k は**反応速度定数**，n は**反応次数**である．実験的に求められる反応次数 n は，整数であるとは限らず，反応に関わる分子の数とも必ずしも一致するわけではない．

A　一次反応

一次反応は，式（3.6）に示した反応速度式のうち，n が 1 であり，反応速度 v は次のようになる．

$$\text{反応速度}\ v = -\frac{\mathrm{d}C}{\mathrm{d}t} = kC \tag{3.7}$$

ここで，k は一次反応速度定数と呼ばれ，単位の次元は［時間］$^{-1}$ である．また，t は時間，C は t 時間経過後の反応物の濃度である．反応速度（グラフの傾き）は反応物の濃度に比例して変化

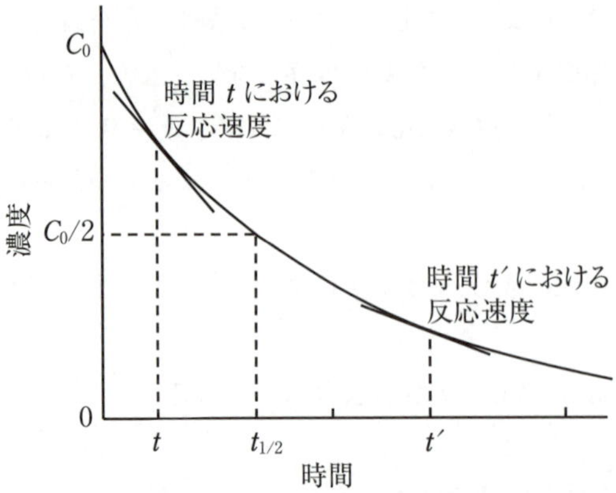

図 3.3 一次反応における反応物濃度の経時変化

濃度の減少に伴って反応速度が低下するため，反応時間の経過に伴いグラフの傾きが緩やかになる．

する．この変化を図 3.3 のように濃度と時間の関係をグラフに表すと，反応の進行に伴って，反応物の濃度は減少し，同時に反応速度は小さくなっていくため，グラフの傾きは緩やかになっていく．

式（3.7）を，

$$\frac{\mathrm{d}C}{C} = -k\mathrm{d}t \tag{3.8}$$

と変形し，両辺を積分すると，

$$\int \frac{1}{C}\mathrm{d}C = -k\int \mathrm{d}t \tag{3.9}$$

$$\ln C = -kt + I \tag{3.10}$$

式（3.10）中の I は積分定数で，$t = 0$ のときの反応物の初濃度 C_0 とすると（初期条件），$I = \ln C_0$ となる．

すなわち，自然対数では，

$$\ln C = \ln C_0 - kt \tag{3.11}$$

と表される．

縦軸に濃度の自然対数，横軸に時間をとったグラフにプロットすると図 3.4(a) のように傾き $-k$，切片 $\ln C_0$ の直線関係となる．なお，常用対数でグラフをプロットした場合（図 3.4(b)）は，傾きは $-\dfrac{k}{2.303}$ となる．

反応物の初濃度 C_0 が半分の濃度 $\left(\dfrac{C_0}{2}\right)$ に減少するのに要する時間を**半減期** $t_{1/2}$ という．

一次反応での半減期 $t_{1/2}$ での，$C = \dfrac{C_0}{2}$，$t = t_{1/2}$ を式（3.11）に代入すると，

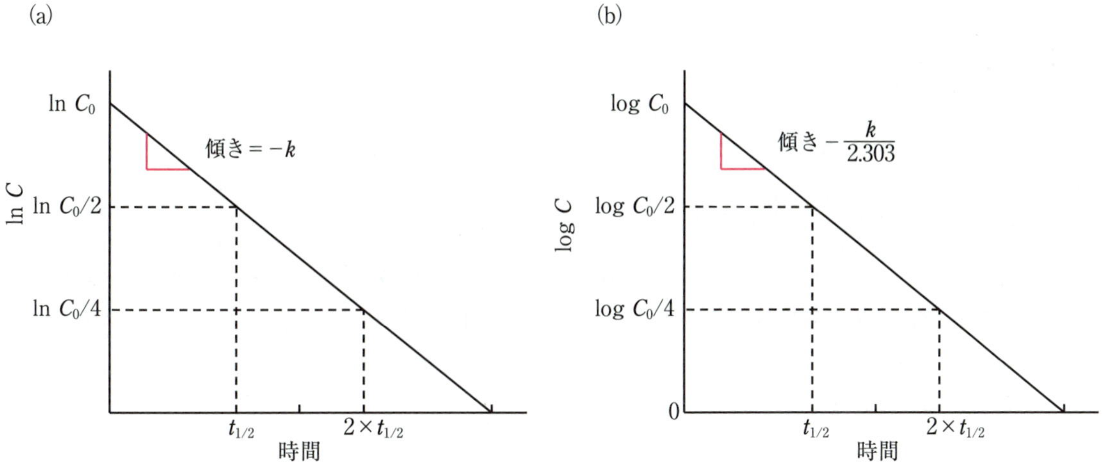

図 3.4　一次反応における反応物濃度の対数値の経時変化

横軸に時間，縦軸に濃度の自然対数（a）もしくは濃度の常用対数（b）をとってプロット（片対数プロット）すると，直線関係となる．

$$\ln\frac{C_0}{2} = \ln C_0 - kt_{1/2} \tag{3.12}$$

$$t_{1/2} = \frac{\ln 2}{k} = \frac{0.693}{k} \tag{3.13}$$

となり，半減期と反応速度定数の関係を表す式（3.13）中には濃度の項はなく，半減期が初濃度に関係なく一定であることがわかる．これは，反応物濃度が 10％から 5％に減少するのに 1 時間かかる反応において，初濃度が 20％から 10％に半減する場合にも，同じく 1 時間で変化することを意味している．また，一次反応では，半減期の 2 倍の時間が経過すると濃度は初濃度の 1/4，半減期の 3 倍の時間が経過すると濃度は初濃度の 1/8 となる．

［例題 3.2］　今，反応速度定数が 0.231 hr^{-1} で進行する一次反応がある．反応物溶液の初濃度を 2.0 mol/L として反応させる．この反応の半減期，ならびに 6.0 時間後における反応物の濃度を求めよ．ただし，ln 2 = 0.639 とする．

［解答］　半減期 $t_{1/2} = 0.693/k$ の関係から，半減期は 3.0 時間である．

6.0 時間後の反応物の濃度は，半減期が 2 回分であるので，0.50 mol/L である．

あるいは，$\ln C = \ln C_0 - kt$ に代入して考えると

$\ln C = \ln 2 - 0.231 \times 6.0$

$\ln C = 0.693 - 1.326$

$\ln C = -0.693$

$\ln C = \ln(1/2)$

$C = 0.5$ mol/L

B　二次反応

二次反応は，式（3.6）中の n が2で，反応速度と濃度との関係は次のようになる．

$$反応速度\ v = -\frac{\mathrm{d}C}{\mathrm{d}t} = kC^2 \tag{3.14}$$

ここで，k は二次反応速度定数で，単位の次元は［濃度］$^{-1}$・［時間］$^{-1}$ である．一次反応に比べ，反応速度変化に対する濃度依存性が大きく，濃度と時間の関係をグラフに表すと，図3.5のように反応初期の傾きが大きく，時間の経過に伴って傾きは大きく減少していく．

上記式を積分すると，以下のような式が得られる．

$$-\int \frac{\mathrm{d}C}{C^2} = k\int \mathrm{d}t \tag{3.15}$$

$$\frac{1}{C} = kt + I \tag{3.16}$$

となる．

式（3.16）の I は積分定数で，初期条件（$t = 0$ のとき $C = C_0$）を用いると，式（3.17）が得られる．

$$\frac{1}{C} = \frac{1}{C_0} + kt \tag{3.17}$$

濃度の逆数を縦軸に，時間を横軸にプロットすると，傾き k で切片が $\frac{1}{C_0}$ の直線関係が得られる（図3.6）．

半減期 $t_{1/2}$ は，$C = \frac{C_0}{2}$，$t = t_{1/2}$ を式（3.18）に代入すると，

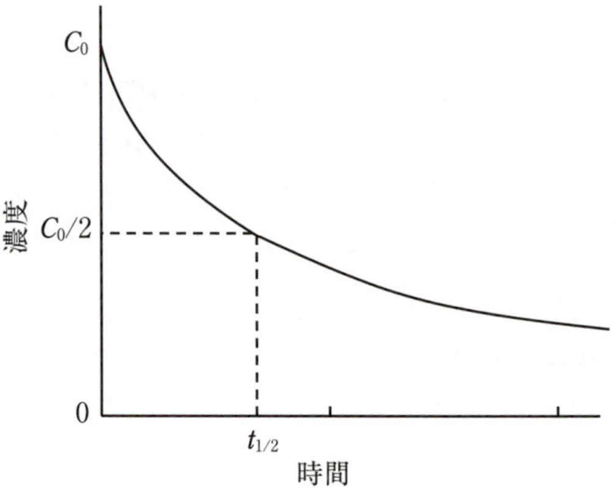

図3.5　二次反応における反応物濃度の経時変化

二次反応では，一次反応に比べて初期の傾きが大きいが，濃度減少に伴って反応の後半では，より緩やかなカーブとなる．

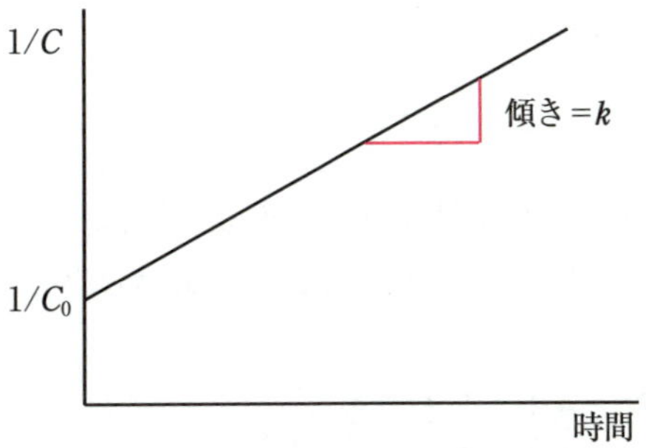

図 3.6　二次反応における反応物濃度の逆数の経時変化

二次反応では濃度の逆数と時間の関係をプロットすると直線関係が得られ，傾きから二次反応の反応速度定数が求められる．

$$\frac{1}{\frac{C_0}{2}} = \frac{1}{C_0} + kt_{1/2} \tag{3.18}$$

$$t_{1/2} = \frac{1}{C_0 k} \tag{3.19}$$

となる．半減期と反応速度定数の関係を表す式（3.19）中で，濃度は分母の項にあり，半減期が初濃度に反比例する関係にあることがわかる．これは，反応物濃度が 10%から 5%に減少するのに 1 時間かかるような反応において，初濃度が 20%から 10%に半減する場合には，30 分で変化することを意味している．また，二次反応では，半減期の 2 倍の時間が経過すると濃度は初濃度の 1/3，半減期の 3 倍の時間が経過すると濃度は初濃度の 1/4 となる．

［例題 3.3］　反応速度定数が 2.0 $mol^{-1}\cdot L\cdot hr^{-1}$ で進行する二次反応について，反応物溶液の初濃度を 5.0 mol/L に調製して実験を行った．この反応の半減期，ならびに 6.0 時間後の反応物の濃度を求めよ．

［解答］　半減期

$t_{1/2} = 1/C_0 \cdot k$ の関係から，

$t_{1/2} = 1/2 \times 5.0$

$= 0.10$ 時間

6.0 時間後の濃度

$1/C = 1/C_0 + kt$ の関係式に代入すると

$1/C = 1/5.0 + 2.0 \times 6.0$

$= 12.2$

$C = 1/12.2$

$= 0.08196 \fallingdotseq 0.082$ mol/L

C 零次反応

零次反応は，式（3.6）に示した反応速度式の n が 0，すなわち反応物の濃度 C に関係なく，図 3.7 に示すように反応速度（傾き）が変化せずに，反応物の濃度が直線的に減少する反応である．

反応速度 v は，以下のように表すことができる．

$$\text{反応速度}\, v = -\frac{\mathrm{d}C}{\mathrm{d}t} = kC_0 = k \tag{3.20}$$

ここで，k は零次反応速度定数で，単位の次元は，[濃度]・[時間]$^{-1}$ となる．

この式を整理して積分し，初期条件を用いると

$$C = C_0 - kt \tag{3.21}$$

となる．零次反応速度は，図 3.7 の傾きと等しい．

式（3.21）に $C = \dfrac{C_0}{2}$ および $t = t_{1/2}$ を代入して整理すると，半減期 $t_{1/2}$ は以下のように表すことができる．

$$\frac{C_0}{2} = C_0 - kt_{1/2} \tag{3.22}$$

$$t_{1/2} = \frac{C_0}{2k} \tag{3.23}$$

式（3.23）より，半減期と初濃度は比例関係にあり，初濃度が大きいほど半減期は長くなる．例えば，濃度が 10%から 5%に変化するのに 1 時間かかる反応において，初濃度が 20%から 10%に減少する場合，2 時間の時間が必要となる．また，半減期の 2 倍の時間が経過すると，濃度は 0 になる．

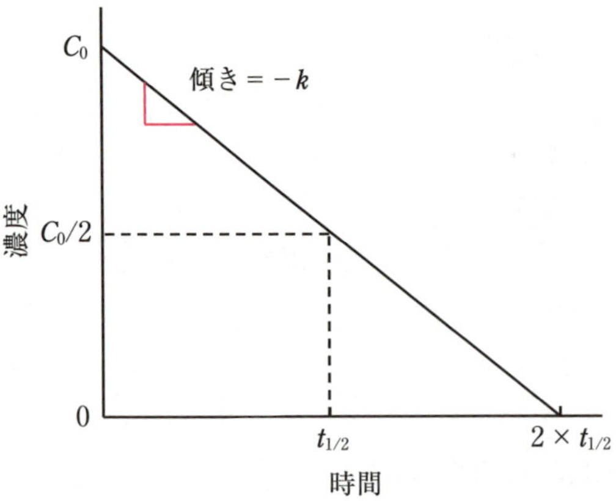

図 3.7　零次反応における反応物濃度の経時変化

反応物の濃度が変化しても反応速度が変化しないため，傾きは一定で，濃度は直線的に減少していく．

[例題 3.4]　反応速度定数が 2.0 mol·L^{-1}·hr^{-1} で進行する零次反応がある．反応物の初濃度が 15 mol/L の溶液を調製し，実験を行った．この反応の半減期，ならびに 6.0 時間後の反応物の濃度を求めよ．

[解答]　半減期

$t_{1/2} = C_0/k$ の関係にあるので，

$$t_{1/2} = 15/2.0$$
$$= 7.5 \text{ 時間}$$

6.0 時間後の濃度

$C = C_0 - kt$ の関係式にそれぞれ代入すると

$$C = 15 - 2.0 \times 6$$
$$= 15 - 12 = 3 \text{ mol/L}$$

コラム 1　2 種類の反応物の濃度が関係する二次反応

二次反応のうち，反応物 A と B が生成物 C と D に変化する反応（式 3.24）では，

$$\mathrm{A + B \longrightarrow C + D} \tag{3.24}$$

溶液中において A, B 2 つの分子が会合することによって反応が進行する．

反応速度式は，式（3.25）で与えられ，反応物 A および B の濃度の積に比例する．

$$-\frac{\mathrm{d[A]}}{\mathrm{d}t} = -\frac{\mathrm{d[B]}}{\mathrm{d}t} = \frac{\mathrm{d[C]}}{\mathrm{d}t} = \frac{\mathrm{d[D]}}{\mathrm{d}t} = k\mathrm{[A][B]} \tag{3.25}$$

反応初期に反応物 A, B がそれぞれ a, b の濃度で存在し，時間 t でそれらのうち，x だけ反応によって消失し，生成物 C, D がそれぞれ x 生成しているとすると，時刻 t では，反応物 A, B の濃度は，$a - x$, $b - x$ で表されるので，微分型の反応速度式は

$$-\frac{\mathrm{d}(a-x)}{\mathrm{d}t} = k(a-x)(b-x) \tag{3.26}$$

となる．

ここで，

$$-\frac{\mathrm{d}(a-x)}{\mathrm{d}t} = -\frac{\mathrm{d}a}{\mathrm{d}t} + \frac{\mathrm{d}x}{\mathrm{d}t} = \frac{\mathrm{d}x}{\mathrm{d}t} \tag{3.27}$$

であることを用い，式（3.26）に代入して整理すると，

$$\frac{\mathrm{d}x}{(a-x)(b-x)} = k\mathrm{d}t \tag{3.28}$$

$$\frac{1}{(b-a)}\left[\frac{1}{(a-x)} - \frac{1}{(b-x)}\right]\mathrm{d}x = k\mathrm{d}t \tag{3.29}$$

と変形できる．

式（3.29）を積分して，

$$\frac{1}{b-a}\int_0^x \left[\frac{1}{a-x} - \frac{1}{b-x}\right]\mathrm{d}x = k\int_0^t \mathrm{d}t \tag{3.30}$$

初期条件を用いると，

$$\frac{1}{b-a}\ln\frac{a(b-x)}{b(a-x)} = kt \tag{3.31}$$

が得られる．

コラム2　n 次反応

反応速度が1つの成分の濃度に関して n 次である場合，反応速度式は式（3.6）に示した式で表すことができる．今，濃度を C として，この式を積分すると，$n-1$ が0ではない場合，

$$\frac{1}{C^{n-1}} = (n-1)kt + \frac{1}{{C_0}^{n-1}} \tag{3.32}$$

が得られる．

この式から半減期 $t_{1/2}$ を求めると，

$$t_{1/2} = \frac{2^{n-1}-1}{k(n-1){C_0}^{n-1}} \tag{3.33}$$

となる．

上述の零次反応，一次反応，二次反応，n 次反応に関する各微分型式，積分型式，反応速度定数の次元，半減期と初濃度の関係を表3.1にまとめた．

表3.1　零次，一次，二次反応の反応速度式

	零次反応	一次反応	二次反応
反応速度 $-\frac{dC}{dt}$	$-\frac{dC}{dt}=k$ C に無関係	$-\frac{dC}{dt}=kC$ C に比例	$-\frac{dC}{dt}=kC^2$ C の2乗に比例
積分式	$C = C_0 - kt$	$\ln C = \ln C_0 - kt$ $\log C = \log C_0 - \frac{k}{2.303}t$	$\frac{1}{C} = \frac{1}{C_0} + kt$
指数式	−	$C = C_0 \cdot e^{-kt}$	−
半減期 ($t_{1/2}$)	$t_{1/2} = \frac{C_0}{2k}$ C_0 に比例	$t_{1/2} = \frac{\ln 2}{k} = \frac{0.693}{k}$ C_0 に無関係	$t_{1/2} = \frac{1}{C_0 k}$ C_0 に反比例
k の次元	[濃度]・[時間]$^{-1}$	[時間]$^{-1}$	[濃度]$^{-1}$・[時間]$^{-1}$

k：反応速度定数，C：濃度，C_0：初濃度，t：時間

[例題3.5]　1. 濃度が1.0 mol/L，2.0 mol/L，4.0 mol/Lの溶液について，半減期を求めたところ，それぞれ2.0時間，4.0時間，8.0時間であった．この反応は何次反応で進行しているか．

2. 濃度が1.0 mol/L，2.0 mol/L，4.0 mol/Lの溶液について，半減期を求めたところ，どの溶液も4時間であった．この反応は何次反応で進行しているか．

[解答]　1. 濃度の増加に比例して，半減期が増大していることから零次反応である．

2. 濃度によらず半減期が4時間と一定であることから，反応は一次反応で進行している．

3.1.3 反応次数の決定法

3.1.2で取り扱った反応次数は，実験的に，以下に説明する積分法，微分法，初濃度法，半減期法などの方法によって実験的に決定することができる．

A 積分法

積分法は，3.1.2に記述およびグラフに示したように，それぞれの反応次数によって時間と濃度の関係において直線性が得られる縦軸の次元が零次反応では濃度（C），一次反応では$\ln C$，二次反応では$1/C$のように異なる．積分法では，このような実験データの積分式への適合性から反応次数が決定される．

B 微分法

反応速度vが，次式のように1つの反応物の濃度のn乗に比例する反応（式3.34）で表される関数において，

$$v = kC^n \tag{3.34}$$

両辺の自然対数をとると，

$$\ln v = \ln k + n \ln C \tag{3.35}$$

となる．

縦軸に$\ln v$を，横軸に$\ln C$をとってプロットすると，図3.8のような直線関係が得られる．

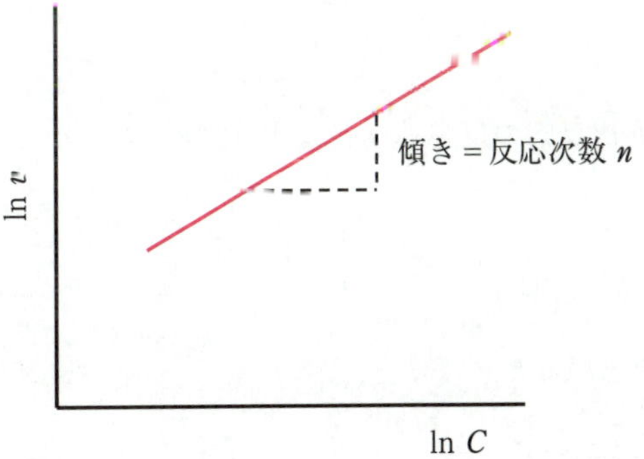

図3.8　微分法における反応速度と濃度の関係

濃度を変化させて反応速度を測定した時，濃度と反応速度の自然対数をそれぞれプロットすると直線となりその傾きが反応次数である．

このグラフの傾きから反応次数 n を求める方法を**微分法**という.

C 初速度法

初速度法は，反応物の初濃度を変化させ，反応開始直後の反応速度を測定し，反応次数を決定する方法である.

反応の初速度 v_0 は，反応物 A の初濃度を ［A］$_0$ とすると次のように表される.

$$v_0 = k + [\mathrm{A}]_0^n \tag{3.36}$$

初濃度 ［A］$_0$ をいろいろ変化させた時の初速度 v_0 を測定し，反応速度式（3.36）の両辺の自然対数をとって得た式（3.37）について，

$$\ln v_0 = \ln k + n \ln[\mathrm{A}]_0 \tag{3.37}$$

横軸に $\ln[\mathrm{A}]_0$，縦軸に $\ln v_0$ をプロットすると，図 3.9 のような直線関係が得られ，直線の傾きが反応次数 n，切片が $\ln k$ に対応する.

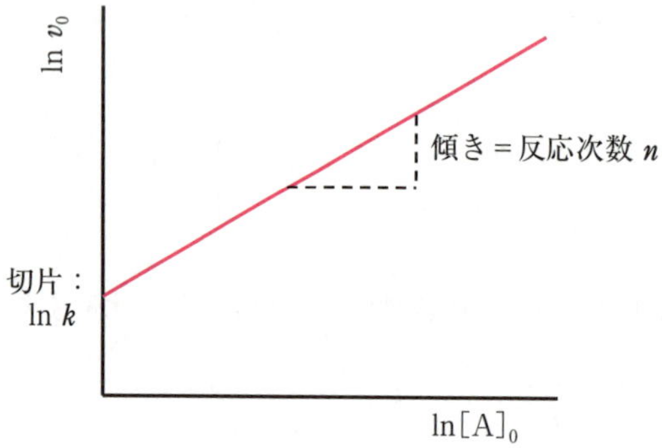

図 3.9　初速度法における反応速度と濃度の関係

初濃度を変化させ，反応開始直後の瞬間反応速度を計測し，初濃度と瞬間反応速度の自然対数をそれぞれプロットしたとき，直線となり，傾きは反応次数を，切片は反応速度定数となる.

D 半減期法

3.1.2 で学んだように，n 次反応の反応速度式は式（3.38）のように表すことができる（$n-1 \neq 0$ の場合).

$$\frac{1}{C^{n-1}} = (n-1)kt + \frac{1}{C_0^{n-1}} \tag{3.38}$$

この式から半減期 $t_{1/2}$ を求めると，

$$t_{1/2} = \frac{2^{n-1}-1}{k(n-1)C_0^{n-1}} \tag{3.39}$$

が得られ，両辺の対数をとると，

$$\ln t_{1/2} = (1 - n)\ln C_0 + \ln\frac{2^{n-1} - 1}{k(n - 1)} \tag{3.40}$$

が得られる．**半減期法**では，種々の濃度を初濃度（$C_0(1)$，$C_0(2)$，$C_0(3)$，……）とし，その濃度が半分（$1/2C_0(1)$，$1/2C_0(2)$，$1/2C_0(3)$，……）になるのに要する時間，すなわち，半減期（$t_{1/2}(1)$，$t_{1/2}(2)$，$t_{1/2}(3)$，……）を読み取る（図 3.10）．このとき求められた半減期の自然対数（$\ln t_{1/2}$）を，初濃度の自然対数（$\ln C_0$）に対してプロットすると，図 3.11 のような直線関係が

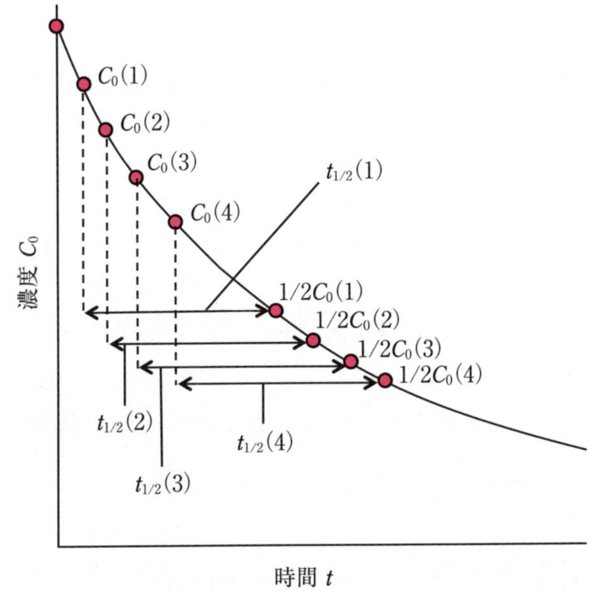

図 3.10　半減期法による反応次数と速度定数の決定

任意の時間における濃度 $C_0(1)$，$C_0(2)$，$C_0(3)$，$C_0(4)$ が半分になる時間を求め，それらの半減期 $t_{1/2}(1)$，$t_{1/2}(2)$，$t_{1/2}(3)$，$t_{1/2}(4)$ を求める．

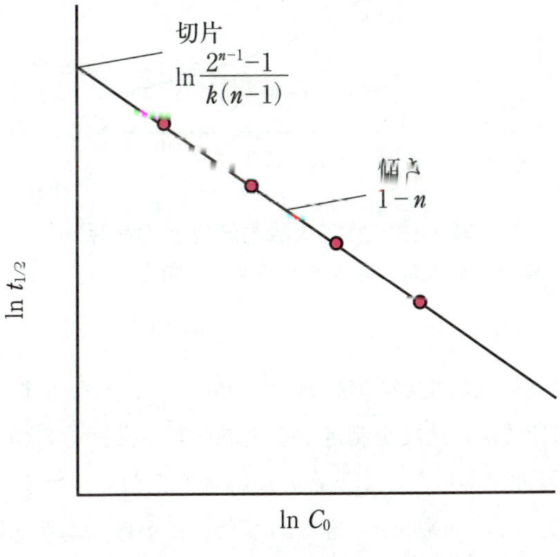

図 3.11　$\ln C_0$ と $\ln t_{1/2}$ の関係

$\ln C_0$ に対して $\ln t_{1/2}$ をプロットすると，傾きは（1 − 反応次数）となる．

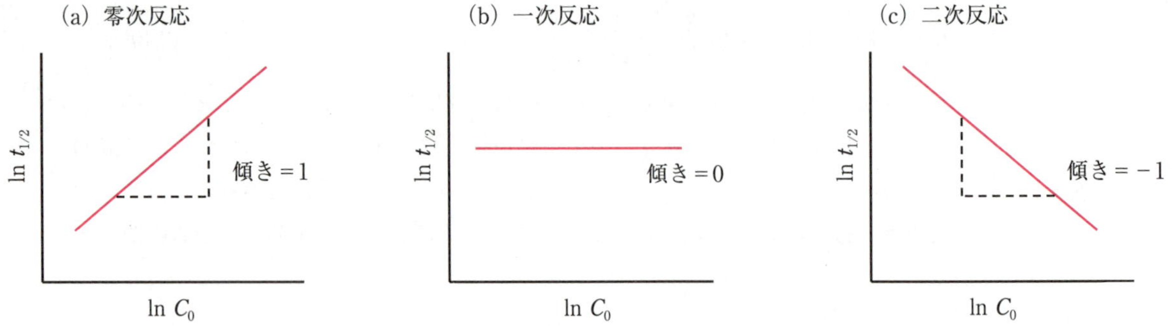

図 3.12　零次，一次，二次反応の半減期法で得られるグラフ

半減期法のグラフは零次反応は傾き 1，一次反応は傾き 0，二次反応は傾き－1の直線となる．

得られる．式（3.40）の関係から，その傾きは（1－n）となる．零次反応では，図 3.12(a) のように1に，一次反応では0（b）に，二次反応では－1（c）となり，反応次数を推定することができる．

図 3.13 には，半減期が等しい反応における零次，一次，二次反応における反応時間に対する濃度推移を示す．図 3.13 のように，半減期が等しいそれぞれの反応次数における残存濃度は，半減期までは零次＞一次＞二次の順であるが，半減期を過ぎるとこの関係は逆転し，二次＞一次＞零次の順となる．

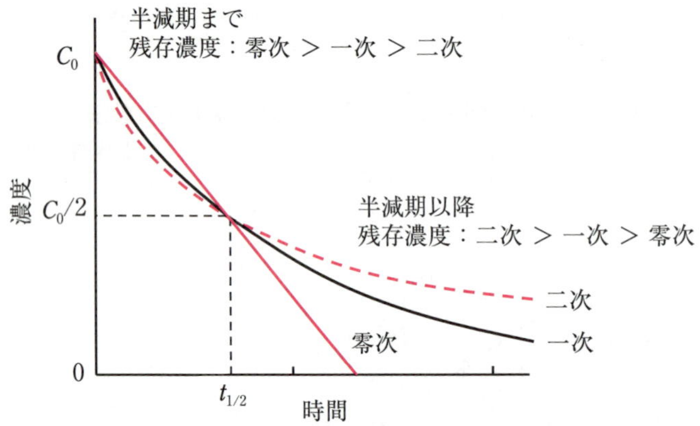

図 3.13　反応次数と濃度との関係

半減期が等しい反応の場合，半減期を過ぎると各反応次数をもつ反応の残存濃度の大小関係が逆転する．

[例題 3.6]　ある化合物の初濃度が 25.0，50.0，100 mol/L となるように調製した溶液について，加水分解反応速度を測定する実験を行った．その結果，半減期は濃度に関係なく 8.0 時間であった．本反応の反応速度定数を求めよ．

[解答]　初濃度によらず半減期が一定であったことから，本反応は見かけ上一次反応で進行していると考えられる．

一次反応では，$t_{1/2}$ = 0.693/k の関係にあるので，

$k = 0.693/8.0 = 0.0866 \fallingdotseq 0.087\ \mathrm{h^{-1}}$

［例題 3.7］　零次で反応が進行する系において，反応速度定数 k は 0.050 mol/L·min^{-1} であった．今，反応物の初濃度が 50 mol/L の溶液を用いて実験を行った．この反応の半減期を求めよ．また 5.0 時間後の反応物の濃度を求めよ．

［解答］　半減期は $t_{1/2} = C_0/2k$ の関係にあるので，

$$t_{1/2} = 50/(2 \times 0.05)$$
$$= 500\ \mathrm{min}$$

5.0 時間後の反応物の濃度は，$C = C_0 - kt$ の関係から，

$$C = 50 - 0.05 \times 300$$
$$= 35\ \mathrm{mol/L}$$

［例題 3.8］　ある反応について，一定温度下で反応物の濃度を変化させて半減期を測定した結果を以下の表に示す．この反応の反応次数ならびに反応速度定数を求めよ．

反応物の初濃度（mol/L）	16.0	10.0	4.00
半減期（min）	12.5	20.0	50.0

［解答］　初濃度と半減期の関係が反比例の関係にあるので，二次反応であることがわかる．$t_{1/2} = 1/C_0\,k$ の関係式にいずれかの値を代入する．

$$20.0 = 1/10.0 \cdot k$$
$$k = 200(\mathrm{mol/L})^{-1} \cdot \mathrm{min}^{-1}$$

3.1.4 ◆（擬）一次反応の反応速度を測定し，速度定数を求める

A 擬一次反応

医薬品の加水分解反応をはじめ，血中からの薬物消失速度など，その反応速度を一次反応として取り扱うことのできる現象は比較的多い．アスピリン水溶液中でのアスピリンの加水分解反応（式 3.41）では，

$$C_6H_4(COOH)OCOCH_3 + H_2O \longrightarrow C_6H_4(COOH)OH + CH_3COOH \qquad (3.41)$$

加水分解反応では，加水分解を受ける化合物と水の濃度が関係するため，二次反応速度式は式(3.42) のように書き表せる．

$$\text{アスピリンの加水分解速度}v = \text{アスピリンの加水分解反応の速度定数}k \cdot [\text{アスピリン}] \cdot [H_2O] \quad (3.42)$$

アスピリン水溶液中でこの反応が起こる場合を考える．水溶液中では，溶媒である水分子の数に比べて，溶質であるアスピリン分子の数は少なく，アスピリン分子の加水分解反応の進行に伴う濃度変化率は大きい．これに対し，水分子は大量に存在するため，アスピリンと同じ数の分子が消費されたとしても，濃度変化率はほぼ無視できるほど小さい．これは，同じ900円の買い物をする際，所持金が1,000円しかない人では，もっているお金の9割を使い，残りは1割の100円になってしまう．これに対し，所持金が1,000万円の人では，900円の買い物をしても，999万9100円が残り，所持金に大きな変化はないように感じられる．このように，大量に存在する水分子の変化は，ほぼ無視できるので，k［H_2O］は一定（$= k_{obs}$）と見なすことができ，見かけのアスピリンの加水分解反応速度は，

$$\text{アスピリンの見かけの分解速度}v_{obs} = k_{obs}[\text{アスピリン}] \quad (3.43)$$

となり，加水分解反応は見かけ上アスピリンの濃度のみに依存する一次反応として取り扱うことができる．3.1.1に示したように，実際にアスピリン水溶液を用いた実験で，水溶液中のアスピリン残存濃度の対数と時間の関係をプロットすると，直線関係が得られる．この傾きから，見かけの反応速度定数kが求められる．このように本来であれば2種以上の分子濃度に依存しているにもかかわらず，見かけ上一次反応速度式で整理できる反応を，**擬一次反応**と呼ぶ．またこのときのk_{obs}に相当する定数を擬一次反応速度定数という．

上記の手法を応用することによって，二次反応の反応速度定数を求めることもできる．

今，A + B ⟶ C + Dの反応に関する実験において，その反応速度は，

$$v = \frac{d[A]}{dt} = \frac{d[B]}{dt} = k[A][B] \quad (3.44)$$

で表されるが，今，Aの濃度は変化させず一定［A］とし，Bの濃度をAの濃度に対して，100, 150, 200倍に変化させる．BはAに対して過剰に存在することになるため，濃度変化がほとん

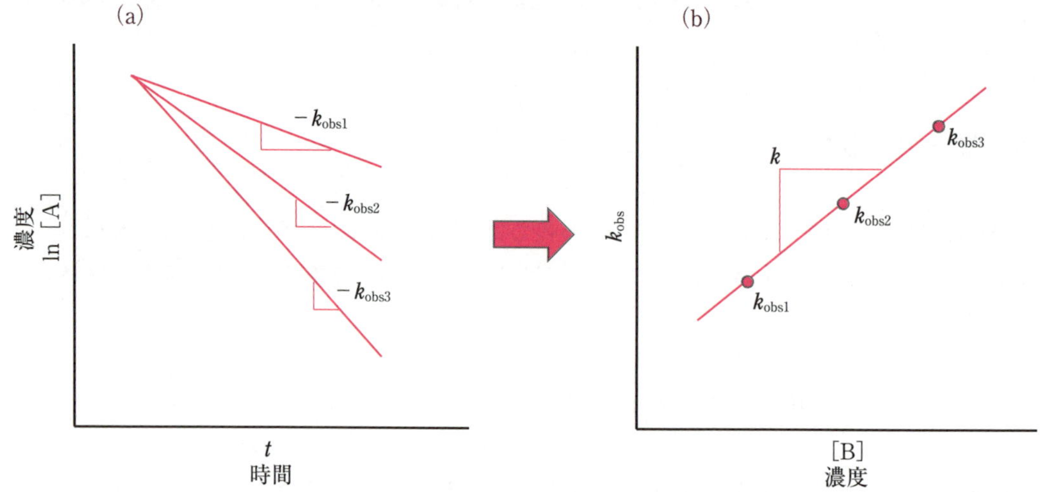

図3.14　二次反応での反応速度定数の決定法

ど起こらない定数として取り扱うことが可能となる

すなわち，

$$v_1 = k[\mathrm{A}][\mathrm{B}] = k_{\mathrm{obs1}}[\mathrm{A}] \quad (3.45)$$

$$v_2 = k[\mathrm{A}][\mathrm{B}] = k_{\mathrm{obs2}}[\mathrm{A}] \quad (3.46)$$

$$v_3 = k[\mathrm{A}][\mathrm{B}] = k_{\mathrm{obs3}}[\mathrm{A}] \quad (3.47)$$

ここで，$k_{\mathrm{obs1}} = k[\mathrm{B}] = k \times 100[\mathrm{A}]$，$k_{\mathrm{obs2}} = k[\mathrm{B}] = k \times 200[\mathrm{A}]$，$k_{\mathrm{obs3}} = k[\mathrm{B}] = k \times 300[\mathrm{A}]$

それぞれを一次反応として解析する（図3.14(a)）．k_{obs}をBの濃度に対してプロットすると直線が得られ，その傾きから二次反応速度定数kを求めることができる（図3.14(b)）．このように速度がいくつかの反応物の濃度の関数で表されるとき，ある反応物に着目し，他の反応物の濃度を反応中にほとんど変化しないとみなせるような高濃度とすることで，見かけ上一次反応として取り扱うことができる．

B　擬零次反応

様々な反応の中には，見かけ上零次反応速度式で整理できる反応もある．よく知られている例が，アスピリン水性懸濁液中でのアスピリンの加水分解反応である．前項で述べられている擬一次反応との違いは，系内に存在するアスピリンの量および状態である．アスピリン水性懸濁液中には，溶媒である水ならびに水中に分子状態で飽和濃度まで溶解しているアスピリンと溶解しきれずに固体として存在するアスピリンが存在する．液体中に溶解している分子は，固体として存在する分子に比べて多くのエネルギーをもっている．このため，液中に存在する分子の反応速度は，固体として存在する分子の反応速度に比べて著しく速い．前項のように，溶液中でのアスピリンの加水分解反応は擬一次反応で進行し，その速度式は式（3.42）で表される．いま，アスピリンの水性懸濁液中の溶液部分では，アスピリンの飽和水溶液が形成されており，水に溶解しているアスピリン分子の加水分解反応における見かけの反応速度v_{obs}は式（3.48）で表される．

$$v_{\mathrm{obs}} = -\frac{\mathrm{d}[\text{アスピリン}]}{\mathrm{d}t} = k_{\mathrm{obs}} \cdot C_{\mathrm{s}} \quad (3.48)$$

ここで，kは見かけの分解速度定数，C_{s}はアスピリンの飽和濃度（溶解度）である．

当然であるが，加水分解が生じると，溶解しているアスピリンは減少する（図3.15-1）．このとき，水中に溶けることのできるアスピリン分子数に余裕ができるため，溶け残っているアスピリン結晶から減少した数と同じアスピリン分子が溶解し，溶液は再び飽和濃度（C_{s}）となる（図3.15-2）．加水分解の速度よりも，アスピリンが固体から溶解する速度のほうが非常に速ければ，水に溶解しているアスピリン濃度は，常に飽和濃度（溶解度）に維持された状態となる．このような現象が起こるため，溶け残って固体として存在するアスピリンが系内に残存している間は，系内のアスピリン量自体は減少しているが，アスピリン水性懸濁液の溶液部分の濃度は常に溶解度に保たれた状態となり，その間見かけの分解速度は式（3.43）の関係が維持される．飽和濃度は，温度，圧力，pHなどの環境が一定であれば変化しないため，定数として取り扱うことができ，溶液中で起こっている加水分解反応の見かけの反応速度v_{obs}（式3.48）の値は変化せず，単位時間当たりのアスピリンの変化量は見かけ上一定となる．このように反応速度が見かけ上，濃

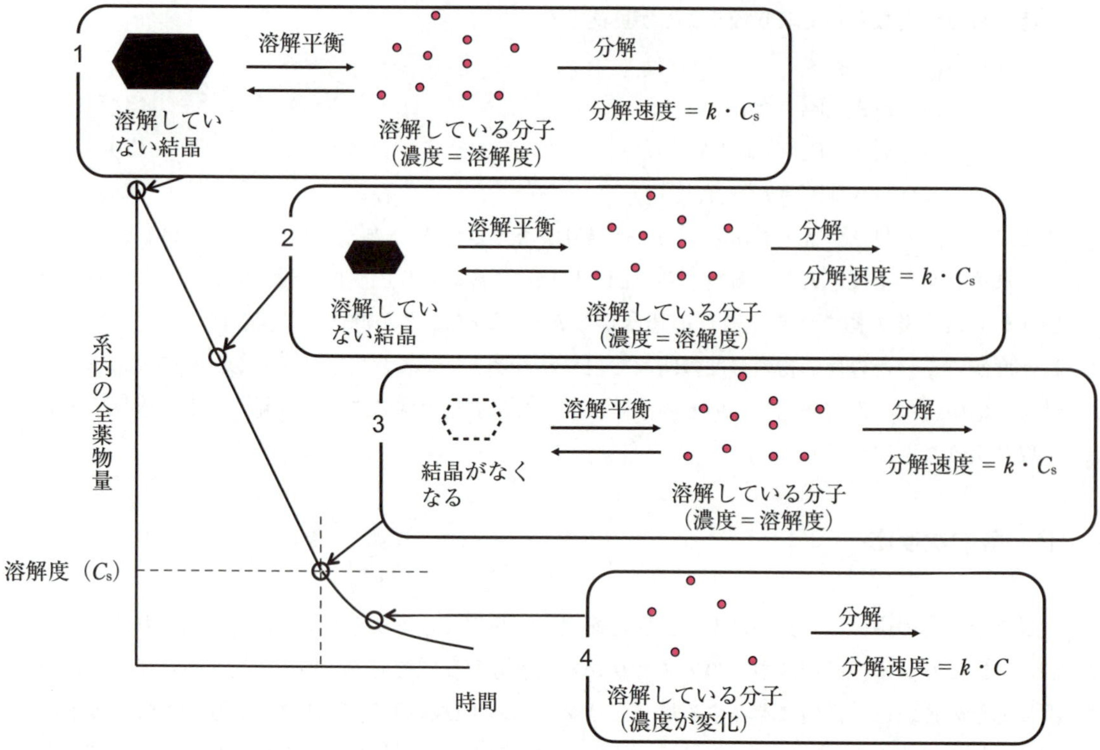

図 3.15

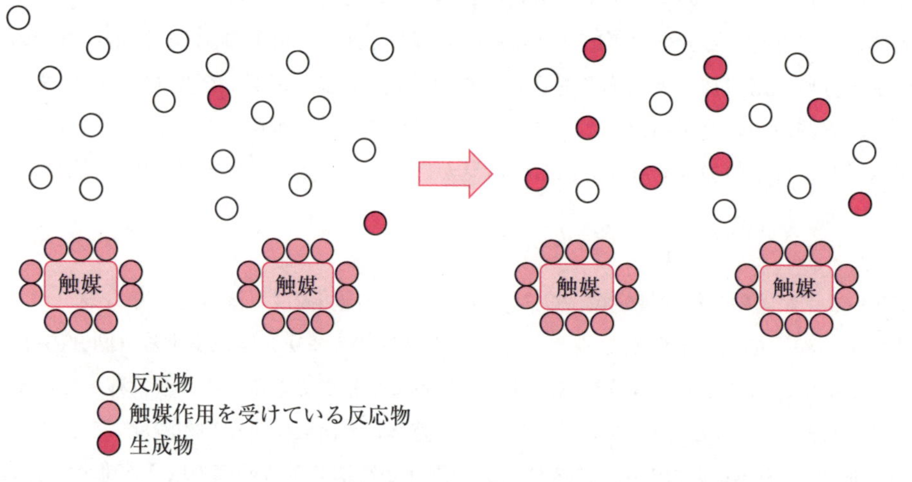

図 3.16 不均一触媒反応によって進行する擬零次反応

単位時間当たりに反応する反応物の数は，触媒作用を受けている反応物の数で決まり，反応物が豊富にある間は，常に触媒表面は反応物で占有された状態となっている．このため，反応速度は，反応物の濃度によらず，一定として取り扱うことができるようになる．

度には依存していないように取り扱うことができる反応様式を**擬零次反応**と呼ぶ．

さらに加水分解が進み，溶け残っているアスピリンがなくなると，加水分解の進行に伴ってアスピリン溶液の濃度が変化し始め，反応速度もアスピリンの濃度に依存して変化する擬一次反応に移行し，式（3.45）で示した式に従って変化するようになる（図 3.15-4）．

上記のような懸濁液系での反応以外にも，固体の触媒表面などを介した反応（不均一触媒反応）においても同様の擬零次反応が観察される．この反応の場合，反応する速度は，固体触媒の表面に結合している反応物の数によって決まる．触媒作用を示す部位の数に比べて，反応物の濃度が高い場合，触媒の表面積が一定であるとすると，単位時間当たりに反応する反応物の数は，反応物の濃度によらず常に一定となるため，零次での解析が可能となる（図 3.16）．

［例題 3.9］　ある薬物 A の水溶液における加水分解反応速度の擬一次反応速度定数 k を求めたところ 0.050 hr^{-1} であった．また，同一条件下において A の溶解度は 1.0 w/v% であり，その溶解速度は分解速度に比べ十分に速かった．以下の問いに答えよ．

（1）0.50 w/v% の A の水溶液における加水分解反応の半減期を求めよ．

（2）5.0 mL 中に 100 mg の A を含む懸濁液を調製した．A の濃度が 1.5 w/v% および 0.50 w/v% となる時間を求めよ．

［解答］　（1）A の濃度が溶解度以下であるので，この条件では，A は完全に溶解しており，加水分解反応は擬一次反応で進行する．

よって半減期は，

$t_{1/2} = 0.693/0.050$

$= 13.86 \fallingdotseq 14$ 時間

（2）A の濃度を計算すると，100 mg/5.0 mL ＝ 2.0 g/100 mL ＝ 2.0 w/v%

溶解度以上の A が系内に存在する．このため，A の固体が存在する間は零次反応で，A の固体がなくなったら一次反応で取り扱う．すなわち 1.5 w/v% は A の固体が存在するので零次反応で，0.50 w/v% は溶解度以下であるので，固体がなくなってからは一次反応として計算する．

まず，擬零次反応で計算する部分の傾きは，反応速度定数×飽和濃度で求められるので，$0.050 \times 1 = 0.050$ w/v%・hr^{-1}

零次反応の積分式 $C = C_0 - kt_1$ に代入すると

$1.5 = 2 - 0.050 \times t_1$

$t_1 = 10$ 時間

次に 0.50 w/v% になるまでの時間を求める．

処理を擬零次反応から一次反応に切り替える濃度が 1.0 w/v% になるまでに要する時間は

$1 = 2 - 0.050\,t$

$t = 20$ 時間

一次反応の部分を計算する．

$\ln 0.5 = \ln 1 - 0.050t$

$t = 13.9$ 時間

擬零次反応で処理した時間（20 時間）と一次反応で処理した時間（13.9 時間）を足した時間，すなわち 34 時間後に 0.5 w/v% になる．

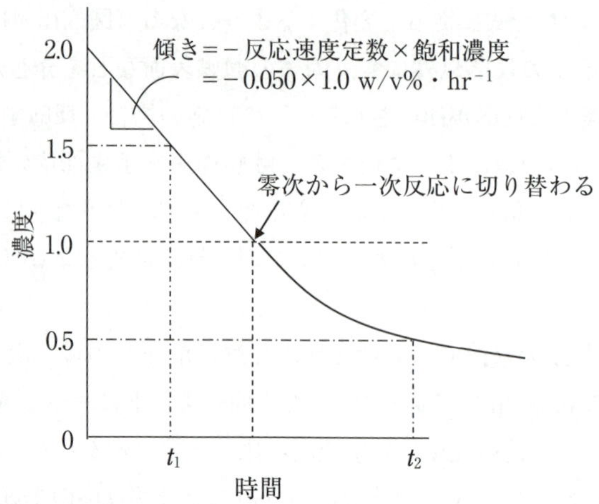

3.1.5 ◆ 複合反応（可逆反応，平行反応，連続反応など）の特徴

A 複合反応

これまでに述べてきた反応は，A ⟶ B のように，反応物が生成物に変化する単純な反応（**素反応**，単純反応）を取り扱ってきた．しかし実際には，ある反応によって生じた生成物がさらに別の物質へと変化していく反応や，1 つの反応物から複数の生成物ができる反応などが生じることもある．このように，複数の反応が進行する反応のことを**複合反応**という．複合反応はヒトの体の中で起こっている代謝や排泄を始めとする諸現象においてもよく観察される．

（1）可逆反応

A ⟶ B のように進む反応（正反応）に対し，B ⟶ A のように逆方向に進む反応（逆反応）が同時に起こる反応を**可逆反応**という．今，下に示す可逆反応において，正反応，逆反応の反応速度式はそれぞれ，式（3.49）および式（3.50）のように表すことができる．

$$\mathrm{A} \underset{k_{-1}}{\overset{k_1}{\rightleftarrows}} \mathrm{B}$$

$$\text{正反応の反応速度}\ v_1 = -\frac{\mathrm{d}[\mathrm{A}]}{\mathrm{d}t} = \frac{\mathrm{d}[\mathrm{B}]}{\mathrm{d}t} = k_1[\mathrm{A}] \qquad (3.49)$$

$$\text{逆反応の反応速度}\ v_{-1} = \frac{\mathrm{d}[\mathrm{A}]}{\mathrm{d}t} = -\frac{\mathrm{d}[\mathrm{B}]}{\mathrm{d}t} = k_{-1}[\mathrm{B}] \qquad (3.50)$$

A の濃度が変化する速度 v は，正反応と逆反応の差，すなわち，正反応で消失する A の濃度の減少速度と逆反応で生成される A の濃度の増加速度の合計となる．

$$v = v_1 - v_{-1} = -\frac{\mathrm{d}[\mathrm{A}]}{\mathrm{d}t} = k_1[\mathrm{A}] - k_{-1}[\mathrm{B}] \tag{3.51}$$

反応開始時，Aのみが存在し，そのときの初濃度を$[\mathrm{A}]_0$とすると，Bの濃度[B]は，$[\mathrm{B}]=[\mathrm{A}]_0-[\mathrm{A}]$で表すことができる．

これを式（3.51）に代入すると，

$$-\frac{\mathrm{d}[\mathrm{A}]}{\mathrm{d}t} = k_1[\mathrm{A}] - k_{-1}([\mathrm{A}]_0 - [\mathrm{A}]) \tag{3.52}$$

となる．

濃度の項で整理すると

$$-\frac{\mathrm{d}[\mathrm{A}]}{\mathrm{d}t} = (k_1 + k_{-1})[\mathrm{A}] - k_{-1}[\mathrm{A}]_0 \tag{3.53}$$

で表される．

可逆反応では，やがてAがBに変化する速度（正反応の反応速度）とBがAに変化する速度（逆反応の反応速度）が等しくなる，すなわち見かけ上AもBも濃度が変化していないように見える状態に行き着く．この状態を，**平衡状態**と呼ぶ．

平衡に達した時のA, Bそれぞれの濃度を $[\mathrm{A}]_{\mathrm{eq}}$ および $[\mathrm{B}]_{\mathrm{eq}}$ で表すと，平衡状態では正反応と逆反応の反応速度が等しく，それ以上変化しないことから，

$$\begin{aligned}-\frac{\mathrm{d}[\mathrm{A}]}{\mathrm{d}t} &= k_1[\mathrm{A}]_{\mathrm{eq}} - k_{-1}[\mathrm{B}]_{\mathrm{eq}} \\ &= k_1[\mathrm{A}]_{\mathrm{eq}} - k_{-1}([\mathrm{A}]_0 - [\mathrm{A}]_{\mathrm{eq}}) = 0\end{aligned} \tag{3.54}$$

が成り立つ．これを整理すると，

$$k_1[\mathrm{A}]_{\mathrm{eq}} = k_{-1}([\mathrm{A}]_0 - [\mathrm{A}]_{\mathrm{eq}}) \tag{3.55}$$

となる．これを式（3.53）に代入すると，

$$\begin{aligned}-\frac{\mathrm{d}[\mathrm{A}]}{\mathrm{d}t} &= (k_1 + k_{-1})[\mathrm{A}] - (k_1 + k_{-1})[\mathrm{A}]_{\mathrm{eq}} \\ &= (k_1 + k_{-1})([\mathrm{A}] - [\mathrm{A}]_{\mathrm{eq}})\end{aligned} \tag{3.56}$$

時間に依存する［A］から一定値の $[\mathrm{A}]_{\mathrm{eq}}$ を差し引いた量の微分は［A］に対する微分と等しいので，

$$-\frac{\mathrm{d}[\mathrm{A}]}{\mathrm{d}t} = -\frac{\mathrm{d}([\mathrm{A}] - [\mathrm{A}]_{\mathrm{eq}})}{\mathrm{d}t} \tag{3.57}$$

であるので，式（3.56）の左辺をこの形に変えると，

$$-\frac{\mathrm{d}([\mathrm{A}] - [\mathrm{A}]_{\mathrm{eq}})}{\mathrm{d}t} = (k_1 + k_{-1})([\mathrm{A}] - [\mathrm{A}]_{\mathrm{eq}}) \tag{3.58}$$

となる．積分を行い，初期条件を$t=0$で$[\mathrm{A}]=[\mathrm{A}]_0$として代入すると，

$$\ln\frac{[\mathrm{A}] - [\mathrm{A}]_{\mathrm{eq}}}{[\mathrm{A}]_0 - [\mathrm{A}]_{\mathrm{eq}}} = -(k_1 + k_{-1})t \tag{3.59}$$

が得られる．$\ln([\mathrm{A}]-[\mathrm{A}]_{\mathrm{eq}})$または$\ln([\mathrm{A}]-[\mathrm{A}]_{\mathrm{eq}})/[\mathrm{A}]_0-[\mathrm{A}]_{\mathrm{eq}})$を$t$に対してプロットすると，直線が得られ，このときの傾きは$-(k_1+k_{-1})$となる．

また，

$$[\mathrm{A}] - [\mathrm{A}]_{\mathrm{eq}} = ([\mathrm{A}]_0 - [\mathrm{A}]_{\mathrm{eq}})\exp\{-(k_1 + k_{-1})t\} \tag{3.60}$$

となるので，平衡からのずれは，一次反応に従って減少し，その速度定数は$k_1 + k_{-1}$である．

また，Bについては，

$$[\mathrm{B}] = [\mathrm{B}]_{\mathrm{eq}}[1 - \exp\{-(k_1 + k_{-1})t\}] \tag{3.61}$$

で表される．

また，平衡状態では，式（3.54）が成立し，これを変形すると

$$\frac{[\mathrm{B}]_{\mathrm{eq}}}{[\mathrm{A}]_{\mathrm{eq}}} = \frac{k_1}{k_{-1}} \tag{3.62}$$

となる．

k_1とk_{-1}の比$\dfrac{k_1}{k_{-1}}$を**平衡定数**（K）と呼ぶ．

平衡状態におけるA, Bそれぞれの濃度は平衡定数Kによって決まり，図3.17のようにKが1よりも大きければ$[\mathrm{A}]_{\mathrm{eq}} < [\mathrm{B}]_{\mathrm{eq}}$に，1よりも小さければ$[\mathrm{A}]_{\mathrm{eq}} > [\mathrm{B}]_{\mathrm{eq}}$となる．また，$K$が1であれば，$[\mathrm{A}]_{\mathrm{eq}} = [\mathrm{B}]_{\mathrm{eq}}$となる．平衡定数は，A，Bそれぞれが有する**ギブズエネルギー**に関連する．

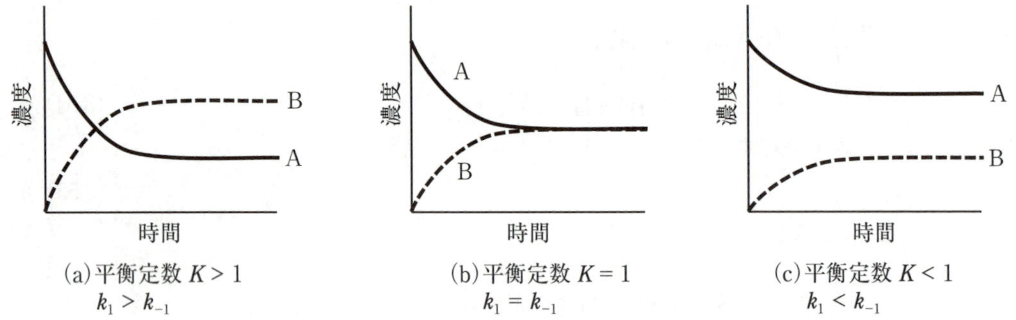

図3.17　可逆反応における反応物と生成物濃度の経時変化

[例題3.10]　AとBは一次反応で相互に変換する．この反応が平衡に達したとき，AとBの濃度はそれぞれ2.0×10^{-4} mol/Lおよび1.5×10^{-3} mol/Lであった．別途AからBへの反応速度定数k_1を求めたところ，$9.0 \times 10^{-3}\ \mathrm{hr}^{-1}$であった．BからAへの反応速度定数$k_{-1}$を求めよ．また，この反応の平衡定数を求めよ．

[解答]　平行反応において平衡状態になっている場合，正反応A⟶Bの反応速度$k_1[\mathrm{A}]$と逆反応B⟶Aの反応速度$k_{-1}[\mathrm{B}]$が等しい．この関係から，以下の式となる．

$$9.0 \times 10^{-3}\ \mathrm{hr}^{-1} \times 2.0 \times 10^{-4}\ \mathrm{mol/L} = k_1 \times 1.5 \times 10^{-3}\ \mathrm{mol/L}$$

$$k_1 = 1.2 \times 10^{-2}\ \mathrm{hr}^{-1}$$

平衡定数Kは，正反応と逆反応の反応速度定数の比で求められるので，

$$K = k_1/k_{-1} = 9 \times 10^{-3}\ \mathrm{hr}^{-1}/1.2 \times 10^{-2}\ \mathrm{hr}^{-1}$$

$$= 0.075$$

（2）平行反応

Aが反応してBが生成するだけでなく，別の物質Cが生成することもある．このように1つの化合物から複数の生成物へと変化する反応を**平行反応**（**併発反応**）という．反応は医薬品を合成する過程でも頻繁に起こり，目的とする化合物を効率よく合成できる手法を確立することは非常に重要である．

今，BとCが，それぞれ反応速度 k_B，k_C で

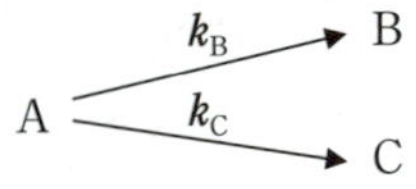

で反応するとすると，

Bが生成される速度 v_B は，

$$v_B = \frac{d[B]}{dt} = k_B[A] \tag{3.63}$$

として，またCが生成される速度 v_C は，

$$v_C = \frac{d[C]}{dt} = k_C[A] \tag{3.64}$$

で表される．

Aが消失する速度 v_A は，Bが生成する速度 v_B とCが生成する速度 v_C の和に等しくなるため，

$$v_A = -\frac{d[A]}{dt} = \frac{d[B]}{dt} + \frac{d[C]}{dt} = k_B[A] + k_C[A] = (k_B + k_C)[A] \tag{3.65}$$

と書き表せる．

BとCの生成速度は，Aの濃度に対するそれぞれの反応速度定数（k_B と k_C）に依存するので，BとCの生成比 $\frac{[B]}{[C]}$ は，反応の経過時間によらず $\frac{k_B}{k_C}$ となる（図3.18）．

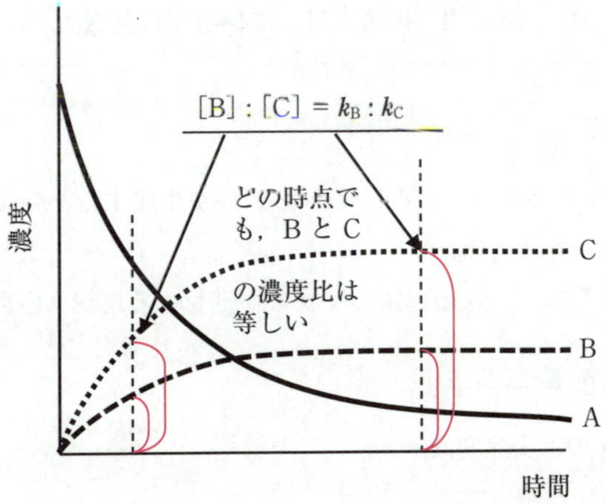

図3.18　平行反応における反応物と生成物濃度の経時変化

[例題 3.11] ある薬物Aが平行反応 $A \xrightarrow{k_1} B$, $A \xrightarrow{k_2} C$ で，それぞれ一次反応で分解されることがわかっている．B，Cの濃度比は3：7であった．今，Aの半減期が69.3時間であるとき，反応速度 k_1 および k_2 の値を求めよ．

[解答] Aが消失する反応速度定数は，$k = 0.693/t_{1/2} = 0.693/69.3 = 0.01\ \mathrm{hr}^{-1}$

$k = k_1 + k_2$

の関係があり，さらに $k_1 : k_2$ が3：7であることから

$k_1 = 0.01 \times 3 \div 10 = 0.003\ \mathrm{hr}^{-1}$

$k_2 = 0.01 \times 7 \div 10 = 0.007\ \mathrm{hr}^{-1}$

となる

コラム 体内で起こっている平行反応

吸収または注射などにより体内に入った薬は，肝臓で代謝を受けたり，尿中や胆汁中に排泄されたりすることにより，体内から消失していく（図3.19）．いま，肝臓での代謝と尿中への排泄によって体内から消失する薬の場合，その消失速度は，肝臓で代謝される速度と尿中に排泄する速度を足し合わせた速度となる．このような体内からの薬の消失速度は，薬の作用時間や投与間隔の決定など，薬剤師業務にも直結する重要であり，十分に理解しておく必要がある．

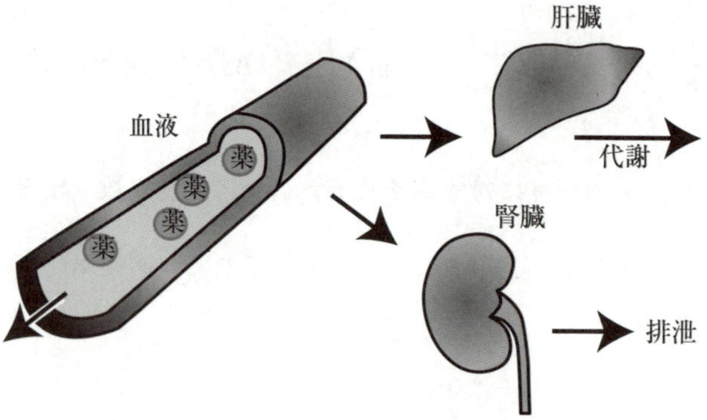

図3.19 体内で起っている平行反応

（3）連続反応

A ⟶ Bの反応で生成したBが，さらに反応してCが生成するといった，連続的に起こる反応を**連続反応**または**逐次反応**と呼ぶ．

今，以下のように各段階で一次反応によって反応が進行する連続反応を考える．

$$A \xrightarrow{k_1} B \xrightarrow{k_2} C$$

この反応において，Aの消失速度は，

$$\frac{d[A]}{dt} = -k_1[A] \tag{3.66}$$

で表される.

また，C が生成される速度は，B の濃度に依存し，

$$\frac{\mathrm{d}[\mathrm{C}]}{\mathrm{d}t}=k_2[\mathrm{B}] \tag{3.67}$$

と表される.

中間生成物である B の濃度変化について考えると，A が反応し B が生成する速度と B が反応し C に変化していく速度の差によって B の濃度変化を表すことができる.

$$\frac{\mathrm{d}[\mathrm{B}]}{\mathrm{d}t}=-\frac{\mathrm{d}[\mathrm{A}]}{\mathrm{d}t}-\frac{\mathrm{d}[\mathrm{C}]}{\mathrm{d}t}=k_1[\mathrm{A}]-k_2[\mathrm{B}] \tag{3.68}$$

反応開始時，A のみが存在していたとすると，$[\mathrm{A}]_0=[\mathrm{A}]+[\mathrm{B}]+[\mathrm{C}]$ が成り立つ. 式（3.66）より，A は一次反応で減少していくので，

$$[\mathrm{A}]=[\mathrm{A}]_0\exp(-k_1t) \tag{3.69}$$

この式を式（3.68）に代入すると

$$\frac{\mathrm{d}[\mathrm{B}]}{\mathrm{d}t}=k_1[\mathrm{A}]_0\exp(-k_1t)-k_2[\mathrm{B}] \tag{3.70}$$

となる. この式を積分し，初期条件 $[\mathrm{B}]=0$ を用いると

$$[\mathrm{B}]=\frac{k_1}{k_2-k_1}[\mathrm{A}]_0\{\exp(-k_1t)-\exp(-k_2t)\} \tag{3.71}$$

$$[\mathrm{C}]=[\mathrm{A}]_0-[\mathrm{A}]-[\mathrm{B}] \tag{3.72}$$

が得られる.

今，$[\mathrm{A}]_0=1.0\ \mathrm{mol/L}$，$k_1=0.1\ \mathrm{min}^{-1}$，$k_2=0.05\ \mathrm{min}^{-1}$ の反応について，[A]，[B]，[C] の反応に伴う経時的な変化の様子を図 3.20 に示す.

中間体である B の濃度は，B の生成反応の進行に伴って増加するが，C の生成反応に消費さ

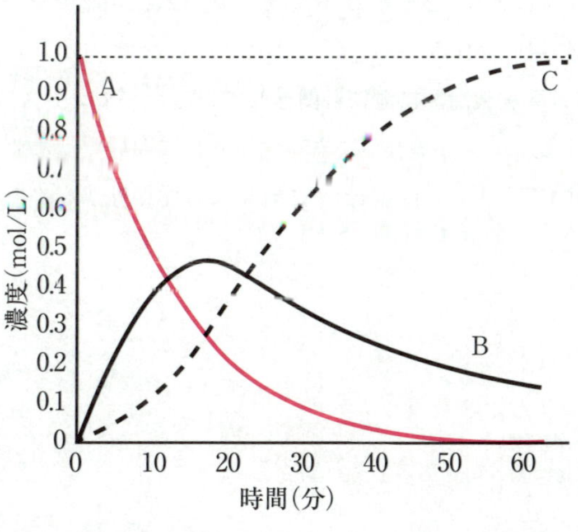

図 3.20　連続反応における A，B，C の濃度の経時的な変化

[B] は，A ⟶ B の反応の進行に伴って一旦上昇するが，B ⟶ C の反応が起こることによって減少する.

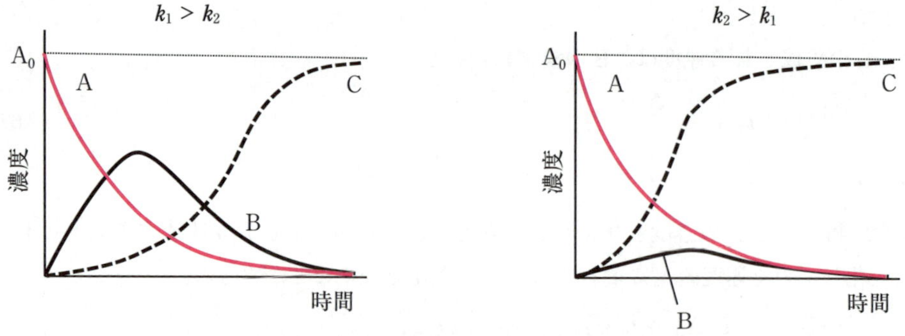

図 3.21　連続反応における反応物と生成物の経時変化

れる速度のほうがBの生成反応より早くなるため，濃度が減少していく．

式（3.68）を見ると，Bの濃度変化は k_1 と k_2 の大きさに左右されて変化することがわかる．例えば $k_1 > k_2$ の場合，A ⟶ Bの反応のほうがB ⟶ Cの反応よりも速いため，Bの蓄積濃度が大きくなり，その後，Bの濃度の上昇に伴ってB ⟶ Cへの反応速度が速くなるため減少に転じ，図 3.21(a) のようにA，B，Cは変化する．これに対し，$k_1 < k_2$ の場合は，図 3.21(b) のようにBはあまり蓄積されない．これは，生成したBがすぐにCに変化していくため，Bの濃度変化が少なくなるためである．連続反応では，全体の反応AがCへと変化する一連の過程が進行するのに要する時間のうち，最も時間がかかる段階を**律速段階**と呼ぶ．

コラム　体内で起こっている連続反応

体内では，消化管より取り込んだ栄養素を使い，様々な生命活動に利用している．

例えば，グルコースは，解糖系に入ると，図 3.22 に示すように多段階の反応を受け，ピルビン酸となる．酸素のある環境下では，ピルビン酸がミトコンドリアに取り込まれ，アセチル CoA に変化し，TCA サイクルに入り，2分子の ATP が生成され，細胞膜を介した膜輸送などエネルギーを必要とする反応に用いられる．

他にも，グルコースは薬物代謝・排泄にも関与している．グルコースは，UDP-グルコース，UDP-グルクロン酸へと変化し，小胞体（ミクロソーム）において，不要となった化合物にグルクロン酸が転移される（グルクロン酸抱合）．これによって極性が高くなった化合物は，尿中に排泄されていく．

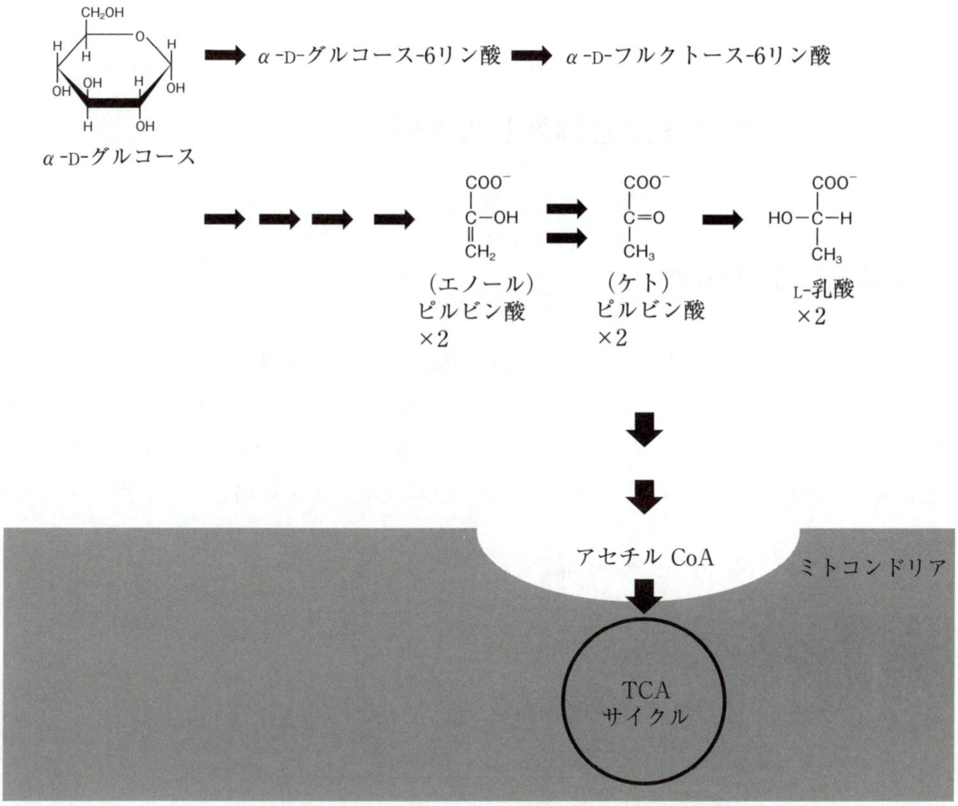

図 3.22　体内で起こっている連続反応の例（解糖系）

［例題 3.12］　複合反応に関わる以下の記述の正誤を答えよ．

1. 可逆反応における平衡定数は，正反応の反応速度と逆反応の反応速度の比で与えられる．
2. 可逆反応が平衡状態にあるとき，正反応と逆反応の反応速度は等しくなっている．
3. 平行反応では生成物 B と生成物 C の比は，それぞれの反応速度定数の比で求められる．
4. 連続反応とは，A ⟶ B ⟶ C のように連続的に反応が進む反応を指す．

［解答］

1. 誤：可逆反応における平衡定数は，正反応の反応速度定数と逆反応の反応速度定数の比で求められる．
2. 正
3. 正
4. 正

3.1.6 反応速度と温度との関係

A 反応速度の温度依存性

反応速度は温度の影響を受け，一般的に10℃の温度上昇で反応速度が2倍*になるといわれている．すなわち，20℃の温度上昇で4倍，30℃の上昇で8倍というように，反応速度は温度に対して指数関数的に上昇する．アレニウスは様々な実験結果から，図3.23に示したように，反応速度定数kが絶対温度Tに対して指数関数的に上昇することを見出し，アレニウスの式を提案した．

アレニウスの式

$$k = A\mathrm{e}^{-\frac{E_a}{RT}} \tag{3.73}$$

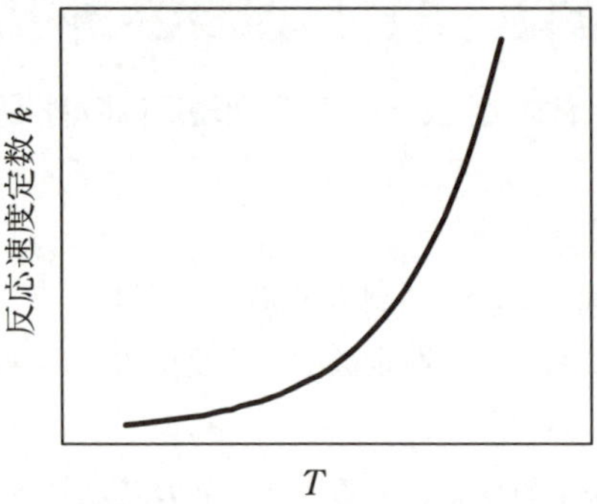

図3.23 反応速度定数の温度依存性

ここで，Aは**頻度因子**（前指数因子），E_aは**活性化エネルギー**であり，両者はアレニウスパラメーターと呼ばれる．頻度因子と活性化エネルギーは，通常，温度に依存しないとして扱われる．したがって，式（3.73）の両辺の対数をとり（式3.74），$\ln k$を温度の逆数に対してプロットすると直線が得られる（図3.24）．

$$\ln k = \ln A - \frac{E_a}{RT} \tag{3.74}$$

---

*20℃から30℃の温度上昇により反応速度が2倍になるのは，アレニウスの式より活性化エネルギーが51 kJ/molの場合であると計算される．

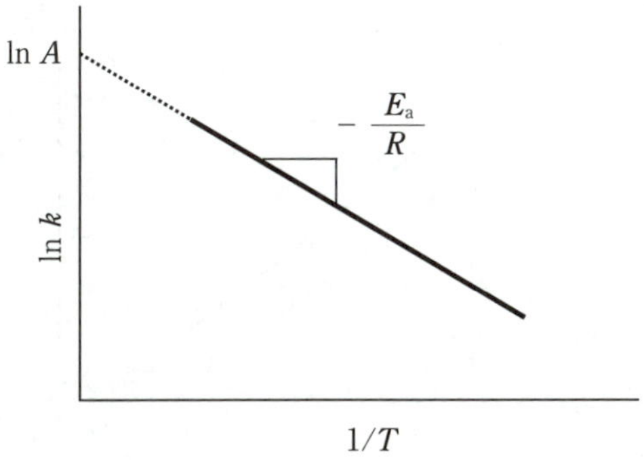

図 3.24　アレニウスプロット

この直線をアレニウスプロットと呼び，直線を外挿した y 切片（$\ln A$）から頻度因子 A が，直線の傾き（$-E_a/R$）から活性化エネルギー E_a が求められる．活性化エネルギーの値が大きいほど，グラフの傾きが急になり，反応速度の温度依存性が大きい．

アレニウスの式より，ある温度 T における速度定数 k の値から，別の温度 T' における速度定数 k' を求めることができる（式 3.75）．

$$\ln k' - \ln k = -\frac{E_a}{R}\left(\frac{1}{T'} - \frac{1}{T}\right) \tag{3.75}$$

この式は，薬品の保存条件や使用有効期限を決める際に有用である．すなわち，低温や室温など実際の保存条件において速度定数を測定しなくとも，より早く反応が進む高温での測定値を用いてアレニウスプロットを行うことにより，保存温度における速度定数を予測することができる．こうした方法は，医薬品の加速試験や過酷試験において利用されている．

コラム　医薬品の加速試験

新規医薬品の承認申請で必要となる加速試験は，40℃，湿度 75% の条件で 6 か月保存で行い，長期間保存した場合の化学的変化を予測する．反応の活性化エネルギー（E_a）が 92.4 kJ/mol の場合，40℃では 25℃の 6 倍の速さで反応が進むことになり，40℃，6 か月は，25℃，3 年の保存に相当する．

図 3.25 に 2 つの化合物の安定性を比較したグラフを示す．分解反応の活性化エネルギーと頻度因子が異なる場合，2 つの直線はある温度（T_0）で交わる（図 3.25(a)）．この場合，2 つの化合物の安定性は，温度 T_0 を境に逆転する，つまり，T_0 よりも高温側では分解反応の活性化エネルギーの小さな化合物 A の方が速度定数が小さく，B よりも安定であり，T_0 よりも低温側では，活性化エネルギーの大きな化合物 B の方が A より安定になる．2 つの化合物で活性化エネルギーが等しく，頻度因子が異なる場合は，図 3.25(b) に示したようにグラフは平行線になる．また，頻度因子が等しく活性化エネルギーが異なる場合は，図 3.25(c) のようなグラフとなる．

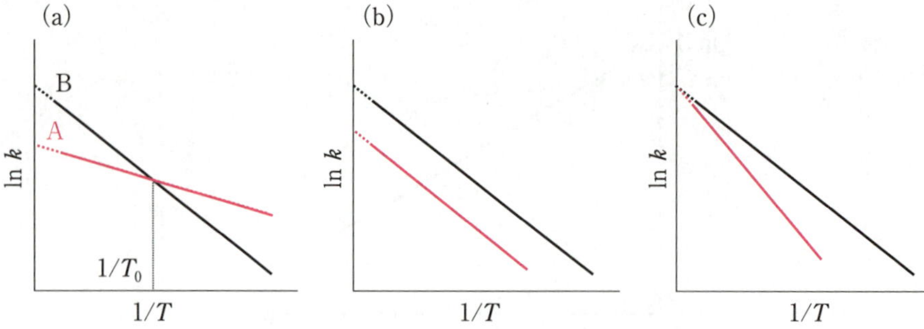

図 3.25 2つの化合物の安定性の比較

[例題 3.13] ある反応の速度を，温度を変化させて測定したところ，次の結果が得られた.

温度 ℃	60.0	70.0	80.0	90.0
速度定数 h^{-1}	2.73×10^{-4}	1.12×10^{-3}	4.23×10^{-3}	1.49×10^{-2}

この結果をもとに，以下の問に答えなさい.

問1 速度定数 k を温度に対してプロットしなさい.

問2 アレニウスプロットを書き，グラフより反応の活性化エネルギーおよび頻度因子を求めなさい.

[解答] 問1 右図のように，速度定数は温度に対して，指数関数的に上昇する.

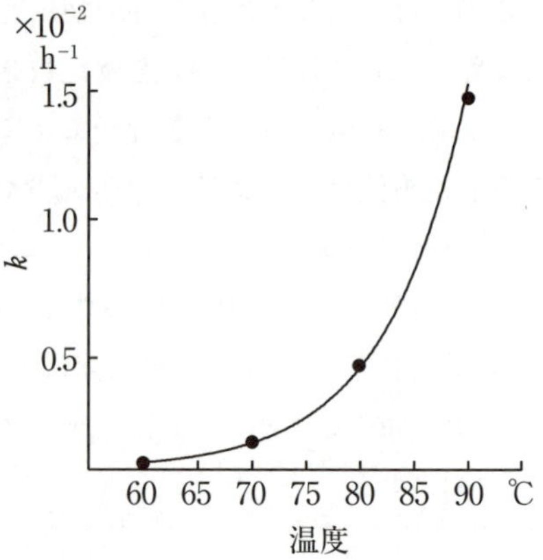

問2 右図にアレニウスプロットを示す. 直線の傾きは－16127 K であり，これより活性化エネルギー E_a が次のように求まる.

$$-E_a/R = -16127\ \mathrm{K}$$

$$E_a = 16127\ \mathrm{K} \times 8.314\ \mathrm{J\ mol^{-1}\ K^{-1}}$$

$$= 134\ \mathrm{kJ\ mol^{-1}}$$

また，直線の y 切片 40.2 より，頻度因子 A は，

$$A = \exp(40.21)\,\mathrm{h^{-1}} = 2.88 \times 10^{17}\ \mathrm{h^{-1}}$$

と求まる.

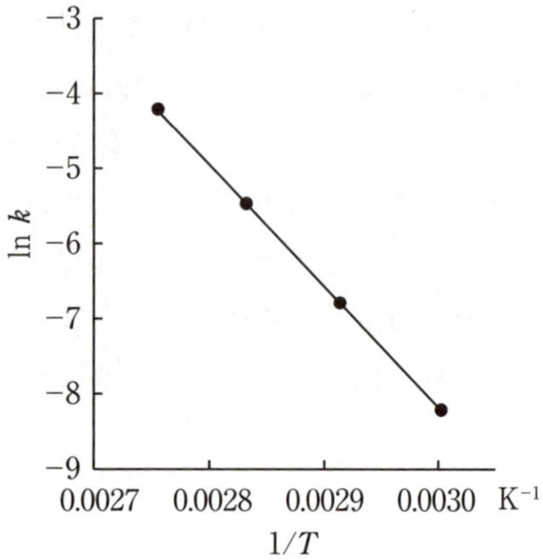

[例題 3.14] 活性化エネルギーが 50.00 kJ/mol である反応において，温度を 20℃から 40℃に上げると，反応速度は何倍になるか．

[解答] 20℃，40℃における反応速度定数をそれぞれ k_{20}，k_{40} とし，反応の頻度因子を A とすると，

アレニウスの式より

$$k_{20} = A \times \exp\left(-\frac{50.00 \times 10^3}{8.314 \times 293.15}\right) = A \times 1.232 \times 10^{-9}$$

$$k_{40} = A \times \exp\left(-\frac{50.00 \times 10^3}{8.314 \times 313.15}\right) = A \times 4.566 \times 10^{-9}$$

となり，$k_{40}/k_{20} = 3.71$ 倍になる．

活性化エネルギーは，図 3.26 に示したように反応過程で越えなければならないエネルギーの障壁の大きさにあたる．障壁を超えるためのエネルギーは熱運動のエネルギーによるものなので，温度が高いほど障壁を超える確率が高くなり，反応速度が増大すると考えることができる．

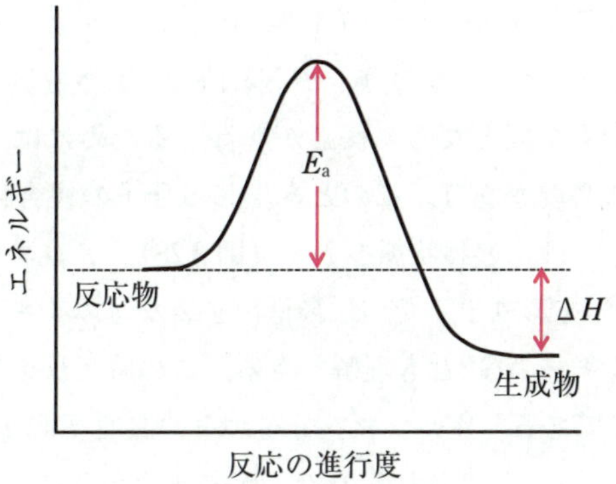

図 3.26 反応の進行度に伴うエネルギー変化

反応速度と温度の関係は，一般的な多くの化学反応において図 3.23 のようなアレニウス型になるが，図 3.27 に示したように，非アレニウス型になる反応も知られている．図 3.27(a)

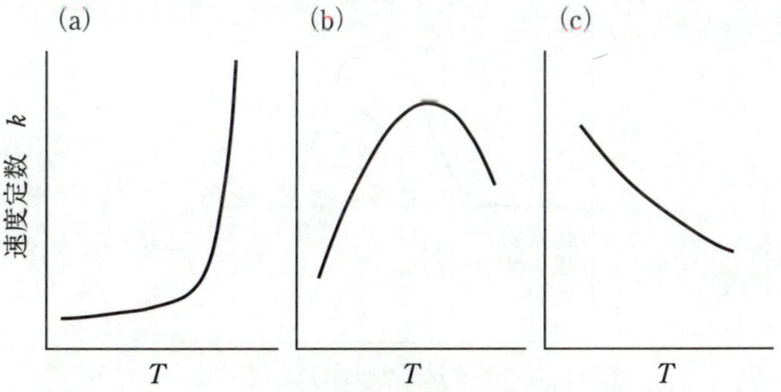

図 3.27 非アレニウス型の反応速度定数の温度依存性

は，ある温度以上になると急激に反応速度が増大するもので，連鎖反応などで見られる．図3.27(b)は，高温になるとかえって反応速度が減少するもので，酵素による触媒反応などで見られる．図3.27(c)は，温度の上昇に伴い反応速度が小さくなるもので，気体の複合反応などで見られるものである．

コラム　酵素反応の温度依存性

酵素による触媒反応の速度も温度の上昇とともに増大するが，タンパク質である酵素は，高温では高次構造が崩れて失活（変性）するため，反応速度が低下する．酵素反応の速度が最大となる温度を，最適（至適）温度という．

B　衝突理論

衝突理論の考え方によると，頻度因子 A と活性化エネルギー E_a を直感的に理解することができる．ここで，2つの反応物XとYが反応する場合を考えよう．

$$X + Y \longrightarrow P$$

反応が起こるためには，XとYが出会う（衝突する）ことが必須である．しかし，衝突すれば必ず反応が起こるわけではなく，2つの分子がある値より大きなエネルギーで衝突する必要がある．また，衝突する方向も重要となる．反応が進行するためには，活性化状態と呼ばれるエネルギーが高い状態を経る必要があり，このとき生じる分子の複合体を活性錯体（$XY^{\ddagger}$）という．ここで‡（ダブルダガー）は，遷移状態を表す（図3.28）．アレニウスの式の活性化エネルギー E_a は，反応物が活性錯体を形成するために最低限必要なエネルギーである．したがって，活性錯体形成のギブズエネルギー $\Delta G^{\ddagger}$ とも理解できる．この時，反応物と生成物のエネルギーの差が生成エンタルピー ΔH である．ボルツマン分布から，温度 T において E_a 以上のエネルギーをもつ分子の割合は $f = e^{-E_a/RT}$ と表されるので，衝突理論から見たアレニウスの式は，単位時間に生じる有効な衝突に対して，衝突した際に活性化エネルギーの障壁を乗り越える分子の割合を乗じたものと捉えることができる．すなわち，反応速度 ⟺ 衝突頻度×障壁を越える割合と

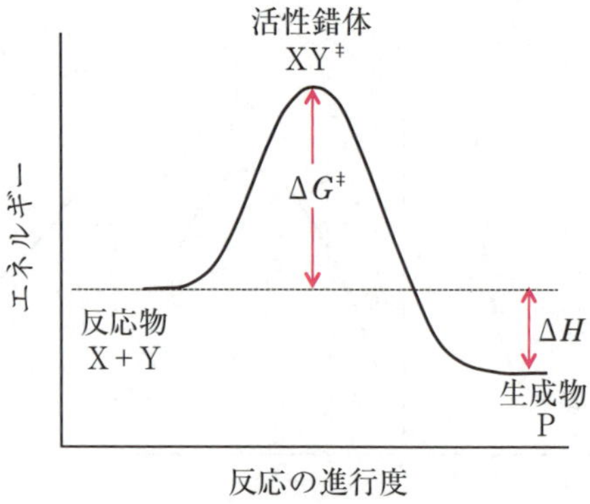

図3.28　活性錯体の形成

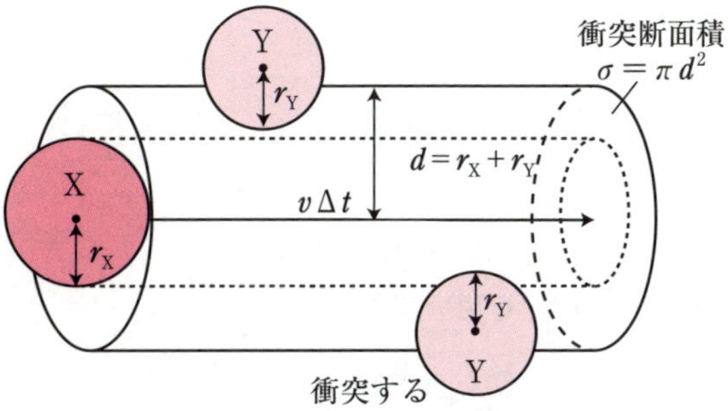

図 3.29 速度 v で運動する分子 X と分子 Y の衝突

考えることができ，アレニウスの式 $k = A \times e^{-\frac{E_a}{RT}}$ が理解できる．衝突の頻度は，分子 X と分子 Y の濃度に比例するはずである．この他，分子の平均速度と衝突断面積 σ にも比例する．図 3.29 に 2 つの分子の衝突について示す．分子 X，Y をそれぞれ半径 r_X，r_Y の球形分子と考えると，衝突断面積は，$\sigma = \pi(r_X + r_Y)^2$ となる．分子 X は速度 v で運動し，分子 Y は静止しているとすると，Δt の間に分子 X は $v\Delta t$ 移動し，その間に衝突断面積 σ の円筒内に中心があるすべての分子 Y と衝突する．このとき，円筒内に中心がある分子 Y の個数は，Y の濃度を［Y］，アボガドロ数を N_A とすると $\sigma v \Delta t N_A$［Y］であり，これは，1 つの分子 X が Δt の間に分子 Y と衝突する回数と考えられる．実際は分子 Y も運動しているので平均相対速度 $\bar{v}_{rel}$ を考え，また分子 X の数濃度も考慮すると，衝突頻度 $\propto \sigma \bar{v}_{rel}$［X］［Y］となり，分子 X と Y の濃度に比例する．

C 遷移状態理論

遷移状態理論では，反応物と活性錯体（$XY^{\ddagger}$）が平衡状態にあるとし，活性錯体から生成物ができると考える．

$$X + Y \rightleftarrows XY^{\ddagger} \longrightarrow P$$

ここで，活性錯体生成の平衡定数 $K^{\ddagger}$ は

$$K^{\ddagger} = [XY^{\ddagger}]/[X][Y]$$

と書けるので，活性錯体から生成物 P ができる反応の速度定数を $k^{\ddagger}$ とすると，P の生成速度は

$$v = k^{\ddagger}[XY^{\ddagger}] = k^{\ddagger}K^{\ddagger}[X][Y]$$

となる．

この理論では，$k^{\ddagger}$ は $\dfrac{k_B T}{h}$（k_B：ボルツマン定数，h：プランク定数）で与えられる．したがって，

$$v = \frac{k_B T}{h} K^{\ddagger}[X][Y]$$

となり，反応の速度定数 k は $k = \dfrac{k_B T}{h} K^{\ddagger}$ と表される．ここで，反応物から活性錯体を生成すると

きの活性化ギブズエネルギーを$\Delta G^{\ddagger}$とすると，$\Delta G^{\ddagger} = -RT\ln K^{\ddagger}$より

$$K^{\ddagger} = \mathrm{e}^{-\Delta G^{\ddagger}/RT}$$

したがって，

$$k = \frac{k_{\mathrm{B}}T}{h}\mathrm{e}^{-\Delta G^{\ddagger}/RT}$$

と表される．

温度一定のとき，$\Delta G = \Delta H - T\Delta S$を用いて

$$k = \frac{k_{\mathrm{B}}T}{h}\mathrm{e}^{-(\Delta H^{\ddagger} - T\Delta S^{\ddagger})/RT} = \frac{k_{\mathrm{B}}T}{h}\mathrm{e}^{\Delta S^{\ddagger}/R}\mathrm{e}^{-\Delta H^{\ddagger}/RT} \quad (3.76)$$

となる．

式（3.76）とアレニウスの式を比較してみると，活性化エンタルピー$\Delta H^{\ddagger}$は活性化エネルギーE_{a}に対応し，$\frac{k_{\mathrm{B}}T}{h}\mathrm{e}^{\Delta S^{\ddagger}/R}$は頻度因子$A$に対応することがわかる．このとき，頻度因子$A$に活性錯体が形成されるときの活性化エントロピー$\Delta S^{\ddagger}$が含まれる．したがって，活性錯体形成の際にエントロピーが減少する反応では頻度因子が小さくなり，速度定数も小さくなる．また，頻度因子Aに温度も含まれるが，その温度依存性は小さく，一般に頻度因子Aは温度に無関係として扱う．

［例題 3.15］　例題 3.13 の反応で，60℃における活性化エントロピー$\Delta S^{\ddagger}$を求めなさい．

［解答］　遷移状態理論によると，頻度因子Aは

$$A = \frac{k_{\mathrm{B}}T}{h}\mathrm{e}^{\Delta S^{\ddagger}/R}$$

で与えられる．ここで，hはPlank 定数（6.6262×10^{-34} J s），k_{B}はボルツマン定数（1.3806×10^{-23} J K^{-1}である．例題 3.13 より求められる頻度因子 2.88×10^{17} h^{-1} = 8.00×10^{13} s^{-1} より，

$$\Delta S^{\ddagger} = \left\{\ln A - \ln\frac{k_{\mathrm{B}}T}{h}\right) \times R = \left\{\ln(8.00 \times 10^{13}) - \ln\left(\frac{1.3806 \times 10^{-23} \times 333.15}{6.6262 \times 10^{-34}}\right)\right\} \times 8.314$$

$$= 20.3\ \mathrm{J\ K^{-1}\ mol^{-1}}$$

3.1.7 ◆ 触媒反応

A 酸塩基触媒反応

触媒は，活性化エネルギーを低下させて反応速度を大きくするものであり，この際，自分自身は化学変化を受けない．一方，反応速度を小さくする負触媒もあり，物質の安定化剤として用い

られる．触媒には，反応物と同じ相にある均一触媒と，異なる相にある不均一触媒がある．例として，工業的なアンモニア合成法（ハーバー・ボッシュ法）において触媒として用いられる酸化鉄は，その表面で反応が生じるので，不均一触媒である．均一触媒のうち特に薬学の分野において重要なものとして酸塩基触媒があり，エステルやアミドの加水分解などが代表的な例として挙げられる．反応速度が水素イオンおよび水酸化物イオンの濃度に比例する場合をそれぞれ特殊酸触媒，特殊塩基触媒と呼び，それ以外で反応液中に存在する酸あるいは塩基が触媒作用を示す場合を一般酸触媒，一般塩基触媒と呼んで区別する．

酸によるエステルの加水分解は特殊酸触媒反応であり，次のような反応メカニズムにより加水分解反応が進行する（図 3.30）．

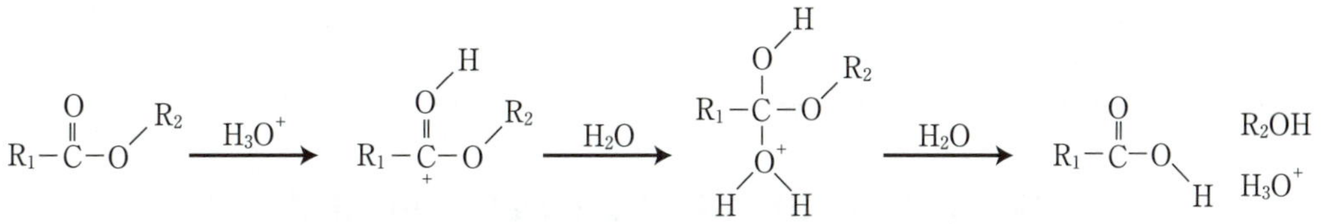

図 3.30　水素イオンの触媒作用によるエステルの加水分解メカニズム

前述のアスピリンなどでは，水溶液中の加水分解反応は H_2O の濃度が一定と見なせるため擬一次反応となる．見かけの反応速度定数を k_{obs} とすると，反応速度式は

$$v = -\,dC/dt = k_{obs}C$$

となり，特殊酸触媒反応では反応速度が水素イオンに比例するので

$$k_{obs} = k_H \cdot [H^+] \qquad (3.77)$$

と表される．この式の両辺の対数をとると

$$\log k_{obs} = \log(k_H \cdot [H^+]) = \log k_H + \log[H^+]$$

よって，

$$\log k_{obs} = -\,pH + \log k_H$$

となる．したがって，溶液の pH に対して $\log k_{obs}$ をプロットすると，図 3.31(a) のように酸性側で傾き −1 の直線となる．ここで，k_H を酸触媒定数という．

水酸イオンによる特殊塩基触媒反応では，塩基触媒定数を k_{OH} として

$$k_{obs} = k_{OH} \cdot [OH^-] \qquad (3.78)$$

と表され，両辺の対数をとると

$$\log k_{obs} = \log(k_{OH} \cdot [OH^-]) = \log k_{OH} + \log[OH^-]$$

となる．水のイオン積を K_w とすると，$[OH^-] = K_w/[H^+]$ より

$$\log k_{obs} = \log k_{OH} + \log K_w - \log[H^+] = pH + \log(k_{OH} \cdot K_w)$$

したがって，pH に対する $\log k_{obs}$ のプロットは，図 3.31(b) のようにアルカリ性側で傾き +1 の直線となる．

酸触媒と塩基触媒が共に働く場合，触媒作用を受けないときの非触媒速度定数を k_0 とすると，

$$k_{obs} = k_H \cdot [H^+] + k_{OH} \cdot [OH^-] + k_0 \qquad (3.79)$$

と表される．k_0 が k_H や k_{OH} よりも非常に小さい場合，酸性液溶中では，$[H^+] >> [OH^-]$ な

ので，$k_{obs} = k_H \cdot [H^+]$ となり，また塩基性溶液中では $[OH^-] >> [H^+]$ より $k_{obs} = k_{OH} \cdot [OH^-]$ となる．このとき，$\log k_{obs}$ の pH 依存性は図 3.31(c) のようにV字型となる．k_0 がそれほど小さくない場合は，図 3.31(d) のように中性付近で $k_{obs} \approx k_0$ となり，傾きが 0 となる領域が見られる．

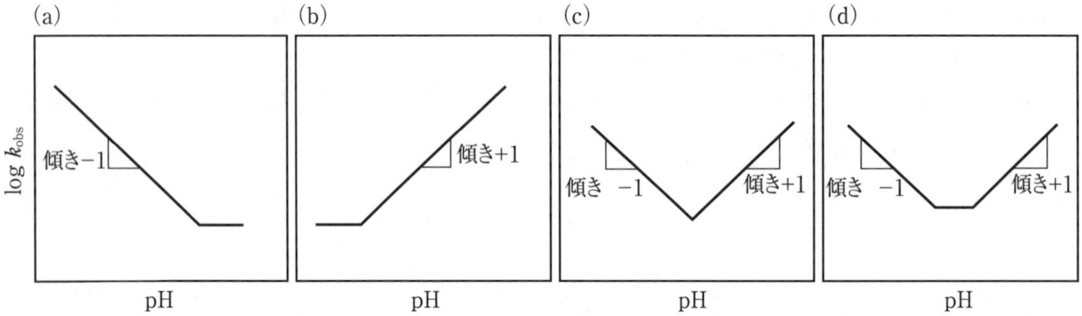

図 3.31　特殊酸塩基触媒による速度定数の pH 依存性

アスピリンの加水分解反応は，水素イオンおよび水酸化物イオンにより触媒され，特に pH 10 以上で加水分解を受けやすい．

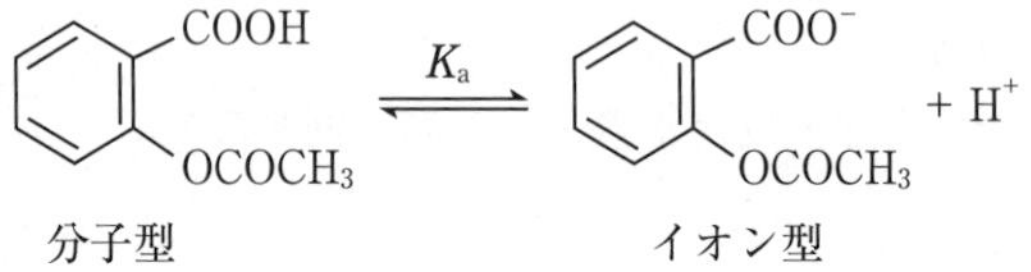

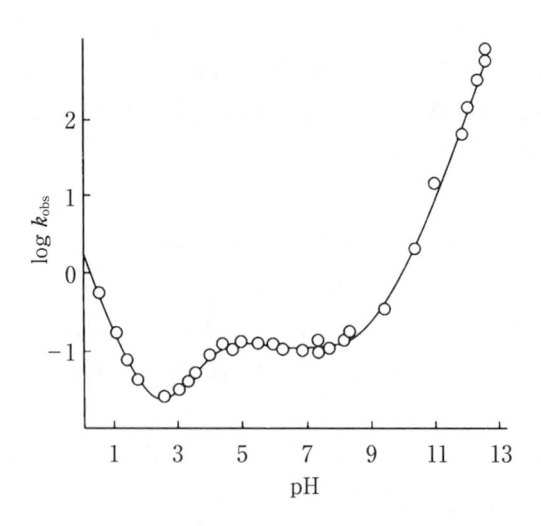

図 3.32 は，アスピリンの加水分解反応の速度定数 k に及ぼす pH の影響を示したものである．pH 2 以下では，水素イオンが触媒として働いて傾き −1 の直線となり，pH 10 以上では水酸イオ

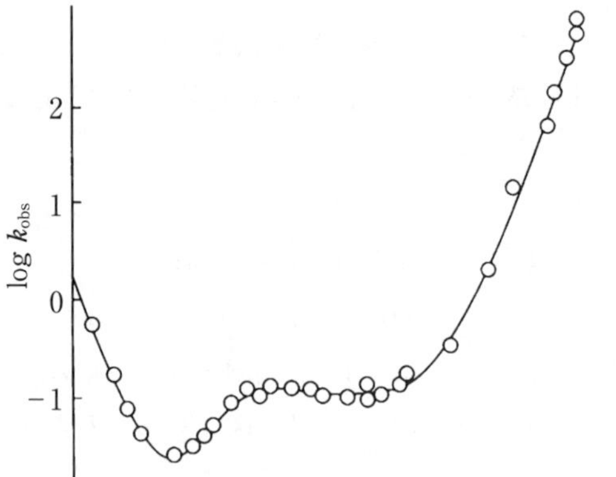

図 3.32　アスピリンの加水分解反応速度定数の pH 依存性

ンの触媒により傾き＋1 の直線となる．pH 2 から pH 5 は，アスピリン（pK_a 3.5）が分子型，イオン型として共存する領域であり，pH 依存性は複雑になる．また，pH 5 から pH 8.5 では pH の影響を受けないが，これは，非触媒速度定数 k_0 が主になるためと考えられている．

コラム　アスピリンの加水分解速度定数の pH 依存性

アスピリンは酸性薬物で，その pK_a は 3.5 である．アスピリンの分子型を HA，イオン型を A^- と表すと

$$HA \xrightleftharpoons{K_a} A^- + H^+$$

という酸解離平衡が成り立っている．

分子型とイオン型では加水分解反応の反応速度定数は異なったものになるため，加水分解反応は，分子型，イオン型の単独の反応だけでなく，それぞれ特殊酸触媒，特殊塩基触媒の項が加わって，以下の 6 つの素反応からなる**併発反応**となる．

$$HA + H_2O \xrightarrow{k_0} C_6H_4(OH)COOH + CH_3COOH$$

$$HA + H_2O + H_3O^+ \xrightarrow{k_H} C_6H_4(OH)COOH + CH_3COOH + H_3O^+$$

$$HA + H_2O + OH^- \xrightarrow{k_{OH}} C_6H_4(OH)COOH + CH_3COOH + OH^-$$

$$A^- + H_2O \xrightarrow{k'_0} C_6H_4(OH)COO^- + CH_3COOH$$

$$A^- + H_2O + H_3O^+ \xrightarrow{k'_H} C_6H_4(OH)COO^- + CH_3COOH + H_3O^+$$

$$A^- + H_2O + OH^- \xrightarrow{k'_{OH}} C_6H_4(OH)COO^- + CH_3COOH + OH^-$$

ここで k は分子型の k' はイオン型の反応速度定数を表す．

したがって，アスピリンの分解速度は以下の式（3.80）で表すことができる．

$$-\frac{d([HA]+[A^-])}{dt} = k_0[HA] + k_H[H^+][HA] + k_{OH}[OH^-][HA] + k'_0[A^-] + k'_H[H^+][A^-] + k'_{OH}[OH^-][A^-] \quad (3.80)$$

低 pH 条件下では，［A^-］および［OH^-］は無視できるから

$$-\frac{d[HA]}{dt} = k_{obs}[HA] = (k_0 + k_H[H^+])[HA]$$

と近似することができる．

同じように，高 pH 条件下では［HA］および［H^+］は無視できる．

$$-\frac{d[A^-]}{dt} = k_{obs}[A^-] = (k'_0 + k'_{OH}[OH^-])[A^-]$$

[例題 3.16] ある薬物は水素イオンの触媒によってのみ分解する．37℃，pH 6 におけるこの薬物の分解速度定数が 1.0×10^{-3} min^{-1} であった．37℃，pH 4 における分解速度定数を求めよ．

[解答] 特殊酸触媒反応では，速度定数が水素イオン濃度に比例する．pH 4 での水素イオン濃度は pH 6 の 100 倍であるので，分解の速度定数は 100 倍になる．

したがって，求める速度定数は 1.0×10^{-1} min^{-1}

[例題 3.17] 水溶液中の分解一次速度定数が次式で表される薬物がある．

$$k = k_{\mathrm{H}}[\mathrm{H^+}] + k_{\mathrm{OH}}[\mathrm{OH^-}]$$

ここで，k_{H} は水素イオンによる触媒定数，k_{OH} は水酸化物イオンによる触媒定数である．$k_{\mathrm{H}} = 1.0 \times 10^2$ L mol^{-1} hr^{-1}，$k_{\mathrm{OH}} = 1.0 \times 10^4$ L mol^{-1} hr^{-1} および水のイオン積 $K_{\mathrm{w}} = 1.0 \times 10^{-14}$ とすれば，この薬物を最も安定に保存できる pH はいくらか．

[解答] 特殊酸塩基触媒反応であり，式（3.79）において k_0 が非常に小さく，$\log k$ の pH 依存性が図 3.31(c) のように V 字型となる場合である．薬物を最も安定に保存できる pH では，反応速度定数 k が最小となるので，2 つの直線の交点における pH を求めればよい．

$$-\mathrm{pH} + \log k_{\mathrm{H}} = \mathrm{pH} + \log k_{\mathrm{OH}} K_{\mathrm{w}}$$

より，求める $\mathrm{pH} = \dfrac{1}{2} \times (\log 10^2 - \log 10^4 10^{-14}) = 6.0$

[別解] $[\mathrm{H^+}] = x$ とおくと，$[\mathrm{OH^-}] = K_{\mathrm{w}}/x$ より

$k = 1.0 \times 10^2\, x + (1.0 \times 10^4 \times 1.0 \times 10^{-14})/x$

k が最小になるとき，$\mathrm{d}k/\mathrm{d}x = 0$ より

$$1.0 \times 10^2 - \frac{10^{-10}}{x^2} = 0 \qquad \therefore\ x = 10^{-6}$$

$\mathrm{pH} = -\log x = 6.0$

B 酵素反応

生命が維持されるためには，様々な物質の合成や分解の化学反応が必要である．通常，試験管内においてこれらの化学反応は容易に起こらないが，生体内では，生理的な温度，pH 条件の下で効率よく進行している．これは，多種多様な酵素が触媒として働いているためである．酵素による活性化エネルギーの低下の例を表 3.2 に示した．

表 3.2　酵素による活性化エネルギーの低下

反　応	触　媒	E_a(kJ mol^{-1})
H_2O_2 の分解		
	なし	75
	白金触媒	49
	カタラーゼ	23
尿素の加水分解		
	水素イオン	113
	ウレアーゼ	28
スクロースの加水分解		
	H^+イオン	110
	スクラーゼ	48

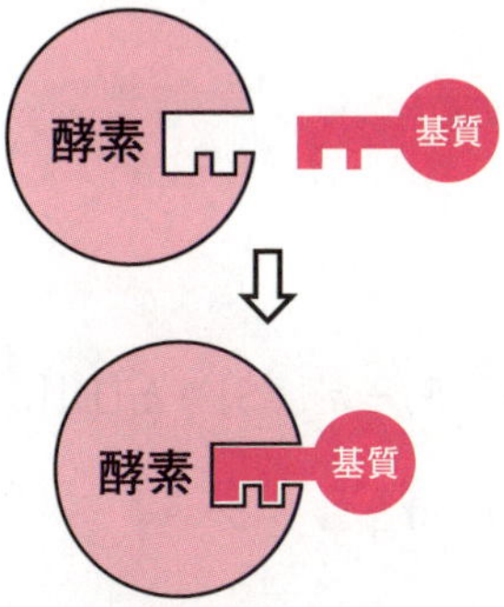

図 3.33　酵素と基質の特異的な結合

酵素の本体はタンパク質であり，遺伝情報に基づいて，適切な場所，タイミングで働くようにつくられている．

酵素反応の特徴として

① 特定の構造をもつ物質にのみ結合する（基質特異性）（図 3.33）．

② 特定の構造をもつ物質を生成する（反応特異性）．

③ 温和な pH や温度で高い触媒活性を示す（至適 pH，至適温度）．

などが挙げられる．

酵素の濃度を一定とし，基質の濃度を変化させて反応の速度を測定すると，基質濃度が低い場合，反応速度は基質濃度にほぼ比例して増加するが，高濃度では速度が上昇しにくくなり，一定の値に近づく（図 3.34）．このような酵素反応の特性は，ミカエリス・メンテン機構によって説明される．この機構によると，酵素反応は酵素 E と基質 S が結合して酵素–基質複合体 ES（ES 複合体）が生成する第一段階，ES 複合体から生成物 P が生成して酵素が遊離する第二段階で説明される．

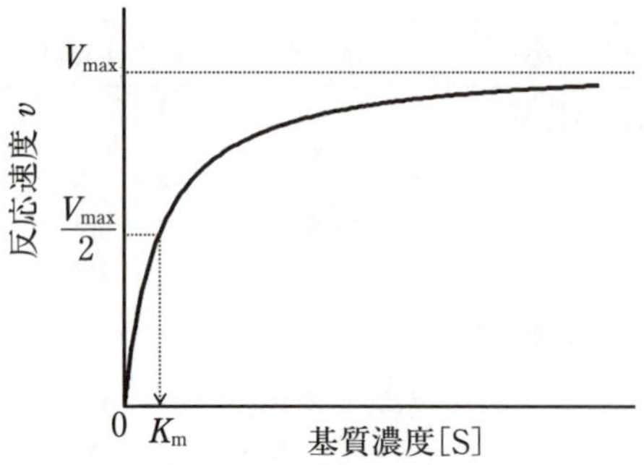

図 3.34 酵素反応の速度と基質濃度の関係

$$\mathrm{E} + \mathrm{S} \underset{k_{-1}}{\overset{k_1}{\rightleftarrows}} \mathrm{ES} \xrightarrow{k_2} \mathrm{E} + \mathrm{P} \tag{3.81}$$

この酵素反応の反応速度式は

$$v = \mathrm{d[P]}/\mathrm{d}t = k_2[\mathrm{ES}] \tag{3.82}$$

と表される．

ここで，ESの生成速度

$$\frac{\mathrm{d[ES]}}{\mathrm{d}t} = k_1[\mathrm{E}][\mathrm{S}] - k_{-1}[\mathrm{ES}] - k_2[\mathrm{ES}] = k_1[\mathrm{E}][\mathrm{S}] - (k_{-1} + k_2)[\mathrm{ES}] \tag{3.83}$$

に定常状態近似を適用し，$\mathrm{d[ES]}/\mathrm{d}t = 0$ とおくと

$$[\mathrm{ES}] = \frac{k_1}{k_{-1} + k_2}[\mathrm{E}][\mathrm{S}]$$

が得られる．ここで

$$K_\mathrm{m} = \frac{k_{-1} + k_2}{k_1}$$

と K_m を定義し，酵素の全濃度を $[\mathrm{E}]_0$ とすると，

$$[\mathrm{E}]_0 = [\mathrm{E}] + [\mathrm{ES}]$$

より，

$$[\mathrm{ES}] = \frac{[\mathrm{E}]_0[\mathrm{S}]}{K_\mathrm{m} + [\mathrm{S}]}$$

となる．したがって，酵素反応速度は

$$v = \frac{\mathrm{d[P]}}{\mathrm{d}t} = k_2[\mathrm{ES}] = \frac{k_2[\mathrm{E}]_0[\mathrm{S}]}{K_\mathrm{m} + [\mathrm{S}]} \tag{3.84}$$

と表される．基質Sが大量に存在する場合，$K_\mathrm{m} + [\mathrm{S}] \fallingdotseq [\mathrm{S}]$ となり，

$$v = \frac{k_2[\mathrm{E}]_0[\mathrm{S}]}{K_\mathrm{m} + [\mathrm{S}]} \approx \frac{k_2[\mathrm{E}]_0[\mathrm{S}]}{[\mathrm{S}]} = k_2[\mathrm{E}]_0 \tag{3.85}$$

と近似できる．このとき，酵素はほとんど基質との複合体ESの状態にあるので，$[\mathrm{ES}] \fallingdotseq [\mathrm{E}]_0$ となり，式（3.85）は反応の**最大速度** V_{max} を表す．V_{max} を用いると，式（3.84）は

$$v = \frac{V_{max}[S]}{K_m + [S]} \qquad (3.86)$$

となる．この式は**ミカエリス・メンテンの式**と呼ばれ，K_m を**ミカエリス定数**という．

最大速度 V_{max} を全酵素濃度［E］$_0$ で割った値（k_2）は分子活性と呼ばれ，これは，1 個の酵素が単位時間当たりに最大何個の生成物をつくり出せるかを示す．例えば，タンパク質分解酵素であるキモトリプシンの分子活性は毎秒 0.7 程度であるが，過酸化水素を水と酸素に分解するカタラーゼにおける値は毎秒約 4000 万に達する．

ミカエリス・メンテンの式によると，基質濃度が低い場合，$K_m + [S] \fallingdotseq K_m$ となり，反応速度は基質濃度に比例して上昇する．一方，基質濃度が高い場合，反応速度は一定の V_{max} に近づく．つまり，酵素反応は基質濃度が低い領域では一次反応，高い領域では見かけ上 0 次反応に従う．また，ミカエリス定数は最大速度の半分の速度に達する基質濃度であり，この値が小さいほど低い基質濃度で効率よく反応が進む．ここで，酵素反応の第一段階 $E + S \rightleftarrows ES$ は速やかな平衡にあり，一方，$ES \longrightarrow E + P$ は化学結合の組みかえが必要な段階と考えると，$k_{-1} \gg k_2$ と仮定することは妥当であろう．このとき，ミカエリス定数は

$$K_m = \frac{k_{-1} + k_2}{k_1} \approx \frac{k_{-1}}{k_1} \qquad (3.87)$$

と近似できる．$\dfrac{k_{-1}}{k_1}$ は酵素と基質の解離定数にあたり，酵素と基質の親和性を表すものである．

ミカエリス定数と最大速度は，酵素反応における重要なパラメーターであり，これらを求めるための直線プロットがいくつか知られている．このうち，式（3.86）の両辺の逆数をとった式は**ラインウィーバー・バークの式**（3.88）と呼ばれ，1/［S］に対して $1/v$ をプロットすると直線を与える．これを**ラインウィーバー・バークプロット**と呼び，直線の y 切片は $1/V_{max}$ を，傾きは K_m/V_{max} を表す（図 3.35）．また，直線を伸ばして得られる x 切片は $-1/K_m$ となり，両切片より 2 つのパラメーターを容易に求めることができる．

$$\frac{1}{v} = \frac{1}{V_{max}} + \frac{K_m}{V_{max}} \cdot \frac{1}{[S]} \qquad (3.88)$$

酵素反応は様々な物質により阻害される．このうち，酵素そのものを壊すことなく反応速度を

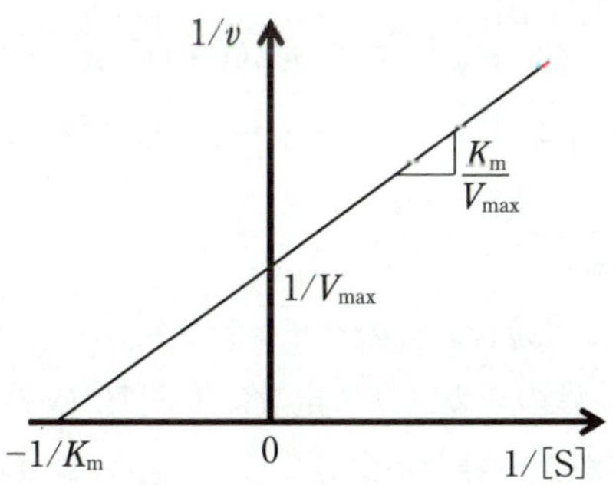

図 3.35　ラインウィーバー・バークプロット

抑制する物質を阻害剤という．これに対して，熱，酸，アルカリなどによりタンパク質の構造が不可逆的に変化して活性が失われることを失活と呼び，阻害とは区別して扱う．

代表的な阻害として，**競合（拮抗）阻害**，**非競合（非拮抗）阻害**，**不競合（不拮抗）阻害**がある．

競合阻害では，酵素Eの基質結合部位に基質Sと阻害剤Iが競合的に結合する（図3.36）．両者は同じ部位に結合するので，競合阻害する阻害剤は一般に基質と同様の構造を含むと考えられる．また，阻害剤の結合により，ES複合体は形成されなくなる．

競合阻害があるとき，

$$E + S \underset{k_{-1}}{\overset{k_1}{\rightleftarrows}} ES \xrightarrow{k_2} E + P \tag{3.89}$$

$$E + I \rightleftarrows EI \tag{3.90}$$

$$K_i = \frac{[E][I]}{[EI]} \tag{3.91}$$

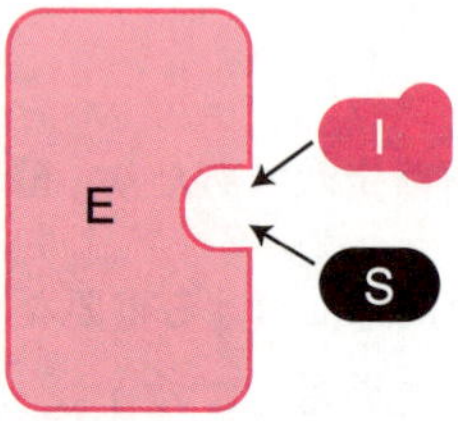

図3.36　競合阻害

ここで，K_iは式（3.90）の平衡定数であり，**阻害定数**と呼ばれる．

また，全酵素濃度は $[E]_0 = [E] + [ES] + [EI]$ となる．

これらの式から

$$[ES] = \frac{[E]_0[S]}{K_m(1 + [I]/K_i) + [S]}$$

が得られ，酵素反応速度は

$$v = k_2[ES] = \frac{k_2[E]_0[S]}{K_m(1 + [I]/K_i) + [S]} = \frac{V_{max}[S]}{K_m(1 + [I]/K_i) + [S]} \tag{3.92}$$

となる．両辺の逆数をとり，ラインウィーバー・バークの式に変形すると，

$$\frac{1}{v} = \frac{1}{V_{max}} + \frac{K_m(1 + [I]/K_i)}{V_{max}} \cdot \frac{1}{[S]} \tag{3.93}$$

となる．図3.37に示したように，競合阻害のラインウィーバー・バークプロットにおいては，直線の傾きが大きくなり，見かけのミカエリス定数は$1 + [I]/K_i$倍になる．一方，y切片は変化せず，最大速度V_{max}は阻害剤がない場合と変わらない．このように，競合阻害では，阻害剤が存在しても基質が過剰にある場合，酵素は基質で飽和されるため阻害が見られなくなる．

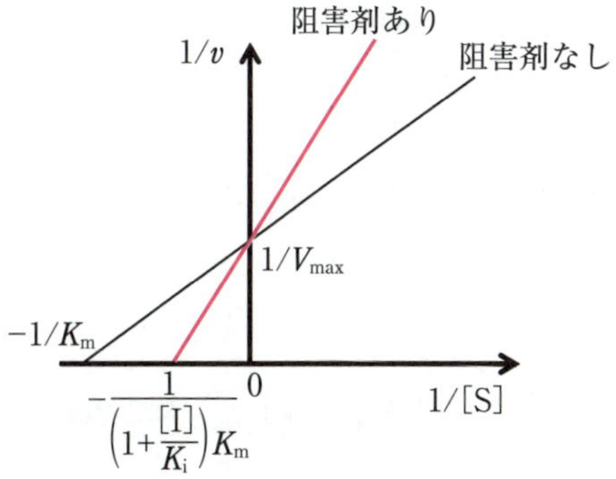

図 3.37　競合阻害がある場合のラインウィーバー・バークプロット

非競合阻害では，阻害剤 I の結合部位と基質 S の結合部位が異なり，酵素に基質，阻害剤の両方が結合した 3 重複合体（ESI）が形成される（図 3.38）．また，この ESI 複合体は生成物をつくらない．このとき，阻害剤が酵素に結合しても，基質結合部位は変化せず，基質と酵素の結合に影響を与えないと考える．また，基質とは結合部位が異なるので，基質との構造類似性はなくともよい．

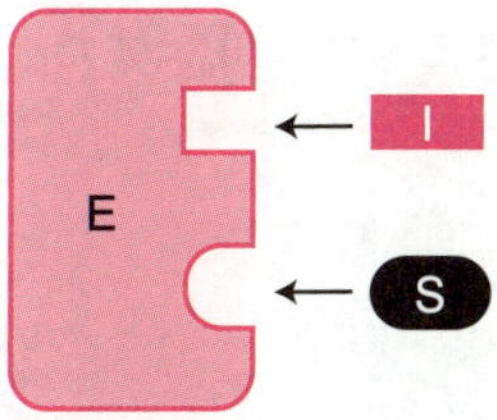

図 3.38　非競合阻害

非競合阻害のスキームは，

$$\mathrm{E} + \mathrm{S} \underset{k_{-1}}{\overset{k_1}{\rightleftarrows}} \mathrm{ES} \xrightarrow{k_2} \mathrm{E} + \mathrm{P} \tag{3.89}$$

$$\mathrm{E} + \mathrm{I} \rightleftarrows \mathrm{EI} \tag{3.90}$$

$$\mathrm{ES} + \mathrm{I} \rightleftarrows \mathrm{ESI} \tag{3.94}$$

となる．

ここで，酵素 E に阻害剤 I が結合する部位は，複合体 EI と ESI において同じであるから，阻害定数 K_i は，

$$K_\mathrm{i} = \frac{[\mathrm{E}][\mathrm{I}]}{[\mathrm{EI}]} = \frac{[\mathrm{ES}][\mathrm{I}]}{[\mathrm{ESI}]} \tag{3.95}$$

となる．また，全酵素濃度 $[\mathrm{E}]_0 = [\mathrm{E}] + [\mathrm{ES}] + [\mathrm{EI}] + [\mathrm{ESI}]$ より，

$$v = \frac{V_\mathrm{max}[\mathrm{S}]}{(K_\mathrm{m} + [\mathrm{S}])(1 + [\mathrm{I}]/K_\mathrm{i})} \tag{3.96}$$

が得られ，ラインウィーバー・バークの式は，

$$\frac{1}{v}=\frac{1+[\mathrm{I}]/K_\mathrm{i}}{V_\mathrm{max}}+\frac{K_\mathrm{m}(1+[\mathrm{I}]/K_\mathrm{i})}{V_\mathrm{max}}\cdot\frac{1}{[\mathrm{S}]} \tag{3.97}$$

となる．非競合阻害では，図3.39のように，見かけの最大速度 V_max が小さくなるが，ミカエリス定数は変化しない．

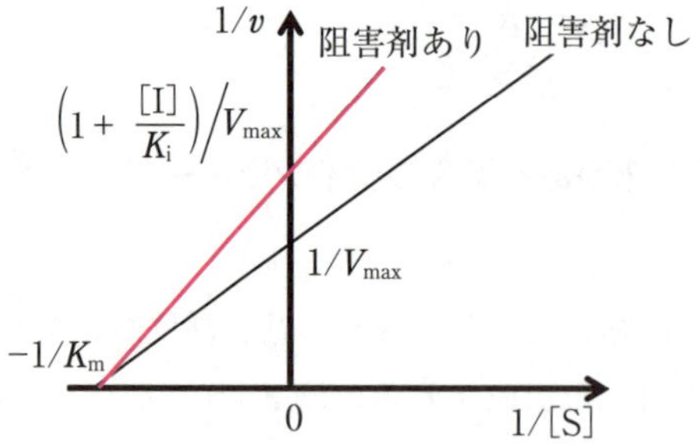

図3.39 非競合阻害がある場合のラインウィーバー・バークプロット

不競合阻害では，阻害剤Iは遊離の酵素Eとは結合せず，基質と酵素が結合したES複合体にのみ結合し，3重複合体ESIを形成する（図3.40）．また，このESI複合体からは生成物がつくられない．このとき，

$$\mathrm{E} + \mathrm{S} \underset{k_{-1}}{\overset{k_1}{\rightleftarrows}} \mathrm{ES} \xrightarrow{k_2} \mathrm{E} + \mathrm{P} \tag{3.89}$$

$$\mathrm{ES} + \mathrm{I} \rightleftarrows \mathrm{ESI} \tag{3.94}$$

$$K_\mathrm{i}=\frac{[\mathrm{ES}][\mathrm{I}]}{[\mathrm{ESI}]} \tag{3.95}$$

より，

$$v=\frac{V_\mathrm{max}[\mathrm{S}]}{K_\mathrm{m}+(1+[\mathrm{I}]/K_\mathrm{i})[\mathrm{S}]} \tag{3.98}$$

$$\frac{1}{v}=\frac{1+[\mathrm{I}]/K_\mathrm{i}}{V_\mathrm{max}}+\frac{K_\mathrm{m}}{V_\mathrm{max}}\cdot\frac{1}{[\mathrm{S}]} \tag{3.99}$$

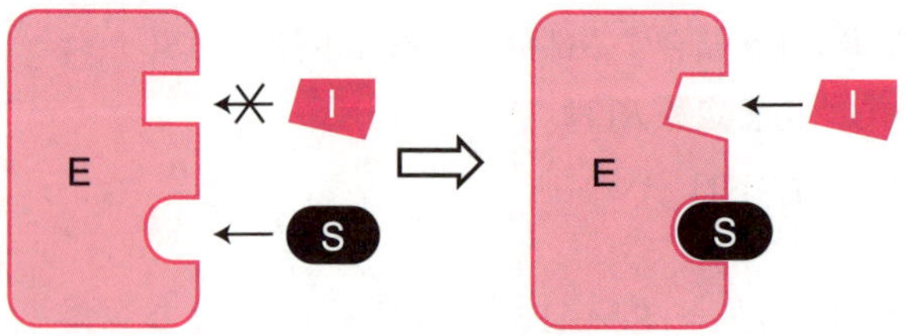

図3.40 不競合阻害

が得られる．また，ラインウィーバー・バークプロット（図 3.41）より，見かけのミカエリス定数，見かけの最大速度とも $1+[\mathrm{I}]/K_i$ 倍小さくなることがわかる．したがって，直線の傾きは阻害剤がない場合と同じになり，両者は平行線となる．

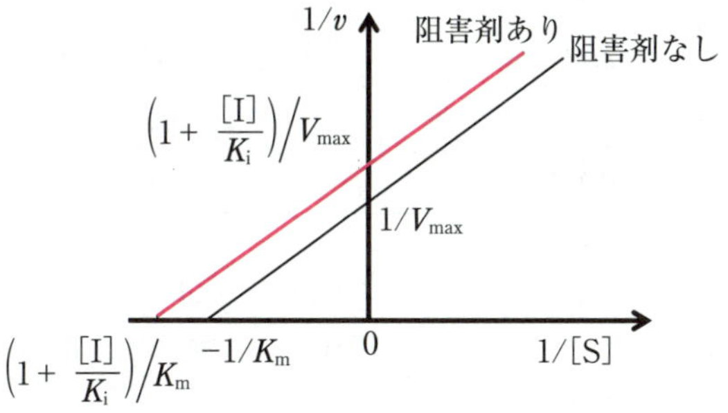

図 3.41　不競合阻害がある場合のラインウィーバー・バークプロット

このように，ラインウィーバー・バークプロットにより，阻害剤が酵素を阻害するメカニズムを明らかにすることができる．表 3.3 に，阻害様式による K_m と V_{max} の変化をまとめて示す．

表 3.3　阻害形式によるミカエリス定数（K_m）と最大速度（V_{max}）

	競合阻害	非競合阻害	不競合阻害
K_m	$\left(1+\frac{[\mathrm{I}]}{K_i}\right)K_m$	K_m	$\frac{K_m}{1+\frac{[\mathrm{I}]}{K_i}}$
V_{max}	V_{max}	$\frac{V_{max}}{1+\frac{[\mathrm{I}]}{K_i}}$	$\frac{V_{max}}{1+\frac{[\mathrm{I}]}{K_i}}$

［例題 3.18］　過酸化水素の分解反応の活性化エネルギーは，触媒がない場合 75.0 kJ/mol であるが，カタラーゼにより 23.0 kJ/mol まで低下する．37℃において，この分解反応はカタラーゼにより何倍に加速されるか求めよ．

［解答］　頻度因子を A とすると，触媒がない場合の速度定数 k は，アレニウス式より

$$k = A \times \exp\left(-\frac{75 \times 10^3}{8.314 \times 310.15}\right) = A \times 2.335 \times 10^{-13}$$

カタラーゼが触媒として働く場合の速度定数 k' は，

$$k' = A \times \exp\left(-\frac{23 \times 10^3}{8.314 \times 310.15}\right) = A \times 1.337 \times 10^{-4}$$

したがって，$k'/k = 5.73 \times 10^8$

となり，およそ 6 億倍に加速される．

［例題 3.19］　次の表は，一定濃度の酵素溶液に基質を加えたときの反応速度と基質濃度の関係

を測定したものである．これを用いて ラインウィーバー・バークプロットを行い，反応の最大速度 V_{max} とミカエリス定数 K_m を求めなさい．

基質濃度 $[S]_0$ μmol L^{-1}	反応速度 v_0 μmol L^{-1} min^{-1}
1.00	39.0
2.00	66.0
5.00	109
10.0	141

[解答]　ラインウィーバー・バークプロットの y 切片（$1/V_{max}$）の逆数より最大速度 $V_{max} = 200\ \mu$mol L^{-1} min^{-1}，x 切片（$-1/K_m$）よりミカエリス定数 $K_m = 4.1$ μmol L^{-1} が求まる．

[例題 3.20]　例題3.19の酵素反応において，ある阻害剤を加えて実験を行った結果を下の表に示す．

基質濃度 $[S]_0$ μmol L^{-1}	反応速度 v_0 μmol L^{-1} min^{-1}	
阻害剤濃度［I］	0.5 mmol L^{-1}	1.0 mmol L^{-1}
1.0	22	15
2.0	40	28
5.0	76	58
10.0	108	89

問1　この阻害剤の阻害様式を求めよ．

問2　この阻害剤の阻害定数 K_i を求めよ．

[解答]　問1　それぞれの阻害剤濃度におけるラインウィーバー・バークプロット（下図）より，阻害様式は競合阻害であることがわかる．

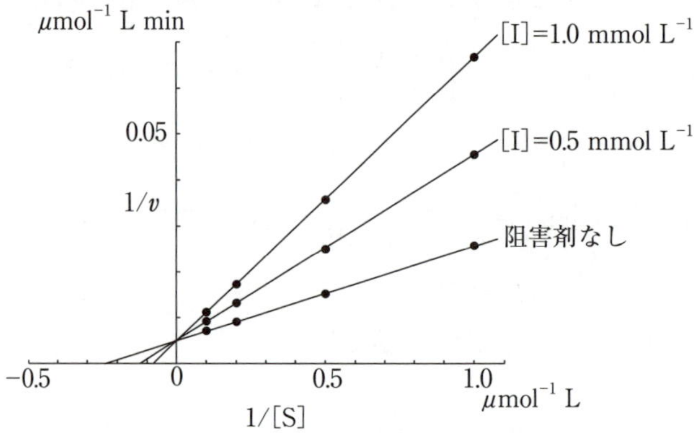

問2　競合阻害では，阻害剤がない場合のミカエリス定数を K_m とすると，見かけのミカエリス定数は $\left(1+\frac{[I]}{K_i}\right)K_m$ となる．ラインウィーバー・バークプロットの x 切片より阻害剤濃度 $[I]=0.5$ mmol L^{-1}，$[I]=1.0$ mmol L^{-1} における見かけのミカエリス定数を求めると，それぞれ 7.88 μmol L^{-1}，12.4 μmol L^{-1} となり，また阻害剤なしの反応での $K_m = 4.1$ μmol L^{-1} より，阻害定数 $K_i \fallingdotseq 0.5$ mmol L^{-1} となる．

※ Dixon plot による K_i の求め方

競合阻害での式（3.92）は，基質濃度が $[S]_1$ のとき

$$\frac{1}{v}=\left(\frac{1}{V_{max}}+\frac{K_m}{V_{max}}\cdot\frac{1}{[S]_1}\right)+\frac{K_m}{V_{max}}\cdot\frac{1}{[S]_1}\cdot\frac{1}{K_i}\cdot[I]$$

と表される．これより，阻害剤濃度［I］に対して，$1/v$ をプロットすると直線となることがわかる．

異なる2つの基質濃度 $[S]_1$，$[S]_2$ についての直線の交点を求めると，

$$\frac{K_m}{V_{max}}\left(1+\frac{[I]}{K_i}\right)\left(\frac{1}{[S]_1}-\frac{1}{[S]_2}\right)=0$$

より，交点の x 座標が $-K_i$ となり，阻害定数が求まる．また，交点の y 座標は $1/V_{max}$ を示す．このプロットを Dixon plot という．

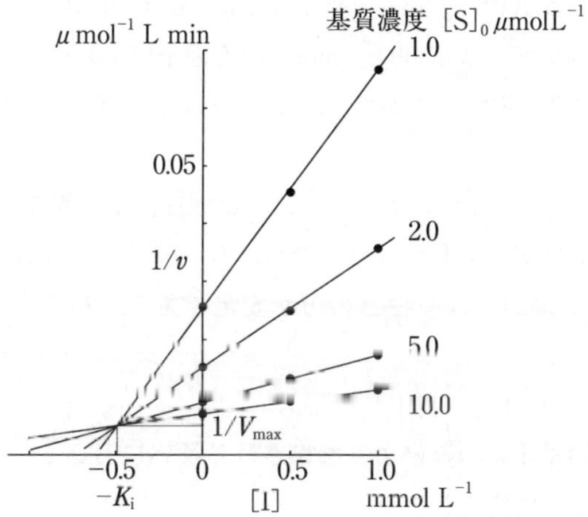

章末問題

[問題 3.1]　反応速度 v は，反応物の濃度 A，あるいは生成物の濃度 P の時間 t に対する微分で表される．v を A, P, t を使った微分式で書きなさい．

[解答]　反応速度 v は，反応物の濃度 A が単位時間当たりにどの程度減少，生成物の濃度 P がどの程度増加するのかで表される．

$$v = -\frac{\mathrm{d}A}{\mathrm{d}t} = \frac{\mathrm{d}P}{\mathrm{d}t}$$

[問題 3.2]　医薬品の加速試験において，分解反応の活性化エネルギーが 50.00 kJ/mol の場合，40℃，6 か月の保存は，25℃ではどれくらいの保存期間に相当するか．

[解答]　例題 3.14 と同様に計算すると，40℃では 25℃よりも 2.63 倍速く分解が進むことになるので，6 か月の保存は，およそ 1 年 4 か月の保存に相当する．

[問題 3.3]　一次反応に従って分解する 2 つの薬物 A，B がある．A の分解反応の活性化エネルギーは 100.0 kJ/mol，頻度因子は $1.0 \times 10^{17}\ \mathrm{h^{-1}}$ であり，B の分解反応の活性化エネルギーは 80.00 kJ/mol，頻度因子は $1.0 \times 10^{14}\ \mathrm{h^{-1}}$ であった．薬物 A，B の安定性が逆転する温度 T_0 はいくらか．また，T_0 よりも高温ではどちらの薬物が安定か．

[解答]　2 つの反応の活性化エネルギーおよび頻度因子が異なるため，両者のアレニウスプロットは交点をもつ．交点における温度 T_0 を求めると 348.25 K となる．また，T_0 よりも高温では薬物 B の方が安定であり，T_0 よりも低温では薬物 A の方が安定となる．

[問題 3.4]　水酸化物イオンのみにより触媒される反応において，pH が 8 から 11 になると，反応速度は何倍になるか．

[解答]　反応速度定数は水酸化物イオン濃度に比例する．pH 8 から 11 になると，水酸化物イオン濃度は 1000 倍になり，反応速度も 1000 倍になる．

[問題 3.5]　ある薬物は水素イオンと水酸化物イオンのみの触媒作用により加水分解する．この薬物の pH 2.0 と pH 11.0 における分解速度定数はそれぞれ $0.0020\ \mathrm{h^{-1}}$ と $0.10\ \mathrm{h^{-1}}$ であった．この薬物の加水分解速度が最小となる pH を求めなさい．ただし，水のイオン積 $K_\mathrm{w} = 1.0 \times 10^{-14}$ とし，pH 以外の条件は変化しないものとする．

［解答］　反応速度定数は，水素イオンの触媒作用を受ける領域では水素イオン濃度に比例し，水酸化物イオンの触媒作用を受ける領域では水酸化物イオン濃度に比例するので，酸触媒定数を k_{H}，塩基触媒定数を k_{OH} とすると，

pH 2.0では $[\mathrm{H^+}] = 1.0 \times 10^{-2}$ mol/L より，$0.0020\ \mathrm{h^{-1}} = k_{\mathrm{H}} \times 10^{-2}$ mol/L,

$\therefore k_{\mathrm{H}} = 0.20\ \mathrm{h^{-1}\ mol^{-1}\ L}$

pH 11では $[\mathrm{OH^-}] = 1.0 \times 10^{-3}$ mol/L より，$0.10\ \mathrm{h^{-1}} = k_{\mathrm{OH}} \times 10^{-3}$ mol/L,

$\therefore k_{\mathrm{OH}} = 1.0 \times 10^{2}\ \mathrm{h^{-1}\ mol^{-1}\ L}$

$\log k$ の pH 依存性は図 3.31（c）のようにV字型なり，直線の交点の pH を求めると，

$$-\mathrm{pH} + \log k_{\mathrm{H}} = \mathrm{pH} + \log k_{\mathrm{OH}} K_{\mathrm{w}}$$

より，$\mathrm{pH} = \dfrac{1}{2} \times (\log 0.20 - \log 10^{2} 10^{-14}) \fallingdotseq 5.65$

［別解］　$[\mathrm{H^+}] = x$，$k = 0.20\,x + (1.0 \times 10^{2} \times 1.0 \times 10^{-14})/x$ とし，$\mathrm{d}k/\mathrm{d}x = 0$，$\mathrm{pH} = -\log x$ により求めてもよい．

［問題 3.6］　ある薬物の水溶液での安定性を検討して次の結果を得た．

初濃度（mg/mL）	半減期（hr）
40	12
60	18
80	24

この薬物の速度定数を求めよ．

［解答］　半減期が初濃度に比例 ⟶ 零次反応の k を求める．

$$t_{1/2} = \frac{C_0}{2k} \qquad k = \frac{C_0}{2t_{1/2}}$$

$k = 40\,(\mathrm{mg/mL})/2 \times 12\,(\mathrm{hr}) = 1.7\ \mathrm{mg\ mL^{-1}\ hr^{-1}}$

［問題 3.7］　薬物Aの水溶液を25℃に保つとある速度で分解した．薬物Aの初濃度 C_0 を変えて半減期を測定すると次のようになった．この反応の速度定数を求めよ．

C_0（mg/L）	0.5	2.0	4.0
$t_{1/2}$（hr）	10.0	2.5	1.25

［解答］　半減期が初濃度に反比例 ⟶ 二次反応の k を求める．

$$t_{1/2} = \frac{1}{kC_0}$$

$k = 1/(10.0\ \mathrm{hr} \times 0.5\ \mathrm{mg/L})$

$= 0.2(\mathrm{mg/L})^{-1}\,\mathrm{hr}^{-1}$

$= 2 \times 10^2(\mathrm{g/L})^{-1}\,\mathrm{hr}^{-1}$

［問題 3.8］ 一次反応で分解する薬物の注射剤がある．一定温度で2年にわたって最初の含量の90％以上を保つためには，その薬物の半減期は何年以上でなければならないか．ただし，$\log 2 = 0.301$，$\log 3 = 0.477$ とする．

［解答］ 一次反応：薬物の初濃度を C_0，$t = 2$ year のとき，$C = 0.9\,C_0$ となる $k(\mathrm{year}^{-1})$ を求め，$t_{1/2}(\mathrm{year})$ を求める．

$$\ln C = -kt + \ln C_0 \qquad k = -\frac{1}{2}\ln\frac{C}{C_0}$$

$$k(\mathrm{year}^{-1}) = -1/2 \times (\ln 0.9) = -1/2 \times \ln(9/10)$$
$$= -1/2 \times (2\ln 3 - (\ln 2 + \ln 5)) = -1/2 \times (2.2 - 2.29)$$
$$= 0.045\ \mathrm{year}^{-1}$$

$$t_{1/2} = \frac{\ln 2}{k}$$

$$t_{1/2}(\mathrm{year}) = 0.69/0.045 = 15.3\ \mathrm{year}$$

［問題 3.9］ ある薬物の水溶液中における分解の一次反応速度定数を求めたところ，$0.02\,\mathrm{hr}^{-1}$ であった．また，同一条件下において測定したこの薬物の溶解度は1 w/v％であり，その溶解速度は分解速度に比べて十分に速かった．次の問に答えよ．

1）この薬物が完全に溶解した0.5 w/v％水溶液の半減期を求めよ．

2）水溶液5 mL中にこの薬物480 mgを含む懸濁液を調製したとき，この薬物の含量が90％以上である期間を求めよ．

［解答］ 1）

$$t_{1/2} = \frac{0.693}{k}$$

$$t_{1/2} = 0.693/0.02\,\mathrm{hr}^{-1} = 35\,\mathrm{hr}$$

2）飽和しているときは見かけ上零次反応，この懸濁剤5 mLに含まれる薬品が1時間当たり分解するg数（k_{obs}）は，

$$k_{\mathrm{obs}} = k_{\mathrm{1st}}[C] \qquad C = C_0 - k_{\mathrm{obs}} \times t$$

$$k_{\mathrm{obs}} = 0.02\,\mathrm{hr}^{-1} \times 1 \times (5/100)\,\mathrm{g} = 1 \times 10^{-3}\,\mathrm{g/hr}$$

$$t = (480 \times 10^{-3}\,\mathrm{g} \times 0.1)/1 \times 10^{-3}\,\mathrm{g/hr} = 48\,\mathrm{hr}$$

［問題 3.10］ ある薬物を1.3 g含む懸濁剤10 gがある．この薬物は水溶液中で一次反応に従って分解し，その速度定数は $2 \times 10^{-3}\,\mathrm{hr}^{-1}$ である．また，この薬物の飽和溶解度は0.33％，溶解速度は分解速度に比べて十分速いとするとき，この薬物の含量が90％以上に保たれる期間を求めよ．

［解答］ 溶液中の分解は一次反応（速度定数 k）で，懸濁剤中の溶解している薬物濃度 C は飽和濃度で一定だから，この分解反応は見かけ上零次反応，分解速度定数は

$k_{obs} = kC$ と表される.

この懸濁剤 10 g に含まれる薬物が 1 時間当たり分解する g 数 k_{obs}(g/hr) を求める.

$k_{obs} = 2 \times 10^{-3}\,\mathrm{hr}^{-1} \times 0.33\% \times (10/100) = 0.66 \times 10^{-4}\,\mathrm{g/hr}$

薬物 1.3 g の 10% (0.13 g) が分解するのに必要な時間 (t) は,

$t = 0.13\,\mathrm{g}/0.66 \times 10^{-4}\,\mathrm{g/hr} = 2.0 \times 10^{3}\,\mathrm{hr}$

[問題 3.11] 初濃度 C_0 の薬物が二次反応に従って分解し, その半減期は 18 hr であるという. 10%分解するまでの時間を求めよ.

[解答] 二次反応の半減期から k を求め, t を求める.

$$t_{1/2} = \frac{1}{kC_0}$$

$$k = 1/(18\,\mathrm{hr} \times C_0)$$

$$\frac{1}{C} = kt + \frac{1}{C_0}$$

$$t = (18\,\mathrm{hr} \times C_0) \times (0.1\,C_0/0.9\,C_0^2)$$
$$= 2\,\mathrm{hr}$$

[問題 3.12] ある薬物 A は 25℃に保存されているとき, 図に示されているように 2 種の分解物 B, C を同時に生成する.

分解は一次反応に従い, それぞれの分解速度定数は $k_B = 5 \times 10^{-4}\,\mathrm{hr}^{-1}$, $k_C = 5 \times 10^{-5}\,\mathrm{hr}^{-1}$ であるとする. A の残存率が 90%になるまで有効とされているとすると, 25℃で保存するときの有効期限は何日になるか. ただし, ln 10 = 2.3, ln 9 = 2.2, ln 2 = 0.69 とする.

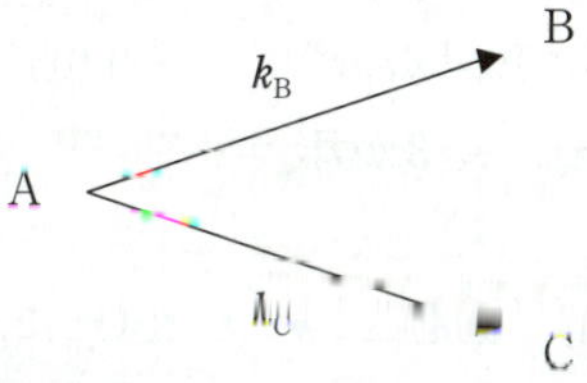

[解答] 併発反応：A の初濃度を [A]$_0$, 分解速度定数を $k = k_B + k_C$ とする.

$$k = k_B + k_C = 5 \times 10^{-4} + 5 \times 10^{-5} = 5.5 \times 10^{-4}(\mathrm{hr}^{-1})$$

$$t = -\frac{1}{k} \ln \frac{[\mathrm{A}]}{[\mathrm{A}]_0}$$

$$t = -1/k \times \ln(9/10) = -1/k \times (2 \ln 3 - (\ln 2 + \ln 5))$$
$$= -1/(5.5 \times 10^{-4}\,\mathrm{hr}^{-1}) \times (-0.09)$$
$$= 163.6\,\mathrm{hr}$$
$$= 6.8\,\mathrm{day} \qquad \therefore 6日$$

[問題 3.13]　ある薬品の分解速度定数を測定したら47℃では0.5 year^{-1}，127℃では1.0 year^{-1}であった．

1) 活性化エネルギー E_a(J/mol) と頻度因子 $\ln A$ を求めよ．

2) この薬品の有効期間を薬品の含量が90％以上の期間とすれば，常温（25℃）における有効期間はいくらになるか．

[解答]　1) $\ln \dfrac{k'}{k} = -\dfrac{E_a}{R}\left(\dfrac{T-T'}{T'T}\right)$ の関係式を用いると，

温度T(47℃，320 K)のときの速度定数kは0.5 year^{-1}，T'(127℃，400 K)のときの速度定数k'は1.0 year^{-1}なので，

$$E_a = -8.31 \times \{400 \times 320/(320-400)\} \times \ln(1/0.5)$$
$$= 8.31 \times 1600 \times 0.693 = 9.21 \times 10^3\ \mathrm{J/mol}$$

温度 T(400 K) のときの k は 1.0 year^{-1} なので，

$\ln A = \ln k + \dfrac{E_a}{RT}$ の関係より，

$$\ln A = \ln(1.0) + 9.21 \times 10^3/(8.31 \times 400)$$
$$= 2.77$$

2) 温度 T(25℃，298 K) のときの $k(\mathrm{year}^{-1})$ は，

$E_a = 9.21 \times 10^3\ \mathrm{J/mol}$を用いて

$$\ln k = \ln A - 9.21 \times 10^3/(8.31 \times 298)$$
$$= 2.77 - 9.21 \times 10^3/(8.31 \times 298)$$
$= 2.77 - 3.72 = -0.95$ と求められる．

$k = 3.87 \times 10^{-1}\ \mathrm{year}^{-1}$ なので，

$$t = -\frac{1}{k}\ln\frac{C}{C_0}$$

$$t = -1/(3.87 \times 10^{-1}\ \mathrm{year}^{-1}) \times \ln(0.9)$$
$$= -1/(3.87 \times 10^{-1}\ \mathrm{year}^{-1}) \times (-0.105)$$
$= 0.271$ year　　∴3か月

[問題 3.14]　薬物の見かけの分解一次定数（k）と H_3O^+による触媒定数（k_H）との間には $k = k_H[H_3O^+]$ の関係があり，pH＝3における半減期は20 hrであった．pH＝2のときの半減期を求めよ．

[解答]　一次反応の半減期　$t_{1/2} = \dfrac{0.693}{k_H[H_3O^+]}$

pH = 3のとき　$k_H = \dfrac{0.693}{20 \times 10^{-3}} = 34.7\ \mathrm{hr}^{-1}$

pH = 2のとき　$t_{1/2} = \dfrac{0.693}{k_H[H_3O^+]} = \dfrac{0.693}{34.7(\mathrm{hr}^{-1}) \times 10^{-2}} = 2.0\ \mathrm{hr}$

[問題 3.15] pH 7 以上でもっぱら水酸イオン（OH^-）の触媒作用を受けて加水分解される医薬品がある．この医薬品の pH 7.7 での加水分解速度定数は $0.05\ \mathrm{min}^{-1}$ であった．この温度における水のイオン積を $K_w = 10^{-14}$ として，この医薬品の水酸イオン触媒による触媒定数を求めよ．

[解答]

$$k_{obs} = k_{OH^-} \times \frac{K_w}{[H_3O^+]} \qquad k_{OH^-} = k_{obs} \times \frac{[H_3O^+]}{K_w}$$

$$k_{OH^-} = 0.05\ \mathrm{min}^{-1} \times \frac{10^{-7.7}(\mathrm{mol/L})}{10^{-14}(\mathrm{mol/L})^2} = \cdots = 1.0 \times 10^5 (\mathrm{L/mol \cdot min})$$

$$\log k_{OH^-} = \log 0.05 + 14 - 7.7 = \log\left(\frac{1}{20}\right) + 6.3 = \log 1 - (\log 2 + \log 10) + 6.3$$

$$= 0 - (0.3 + 1) + 6.3 = 5$$

[問題 3.16] ある酵素の活性を測定したところ，基質を十分量与えたときの生成物の生成速度 $0.02\ \mu\mathrm{mol/min}$ であり，その速度の 1/2 の速度を与える基質濃度は $3.5\ \mu\mathrm{mol/L}$ であった．

1）この酵素の K_m の値を求めよ．

2）基質濃度が $2.0\ \mu\mathrm{mol/L}$ のときの生成物の生成速度を求めよ．

3）基質濃度が $2.0\ \mu\mathrm{mol/L}$ のとき，10 分間で生成した生成物の量はいくらか．

[解答]

1）基質を十分量与えたときの生成物の生成速度 $v = 0.02\ \mu\mathrm{mol/min}$ は，最大速度 V_{max}，その速度の 1/2 の速度 $1/2V_{max}$ のときの基質濃度 $3.5\ \mu\mathrm{mol/L}$ が，K_m となる．

2）$v = \dfrac{V_{max}[S]}{K_m + [S]}$

$v = (0.02\ \mu\mathrm{mol/min}) \times (2.0\ \mu\mathrm{mol/L}) / \{(3.5\ \mu\mathrm{mol/L}) + (2.0\ \mu\mathrm{mol/L})\}$

$= 7.3 \times 10^{-3}\ \mu\mathrm{mol/min}$

3）生成物 $= vt = 7.3 \times 10^{-3}\ \mu\mathrm{mol/min} \times 10\ \mathrm{min} = 7.3 \times 10^{-2}\ \mu\mathrm{mol}$

[問題 3.17] 酵素反応の速度定数，k_1，k_{-1}，k_2 が次のような値の組合せである酵素 A についてミカエリス定数 K_m を求めよ．$k_1 = 1.2 \times 10^5 (\mathrm{mol/L})^{-1}(\mathrm{min})^{-1}$，$k_{-1} = 5.2\ \mathrm{min}^{-1}$，$k_2 = 0.2\ \mathrm{min}^{-1}$

[解答] 酵素 A：$K_m = (5.2\ \mathrm{min}^{-1} + 0.2\ \mathrm{min}^{-1}) / 1.2 \times 10^5 (\mathrm{mol/L})^{-1}(\mathrm{min})^{-1}$

$= 4.5 \times 10^{-5}\ \mathrm{mol/L}$

[問題 3.18] 基質濃度を変えて，酵素反応の初速度 v（任意単位）を測定すると，次のようになった．また，阻害剤 I を加えたときの酵素反応の速度も測定した．

[S] (μmol/L)	20	40	80	120
v([I] = 0 μmol/L)	7.5	12.5	17.1	20.0
v([I] = 10 μmol/L)	5.5	9.2	14.1	17.2

1) ラインウィーバー・バークのプロットから，ミカエリス定数と最大速度を求めよ．

2) 拮抗阻害か非拮抗阻害かを判定し，阻害定数を求めよ．

[解答]　1/[S] および 1/v を計算する．

1/[S]	0.050	0.025	0.013	0.008
1/v([I] = 0)	0.133	0.080	0.058	0.050
1/v([I] = 10)	0.182	0.109	0.071	0.058

得られた結果をプロットする．

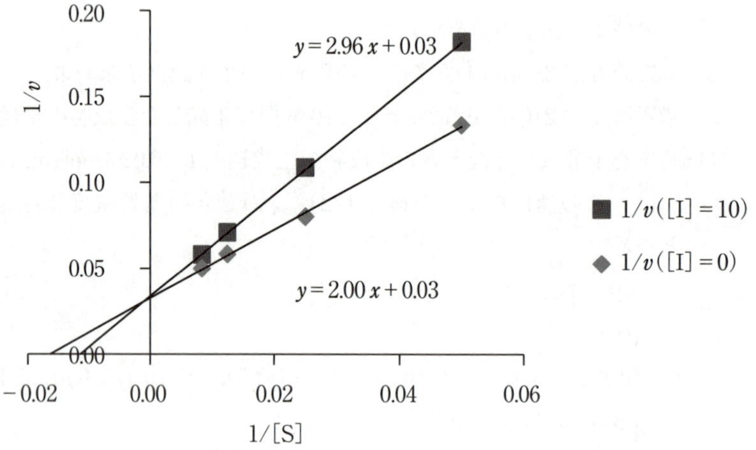

1)
$$V_{max} = \frac{1}{\text{切片}} = 33.3(\mu\text{mol/L})/\text{min}$$

$$K_m = \frac{\text{傾き}}{\text{切片}} = 66.7\ \mu\text{mol/L}$$

2) プロットから y 軸上で交わる直線．したがって，拮抗阻害である．

$$\text{傾き}\ 2.96 = \frac{K_m\left(1 + \frac{[I]}{K_i}\right)}{V_{max}} = 2 \times \left(1 + \frac{10}{K_i}\right)$$

K_i = 20 μmol/L

日本語索引

テ

ト

ナ

ニ

ネ

ノ

ハ

数式一覧

ボルツマン因子：(状態 v の分布比 P_v, エネルギー $\varepsilon_v - \varepsilon_0$, ボルツマン定数 k_B, 温度 T)

$$P_v = \exp\left(-\frac{\varepsilon_v - \varepsilon_0}{k_B T}\right)$$

ファンデルワールスの状態方程式：(圧力 p, モル体積 V_m, 熱力学温度 T, 気体定数 R, 気体パラメータ a, b)

$$\left(p + \frac{a}{V_m{}^2}\right)(V_m - b) = RT$$

エントロピーの定義．エントロピーの微小変化 $\mathrm{d}S$ は系が熱源から受け取った熱量 $\mathrm{d}'q$ を熱源の絶対温度 T で割ったものに等しい．

$$\mathrm{d}S = \frac{\mathrm{d}'q}{T}$$

熱力学第一法則の微分を用いた表現．閉鎖系の内部エネルギーの変化 $\mathrm{d}U$ は外界から受け取った熱量 $T\mathrm{d}S$ と系になされた仕事 $-p\mathrm{d}V$ の和に等しい．

$$\mathrm{d}U = T\mathrm{d}S - p\mathrm{d}V$$

エントロピー増大の法則．状態 A から状態 B へ断熱的な不可逆変化が起こればエントロピーは増加する．

$$S(\mathrm{B}) - S(\mathrm{A}) > 0$$

熱力学第三法則．絶対零度でのエントロピーの値は 0 である．

$$\lim_{T\to 0} S(T) = 0$$

エントロピーの統計力学的な表式．エントロピーは微視的は状態の数 W の対数に比例し，その比例定数 k_B はボルツマン定数と呼ばれる．

$$S = k_B \ln W$$

ヘルムホルツの自由エネルギー F (T, V) の定義とその微分式．

$$F = U - TS$$
$$\mathrm{d}F = -S\mathrm{d}T - p\mathrm{d}V$$

ギブズの自由エネルギーの G (G, p) の定義とその微分式．

$$G = U - TS + pV$$
$$\mathrm{d}G = -S\mathrm{d}T + V\mathrm{d}p$$

自発的な変化の方向．

$$\Delta S > 0, \quad \Delta F < 0, \quad \Delta G < 0$$

デバイ＆ヒュッケル式：(イオン i の電荷 z_i, イオン半径 r_i (m), 活量係数 γ_i, 遮蔽定数 κ, 電気素量 e, 誘電率 ε, ボルツマン定数 k_B, 熱力学温度 T)

$$\ln \gamma_i = \frac{-z_i^2 e^2}{8\pi\varepsilon k_B T}\left(\frac{\kappa}{1+\kappa r_i}\right)$$

イオン強度：(イオン i の濃度 c_i と電荷 z_i)

$$I = \frac{1}{2}\sum_{i=1}^{n} c_i z_i^2$$

デバイ＆ヒュッケルの極限式：(イオン i の電荷 z_i と活量係数 γ_i, 溶液のイオン強度 I, A は定数 [25℃で，A = 0.51 ($\mathrm{mol^{-1/2}\,dm^{3/2}}$)])

$$\log_{10} \gamma_i = -Az_i^2\sqrt{I}$$

デバイ＆ヒュッケルの拡張式：(イオン i の電荷 z_i, イオン半径 r_i(nm), 活量係数 γ_i, 溶液のイオン強度 I, A および B は定数 [25℃で，A = 0.51 ($\mathrm{mol^{-1/2}\,dm^{3/2}}$), B = 3.3 ($\mathrm{nm^{-1}\,mol^{-1/2}\,dm^{3/2}}$)])

$$\log_{10} \gamma_i = \frac{-Az_i^2\sqrt{I}}{1+Br_i\sqrt{I}}$$